"十三五"江苏省高等学校重点教材

（编号：2016-1-059）

化工单元操作及设备课程设计

——板式精馏塔的设计

（第二版）

许文林　主编

王雅琼　张晓红　张淮浩　姚干兵　韩　贵　编著

科学出版社

北　京

内 容 简 介

本书共 8 章,包括绪论、物性数据的查取与计算、板式精馏塔的工艺设计、精馏塔辅助设备的设计和选型、精馏塔的自动控制、塔设备的机械设计、化工流程图及设备图的绘制、化工过程模拟软件 Aspen Plus 用于精馏塔设计。本书以板式精馏塔的工艺设计及设备设计为主线,通过辅助设备的设计与选型引入换热、流体输送等单元操作,通过精馏塔操作参数的控制引入化工自动控制方法。通过"基本概念＋设计实例"的编排形式,将化工原理、物理化学、化工设备、化工过程自动控制、化工制图、化工过程模拟等课程内容有机地融为一体,旨在将理论与设计实践相结合来分析解决工程实际问题。在精馏塔的工艺设计中还引入了 Excel 及 Origin 软件的计算及图形处理功能,使数据计算更加准确、快捷,图形的处理更加精确、规范。本书还附有 Excel 计算泡点的程序、Origin 绘制负荷性能图及 Aspen Plus 模拟精馏过程的视频文件。

本书可作为高等学校化学工程与工艺及其相关专业化工原理及(或)化工设备课程设计的教材或教学参考书,也可为化工、石油、环境、制药、食品等领域技术人员提供参考。

图书在版编目(CIP)数据

化工单元操作及设备课程设计:板式精馏塔的设计/许文林主编;王雅琼等编著.—2 版.—北京:科学出版社,2018.9

"十三五"江苏省高等学校重点教材

ISBN 978-7-03-058628-5

Ⅰ.①化… Ⅱ.①许… ②王… Ⅲ.①化工单元操作-课程设计-高等学校-教材 ②化工设备-课程设计-高等学校-教材 ③精馏塔-设计-高等学校-教材 Ⅳ.①TQ02 ②TQ05

中国版本图书馆 CIP 数据核字(2018)第 199337 号

责任编辑:赵晓霞 / 责任校对:郭瑞芝
责任印制:张 伟 / 封面设计:迷底书装

科 学 出 版 社 出版

北京东黄城根北街 16 号
邮政编码:100717
http://www.sciencep.com

北京虎彩文化传播有限公司 印刷

科学出版社发行 各地新华书店经销

*

2013 年 5 月第 一 版 开本:787×1082 1/16
2018 年 9 月第 二 版 印张:18 1/4 插页:4
2023 年 11 月第十三次印刷 字数:450 000

定价:69.00 元

(如有印装质量问题,我社负责调换)

第二版前言

"卓越工程师教育培养计划"是贯彻落实《国家中长期教育改革和发展规划纲要(2010—2020年)》和《国家中长期人才发展规划纲要(2010—2020年)》的重大改革项目,其目的之一是培养和强化学生的工程能力和创新能力。

本书第一版以典型的化工单元操作——精馏过程为设计对象,将化工单元操作、化工设备设计、化工过程控制、化工制图等内容有机地融合在一起,将基本理论与工程实际相结合,架构起学生工程能力和创新能力培养的平台。

随着科学技术的发展和进步,化工过程模拟软件已广泛应用于化工过程的开发、设计及优化。为此,本书第二版增加了"第8章 化工过程模拟软件Aspen Plus用于精馏塔设计",并与第3章的人工设计计算相呼应。人工设计时,通过一步步的计算过程有利于加深学生对相关知识的理解,也有利于学生对工程设计过程的了解,但人工设计的计算工作量大,常常需要进行试差、迭代,耗时耗力。先进行人工设计,再采用化工过程模拟软件进行精馏塔的设计,不仅有利于学生对软件功能的理解和应用,而且通过前后设计过程的比较进一步加深对理论知识的认识和理解,强化学生的工程能力和创新能力。

另外,在第7章中增加了计算机辅助设计与绘图软件AutoCAD在化工制图中的应用。本书第二版还附加了Excel计算泡点的程序、Origin绘制负荷性能图及Aspen Plus辅助精馏塔设计的视频文件,便于读者直观了解相关软件在化工设计中的应用。

本书第1章和第2章由许文林、王雅琼编写,第3章由许文林、张淮浩编写,第4章由张淮浩、王雅琼编写,第5章由姚干兵、许文林编写,第6章由张晓红、姚干兵编写,第7章由王雅琼、张晓红编写,第8章由韩贵、许文林编写,附录由王雅琼、张晓红、韩贵编写。张小兴为本书的编著做了大量的资料整理工作,在此深表谢意。感谢"十三五"江苏省高等学校重点教材项目的资助。

在本书编著过程中参阅了大量的文献资料,在此也对所有被引用文献资料的作者表示衷心的感谢。

由于编者水平有限,书中难免有不妥及欠缺之处,恳请读者给予批评指正。

编 者
2018年1月

第一版前言

化工单元操作及设备课程设计是学生完成化工原理、化工设备及化工过程自动控制等专业技术基础课后进行的设计实践。课程设计不同于平时的作业,在课程设计中要求学生针对给定的设计任务自行确定设计方案,并通过查取文献资料,进行过程及设备的设计计算。因此,作为综合运用所学知识进行的实践性训练,课程设计应使学生在以下几个方面得到培养和训练。

(1) 初步掌握化工设计的基本过程及程序,熟悉物性数据及设计参数的查阅及计算方法;了解相关技术标准的内容,并能合理地使用标准。

(2) 培养学生的工程计算能力,掌握物料衡算、热量衡算、设备的工艺设计及结构设计的基本方法,能运用工程技术语言表述设计思想和设计结果,完成工艺及设备的设计计算;掌握设计说明书的基本内容,掌握工艺流程图以及设备装配图的基本要求和绘制方法。

(3) 培养学生的工程意识和经济观念,在设计时不仅要考虑技术上的先进性与可行性,还要考虑经济上的合理性,同时还应考虑过程和设备的可操作性、安全性以及对环境的保护等,使学生能在"优质、高产、低耗、安全、环保"的设计原则指导下去分析和解决设计中所遇到的问题。

(4) 课程设计既需要基础理论的指导,又有很多参数和变量需要学生从工程角度出发自行选择和确定。因此,设计的依据应科学合理,设计的过程应严谨规范,设计的结果应正确可信。通过课程设计,培养学生实事求是的科学态度和严谨认真的工作作风。

本书选择了典型的化工单元操作——精馏过程为设计对象,该过程不仅包括精馏塔,同时还包括换热器、流体输送、气液分离等单元操作,是一个集多种单元操作于一体的化工过程。另外,在精馏过程的设计中还涉及精馏塔的结构设计以及温度、压强、流量、液位等参数的测量与控制。因此,精馏过程的设计将多种化工单元操作以及化工设备、化工过程自动控制、物理化学等课程融为一体,为学生综合运用所学知识解决工程实际问题构建了平台。本书的特点主要体现在以下几个方面。

(1) 点与面的结合。本书以板式精馏塔的工艺及设备设计为核心,通过辅助设备的设计与选型引入换热、流体输送等化工单元操作过程。通过课程设计,将化工原理课程不同章节中的内容有机地结合在一起,形成一个完整的化工生产过程,既突出了"点",也覆盖了"面",既培养了学生组织化工流程的能力,同时也利于学生工程意识的培养。

(2) 课程之间的有机融合。本书以精馏过程的设计为主线,在完成精馏过程工艺设计及设备设计的过程中将化工原理、物理化学、化工设备、化工过程自动控制、化工制图等课程的内容有机地融为一体,通过课程设计培养和提高学生综合运用知识解决工程实际问题的能力。

(3) 基本理论与设计实例的结合。本书采用了"基本概念+设计实例"的编排形式,结合板式精馏塔的设计有重点地介绍化工单元操作、化工设备设计、化工过程控制的基本概念和基本理论,然后通过设计实例将理论与实际相结合,加深学生对专业理论和相关知识的理解,架构起"学用结合"的平台。

本书第 1 章和第 2 章由许文林、王雅琼编写,第 3 章由许文林、张淮浩编写,第 4 章由张淮浩、王雅琼编写,第 5 章由姚干兵、许文林编写,第 6 章由张晓红、姚干兵编写,第 7 章和附录由王雅琼、张晓红编写。张小兴为本书的编著做了大量的资料整理工作,在此深表谢意。感谢扬州大学出版基金的资助。

在本书编著过程中参阅了大量的文献资料,在此也对所有被引用文献资料的作者表示衷心的感谢。

由于编者水平有限,书中难免有不妥及欠缺之处,恳请读者给予批评指正。

编　者

2013 年 1 月

目　　录

第1章 绪　　论

化工单元操作及设备课程设计是综合化工原理、化工设备、化工过程自动控制、化工制图等专业技术基础课进行的设计实践环节,是初步的化工设计训练。为了使学生了解课程设计的基本过程及程序,本章将对化工设计的设计文件、设计的类型、课程设计的基本要求等作简要介绍。

1.1　化工设计的设计文件及类型

化工产品的生产需要在化工生产装置上进行,而化工过程及设备的设计是化工生产装置建设的基础。化工设计的基本任务就是将一个工厂、车间或一套生产装置的建设任务用文字、图、表等形式表述出来。化工设计应满足以下基本要求。

（1）技术性要求。所设计的化工过程及设备在技术上可行,其产品的数量和质量达到规定的指标要求。

（2）经济性要求。一般情况下,化工生产装置不仅应该有利润,而且其技术经济指标应该有竞争性,即要求最经济地使用资金、原材料、公用工程和人力等。要达到这个目标,必须进行流程和参数的优化。

（3）安全性要求。化工生产中大量物质是易燃、易爆或有毒性的。因此,化工设计必须充分考虑各种可能存在的危险,保证生产人员的健康和安全。

（4）环境保护要求。化工生产装置要符合国家及地方各级政府制定的环境保护法律和法规,尽量减少有毒有害物质的使用、产生及排放,对排放的废气、废水、废渣则要有相应的处理、处置措施。

（5）操作性要求。整个系统必须可操作、可控制,化工生产装置的设计不仅要满足常规操作的要求,而且也要满足开停车、检修等非常规操作的要求,同时系统要有可控制性,能抑制外部扰动的影响,安全稳定运行。

这五项要求可以概括为十个字,即"优质、高产、低耗、安全、环保",这也是化工设计应遵循的最基本的原则。在该设计原则指导下,设计者在做出选择和判断时需要考虑各种常常是相互矛盾的因素,最终给出优化的设计方案。因此,化工设计并非只有唯一的答案,而是一个多目标的优化问题。一个完整的化工设计不仅仅涉及化工工艺、化工设备的设计,而且还涉及材料、仪表、控制、运输、土建、照明、通风、公用工程、"三废"处理等多方面的设计内容,化工设计是多学科领域相互渗透与交融的结果。

1.1.1　设计文件

化工设计的基本任务就是将一个工厂、车间或一套生产装置的建设任务用文字、图、表等形式表述出来,这些文字、图、表等称为设计文件。一套完整的化工生产装置的建设不仅包含化工工艺及化工设备的设计,而且包含材料、仪表、控制、运输、土建、照明、通风、公用工程、三废处理等多方面的设计,而化工工艺及化工设备的设计是整个设计工作的核心。

化工工艺设计的设计文件主要包括设计说明书、流程图(如工艺流程图、管道及仪表流程图等)、布置图(如设备布置图、管道布置图、单线图、管口方位图、平台梯子图及管道轴测图等)、各类表格(如设备一览表、管道等级表、控制点及控制测量仪器仪表汇总表等)。化工设备的设计文件主要包括设备装配图、部件图、零件图等。

下面对部分设计文件作简要说明。

1.1.1.1 设计说明书

设计说明书主要包括以下内容。

(1) 设计依据。包括可行性报告、计划任务书、相关的批文以及实验报告、调查报告等技术资料。

(2) 设计原则。设计所遵循的具体政策及规范,工艺路线、设备、材质、自动控制水平等的选用原则。

(3) 原材料、产品等的主要技术规格。包括原材料的规格、辅助材料的要求、生产规模、产品的规格、界区条件、公用工程的规格等。

(4) 工艺流程简述。结合工艺流程图简述工艺过程,说明所发生的主、副化学反应,说明工艺流程的特点及温度、压强、流量等操作条件。

(5) 车间(装置)组成和生产制度。主要包括车间(装置)组成、年操作时间、操作班制、操作方式(间歇或连续生产)等。

(6) 工艺计算。主要包括物料衡算、热量衡算、主要设备的计算及选型等。

(7) 主要原材料、动力消耗定额及消耗量。列出主要原材料、动力的每日或每年的消耗量,列出每吨产品的原材料消耗定额。

(8) 生产控制。包括流程中主要控制方案的原则及控制要求,并在工艺流程图、管道及仪表流程图上表示出控制方案,同时还要列出控制点及控制测量仪器仪表汇总表。

(9) 分析方法及说明。包括分析点的编号和所在位置、分析项目和控制指标、分析频率及分析方法等。

(10) 公用工程。包括供电、给排水、蒸汽、冷冻及空压(压缩用气及仪表用气)等。根据系统模拟计算结果,汇总公用工程消耗,列出单位时间和单位产品的消耗量。

(11) "三废"治理及综合利用。对"三废"的排放点、排放量、主要成分及处理方法等予以说明。

(12) 土建。对土建、管道及阀门的材质和设计安装等工程设计予以说明,列出车间建筑物、构筑物表等。

(13) 安全技术与劳动保护说明。说明装置危险区的划分,列出所处理介质的特性和允许浓度、事故处理及劳动保护应设置的特殊措施等。

(14) 车间定员。包括生产工人、分析工、维修工、管理人员等。

(15) 产品成本计算。产品成本主要从原材料、动力消耗、工资、副产品及其他回收费用等方面进行计算,列出成本计算表。

(16) 存在的问题及建议。说明设计中存在的主要问题,并提出解决的办法和建议。

1.1.1.2 设计图纸

化工设计图纸的内容因设计阶段的不同而异,主要包括工艺流程图、管道及仪表流程图、设备布置图、管道布置图、设备装配图等。

工艺流程图(process flow diagram,PFD)主要表达工艺流程、主要设备、主要工艺管道及介质流向、主要工艺操作条件、物流的流率及物流组成、主要参数的控制方法等,它是化工设计中最重要、最本质、最基础性的图纸。

管道及仪表流程图(piping and instrumentation diagram,PID)除了要给出工艺流程、主要设备外,还要表达所有开停车和正常操作所需的管道以及检测、控制、报警、切断等仪表和联锁系统,同时也要表达出特殊管线的等级、公称直径、保温要求等。PID 的工作重点是管道流程和控制方案。

设备布置图要表达主要建筑结构(如厂房的柱、墙、门、窗、楼梯等)、设备轮廓、定位尺寸(设备、操作台、吊装孔、地坑等的定位尺寸以及柱网间距等)。设备布置图一般由若干张设备的平面布置图及立面布置图组成。

设备装配图则是通过一组视图表达设备的主要结构形状和零部件之间的装配关系,在装配图中要标出表示设备总体大小的总体尺寸、表示规格大小的特性尺寸、表示零部件之间装配关系的装配尺寸、表示设备与外界安装关系的安装尺寸等,提出设备在制造、检验、安装、材料、表面处理、包装和运输等方面的要求,为设备的制造、装配、安装、检验等提供依据。

流程图及设备图的基本要求及制图方法详见第 7 章。

1.1.2 化工设计的类型

当实验研究中有了新发现(如采用了新原料、获得了某种新产品、利用了某种新的催化剂、采用了某种新技术或者是实现了某一新的化学反应等),在对这种新发现作了充分的技术和经济评价后,就要进行化工过程开发,从而实现从实验室成果到工业生产装置的成功开车和运转。

化工设计是化工过程开发的重要环节,一个新产品或新工艺从实验研究到工厂、车间或生产装置的建成,其不同阶段所需进行的化工设计工作也不同。依据化工过程开发阶段的不同,化工设计一般分为两大类,一是技术开发阶段的设计,二是工程建设阶段的设计。

1.1.2.1 技术开发阶段的设计

技术开发阶段的设计包括概念设计、中试装置设计、基础设计等,这类设计是新技术开发过程的重要环节,一般由研究单位的工程开发部门来完成。

1) 概念设计

概念设计是工程研究的重要环节,它是在应用研究进行到一定阶段后,按未来的工业生产装置规模所进行的假想设计,其内容主要是根据研究所提供的概念和数据,确定工艺流程和工艺条件、主要设备的类型和材质、"三废"处理措施等,最终得出基建投资、产品成本等主要技术经济指标。一般情况下,概念设计在中试以前进行。通过概念设计可判断实验研究得到的工艺条件是否合理,数据是否充分,为工业化提供指导和依据。

2) 中试装置设计

当某些开发项目不能采用数学模型法放大,或者其中有若干研究课题无法在小试中进行,一定要通过相当规模的装置才能取得数据或(和)经验时,需要进行中试设计。中试装置的任务包括验证基础研究得到的规律;考察从小试到中试的放大效应;研究一些出于各种因素没有条件在实验室进行研究的课题;进行新设备、新仪器、新材料、新控制方案等的试验。

因此,中试装置设计的内容基本上与工程设计相同,但由于规模小,若不影响安装,可以不出管道、仪表、管架等安装图纸。

3) 基础设计

基础设计是一个完整的设计技术文件,是化工过程开发阶段的研究成果。基础设计的内容应包含将要建设的生产装置的一切技术要点,是一个能达到一定的产量和质量指标、安全可靠的生产装置的设计。基础设计主要包括以下内容。

(1) 设计基础。包括设计依据、技术来源、生产规模、年操作时间、原材料及辅助材料的规格、产品要求、界区条件以及公用工程规格等。

(2) 工艺流程说明。详细说明工艺生产过程、主要工艺特点、反应原理、工艺参数和操作条件等。

(3) 工艺流程图。在该流程图中应反映出工艺流程、主要工艺操作条件、物流组成、主要设备特性和主要控制要求。

(4) 管道及仪表流程图。该流程图包括管道流程及控制方案,并对特殊管线的等级、公称直径、保温等提出要求。

(5) 设备布置建议图。表示出主要设备的相对位置,一般由若干张设备的平面布置图及立面布置图组成。

(6) 设备名称表和设备规格说明书。主要包括非标准设备的简图、表示设备性能的主要参数、设备操作温度及压强、材料选择要求等;对关键设备及有特殊要求的设备提出详细的结构说明、设备结构条件图及防腐要求等。

(7) 对工程设计的要求。主要包括对土建的要求、对管道及阀门等的材质和设计安装的要求以及对工程设计的一些特殊要求等。

(8) 装置的操作说明。主要包括开停车过程说明、操作原理及故障排除方法等。

(9) 自控设计说明。包括流程中主要控制方案的原则及控制要求,控制点数据一览表,主要仪表选型及特殊仪表的技术条件说明等。

(10) 分析规程。主要包括分析点的编号和所在位置、分析项目和控制指标、分析频率以及分析方法等。

(11) 安全技术与劳动保护说明。阐述装置危险区的划分,列出所处理介质的特性和允许浓度,说明为了安全生产、事故处理以及劳动保护所设置的特殊措施等。

(12) 装置的"三废"排放。包括"三废"的排放点、排放量、主要成分及处理方法,对工业卫生及安全生产的要求。

(13) 消耗定额。列出原材料、辅助材料、公用工程等的消耗定额。

(14) 有关的技术资料、物性数据等。

1.1.2.2　工程建设阶段的设计

工程建设阶段的设计包括初步设计和详细设计,这是化工装置进行基本建设及实施的依据,该阶段的设计需要由具备化工设计资质的单位负责进行。

1) 初步设计

初步设计的设计内容比基础设计更完整,它是根据基础设计的内容,再结合建厂的具体条件所作出的设计。

初步设计的作用是为工厂的建设者(或工程主管部门)审查该项目是否先进、安全、环保及投资、原料、燃料、关键设备、其他材料的来源和运输等是否落实提供技术资料,为工厂的建设者(或工程主管部门)最终决定是否进行该项目的建设提供依据。

2) 详细设计

详细设计的设计内容比初步设计更深入。它要提供进行工程建设和生产所需的一切施工图和文件,编制精确的投资计算。

初步设计和详细设计的内容可参考化工设计类书籍及手册,在此不再详述。

不同设计阶段所需完成的设计文件和版次如表 1-1 所示。

表 1-1　各设计阶段完成的文件和版次

项目	基础设计	初步设计	详细设计
设计说明书	I	II	III
工艺流程图(PFD)	I	I	I
管道及仪表流程图(PID)	I	II	III
设备规格说明书	I	II	II
设备布置图	I	II	III
设备一览表	I	II	II
配管工程说明	—	I	II
管道等级表	—	I	II
管道布置图	—	—*	I
单线图	—	—	I

注:I、II、III表示设计的版次;—表示该阶段不出此文件;* 表示有的初步设计出此文件

1.2　课程设计的目的和要求

作为学生综合运用专业知识进行的一次设计实践,课程设计应达到以下目的和要求。

(1) 初步掌握化工设计的基本过程及程序,熟悉物性数据及设计参数的查阅及计算方法;了解相关技术标准的内容,并能合理地使用标准。

(2) 培养学生的工程计算能力,掌握物料衡算、热量衡算、设备的工艺设计及结构设计的基本方法,能运用工程技术语言表述设计思想和设计结果,完成工艺及设备的设计计算;掌握设计说明书的基本内容,掌握工艺流程图以及设备装配图的基本要求和绘制方法;了解化工过程模拟软件 Aspen Plus 在化工设计中的应用。

(3) 培养学生的工程意识和经济观念,在设计时不仅要考虑技术上的先进性与可行性,还要考虑经济上的合理性,同时还应考虑过程和设备的可操作性、安全性以及对环境的保护等,使学生能在"优质、高产、低耗、安全、环保"的设计原则指导下去分析和解决设计中所遇到的问题。

(4) 课程设计既需要基础理论的指导,也有很多参数和变量需要学生从工程角度出发自行选择和确定。因此,设计的依据应科学合理,设计的过程应严谨规范,设计的结果应正确可信。通过课程设计,培养学生实事求是的科学态度和严谨认真的工作作风。

1.3　课程设计的内容和步骤

课程设计是以化工单元过程为设计对象,综合化工原理、化工设备、化工过程自动控制、化工制图等课程的知识进行的初步的化工设计实践,涵盖化工基础设计的基本程序和主要设计内容。

课程设计的设计任务书可以由教师给定,也可由学生自定。设计任务书主要包括生产规模、原材料及产品的规格、年操作时间、精馏塔的操作条件等基础参数。学生根据任务书提供的设计条件和要求完成下述设计任务。

(1) 设计方案的确定。针对设计任务书给定的体系,结合生产实际查阅有关文献资料,通过分析研究,选定适宜的流程方案和设备类型,确定原则性工艺流程,同时对选定的流程方案和设备类型进行简要的阐述。

(2) 精馏塔的工艺设计计算。依据有关资料进行工艺设计计算,主要包括物料衡算、热量衡算、相关物性数据的计算、精馏塔塔体工艺尺寸的设计计算(塔高、塔径)、塔板工艺尺寸的设计计算等。

(3) 辅助设备的设计和选型。辅助设备的设计和选型包括辅助设备的主要工艺尺寸计算和设备型号、规格的选定。对于精馏操作,可能用到的辅助设备有进料预热器、塔顶冷凝器、塔底再沸器、塔顶产品冷却器、塔釜产品冷却器、进料泵、出料泵、回流泵等。

(4) 精馏塔的机械设计。结合化工设备课程进行精馏塔的结构设计、强度设计及稳定校核。

(5) 绘制精馏工艺流程图。

(6) 绘制精馏塔的装配图。

完整的课程设计文件由设计说明书和设计图纸两部分组成,其中设计说明书主要包括以下内容。

(1) 封面(设计题目、班级、姓名、指导教师、设计时间)。

(2) 目录。

(3) 设计任务书。

(4) 设计方案评述。

(5) 精馏塔的工艺设计。

(6) 主要辅助设备的设计及选型。

(7) 精馏塔的机械设计。

(8) 设计评述及有关问题的讨论。

(9) 参考文献。

设计图纸包括工艺流程图及设备装配图。

课程设计的步骤主要包括:动员和任务布置、查阅资料及现场调查、设计计算、编写设计说明书、绘制工艺流程图和设备装配图、考核等。

考核可以采取答辩的形式。通过答辩可以了解学生对专业知识理解和掌握的程度,发现学生在设计中存在的问题和不足,也可以为学生构建起交流和讨论的平台。答辩后,学生针对答辩中发现的问题对设计文件进行修改补充,进一步完善设计文件。

第2章　物性数据的查取与计算

物性数据是化工设计不可缺少的基础数据,常用的物性数据包括密度、黏度、沸点、蒸气压、热容、气化潜热、热导率、表面张力、溶解度等。由于化工生产过程所涉及的物质难以计数,不同化工过程设计计算所需要的物性数据各异,因此,掌握获取物性数据的方法和途径非常重要。

2.1　获取物性数据的途径

获取物性数据主要可通过以下几个途径。

(1) 从手册或物性数据库中获取。常用物质的物性数据,已由前人进行了系统测定及归纳总结,通常以表格和(或)图的形式示于化学化工类手册、专业性的书籍或模拟软件的物性数据库中。化工设计常用的物性数据手册包括《化学工程手册》、《化工工艺设计手册》、《化工物性算图手册》、*Perry's Chemical Engineers' Handbook*、*CRC Handbook of Chemistry and Physics* 等,化工原理教材的附录中也会列出常见体系的物性数据。化工过程模拟软件(Aspen Plus、Pro/Ⅱ、ChemCAD 等)都带有丰富的物性数据库。通过手册、物性数据库获取物性数据是化工设计最常用和最便捷的方法。

(2) 从真实的生产过程中收集数据。进行相同类型的工艺、设备设计时,也可以直接从已有的生产操作过程中收集物性数据作为设计的参考数据。

(3) 实验测定。直接通过实验测定得到的数据是最可靠的,但实验测定需要相应的实验技术和设备,而且实验测得的数据尚需经过数据处理方可使用(数据处理可参阅有关实验数据处理的专门书籍)。通过前面两种方法无法获得物性数据时可采用此法。

(4) 计算。若所需的数据无法从手册中查到,而且通过实际生产过程或实验进行测定的条件又不具备时,就需要用一些半经验或经验的公式进行计算。化学化工类手册、专业性的书籍中均收集有此类公式,设计时可根据所处理的物系,选用适宜的公式对物性数据进行计算。

物性数据的单位是物性数据使用时需要特别予以关注的问题。自从 1960 年第十一届国际计量大会正式通过国际单位制(SI),该单位制就以其先进、实用、简单、科学而被世界各国及国际组织广泛采用。1984 年我国颁布的《中华人民共和国法定计量单位》也是以国际单位制为基础制定的。因此,在使用物性数据时应采用国际单位制。

由于一些计算物性数据的半经验或经验公式是在当时的单位制下得到的,公式中往往带有很多系数或参数,因此有些公式的单位不能转换,有些公式经过转换后会给其中一些系数或参数的使用带来不便,故本章中有些半经验或经验公式仍使用的是原有的单位制。使用这些公式计算物性数据时,应特别注意公式中各参数的单位。

对应于各类理想体系和非理想体系、纯组分和混合物体系以及不同的环境条件(不同的温度、压强等),计算物性数据的公式繁多。由于篇幅所限,本章仅就常用的物性数据计算方法作简要介绍,物性数据计算的详细内容请参考相关的数据手册。

2.2　纯物质物性数据的查取与计算

工业上所处理的体系大多为混合物体系,混合物的物性数据往往需要通过纯物质的物性数据来求取。纯物质的物性数据通常可通过化学化工类手册、专业性的书籍或物性数据库等查取。由于物质的物理性质受温度、压强等因素的影响,因此不同温度、压强条件下,纯物质的物性数据需要通过一些相关的公式或经验式进行计算。

2.2.1　气体或蒸气的密度

就工程计算目的而言,在通常情况下,气体或蒸气的密度可用 $pV=nRT$ 来计算,即

$$\rho=\frac{M}{22.4}\times\frac{273}{T}\times\frac{p}{1.013\times10^5} \tag{2-1}$$

式中:ρ 为气体或蒸气的密度,kg·m^{-3};M 为气体或蒸气的摩尔质量,kg·kmol^{-1};p 为气体或蒸气的绝对压强,Pa;T 为气体或蒸气的温度,K。

如果体系的压强较高或要求的计算精度高,可用压缩因子法或其他方法进行处理。

2.2.2　纯物质的蒸气压

纯物质(液体或固体)的饱和蒸气压是温度的函数,且随温度的升高而增加。相同温度条件下,不同物质的饱和蒸气压也不同。

饱和蒸气压可以通过实验测定,很多物质的饱和蒸气压都可以从手册或文献中查到。当缺乏实验数据,也无法从手册或文献中查取时,可用下面的方法进行计算。

1) 克劳修斯-克拉贝龙(Clausius-Clapeyron)方程

$$\ln(p_2^0/p_1^0)=-\frac{\Delta H}{R}\left(\frac{1}{T_2}-\frac{1}{T_1}\right) \tag{2-2}$$

式中:p_1^0、p_2^0 分别为 T_1、T_2 温度下的饱和蒸气压,Pa;ΔH 为摩尔气化热,J·mol^{-1};R 为摩尔气体常量,8.314 J·K^{-1}·mol^{-1}。

式(2-2)由热力学关系推导而来,其中 ΔH 在温度变化范围不大时可视为常数。若已知温度 T_1 时的 p_1^0 和 ΔH 值,可用式(2-2)计算其他温度下的饱和蒸气压。

2) 安托因(Antoine)方程

安托因方程是关联饱和蒸气压与温度关系最常用的方程之一,其表达式为

$$\lg p^0=A-\frac{B}{C+t} \tag{2-3}$$

式中:p^0 为饱和蒸气压,kPa;t 为温度,℃;A、B、C 为安托因方程的系数。

各种手册上所提供的安托因方程系数常有明确的使用温度范围,不宜任意外推。在给定的温度范围内,此方程有很好的精确度。另外,各种手册上所提供的安托因方程系数因其所使用的计量单位不同而有不同的数值,使用时应予以注意。

部分化合物的安托因方程系数及使用温度范围如表 2-1 所示。

表 2-1　部分化合物的安托因方程系数及使用温度范围

物质	A	B	C	$t/℃$
甲醇	7.197 36	1 574.99	238.86	−16~91
乙醇	7.338 27	165.05	231.48	−3~96
乙酸	6.424 52	1 479.02	216.82	15~157
丙酮	6.356 47	12 377.03	237.23	−32~77
正丙醇	6.744 14	1 375.14	193.0	12~127
异丙醇	7.243 13	1 580.92	219.61	−1~101
苯	6.030 55	1 211.033	220.790	−16~104
甲苯	6.079 54	1 344.8	219.482	6~137
邻二甲苯	6.123 81	1 474.679	213.686	32~172
间二甲苯	6.133 98	1 462.266	215.105	28~166
对二甲苯	6.115 42	1 453.43	215.307	26~170
乙苯	6.082 08	1 424.255	213.06	26~163
氯苯	6.103 0	1 431.05	217.55	0~110
苯乙烯	6.082 0	1 445.58	209.43	31~187
氯乙烯	5.622 0	783.4	230.0	−188~17
水	7.074 06	1 657.46	227.02	10~168

2.2.3　纯物质的热容

热容是化工计算中常用的物性数据。1kg 物质的热容称为比热容；1mol 物质的热容则称为摩尔热容。根据过程的不同，热容又分为等压热容（C_p）和等容热容（C_V）。大部分固体、液体和气体的热容计算式都是经验性的，一般为温度的函数。设计时若查不到所需的热容数据，则可通过下面的一些经验式进行计算。

2.2.3.1　固体的热容

1）元素的热容

$$C = \frac{原子摩尔热容\,C_i}{相对原子质量} \tag{2-4}$$

常见元素的热容如表 2-2 所示。

表 2-2　20℃时常见元素的热容

元素	$C_i/(\text{kJ·kmol}^{-1}\text{·K}^{-1})$		元素	$C_i/(\text{kJ·kmol}^{-1}\text{·K}^{-1})$	
	固态	液态		固态	液态
C	7.5	11.7	O	16.7	25.1
H	9.6	18.0	F	20.9	29.3
B	11.3	19.6	P 或 S	22.6	30.9
Si	15.9	24.2	其余元素	25.9	33.4

2) 化合物的热容

固体热容的近似计算可以用柯普定则(Kopp's rule),即室温下固体化合物的热容近似等于各原子的热容之和。

$$C=\frac{1}{M}\Big[\sum n_i C_i\Big] \tag{2-5}$$

式中:C 为化合物的热容,kJ·kmol^{-1}·K^{-1};n_i 为分子中 i 原子的原子数;C_i 为 i 原子的热容,kJ·kmol^{-1}·K^{-1};M 为化合物的相对分子质量。

2.2.3.2 液体的热容

液体的热容也可以用柯普定则求取,也可以用 Missenard 法、Rowlinson-Bondi 法等方法计算(化学工程手册编委会,1989;中国石化集团上海工程有限公司,2009)。

2.2.3.3 气体的热容

纯组分理想气体的热容与温度的关系如下式所示:

$$C_p^0=A+BT+CT^2+DT^3 \tag{2-6}$$

式中:C_p^0 为纯组分理想气体的热容,cal·mol^{-1}·K^{-1}(1cal=4.1868J,下同);T 为温度,K;常数 A、B、C、D 随物质的不同而异(化学工程手册编委会,1989;中国石化集团上海工程有限公司,2009)。

在同一温度和组成下,实际气体热容与理想气体热容间有如下关系:

$$C_p=C_p^0+\Delta C_p \tag{2-7}$$

式中:ΔC_p 为剩余热容,可用恒压和恒组成下焓差的偏微商确定,$\Delta C_p=\dfrac{\partial(H-H^0)}{\partial T}$。

2.2.4 纯物质的气化潜热

2.2.4.1 正常沸点下的气化潜热

气化潜热可以由实验测定,很多物质的气化潜热都可以从手册中查到。如果无实测数据可查,建议使用 Vetere 法进行计算,其误差通常小于 2%。

Vetere 法:

$$\Delta H_{vb}=RT_c T_{br}\frac{0.4343\ln p_c-0.688\,59+0.895\,84T_{br}}{0.376\,91-0.373\,06T_{br}+0.148\,78/(p_c T_{br}^2)} \tag{2-8}$$

式中:ΔH_{vb} 为正常沸点时的气化潜热,cal·mol^{-1};T_c 为临界温度,K;p_c 为临界压强,atm(1atm=1.013 25×10^{5}Pa,下同);T_{br} 为正常沸点时的对比温度(沸点下的热力学温度与临界温度的比值);R 为摩尔气体常量,1.987cal·mol^{-1}·K^{-1}。

2.2.4.2 气化潜热随温度的变化

随着温度的升高,气化潜热逐渐减小。在临界点,气化潜热的值为零。若已知某一温度时的气化潜热 ΔH_{v1},则可用下式求算另一温度下的气化潜热 ΔH_{v2}。

$$\Delta H_{v2}=\Delta H_{v1}\left(\frac{1-T_{r2}}{1-T_{r1}}\right)^n \tag{2-9}$$

式中:T_{r1}、T_{r2} 为分别为温度 T_1、T_2 下的对比温度(热力学温度的比);n 为指数,其数值的大小

与 T_{br} 有关，$0.57 < T_{br} < 0.71$，$n = 0.740 T_{br} - 0.116$；$T_{br} < 0.57$，$n = 0.30$；$T_{br} > 0.71$，$n = 0.40$。通常取 $n = 0.38$。

2.2.5　纯物质的热导率

热导率也称导热系数，是表征材料导热性能的参数。热导率越大，导热性能越好。气、液、固三相均有相应的热导率，在数值上液体的热导率比气体的热导率大得多，为 $10 \sim 100$ 倍。物体的热导率与材料的组成、结构、温度、湿度、压强以及聚集状态等许多因素有关。

2.2.5.1　气体的热导率

1）低压气体热导率的计算

低压气体的热导率可用 Eucken 法计算：

$$\frac{\lambda M}{\mu} = 4.47 + C_V \tag{2-10}$$

改进的 Eucken 法：

$$\frac{\lambda M}{\mu} = 3.52 + 1.32 C_V \tag{2-11}$$

式中：λ 为热导率，$cal \cdot cm^{-1} \cdot s^{-1} \cdot K^{-1}$；$M$ 为摩尔质量，$g \cdot mol^{-1}$；μ 为黏度，P；C_V 为等容热容，$cal \cdot mol^{-1} \cdot K^{-1}$。

2）温度对低压气体热导率的影响

低压气体的热导率随温度的升高而升高，但在相当大的压强范围内，压强对热导率无明显影响。温度的影响可以用下式表示：

$$\frac{\lambda_{T_2}}{\lambda_{T_1}} = \left(\frac{T_2}{T_1} \right)^{1.786} \tag{2-12}$$

式中：T 为热力学温度，K。此式不宜用于环状化合物。

3）压强对气体热导率的影响

低压区（$133Pa \sim 1MPa$），多数气体每增加一个 $0.1MPa$，热导率增加 1% 左右。这种差别在文献中常忽略不计。压强高时，压强对气体热导率的影响明显，可参照相关文献进行校正。

2.2.5.2　液体的热导率

在同一温度下，普通液体的热导率为低压气体的 $10 \sim 100$ 倍，其值多为 $250 \sim 400 \mu cal \cdot cm^{-1} \cdot s^{-1} \cdot K^{-1}$。对非极性液体，其无量纲群 $M\lambda/(R\mu)$ 基本恒定在 $2 \sim 3$（其中，M 为摩尔质量；λ 为热导率；R 为摩尔气体常量；μ 为黏度）。

1）纯物质液体热导率的计算

A. Robbins-Kingrea 法

$$\lambda_1 = \frac{(88 - 4.49H) \times 10^{-3}}{\Delta S^*} \times \left(\frac{0.55}{T_r} \right)^N C_p \rho^{4/3} \tag{2-13}$$

式中：λ_l 为液体热导率，$cal \cdot cm^{-1} \cdot s^{-1} \cdot K^{-1}$；$H$ 为参数，由分子结构决定；C_p 为液体热容，$cal \cdot mol^{-1} \cdot K^{-1}$；$\rho$ 为液体密度，$mol \cdot cm^{-3}$；T_r 为对比温度，T/T_c；$\Delta S^* = \dfrac{\Delta H_{vb}}{T_b} + R \ln \left(\dfrac{273}{T_b} \right)$；

ΔH_{vb} 为正常沸点下的气化潜热，cal·mol^{-1}；T_b 为正常沸点，K。

参数 N 取决于液体在 20℃ 时的密度。当液体密度小于 1g·cm^{-3} 时，$N = 1$；密度 >1g·cm^{-3}，则 $N = 0$。本法适用于 $T_r = 0.4 \sim 0.9$，但不适用于含硫化合物和无机物，一般误差在 4% 以内，少数可达 10%。

B. Sato-Riedel 法(沸点方程式)

正常沸点下液体的热导率的计算式如下：

$$\lambda_{lb} = \frac{2.64 \times 10^{-3}}{M^{1/2}} \tag{2-14}$$

式中：λ_{lb} 为正常沸点下液体的热导率，cal·(cm·s·K)$^{-1}$；M 为相对分子质量。

其他温度下的热导率则按下式计算：

$$\lambda_1 = \frac{2.64 \times 10^{-3}}{M^{1/2}} \left[\frac{3 + 20 (1 - T_r)^{2/3}}{3 + 20 (1 - T_{br})^{2/3}} \right] \tag{2-15}$$

式中的 T_{br} 为正常沸点下的对比温度 T_b/T_c，温度的单位为 K。Sato-Riedel 方程对低分子烃及异构烃的计算效果不好，其计算值一般高于实验值，但对于非烃的物质，计算效果较好。

Robbins-Kingrea 法精度较高，误差一般小于 5%。Sato-Riedel 法是简便近似的计算方法，但此法不适用于高极性化合物、异构烃、低分子烃和无机物，并对温度高于常压沸点的条件不适用。

2) 温度对液体热导率的影响

除了水及某些水溶液和多羟基的化合物外，液体热导率一般随温度的升高而降低(但在低温高压下，dλ/dT 常为正值)。低于或接近于正常沸点时可以认为是直线关系。

$$\lambda_1 = \lambda_{10} [1 + \alpha (T - T_0)] \tag{2-16}$$

式中：λ_{10} 为 T_0 温度下的热导率；λ_1 为 T 温度下的热导率；α 对一定的化合物为一常数，α 为 -0.0005 ~ 0.002K^{-1}，但 dλ/dT 在接近熔点时数值很小，而接近临界点时数值却很大。

2.2.5.3 固体的热导率

固体材料的热导率随温度变化，对于大多数金属材料，热导率随温度升高而减小；而对于大多数非金属材料，热导率随温度升高而增大。绝大多数质地均匀的固体其热导率与温度近似呈线性关系。

2.2.6 纯物质的表面张力

2.2.6.1 表面张力计算

1) Macleod-Sugden 法

$$\sigma^{1/4} = [P] (\rho_L - \rho_V) \tag{2-17}$$

式中：σ 为表面张力，dyn·cm^{-1}；$[P]$ 为等张比容，可通过分子结构常数加和求取(参见相关文献)；ρ_L、ρ_V 分别为液体、饱和蒸气的密度，mol·cm^{-3}。

此法对氢键型液体一般误差小于 10%，非氢键型液体误差更要小一些，但由于表面张力与密度是四次方的关系，密度的影响很大，应予以注意。

2) 对应态法

$$\sigma = p_c^{2/3} T_c^{1/3} Q (1 - T_r)^{11/9} \tag{2-18}$$

式中：$Q = 0.1207 \left(1 + \dfrac{T_{br} \ln p_c}{1 - T_{br}}\right) - 0.281$；$p_c$ 为临界压强，atm；T_c 为临界温度，K；T_r 为对比温

度 T/T_c；T_{br}为正常沸点下的对比温度 T_b/T_c。

式(2-18)适用于非氢键型液体,误差通常小于 5％,但不适合强氢键物质(如醇、酸)等。

2.2.6.2 表面张力与温度的关系

$$\frac{\sigma_2}{\sigma_1} = \left(\frac{T_c - T_2}{T_c - T_1}\right)^n \tag{2-19}$$

n 一般为 11/9,从实验数据结果归纳后得到:醇类 $n=1.00$、烃及醚类 $n=1.16$、其他有机化合物 $n=1.24$。

2.2.7 纯物质的临界常数

临界常数不仅其本身是重要的物性数据,而且还是关联和计算其他物性数据的主要参数。下面给出的是有机化合物和无机化合物临界常数的一些计算方法。

2.2.7.1 有机化合物临界常数的计算

计算有机化合物临界常数有许多方法,其中 Lydersen 分子结构法是最简单而可靠的方法,目前仍普遍使用。该法是用原子及原子团对临界常数的影响按加和法来计算。

1) 临界温度计算式

$$\frac{T_b}{T_c} = 0.567 + \sum \Delta_T - \left(\sum \Delta_T\right)^2 \tag{2-20}$$

式中:T_b为正常沸点,K;Δ_T为温差的结构因数。

按式(2-20)计算的结果与实验数据相比,其误差一般小于 2％;相对分子质量大于 100 的非极性物质可达 5％。多个极性官能团的分子(即多元醇)则误差不定。

2) 临界压强计算式

$$p_c = \frac{M}{\left(0.34 + \sum \Delta_p\right)^2} \tag{2-21}$$

式中:M 为相对分子质量;Δ_p为结构因数。

一般误差小于 4％,对相对分子质量大于 100 的非极性物质可达 10％,对多官能团的极性化合物误差不定。

3) 临界体积计算式

$$V_c = 40 + \sum \Delta_V \tag{2-22}$$

式中:Δ_V为结构因数。

结构因数 Δ_T、Δ_p、Δ_V的值见文献(化学工程手册编委会,1989)。

2.2.7.2 无机化合物临界常数的计算

计算无机化合物临界常数目前尚无很恰当的关联式。根据大量的实验数据发现无机化合物正常沸点与临界温度之间的比例关系为

大多数无机化合物

$$T_c = 1.73 \, T_b \tag{2-23}$$

式中:T_b为正常沸点,K;T_c为临界温度,K。

式(2-23)对 23 种无机物的平均误差为 3.4%。对卤族元素及卤化氢也适用。

2.3 混合物物性数据的计算

根据手册、文献资料所查得的通常都是纯物质的物性数据,而化工生产过程所处理的物料则多为混合物。对于各种不同的混合物,其物性数据不可能一一进行测定,化工设计时常利用纯物质的性质来计算混合物的物性。计算混合物物性的方法很多,可参见化学工程类手册,下面介绍一些常用的混合物物性数据的计算方法。

2.3.1 混合物的平均摩尔质量

混合气体平均摩尔质量可根据各组分的摩尔质量及摩尔分数由下式求得:

$$M_m = \sum y_i M_i \tag{2-24}$$

式中:M_m 为混合气体的平均摩尔质量,$g \cdot mol^{-1}$;y_i 为 i 组分的摩尔分数;M_i 为 i 组分的摩尔质量,$g \cdot mol^{-1}$。

2.3.2 混合物的密度

2.3.2.1 混合气体和蒸气的密度

气体混合物的密度可用混合物的平均摩尔质量代入式(2-1)进行计算,也可用下式的加和法进行计算,即

$$\rho_m = \sum_{i=1}^{n} y_i \rho_i \tag{2-25}$$

式中:ρ_m 为混合气体的密度,$kg \cdot m^{-3}$;y_i 为 i 组分的体积分数(摩尔分数);ρ_i 为 i 组分的密度,$kg \cdot m^{-3}$。

2.3.2.2 混合液体的密度

混合液体的密度可用加和法处理,此法即使对于非理想溶液,误差也不是很大。

$$\rho_m = \frac{1}{\sum \dfrac{w_i}{\rho_i}} \tag{2-26}$$

式中:ρ_m 为混合液体的密度,$kg \cdot m^{-3}$;w_i 为 i 组分的质量分数;ρ_i 为 i 组分的密度,$kg \cdot m^{-3}$。

2.3.3 混合物的黏度

2.3.3.1 混合气体的黏度

常压下气体混合物的黏度可以采用 Herning-Zipperer 法求得

$$\mu_m = \frac{\sum y_i \mu_i M_i^{0.5}}{\sum y_i M_i^{0.5}} \tag{2-27}$$

式中:μ_m 为常压下混合气体的黏度,$mPa \cdot s$;y_i 为 i 组分的摩尔分数;μ_i 为常压下 i 组分的黏度,$mPa \cdot s$;M_i 为 i 组分的相对分子质量。

式(2-27)对烃类及工业上多组分混合物的平均误差和最大误差分别为 1.5% 和 5%,但对

黏度-温度曲线有极大值的混合体系(如含 H_2 的系统)则例外,H_2 含量高时,误差可达 10%。

2.3.3.2　混合液体的黏度

互溶液体混合物的黏度可用下式求取:

$$\mu_m^{1/3} = \sum_{i=1}^{n} x_i \mu_i^{1/3} \tag{2-28}$$

式中:μ_m 为混合液体的黏度,mPa·s;x_i 为混合液体中 i 组分的摩尔分数;μ_i 为 i 组分的黏度,mPa·s。

式(2-28)适用于非电解质、非缔合性液体的混合物。对摩尔质量及一般性质较接近的各组分的混合物,其准确度较高。

对于互溶非缔合性液体的混合物,也可用下式计算:

$$\lg\mu_m = \sum_{i=1}^{n} x_i \lg\mu_i \tag{2-29}$$

式中:μ_m 为混合液体的黏度,mPa·s;x_i 为混合液体中 i 组分的摩尔分数。

2.3.4　混合物的蒸气压

遵守 Raoult 定律的混合液体,i 组分的分压计算公式为

$$p_i = x_i p_i^0 \tag{2-30}$$

式中:p_i 为 i 组分的分压;p_i^0 为 i 组分的饱和蒸气压;x_i 为 i 组分在液相中的摩尔分数。

遵守 Raoult 气体分压定律的混合蒸气的总压强计算公式为

$$p = \sum p_i \tag{2-31}$$

式中:p 为蒸气压;p_i 为 i 组分的分压。

2.3.5　混合物的热容

混合液体或混合气体的平均热容可用叠加法计算:

$$C_m = \sum_{i=1}^{n} x_i C_i \tag{2-32}$$

式中:C_m 为混合液体或混合气体的平均摩尔热容,kJ·mol^{-1}·K^{-1};x_i 为 i 组分的摩尔分数;C_i 为 i 组分的摩尔热容,kJ·mol^{-1}·K^{-1}。

2.3.6　混合物的热导率

2.3.6.1　混合气体的热导率

有许多关于常压下混合气体热导率的计算公式,其中下式最为常用:

$$\lambda_m = \frac{\sum_{i=1}^{n} y_i \lambda_i M_i^{1/3}}{\sum_{i=1}^{n} y_i M_i^{1/3}} \tag{2-33}$$

式中:λ_m 为常压下混合气体的热导率,W·m^{-1}·K^{-1};y_i 为 i 组分的摩尔分数;λ_i 为常压下 i 组分的热导率,W·m^{-1}·K^{-1};M_i 为 i 组分的相对分子质量。

对高压混合气体热导率进行推算时,常需将高压纯组分关系与相应的混合规则相结合。

低压混合气体的热导率的近似计算方法还可用 Wassiljewa 方程式计算。

2.3.6.2　混合液体的热导率

有机液体混合物的热导率通常比以摩尔分数或质量分数计算所得的数值要小。
幂律关系式：

$$\lambda_{\mathrm{m}}^r = w_1 \lambda_1^r + w_2 \lambda_2^r \tag{2-34}$$

式中：w 为质量分数；r 取决于 λ_2/λ_1（此处 $\lambda_2 > \lambda_1$），在多数系统中 $1 \leqslant \lambda_2/\lambda_1 \leqslant 2$，此时可选择 $r = -2$。

式(2-34)也可作为计算多元混合物的通式：

$$\lambda_{\mathrm{m}}^r = \sum_{j=1}^n w_j \lambda_j^r \tag{2-35}$$

2.3.7　混合物的气化潜热

混合液体的气化潜热可以根据混合物各组分的气化潜热按下式计算：

$$\Delta H_{\mathrm{vm}} = \sum_{i=1}^n x_i \Delta H_{\mathrm{vi}} \tag{2-36}$$

式中：ΔH_{vm} 为混合液体的气化潜热，kJ·kmol^{-1}；x_i 为 i 组分的摩尔分数；ΔH_{vi} 为 i 组分的气化潜热，kJ·kmol^{-1}。

2.3.8　混合物的表面张力

2.3.8.1　非水溶液混合物的表面张力

1) Macleod-Sugden 法

$$\sigma_{\mathrm{m}}^{1/4} = \sum_{i=1}^n [P_i](\rho_{\mathrm{Lm}} x_i - \rho_{\mathrm{Vm}} y_i) \tag{2-37}$$

式中：σ_{m} 为混合物的表面张力，dyn·cm^{-1}；$[P_i]$ 为 i 组分的等张比容；x_i、y_i 分别为液相、气相的摩尔分数；ρ_{Lm}、ρ_{Vm} 分别为混合物液相、气相的密度，mol·cm^{-3}。
本法的误差对非极性混合物一般为 $5\% \sim 10\%$，对极性混合物为 $5\% \sim 15\%$。

2) 快速计算法

$$\sigma_{\mathrm{m}}^r = \sum x_i \sigma_i^r \tag{2-38}$$

对于大多数混合物，$r = 1$。若为了更好地符合实际，r 可为 $-3 \sim +1$。

2.3.8.2　水溶液的表面张力

有机物分子中烃基是疏水性的，有机物在表面的浓度高于主体部分的浓度，因而当少量的有机物溶于水时，足以影响水的表面张力。在有机物溶质浓度不超过 1% 时，可应用下式求取溶液的表面张力 σ：

$$\sigma/\sigma_{\mathrm{w}} = 1 - 0.411 \lg(1 + x/\alpha) \tag{2-39}$$

式中：σ 为溶液的表面张力，mN·m^{-1}；σ_{w} 为纯水的表面张力，mN·m^{-1}；x 为有机物溶质的摩

尔分数；α 为特性常数，见表 2-3。

表 2-3　特性常数 α 值

有机物	$10^4\alpha$	有机物	$10^4\alpha$	有机物	$10^4\alpha$	有机物	$10^4\alpha$	有机物	$10^4\alpha$
丙酸	26	甲乙酮	19	甲酸丙酯	8.5	乙酸丙酯	3.1	丙酸丙酯	1.0
正丙酸	26	正丁酸	7	乙酸乙酯	8.5	正戊酸	1.7	正己酸	0.75
异丙酸	26	异丁酸	7	丙酸甲酯	8.5	异戊酸	1.7	正庚酸	0.17
乙酸甲酯	26	正丁醇	7	二乙酮	8.5	正戊醇	1.7	正辛酸	0.034
正丙胺	19	异丁醇	7	丙酸乙酯	3.1	异戊醇	1.7	正癸酸	0.025

二元的有机物-水溶液的表面张力在宽浓度范围内可用下式求取：

$$\sigma_m^{1/4} = \phi_{sw}\sigma_w^{1/4} + \phi_{so}\sigma_o^{1/4} \tag{2-40}$$

式中：$\phi_{sw} = x_{sw}V_w/V_{sw}$；$\phi_{so} = x_{so}V_o/V_{so}$。

用下列各关联式求出 ϕ_{sw} 和 ϕ_{so}。

$$B = \lg(\phi_w^q/\phi_o) \tag{2-41}$$

$$\phi_{sw} + \phi_{so} = 1 \tag{2-42}$$

$$A = B + Q \tag{2-43}$$

$$A = \lg(\phi_{sw}^q/\phi_{so}) \tag{2-44}$$

$$Q = 0.441(q/T)\left(\frac{\sigma_o V_o^{2/3}}{q} - \sigma_w V_w^{2/3}\right) \tag{2-45}$$

$$\phi_o = x_o V_o/(x_w V_w + x_o V_o) \tag{2-46}$$

$$\phi_w = x_w V_w/(x_w V_w + x_o V_o) \tag{2-47}$$

式中：下角 w、o、s 分别指水、有机物及表面部分；x_w、x_o 指主体部分的摩尔分数；V_w、V_o 指主体部分的摩尔体积；σ_w、σ_o 为纯水及有机物的表面张力。q 值取决于有机物的种类与分子的大小，见表 2-4。

表 2-4　q 值

物质	q	举例
脂肪酸、醇	碳原子数	乙酸 $q=2$
酮类	碳原子数减 1	丙酮 $q=2$
脂肪酸的卤代衍生物	碳原子数乘以卤代衍生物与原脂肪酸摩尔体积比	氯代乙酸 $q=2\dfrac{V_s(氯代乙酸)}{V_s(乙酸)}$

若用于非水溶液，q 为溶质的摩尔体积与溶剂的摩尔体积之比。本法对 14 个水系统，2 个醇-醇系统，当 q 值小于 5 时，误差小于 10%；当 q 值大于 5 时，误差小于 20%。

2.3.9　混合物的临界常数

在求物性数据时，常将混合物作为假想的纯物质，这时若用混合物的真临界数据进行计算往往得不到正确的结果，因此就提出用混合物的假临界性质数据来计算混合物的性质。计算混合物假临界性质最简单且应用较广泛的是 Kay 规则，即混合物的假临界常数为纯物质（组分）临界常数的摩尔平均值。

$$T_{cm} = \sum y_i T_{ci} \qquad (2\text{-}48)$$

$$p_{cm} = \sum y_i p_{ci} \qquad (2\text{-}49)$$

$$V_{cm} = \sum y_i V_{ci} \qquad (2\text{-}50)$$

$$Z_{cm} = \sum y_i Z_{ci} \qquad (2\text{-}51)$$

式中：T_{ci}、p_{ci}、V_{ci}、Z_{ci} 分别为纯物质 i 的临界温度、临界压强、临界体积和临界压缩因子；T_{cm}、p_{cm}、V_{cm}、Z_{cm} 分别为混合气体的临界温度、临界压强、临界体积和临界压缩因子；y_i 为 i 组分的摩尔分数。

本章符号说明

A、B、C—安托因方程的系数

C—热容

M—相对分子质量或摩尔质量

n—物质的量

p^0—饱和蒸气压

p_c—临界压强

p—蒸气压

R—摩尔气体常量

T_{br}—正常沸点下的对比温度

T_b—沸点

T_c—临界温度

T_r—对比温度

T—热力学温度

V_c—临界体积

w—质量分数

x—液体的摩尔分数

y—气体的摩尔分数

Z_c—临界压缩因子

ΔH_v—气化潜热

ΔH_{vb}—正常沸点时的气化潜热

σ—表面张力

ρ—密度

μ—黏度

λ—热导率

λ_l—液体的热导率

λ_{lb}—正常沸点下液体的热导率

下脚标

i—i 组分

m—混合物，平均值

第3章　板式精馏塔的工艺设计

3.1　概　　述

精馏是石油及化学工业生产中最常见的单元操作,它利用液态混合物中各组分挥发度的不同实现轻重组分的分离,从而达到液态混合物的分离提纯或回收混合物中有用组分的目的。实现精馏分离过程必须有精馏装置,包括精馏塔、换热器、流体输送机械、管道、测量及控制系统等。本节介绍板式精馏塔工艺设计的基本理论、基本方法及设计实例。

3.1.1　精馏操作对塔设备的要求

精馏是通过塔顶的液相回流及塔底液部分气化造成的气相回流来实现混合物的多次部分气化和部分冷凝,气、液相之间的传质是实现精馏分离的必要条件。因此,作为气、液两相传质所用的塔设备,首先必须要能使气、液两相得到充分的接触,以达到较高的传质效率。同时,为了满足工业生产的需要,塔设备还需满足以下基本要求。

(1)气、液处理量大。生产能力大时,不致发生大量的液沫夹带、拦液或液泛等不正常的操作现象。

(2)操作稳定,弹性大。当塔设备的气、液负荷有较大范围的变动时,仍能在较高的传质效率下进行稳定的操作并应保证长期连续操作所必须具有的可靠性。

(3)流体流动阻力小。流体流经塔设备的压降要小,这将大大节省动力消耗,从而降低操作费用。对于减压精馏操作,过大的压降还将使整个系统无法维持必要的真空度。

(4)结构简单,材料耗用量小,制造和安装容易。

(5)耐腐蚀,不易堵塞,操作、调节及检修方便。

(6)塔内的液体滞留量要小。

实际上,任何塔设备都难以满足上述所有要求,况且上述要求中有些也是互相矛盾的。不同类型的塔设备各有其特点,设计时应根据物系性质和具体要求,抓住主要矛盾,进行塔设备的选型及设计。

3.1.2　板式塔的类型

气液传质设备主要分为板式塔和填料塔两大类。精馏操作既可采用板式塔,也可采用填料塔。板式塔为逐级接触型气液传质设备,其种类繁多,根据塔板上气液接触元件的不同,可分为筛板塔、浮阀塔、泡罩塔、穿流多孔板塔、舌形塔、浮动舌形塔和浮动喷射塔等多种。

工业上最早使用的板式塔是泡罩塔(1813 年)和筛板塔(1832 年)。20 世纪 50 年代以后,随着石油以及化学工业的迅速发展,相继出现了大批新型塔板,如 S 形板、浮阀塔板、多降液管筛板、舌形塔板、穿流式波纹塔板、浮动喷射塔板及角钢塔板等。目前从国内外实际使用情况看,主要的塔板类型为筛板塔、浮阀塔及泡罩塔,而前两者使用尤为广泛。

3.1.2.1 筛板塔

筛板塔的塔板为带有均匀筛孔的筛板,上升气流经筛孔分散、鼓泡通过板上液层,形成气液密切接触的泡沫层(或喷射的液滴群)。筛板塔是传质过程常用的塔设备,其主要有以下优点:① 结构简单,易于加工,造价约为泡罩塔的 60%,浮阀塔的 80%;② 处理能力大,比同塔径泡罩塔的处理能力大 10%~15%;③ 塔板效率高,比泡罩塔高 15%左右;④ 压降较低,每板压降比泡罩塔低 30%左右。

筛板塔也存在一些不足,如塔板安装的水平度要求较高,否则气液接触不匀;操作弹性较小(为 2~3);小孔筛板容易堵塞等。

但设计良好的筛板塔仍能获得足够的操作弹性,对易引起堵塞的物系还可以采用大孔径的筛板,防止堵塞。

3.1.2.2 泡罩塔

泡罩塔是最早使用的板式塔,其主要构件是泡罩、升气管及降液管。泡罩的种类很多,国内应用较多的是圆形泡罩。泡罩塔的主要优点是操作弹性较大,液气比范围大,适用于多种介质,操作稳定可靠;但其结构复杂、造价高、安装维修不便,气相压降较大。

3.1.2.3 浮阀塔

浮阀塔是在泡罩塔的基础上发展起来的,它主要的改进是取消了升气管和泡罩,在塔板开孔上设有浮动的浮阀,浮阀可根据气体流量上下浮动,自行调节,使气缝速度稳定在某一数值。这一改进使浮阀塔在操作弹性、塔板效率、压降、生产能力以及设备造价等方面优于泡罩塔。但在处理黏度大的物料方面不及泡罩塔可靠。浮阀塔广泛用于精馏、吸收以及解吸等传质过程中。

3.1.3 板式精馏塔的设计原则及步骤

3.1.3.1 设计原则

总的原则是尽可能多地采用先进的技术,使生产达到技术先进、经济合理的要求,符合优质、高产、低耗、安全、环保的原则,具体应从以下几方面考虑。

1) 满足工艺和操作的要求

设计出的精馏流程和设备首先必须保证产品达到设计任务规定的要求,而且质量要稳定。由于工业上原料的浓度、温度经常会有变化,因此设计的流程及设备需要具有一定的操作弹性,以便于进行流量和传热量的调节;在必要的位置上要安装调节阀门;在管路中要安装备用支线。计算冷凝器、再沸器等的传热面积和选取操作指标时,也应考虑到生产上可能的波动。另外,还要考虑必需的测量和控制仪表(如温度、压强、流量、液位等的测量和控制)及其安装位置,以便能通过这些仪表来监测和控制生产过程。

2) 满足经济上的要求

要尽可能降低热能和电能的消耗,减少设备及基建的费用。例如,在精馏过程中合理利用塔顶和塔釜的废热,既可节省蒸气和冷却介质的消耗,也能节省电的消耗。又如,冷却水出口温度的高低,一方面影响冷却水的用量,另一方面也影响所需传热面积的大小,即对操作费用和设备费用都有影响。回流比对操作费用和设备费用也都有很大的影响,必须选择合适的回流比。因此,设计时应全面考虑,力求总费用尽可能低。

3) 保证生产安全

生产中应防止物料的泄露,生产和使用易燃物料车间的电器均应满足防爆要求。塔体大的精馏塔一般都安装在室外,为了能够抵抗酷暑、严寒、雨雪、风暴、地震等大自然的破坏,塔设备应具有一定刚度和强度。如果塔的设计是在常压下操作,当塔内压强过大或塔骤冷而产生真空时,都会使塔受到破坏,因而需要设计相应的安全装置。例如,乙醇属易燃物料,设计的塔设备要防止乙醇蒸气泄露,生产车间也不能使用易产生火花的设备,而应采用防爆产品。

3.1.3.2　设计步骤

板式精馏塔的工艺设计按以下步骤进行。

(1) 设计方案的确定。根据给定的设计任务,对精馏操作的流程、操作条件、主要设备类型及其材质的选取等问题进行论述。

(2) 精馏塔的工艺计算。包括物料衡算、理论塔板数的计算、实际板数的确定、塔高和塔径的计算等。

(3) 塔板设计。计算塔板各主要工艺尺寸,进行流体力学校核,并画出负荷性能图。

(4) 管路及附属设备的计算与选型。包括接管尺寸的确定,换热器、泵等辅助设备的设计与选型。

(5) 塔设备的结构设计、强度设计及稳定校核。

(6) 撰写设计说明书。

(7) 绘制工艺流程图及设备装配图。

3.2　板式精馏塔设计方案的确定

设计方案包括精馏流程、塔设备的结构类型、操作参数等的确定。例如,多组分体系的分离顺序、塔设备的类型、操作压强、进料热状态、塔顶蒸气的冷凝方式、回流比、余热利用的方案、测量控制仪表的设置、安全措施等。限于篇幅,这里仅对其中的一些内容作简要阐述。

3.2.1　精馏流程

典型的精馏装置包括精馏塔、原料预热器、蒸馏釜(再沸器)、塔顶冷凝器、釜液冷却器、产品冷却器、物料输送泵等设备。由于精馏分离时塔顶馏分的纯度更易于控制,因此精馏分离一般都是塔顶馏分作为产物采出。精馏大多数为连续操作,原料连续加入精馏塔中,塔顶、塔底连续收集馏分和釜液。连续操作的优点是集成度高,可控性好,产品质量稳定。

原料和回流液既可以采用泵输送,也可以采用高位槽送料。在能保证流量的情况下,若采用高位槽送料可免受泵操作波动对流量的影响。

进料可视体系的性质采用不同的进料热状态,从而决定进塔物料是否需要加热。若进料需加热,则要设置进料预热器。

塔顶冷凝装置可视生产情况决定采用分凝器或全凝器。塔顶分凝器对上升蒸气有一定的增浓作用,但为了便于准确地控制回流比,在获取液相产品时常采用全凝器。若后继装置使用的是气态物料,则宜选用分凝器。

塔釜的加热方式可采用再沸器通过间接蒸气加热,也可采用直接蒸气加热。

采出的塔顶馏分及塔釜液若需进一步冷凝,则需设置塔顶产物冷凝器及釜液冷凝器。

总之,流程确定要全面、合理地兼顾设备费、操作费、过程的可操作性以及安全等因素。流程确定后,按照流程要求进行精馏塔的工艺设计及换热器等辅助设备的设计和选型。

3.2.2 操作压强

精馏过程按操作压强可分为常压精馏、加压精馏和减压精馏。塔内操作压强的选择不仅涉及分离问题,而且与塔顶和塔底温度的选取有关。确定操作压强时,必须根据所处理物料的性质,兼顾技术上的可行性和经济上的合理性综合考虑,一般可遵循以下原则。

(1)优先使用常压精馏。除热敏性物系外,一般凡通过常压蒸馏就能达到分离要求,且使用循环水或江河水能将塔顶馏出物冷凝下来的物系,应首选常压精馏。

(2)对热敏性物料或混合物泡点过高的物系,宜采用减压精馏。例如,苯乙烯在常压下的沸点为145.2℃,但其在100℃以上就会发生聚合反应,故苯乙烯宜采用减压精馏。但减压精馏需要增加真空设备的投资和操作费用,而且由于真空下气体体积增大,需要的塔径增加,因此设备费也会增加。

(3)对于沸点低、在常压下为气态的物料,则应在加压下进行精馏。对常压下馏出物的冷凝温度过低的物系,也可以选择加压精馏。例如,石油气常压下为气态,必须采用加压精馏。脱丙烷塔的操作压强提高到1.765MPa时,冷凝温度约为50℃,此时用循环水或江河水就能将塔顶馏出物冷凝下来。在塔径相同的情况下,适当地提高操作压强可以提高塔的处理能力。但加压操作会增加塔身的壁厚,导致设备费用增加;压强增加,组分间的相对挥发度降低,回流比或塔高增加,导致操作费用或设备费用增加。

3.2.3 进料热状态

进料热状态与塔板数、塔径、回流量及塔的热负荷都有密切的联系。进料热状态有五种,用进料热状态参数 q 值来表示。进料为冷液,$q>1$;饱和液体(泡点)进料,$q=1$;气、液混合物进料,$0<q<1$;饱和蒸气(露点)进料,$q=0$;过热蒸气进料,$q<0$。q 值增加,冷凝器负荷降低而再沸器负荷增加,由此导致的操作费用的变化与塔顶馏出液流量 D 和进料流量 F 的比值 D/F 有关。对于低温精馏,不论 D/F 值如何,采用较高的 q 值更经济;对于高温精馏,当 D/F 值较大时,宜采用较小的 q 值;当 D/F 值较小时,宜采用 q 值较大的气液混合物。如果实际操作条件与上述要求不符,是否应对进料进行加热或冷却,可依据下列原则定性判断。

(1)工业上多采用接近泡点的液体或饱和液体(泡点)进料,泡点进料时操作比较容易控制,且不易受季节气温的影响。

(2)进料预热的热源温度低于再沸器的热源温度,原料通常用塔底采出液预热,这样可节省高温热源。

(3)若工艺要求减少塔釜的加热量,以避免釜温过高导致料液产生聚合或结焦时,则应提高进料的温度或提高气液混合进料中气态的含量,乃至气态进料。对进料进行预热有利于提高塔顶产出量及(或)提高馏出物中轻组分的含量,但在保证产品产量、质量及总能耗不变的条件下,进料预热会增加提馏段塔板数及总塔板数。

3.2.4　回流比

回流比是精馏操作的重要工艺条件,它对操作费用和设备费用都有很大的影响。对于一定的生产能力(即馏出量 D 一定时),塔内蒸气量 V 的大小取决于回流比,而影响精馏操作费用的主要因素就是塔内蒸气量。

实际回流比总是介于最小回流比和全回流两种极限状态之间。由于回流比的大小不仅影响所需的理论塔板数,还影响加热蒸气和冷却水的消耗量、塔径以及塔板、再沸器和冷凝器结构尺寸的选择。因此,适宜的回流比应通过经济核算确定,即操作费用和设备折旧费之和为最低时的回流比为适宜回流比。但作为课程设计,要进行这种核算是困难的。通常可依据下面三种方法之一来确定回流比。

(1) 根据设计的具体情况,参考生产上较可靠的回流比的经验数据选定。

(2) 先求出最小回流比 R_{min},根据经验取操作回流比 R 为最小回流比的 1.1~2.0 倍,即 $R=(1.1\sim2.0)R_{min}$。

(3) 在一定的范围内,选五种以上不同的回流比,计算出对应的理论塔板数,作出回流比与理论塔板数的关系曲线。当 $R=R_{min}$ 时,塔板数为 ∞;当 $R>R_{min}$ 时,塔板数从无限多减至有限数;R 继续增大,塔板数虽然可以减少,但减少速率变得缓慢,可据此在拐点处选择一适宜的回流比。

3.2.5　加热方式

塔釜的加热方式通常采用间接蒸气加热,设置再沸器;有时也可采用直接蒸气加热。若塔底产物近于纯水,而且在浓度很低时溶液的相对挥发度仍较大(如乙醇与水的混合液),可采用直接蒸气加热。直接蒸气加热的优点,一是可以利用压强较低的蒸气加热;二是在釜内只需安装鼓泡管,无须安置庞大的传热面。这样,可降低操作费用和设备费用。然而,直接蒸气加热,由于蒸气的不断通入,对塔底溶液起了稀释作用,在塔底易挥发物损失量相同的情况下,塔底残液中易挥发组分的浓度较低,因而塔板数稍有增加。但对有些物系(如乙醇与水的混合液),当残液的浓度很低时,溶液的相对挥发度很大,容易分离,故所增加的塔板数并不多,此时适宜采用直接蒸气加热。

值得提及的是,采用直接蒸气加热时,加热蒸气的压强要高于塔底的压强,以便克服蒸气喷出小孔的阻力及釜中液柱的静压强。对乙醇水溶液,一般采用 0.4~0.7kPa(表压)。

饱和水蒸气的温度与压强互为单值函数关系,其温度可通过压强调节。同时,饱和水蒸气的冷凝潜热较大,价格较低廉,因此通常用饱和水蒸气作为加热剂。但当加热温度超过180℃时,应考虑采用其他的加热剂,如烟道气、热油等。

当采用饱和水蒸气作为加热剂时,选用较高的蒸气压强,可以提高传热温差,从而提高传热效率,但蒸气压强的提高对锅炉提出了更高的要求。同时对于釜液的沸腾,温差过大,易形成膜状沸腾,反而对传热不利。

3.2.6　产品纯度或回收率

产品纯度通常是根据用户的要求决定的。若对精馏塔顶和塔底产品的纯度都有要求,则产品的回收率也已确定;若仅指定其中一种产品的纯度,设计人员则可根据经济分析决定产品的回收率。提高产品的纯度意味着提高产品的回收率,可获得一定的经济效益。但是,产品纯度的提高要通过增加塔板数或增加回流比来实现,这就意味着设备费用或操作费用的增加。因此,只能通过经济分析来决定产品的纯度或回收率。

3.2.7　热能的利用

精馏过程是组分反复气化和反复冷凝的过程,耗能较多。选取适宜的回流比,使过程处于最佳条件下进行,可使能耗降至最低。与此同时,合理地利用精馏过程本身的热能对节能降耗也十分重要。

若不计进料、馏出液和釜液间的焓差,塔顶冷凝器所输出的热量近似等于塔釜再沸器所输入的热量,其数量是相当可观的。然而,在大多数情况下,这部分热量由冷却剂带走而损失。如果采用釜液产品去预热原料,塔顶蒸气的冷凝潜热去加热能级低一些的物料,可以将塔顶蒸气冷凝潜热及釜液产品的余热充分利用。

此外,通过精馏系统的合理设置,也可以起到节能的效果。例如,采用中间再沸器和中间冷凝器流程,可以提高精馏塔的热力学效率。因为设置中间再沸器,可以利用温度比塔釜低的热源,而中间冷凝器则可回收温度比塔顶高的热量。

在考虑充分利用热能的同时,还应考虑到所需增加设备的投资和由此给精馏操作带来的影响。

3.3　板式精馏塔塔体的设计

板式精馏塔塔体的设计任务是计算塔体的工艺尺寸,包括塔高和塔径。精馏塔的塔高与精馏塔的理论塔板数、塔板效率、塔板间距等因素有关;塔径则与处理量有关,同时还应保证精馏塔有足够的气液接触面积、溢流面积等。

板式塔为逐级接触式的气液传质设备,沿塔方向每层板的组成、温度、压强都不同。由于塔中两相流动情况和传质过程的复杂性,许多参数和塔板尺寸需根据经验来选取,而参数与尺寸之间又彼此互相影响和制约,因此精馏塔的设计过程中不可避免要进行试差,计算结果也需要工程标准化。基于以上原因,在设计过程中需要不断地调整、修正和核算,直到设计出满意的板式塔。

3.3.1　物料衡算及操作线方程

通过全塔物料衡算,可以求出产品的流量、组成与进料的流量、组成之间的关系。物料衡算主要解决以下问题。

(1)根据设计任务所给定的产品产量(或原料处理量)、原料浓度、分离要求(塔顶、塔底产品的浓度)计算出单位时间的产品产量(或进料量)。

(2)在进料热状态参数 q 和回流比 R 选定后,分别算出精馏段和提馏段的上升蒸气量和下降液体量。

(3)写出精馏段和提馏段的操作线方程,为计算理论塔板数、塔高、塔径以及进行塔板结构的设计计算提供依据。

通常,原料量和产量一般以 $kg \cdot h^{-1}$(或 $t \cdot a^{-1}$)来表示,但在计算理论塔板数时均须转换为 $kmol \cdot h^{-1}$,在设计计算时,气、液流量又需用 $m^3 \cdot s^{-1}$ 来表示。因此要注意不同场合所使用的流量单位。

3.3.1.1　常规塔

常规塔指仅有一处进料、塔顶和塔底各有一个产品、塔釜间接蒸气加热的精馏塔。

1) 全塔总物料衡算

总物料衡算 $\qquad\qquad\qquad F = D + W$ (3-1)

易挥发组分衡算 $\qquad\qquad Fx_F = Dx_D + Wx_W$ (3-2)

若以塔顶易挥发组分为主要产品,则回收率 η 为

$$\eta = \frac{Dx_D}{Fx_F} \cdot 100\%$$ (3-3)

式中: F、D、W 分别为原料液、馏出液和塔底采出液流量,kmol·h^{-1}; x_F、x_D、x_W 分别为原料液、馏出液和塔底采出液中易挥发组分的摩尔分数。

由式(3-1)和式(3-2)得

$$D = F \cdot \frac{x_F - x_W}{x_D - x_W}$$ (3-4)

$$W = F \cdot \frac{x_D - x_F}{x_D - x_W}$$ (3-5)

2) 操作线方程

(1) 精馏段操作线方程。

上升蒸气量 V $\qquad\qquad\qquad V = (R+1)D$ (3-6)

下降液体量 L $\qquad\qquad\qquad L = RD$ (3-7)

操作线方程 $\qquad\qquad y_{n+1} = \frac{L}{V}x_n + \frac{D}{V}x_D$ (3-8)

或 $\qquad\qquad\qquad y_{n+1} = \frac{R}{R+1}x_n + \frac{1}{R+1}x_D$ (3-9)

(2) 提馏段操作线方程。

上升蒸气量 V' $\qquad\qquad V' = (R+1)D - (1-q)F$ (3-10)

或 $\qquad\qquad\qquad V' = L + qF - W$ (3-11)

下降液体量 L' $\qquad\qquad\qquad L' = RD + qF$ (3-12)

操作线方程 $\qquad y_{n+1} = \frac{L+qF}{L+qF-W} \cdot x_n - \frac{W}{L+qF-W} \cdot x_W$ (3-13)

式(3-9)及式(3-13)中: y_{n+1} 为精馏段或提馏段内第 $n+1$ 层板上升蒸气中易挥发组分的摩尔分数; x_n 为精馏段或提馏段内第 n 层板下降液体中易挥发组分摩尔分数; F、D、W 分别为原料液、馏出液和塔底采出液的流量,kmol·h^{-1}; x_D、x_W 分别为馏出液、塔底采出液中易挥发组分的摩尔分数; R 为回流比; q 为进料热状态参数。

注:为了便于区别精馏段和提馏段,在提馏段的相关参数符号上加有撇号($'$),特此提醒读者注意。

3) 进料线方程(q 线方程)

$$y = \frac{q}{q-1}x - \frac{x_F}{q-1}$$ (3-14)

3.3.1.2 直接蒸气加热

1) 全塔总物料衡算

总物料衡算 $\qquad F+V_0=D+W^*$ (3-15)

易挥发组分衡算 $\qquad Fx_F+V_0y_0=Dx_D+W^*x_W^*$ (3-16)

式中：V_0 为直接加热蒸气的流量，kmol·h^{-1}；y_0 为加热蒸气中易挥发组分的摩尔分数，一般 $y_0=0$；W^* 为直接蒸气加热时釜液流量，kmol·h^{-1}；x_W^* 为直接蒸气加热时釜液中易挥发组分的摩尔分数。

由式(3-15)和式(3-16)得

$$W^* = W + V_0 \tag{3-17}$$

$$x_W^* = \frac{W}{W+V_0}x_W \tag{3-18}$$

2) 操作线方程

(1) 精馏段操作线方程(同常规塔)。

(2) 提馏段操作线方程。

$$y_{n+1}=\frac{W^*}{V_0}x_n-\frac{W^*}{V_0}x_W \tag{3-19}$$

由此可见，直接蒸气加热时，若 $y_{n+1}=0$，则 $x_n=x_W^*$，因此，提馏段操作线与 x 轴相交于点 $(x_W^*,0)$。

3.3.2 理论塔板数的计算

对给定的设计任务，当分离要求和操作条件确定后，所需的理论塔板数可采用逐板计算法或图解法求得，有关内容在《化工原理》教材中已详尽讨论，此处不再赘述，只作概要说明。

3.3.2.1 图解法确定理论塔板数

1) 直角梯级图解法

直角梯级图解法也称 M-T 法，是二元精馏的经典方法。该法是在两相组成 y-x 直角坐标上，作出 y-x 的平衡曲线，并作出操作线与表示进料热状态的 q 线，再在操作线与平衡线之间划出连续的梯级，可求得所需的理论塔板数和适宜的进料板的位置。为了得到较准确的结果，应采用 Origin、Matlab 等具有数据及图形处理功能的软件作图。M-T 法对分离过程的难易给出了直观的表示，尤其是能很好地表示最小回流比的情况。

对于能直接获得气液平衡数据的情况，使用直角梯级图解法确定理论塔板数非常方便。但是利用只具有单一平衡曲线的 M-T 法无法研究压强对分离过程的影响，也无法算出各板的温度分布。因此，对于多工况系统，利用 M-T 法就显得繁杂。

2) 焓-浓图解法

在精馏过程中，不同物质的气化潜热并非完全相等，此外，对非理想溶液还应考虑混合热的影响。以热平衡为基础，考虑上述因素引起塔内各层间的气液流量的变化，Ponchon-Savarit 于 1921 年提出了焓-浓图解法。焓-浓图以比焓为纵坐标，以组成为横坐标，表示一定压强下、不同温度时各相的平衡组成及其相应的比焓。按照一定的程序，在焓-浓图上进行作图可得到所需的理论塔板数。

焓-浓图虽然比 M-T 法具有更多的优点,但大多数体系焓-浓数据缺乏,并且该法也无法研究压强改变对精馏的影响。对多工况系统,同样存在 M-T 法的缺点。

3.3.2.2　数值法确定理论塔板数

逐板计算法的原理与 M-T 法基本相同,所不同的是,数值法是利用数值方法联立求解平衡方程和操作线方程。当理论塔板数较多时,手算较为烦琐,用计算机求解则非常便利。

通常从塔顶开始计算。若塔顶采用全凝器,则 $y_1 = x_D$,且为已知值;而 y_1 与 x_1 成平衡,可用平衡方程由 y_1 求得 x_1,x_1 与 y_2 符合精馏段操作线关系,故用精馏段操作线方程可由 x_1 得到 y_2,y_2 与 x_2 成平衡,又利用平衡方程可由 y_2 求得 x_2,再利用精馏段操作线方程由 x_2 求得 y_3。如此重复计算,直到 $x_m \leqslant x_q$ 时,说明第 m 层理论塔板为进料板。因此精馏段的理论塔板数为 $m-1$ 块。此后,改用提馏段操作线方程,继续采用上述相同的方法直至计算到 $x_n \leqslant x_W$,求得提馏段的理论塔板数。一般认为再沸器内气、液两相达到平衡,所以再沸器相当于一块理论塔板,故提馏段理论塔板数为 $n-m+1$ 块。

需要指出的是,当平衡关系不是用方程表示,而是实验测得的一系列离散的数据时,可采用插值法得到对应的平衡值。

3.3.2.3　解析法确定理论塔板数

对于相对挥发度较小、难以分离的物系,用图解法不易得到准确的结果,需要采用解析法。解析法又分为简捷法和精确法两种。

简捷法是通过求取最小回流比(全回流时)及最少理论塔板数,选定适宜的回流比后,利用 Gilliand 图或经验关联式求得操作条件下的理论板数。简捷法为一种快速估算法,适用于作方案比较。

精确法是将平衡线和操作线方程联立,设法求解出其所需的理论塔板数。常用的有 Smoker 法和陈宁磬法等。Smoker 法利用移轴原理,将问题转化为求全回流时的最少理论塔板数;陈宁磬法则是利用差分方程通过计算公式求解。精确法可以较准确地计算理论塔板数,且不必逐板计算而可直接算出任何一层塔板上的液相组成。精确法建立在气液相为恒物质的量流动的假设上,且认为塔内的相对挥发度为常数,因此,精确法的应用受到限制。

随着模拟计算技术和计算机技术的发展,已开发出许多用于精馏过程模拟计算的软件,设计中常用的软件有 Aspen、Pro/ II 等。给定相应的设计参数,通过模拟计算,即可获得所需的理论塔板数、进料板位置、各层理论塔板的气液相负荷、各层理论塔板的温度与压强、气液相密度、气液相黏度等,计算快捷准确。

3.3.2.4　灵敏板位置的确定

精馏塔的主要操作控制参数有回流比、塔底温度及塔顶温度,其操作控制的手段包括改变回流比、改变塔釜加热量、改变进料量、改变进料位置等。

通过对连续精馏过程的分析可知,一个正常操作的精馏塔当受到外界因素干扰时(如回流比、进料组成波动等),全塔各块塔板的组成将发生变化,导致全塔的温度分布发生相应的变化。在总压一定的条件下,塔顶温度是馏出液组成的直接反映。但在高纯度分离时,在塔顶(或塔底)较长的一段塔段中其温度变化极小。例如,乙苯-苯乙烯在 8kPa 下减压精馏时,塔顶馏出液中乙苯含量由 99.9% 降至 90% 时,泡点温度仅变化了 0.7℃。在这种情况下,一般不采用测量塔顶温度的方法来反映馏出液的质量,而是通过控制灵敏板的温度来反映馏出液的质量。

列出某操作条件(如回流比)变化前后精馏塔各塔板上的液相组成及相应的泡点温度,可以发现在精馏段或提馏段的某些塔板上,温度的变化最为显著。或者说,这些塔板上的温度对操作条件的变化最为灵敏,这些板称为灵敏板。将感温元件安置在灵敏板上就可以较早发现精馏操作受到的干扰。根据灵敏板温度的变化可及时有效地对精馏过程进行调节,从而确保馏出液的质量。

进行精馏塔设计时,应根据工艺条件和要求,计算和确定灵敏板位置,为合理定位感温元件提供依据,并以此确定灵敏板处的适宜温度。

3.3.3 实际塔板数的确定

3.3.3.1 全塔效率及其影响因素

理论塔板是一个气液两相充分混合、传质及传热过程阻力皆为零的理想化塔板。由于实际塔板所发生的传递过程非常复杂,气液两相的传质及传热速率不仅与体系的性质、塔板的操作条件有关,而且还与塔板的结构有关。在实际塔板上,气液两相并未达到平衡,这种气液两相间传质的不完善程度通常用塔板效率来表示。塔板效率的表示方法有点效率、默弗里板效率、湿板效率等。

但是,对于一个特定的物系及特定的塔板结构,由于各塔板上的气液两相组成、温度及操作压强不同,导致塔板效率沿塔高变化很大。为了计算方便,在精馏塔的设计计算中多采用全塔效率来确定实际塔板数。

全塔效率 E_T 定义为

$$E_T = N_T/N \tag{3-20}$$

式中:E_T 为全塔效率;N_T 为塔内的理论塔板层数(不含塔釜);N 为实际塔板数。

由于精馏塔的塔釜可视为一块理论板,因此式(3-20)中 N_T 为塔内的理论板层数,即不含塔釜时的理论塔板数。

板式塔的全塔效率越高,为完成一定的分离任务所需要的实际塔板数越少,设备费用越低。因此,精馏塔设计时应采取有效的措施提高全塔效率。

影响全塔效率的因素除了流体的物性外,设备的结构及操作条件也是影响全塔效率的主要因素。为了提高全塔效率,设计时应根据物料的性质合理选择结构参数和操作参数,强化塔板上的传质和传热。

影响全塔效率的结构参数很多,如塔径、塔板间距、堰高、堰长、降液管尺寸等。此部分将在本章的后续内容中详细讨论。

影响全塔效率的操作参数主要是气相和液相流量。对一定的物系和一定的塔结构,为保证良好的操作状况和高的塔板效率,均应有适宜的气相和液相流量范围,这个范围取决于塔的负荷性能图。

3.3.3.2 全塔效率的估算

全塔效率与物系的物性、塔板结构和操作条件等诸多因素有关,很难找到各种因素之间的定量关系。因此,全塔效率只能通过实验测定获得。一些通过实测数据关联出的全塔效率曲线及经验关联式常用来确定全塔效率。

1) Drickamer 和 Bradford 法确定全塔效率

Drickamer 和 Bradford 根据 54 个泡罩精馏塔实测数据关联出全塔效率 E_T 与液体黏度的关系,如图 3-1 所示。

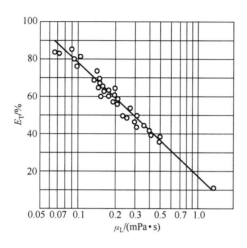

图 3-1　精馏塔全塔效率关联图

全塔效率 E_T 与液体黏度的关系可也用下述关联式表示:

$$E_T = 0.17 - 0.616 \lg \mu_L \tag{3-21}$$

式中:E_T 为全塔效率;μ_L 为进料液在塔顶和塔底平均温度下的黏度,mPa·s。

μ_L 可从手册中查出,如手册中缺乏数据时,可按式(2-28)或式(2-29)求取,也可按下式估算:

$$\mu_L = \sum x_i \mu_{Li} \tag{3-22}$$

式中:x_i 为进料中组分 i 的摩尔分数;μ_{Li} 为塔顶和塔底平均温度下液态组分 i 的黏度,mPa·s。

式(3-21)适用于液相黏度为 $0.07 \sim 1.4$ mPa·s 的碳氢化合物系统。

2) O'connell 法确定全塔效率

O'connell 对上面的关联式进行了修正,将全塔效率与进料液体黏度及关键组分的相对挥发度进行关联,得到图 3-2 所示的曲线。

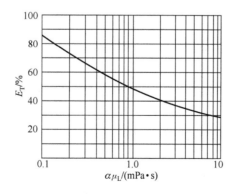

图 3-2　精馏塔全塔效率关联图

该曲线也可用下式表达,即

$$E_T = 0.49(\alpha \mu_L)^{-0.245} \tag{3-23}$$

式中:E_T 为全塔效率;α 为塔顶与塔底平均温度下的相对挥发度;μ_L 为进料液在塔顶和塔底平

均温度下的黏度,mPa·s。

式(3-23)适用于 $\alpha\mu_L$ 为 0.1~7.5 的情况,同时由于考虑了相对挥发度的影响,此关联结果也可用于某些相对挥发度很高的非碳氢化合物系统。

全塔效率确定得是否合理,对所设计的精馏塔能否满足生产的要求有重要的影响。

3.3.3.3 实际塔板数的计算

确定了全塔效率,即可根据式(3-20)计算实际塔板数。由于塔釜可视为一块理论塔板,故塔内的实际塔板数 N 为

$$N = N_T / E_T \tag{3-24}$$

也可按上式分别计算精馏段及提馏段的实际塔板数,然后加和得到总塔板数。

3.3.4 塔径的计算

塔径的大小取决于塔的横截面,而塔的横截面应满足气液接触部分的面积、溢流部分的面积以及塔板支撑、固定等结构处理所需面积的要求。

计算板式塔塔径的方法有两种。一种是根据适宜的空塔气速求塔径;另一种是先确定适宜的孔流气速,算出一个孔(筛孔或阀孔)允许通过的气量,定出每块塔板所需孔数,再根据孔的排列及塔板各区域的相互比例计算出塔径。下面介绍根据适宜的空塔气速求塔径的方法。

3.3.4.1 初步计算塔径

依据流量公式,塔径的计算式为

$$D = \sqrt{\frac{4V_s}{\pi u}} \tag{3-25}$$

式中:D 为塔径,m;V_s 为气相流量,$m^3 \cdot s^{-1}$;u 为空塔气速,$m \cdot s^{-1}$。

计算塔径的关键在于确定适宜的空塔气速。一般适宜的空塔气速为最大允许气速的 0.6~0.8 倍,即

$$u = (0.6 \sim 0.8) u_{max} \tag{3-26}$$

$$u_{max} = C\sqrt{\frac{\rho_L - \rho_V}{\rho_V}} \tag{3-27}$$

式中:u_{max} 为最大允许气速,$m \cdot s^{-1}$;C 为负荷因子,$m \cdot s^{-1}$;ρ_V、ρ_L 分别为气、液相密度,$kg \cdot m^{-3}$。

影响负荷因子数值的因素较多,也很复杂,对于筛板塔和浮阀塔可用图 3-3 来确定。图 3-3 是按液体表面张力 σ 为 20mN·m^{-1} 的物系绘制的,若所处理物系的表面张力不为此值,则需按式(3-28)校正查出的负荷因子,即

$$C = C_{20}\left(\frac{\sigma_L}{20}\right)^{0.2} \tag{3-28}$$

式中:C 为负荷因子,$m \cdot s^{-1}$;C_{20} 为由图 3-3 查出的物系表面张力为 20mN·m^{-1} 的负荷因子,$m \cdot s^{-1}$;σ_L 为操作物系的液体表面张力,mN·m^{-1}。

由于精馏段和提馏段的气液流量不同,故两段中的气体流速和塔径也可能不同,两段的塔径应分别计算。在初算塔径时,精馏段的塔径可按塔顶第一块板上物料的有关物性参数计算,提馏段的塔径可按塔底物料的有关物性参数计算;也可分别按精馏段、提馏段的平均物性参数

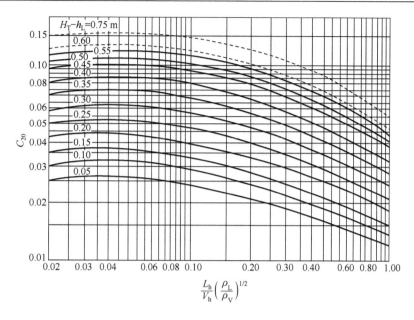

图 3-3　史密斯关联图

H_T 为塔板间距，m；h_L 为板上液层高度，m；V_h、L_h 分别为塔内气相及液相流量，$m^3 \cdot h^{-1}$

计算。为了方便加工，在精馏段、提馏段的气液流量相差不大的情况下，两段可取一致的塔径。

　　通过以上计算得到的塔径只是初估值，该塔径值除了需根据塔径标准进行圆整外，还要根据流体力学原则进行核算。

3.3.4.2　塔径的圆整及核算

　　目前，塔的直径已标准化，所求得的塔径必须按塔径系列标准圆整。塔径在 1m 以下者，标准化按 100mm 增值变化，如 700mm、800mm、900mm；塔径在 1m 以上者，按 200mm 增值变化，即 1000mm、1200mm、1400mm、1600mm，以此类推。

　　将计算得到的塔径初估值标准化以后，应重新验算液沫夹带量，必要时在此先进行塔径的调整，然后再决定塔板结构的参数，并进行其他各项计算。

　　当液量很大时，宜先按式(3-32)核查液体在降液管中的停留时间 τ。如不符合要求，且难以通过加大塔板间距 H_T 来调整时，也可在此先作塔径的调整。

3.3.5　塔高的计算

　　板式精馏塔总体结构简图如图 3-4 所示，主要包括筒体、封头、裙座等。对于较高的塔，在塔外还设有扶梯、平台、吊柱等。

　　本节中讨论的塔高指板式精馏塔筒体部分的高度(不包括封头、裙座、吊柱等)，如图 3-5 所示。塔高 H 由以下各项

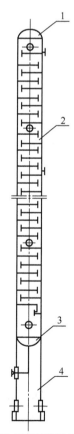

图 3-4　板式精馏塔总体结构简图

1,3. 封头；2. 筒体；4. 裙座

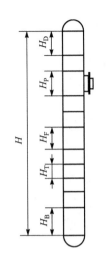

图 3-5 塔高 H 的组成

组成：

$$H=(N-N_F-N_P-1)H_T+N_FH_F+N_PH_P+H_D+H_B$$

(3-29)

式中：H 为塔高，m；N 为实际塔板数；N_F 为进料板数；N_P 为人孔数（不包括塔顶空间、塔底空间以及进料板的人孔）；H_T 为塔板间距，m；H_F 为进料板的板间距，m；H_P 为开有人孔的塔板间距，m；H_D 为塔顶空间高度，m；H_B 为塔底空间高度，m。

3.3.5.1 塔板间距

塔板间距 H_T 的选取不仅应考虑塔高、塔径、物系性质、分离效率及操作弹性等，还应考虑塔的安装、检修等因素。对于一定的生产任务，若采用较大的塔板间距，允许较高的空塔气速，则塔径可小些，但塔高会增加；气液负荷和塔径一定时，增加塔板间距可减少液沫夹带并提高操作弹性，但塔高的增加会增大材料的用量，同时增加塔基、支座等的负荷，从而增加全塔的造价。反之，采用较小的塔板间距，只能在较小的空塔气速下操作，塔径就要增大，但塔高可以降低；若塔板间距过小，则容易产生液泛现象，从而降低塔的效率。对易起泡的物系，塔板间距应取大一些，以保证塔的分离效果。

塔板间距与塔径之间的关系，应通过流体力学验算，权衡经济效益，反复调整，作出最佳选择。设计时通常根据塔径的大小，参照表 3-1 列出的塔板间距的经验数值进行选取。

表 3-1 塔板间距与塔径的关系

塔径 D/mm	300～500	500～800	800～1600	1600～2000	2000～2400	＞2400
塔板间距 H_T/mm	200～300	250～350	300～450	450～600	500～800	≥800

化工生产中常用的塔板间距为 200mm、250mm、300mm、350mm、400mm、450mm、500mm、600mm、700mm、800mm。在决定塔板间距时还应考虑安装、检修的需要。例如，在塔体人孔处，应留有足够的工作空间，其值不应小于 600mm。

3.3.5.2 进料板的板间距

如果是液相进料，进料板的板间距 H_F 应稍大于一般的塔板间距。由于进料板一般安装有人孔，因此进料板的板间距还应同时满足安装人孔的需要。如果是气液两相进料，H_F 则取得更大些，以利于气液两相的分离，H_F 的值一般为 1.0～1.2m。

3.3.5.3 人孔数目及其板间距

为了便于安装、检修或清洗设备内的部件，需要在设备上开设人孔或手孔。人孔和手孔的结构基本相同，手孔用于直径较小的塔，人孔则用于直径较大的塔，直径大于或等于 800mm 时，需采用人孔。

人孔的数目依据物料性质及塔板安装是否方便而定。若处理不需要经常清洗的物料体系，可隔 6～8 块塔板设置一个人孔；对于易结垢、结焦及需经常清洗的物系，则每隔 3～5 块塔板设置一个人孔。此外，在进料板、塔顶、塔釜处必须设置人孔。

人孔通常是在短筒节（或管子）上焊一法兰，盖上人孔盖，用螺栓、螺母连接压紧，两个法兰

封面之间放置有垫片,孔盖上带有手柄。最常用的圆形人孔规格为 DN450,即 480mm ×
6mm。凡是开有人孔的地方,塔板间距应等于或大于 600mm。

3.3.5.4　塔顶空间高度

塔顶空间高度 H_D 指塔内最上层塔板到塔顶封头最下端的距离。为了便于出塔气体夹带
的液滴沉降以及便于安装人孔,其高度应大于塔板间距,通常取 H_D 为 $(1.5 \sim 2.0)H_T$。当需
要安装除沫器时,要根据除沫器的安装要求来确定。

3.3.5.5　塔底空间高度

塔底空间高度 H_B 指塔内最下层塔板到塔底封头最上端的距离。塔底空间高度 H_B 由两
部分组成,即 $H_B = h_1 + h_2$,如图 3-6 所示。图中 h_1 是塔底的储液高度,由于封头部分也储存
有液体,故 h_1 应按下式计算:

$$h_1 = (V - V_{封头}) / A_T \tag{3-30}$$

式中:V 为总储液量,m^3;$V_{封头}$ 为 封头的容积,m^3,可从附表 7-2 中查取;A_T 为塔的横截面面积
(当精馏段、提馏段的塔径不等时,则为提馏段的横截面面积),m^2。

式(3-30)中总储液量 V 用下式计算:

$$V = \frac{W \cdot M_W \cdot \theta \cdot 60}{\rho_W \cdot 3600} = \frac{W \cdot M_W \cdot \theta}{60\rho_W} \tag{3-31}$$

式中:W 为塔底采出液的流量,$kmol \cdot h^{-1}$;M_W 为塔底液的平均摩尔质量,$kg \cdot kmol^{-1}$;ρ_W 为
塔底液的平均密度,$kg \cdot m^{-3}$;θ 为塔底液的停留时间,min。

一定的塔底采出流量下,塔底储液量取决于停留时间 θ。
为了保证塔底产品的稳定抽出,使塔底料液不致流空,一般取
塔底液的停留时间为 $10 \sim 15min$;如果塔底排量很大,停留
时间可缩小至 $3 \sim 5min$;对易结焦的物料,停留时间应短些,
一般取 $1 \sim 1.5min$。塔底储液量还应考虑到塔底测温传感
器能处于液面之下。

塔的正常操作要求塔底液面至最下层塔板之间留有一定
的空间,即图 3-6 中的 h_2。一般情况下,h_2 可取 $1 \sim 2m$,大塔
还可大于此值。此外,如果塔底是采用热虹吸式再沸器加热,

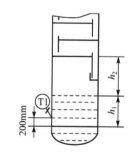

图 3-6　塔底空间高度的组成

塔底与再沸器之间有管路连接,为了便于再沸器返塔物料的两相分离,塔底空间的高度还应适当
加大。

3.4　板式精馏塔塔板的设计

3.4.1　塔板结构

塔板主要由降液管、溢流堰、开孔区、安定区、边缘区等组成。图 3-7 是弓形降液管塔板的
结构及尺寸参数,包括塔径 D、溢流堰堰长 l_w、溢流堰高度 h_w、弓形降液管的宽度 W_d 及截面面
积 A_f、降液管底隙高度 h_0、出口安定区宽度 W_s、边缘区 W_c、开孔区面积 A_a、孔中心距 t 等。图
中带撇号($'$)的参数是塔板入口区参数,如入口堰高度 h_w'、受液盘面积 A_f'、入口安定区宽度
W_s' 等。这里带撇号的参数要注意与提馏段带撇号的参数相区别。

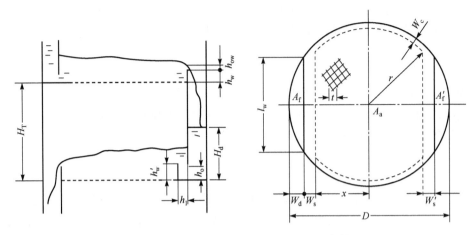

图 3-7　弓形降液管塔板的结构及尺寸参数

　　塔板是板式塔的核心部件之一,塔板的结构和尺寸参数对塔的效率、生产能力以及操作等都有非常重要的影响。板式精馏塔塔板的设计包括溢流装置的设计及塔板板面的设计。

3.4.2　溢流装置的设计

　　为了维持塔板上有一定高度的流动液层,塔板需设置溢流装置。板式塔的溢流装置包括降液管、溢流堰、受液盘等。

3.4.2.1　降液管的类型

　　降液管是塔板间液体流动的通道,也是溢流液中夹带的气体得以分离的场所。根据降液管的形状,可分为圆形降液管和弓形降液管(图 3-8)。圆形降液管对于小塔制作较易,但降液管流通截面较小,没有足够空间分离溢流液中的气泡,气相夹带严重,不适用于流量大及易起泡的物料。对于弓形降液管,堰与壁之间的全部截面区域均作为降液空间,适用于直径较大的塔。弓形降液管的塔板面积利用率最高,但塔径较小时,制作焊接不便。

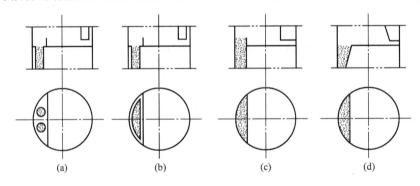

图 3-8　降液管的类型

(a) 圆形降液管;(b) 内弓形降液管;(c) 弓形降液管;(d) 倾斜式弓形降液管

降液管的设计一般应遵守下列原则:
(1) 降液管中的液体线速度宜小于 $0.1\text{m} \cdot \text{s}^{-1}$。
(2) 降液管的容积与液相流量之比有时也称为液体在降液管中的停留时间,一般应大于

$5s$,个别情况下可小至 $3s$,停留时间计算式如下:

$$\tau = \frac{A_f H_T}{L_s} \tag{3-32}$$

式中:τ 为液体在降液管内的停留时间,s;A_f 为降液管截面面积,m^2;H_T 为塔板间距,m;L_s 为液相流量,$m^3 \cdot s^{-1}$。

停留时间是板式塔设计中的重要参数之一,停留时间太短,容易造成板间的气相返混,降低塔效率,还会增加淹塔的概率。

(3)降液管底部与下一块塔板间的间隙(即降液管底隙高度)h_o 应尽可能比溢流堰高度 h_w 小 6mm 以上,液相通过此间隙时的流速一般不大于降液管内的线速度,如果必须超出时,最大间隙流速也应小于 $0.4 m \cdot s^{-1}$。此外,h_o 一般不宜小于 20mm,以避免锈屑和其他杂质堵塞,或因安装偏差而使液流不畅,造成液泛。

3.4.2.2　溢流方式

有降液管的板式塔,降液管的布置决定了板上液体的流动途径。一般有如图 3-9 所示的几种液流类型。

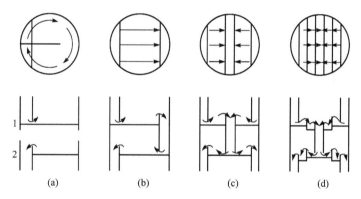

图 3-9　板式塔溢流类型
(a)U 形流;(b)单溢流;(c)双溢流;(d)阶梯式双溢流

(1)U 形流。也称折流或回转流,其结构是将弓形降液管用挡板隔成两半,一半作为受液盘,一半作为降液管,降液管和受液装置安排在同一侧。这种溢流方式的液体流径长,可以提高板效率,板面的利用率也高。但它的液面落差大,只适合于小塔和液气比很小的场合。

(2)单溢流。也称直径流,这种溢流方式的液体流径较长,板效率较高,塔板结构简单,加工方便,塔径小于 2.2m 的塔常使用该溢流方式。当塔径和流量过大时,易造成气液分布不均匀,影响效率。

(3)双溢流。也称半径流,其结构是降液管交替设在塔截面的中部和两侧,其优点是流体流动的路程短,可降低液面落差。当塔的直径较大,或液相的负荷较大时,易采用双流型。但该类塔板结构复杂,板面利用率低,一般用于直径大于 2m 的塔。

(4)阶梯式双溢流。这种溢流方式可在不缩短液体流径的情况下减小液面落差。该类塔板结构最为复杂,只适用于塔径很大、液流量很大的特殊场合。

初选塔板液流形式时,根据塔径和液相负荷的大小,参考表 3-2 预选塔板流动形式。

表 3-2　板上液流形式与液相负荷的关系

塔径 D/mm	液体流量 $L_h/(m^3 \cdot h^{-1})$			
	U 形流	单溢流	双溢流	阶梯式双溢流
600	＜5	5～25		
900	＜7	7～50		
1000	＜7	＜45		
1200	＜9	9～70		
1400	＜9	＜70		
1500	＜10	＜80		
2000	＜11	＜90	90～160	
3000	＜11	＜110	110～200	200～300
4000	＜11	＜110	110～230	230～350
5000	＜11	＜110	110～250	250～400
6000	＜11	＜110	110～250	250～450
适用的场合	低液气比	一般场合	高液气比或大型塔板	极高液气比或超大型塔板

3.4.2.3　溢流装置的设计计算

溢流装置的设计包括溢流堰、降液管、受液盘的设计。

1）溢流堰

溢流堰又称为出口堰,其作用是维持板上有一定液层高度,并使液流均匀。除个别情况(如塔径很小的塔)外,均应设置溢流堰。

A. 溢流堰堰长

对于弓形降液管,其弦长称为堰长,用 l_w 表示。对于单溢流型塔板,一般溢流堰堰长 l_w 与塔内径 D 的比 l_w/D 为 0.6～0.8;对于双溢流型塔板,l_w/D 为 0.5～0.7。

根据经验,筛板塔和浮阀塔的最大堰上液流量不宜超过 $130m^3 \cdot h^{-1}$,也可按此原则确定溢流堰堰长。

B. 溢流堰高度

降液管上端面高出塔板板面的距离称为溢流堰高度,用 h_w 表示。溢流堰高度与板上液层高度 h_L 及堰上液层高度 h_{ow} 有关,即

$$h_L = h_w + h_{ow} \qquad (3\text{-}33)$$

式中:h_L 为板上液层高度,mm;h_w 为溢流堰高度,mm; h_{ow} 为堰上液层高度,mm。

对于筛板塔和浮阀塔板,溢流堰高度 h_w 可按下列要求来确定。

(1) 一般应使塔板上的清液层高度 $h_L = 50～100mm$,而板上液层高度 h_L 为溢流堰高度 h_w 与堰上液层高度 h_{ow} 之和,因此有

$$50 - h_{ow} \leqslant h_w \leqslant 100 - h_{ow} \qquad (3\text{-}34)$$

(2) 对于真空度较高的操作,或对于要求压降很小的情况,可将清液层高度 h_L 降至 25mm 以下,此时溢流堰高度 h_w 可降至 6～15mm。

(3) 当液量很大时,只要堰上液层高度 h_{ow} 大于能起液封作用的液层高度,甚至可以不设

堰板。

堰板上缘各点的水平偏差一般不宜超过 3mm。当液量过小时,可采用齿形堰。

在常压塔中,溢流堰高度 h_w 一般为 $20\sim50$mm,减压塔为 $10\sim20$mm,加压塔为 $40\sim80$mm,一般不宜超过 100mm。

溢流堰高度还要考虑降液管底端的液封,一般应使溢流堰高度在降液管底端 6mm 以上,大塔径相应增大此值。若溢流堰高度不能满足液封要求时,可设入口堰。

C. 堰上液层高度 h_{ow} 的计算

对于平直溢,堰上液层高度 h_{ow} 可用弗兰西斯(Francis)公式计算:

$$h_{ow} = \frac{2.84}{1000} E \left(\frac{L_h}{l_w} \right)^{2/3} \tag{3-35}$$

式中:L_h 为液相流量,$m^3 \cdot h^{-1}$;l_w 为溢流堰堰长,m;E 为液流收缩系数。

根据设计经验,$E=1$ 时所引起的误差能满足工程设计的要求。当 $E=1$ 时,由式(3-35)可知,h_{ow} 仅与 L_h 及 l_w 有关,因此,也可通过图 3-10 中的列线图直接查得 h_{ow}。

2) 降液管

弓形降液管的宽度 W_d 与降液管的截面面积 A_f 可根据堰长 l_w 与塔径 D 的比值(l_w/D)通过图 3-11 查取。

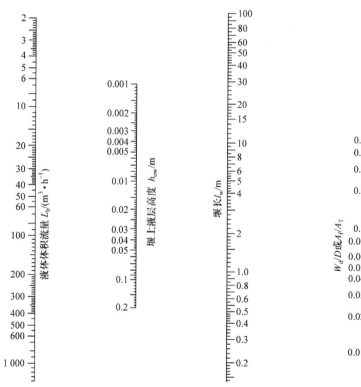

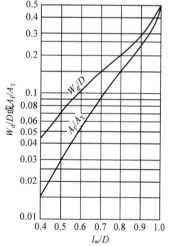

图 3-10　求 h_{ow} 的列线图　　　　图 3-11　弓形降液管的宽度与截面面积关系图

降液管的截面面积应保证溢流液中夹带的气泡得以分离,液体在降液管内的停留时间一般等于或大于 3s,求得截面面积后按式(3-32)验算液体在降液管内的停留时间 τ。

降液管底端与下一块塔板间的距离为降液管底隙高度 h_0。为了保证良好的液封,又不致使液流阻力太大,h_o 应低于溢流堰高度 h_w,且此高度差不应低于 6mm,即 $h_w - h_o \geqslant 6$mm,一般为 6~12mm。

降液管底隙高度 h_o 也可用下式计算:

$$h_o = \frac{L_h}{3600 l_w u_c} \tag{3-36}$$

式中:L_h 为液相流量,$m^3 \cdot h^{-1}$;l_w 为溢流堰堰长,m;u_c 为液体通过降液管底隙的流速,$m \cdot s^{-1}$。

一般 $u_c = 0.07 \sim 0.25 m \cdot s^{-1}$,不宜超过 $0.4 m \cdot s^{-1}$。降液管底隙高度 h_o 不宜小于 20mm,以免引起堵塞。

3) 受液盘

受液盘有平形和凹形两种形式,如图 3-12 所示。对于容易聚合的液体或含固体悬浮物的液体,为了避免形成死角,宜采用平形受液盘。

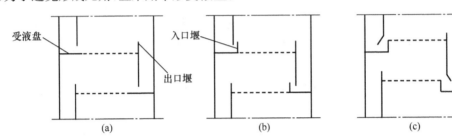

图 3-12　受液盘示意图
(a) 平行受液盘;(b) 加入口堰的平形受液盘;(c) 凹形受液盘

若采用平形受液盘,为了使降液管中流出的液体能在板上均匀分布,并减少入口处液体的水平冲击,以及保证降液管的液封,可设置入口堰(又称内堰)。入口堰的高度 h'_w 可按下述原则考虑:

(1) 当 $h_w > h_o$ 时,$h'_w = 6 \sim 8$mm,必要时可取 $h'_w = h_o$。

(2) 个别情况下,如果 $h_w < h_o$,应使 $h'_w > h_o$,以保证液封作用。

(3) 应使 $h'_w \geqslant h_o$,以保证液流畅通。

对于塔径在 800mm 以上的大塔,一般采用凹形受液盘。这种受液盘的优点是:①便于液体的侧线抽出;②在液相流量较低时仍可形成良好的液封;③对改变液体流向具有缓冲作用。凹形受液盘的深度一般在 50mm 以上,但不能超过塔板间距的 1/3。

3.4.3　塔板板面的设计

塔板类型按结构特点可分为整块式和分块式两种。一般情况下,塔径小于 800mm 时采用整块式塔板;当塔径在 800mm 以上时,人已能在塔内进行拆装操作,无需将塔板整块装入,而且由于整块式塔板在大塔中刚性比较差,故应采用分块式塔板。

对于单溢流塔板,其分块数及分块示意图如表 3-3 及图 3-13 所示。

表 3-3　塔板分块数

塔径/mm	800~1200	1400~1600	1800~2000	2200~2400
塔板分块数	3	4	5	6

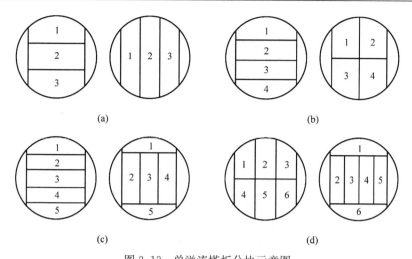

图 3-13　单溢流塔板分块示意图

(a) 塔板分为三块；(b) 塔板分为四块；(c) 塔板分为五块；(d) 塔板分为六块

3.4.3.1　塔板板面组成

塔板板面根据其作用不同,可分为四个区域(即开孔区、溢流区、安定区、边缘区),参见图 3-7。

(1) 开孔区。也称鼓泡区,该区域是板式塔的有效传质区。

开孔区的面积 A_a 可用下式计算:

$$A_a = 2\left(x\,\sqrt{r^2 - x^2} + \frac{\pi r^2}{180}\arcsin\frac{x}{r} \right) \tag{3-37}$$

式中: $x = \dfrac{D}{2} - (W_d + W_s)$; $r = \dfrac{D}{2} - W_c$; $\arcsin\dfrac{x}{r}$ 为以角度表示的反正弦函数。

(2) 溢流区。溢流区为降液管和受液盘所占区域,降液管和受液盘所占面积分别以 A_f 和 A_f' 表示。

(3) 安定区。在塔板上的开孔区与溢流区之间的不开孔区称为安定区。其作用是避免大量的含泡沫液相进入降液管。一般情况下,溢流堰前的安定区 W_s 为 70～100mm；入口堰后的安定区 W_s' 为 50～100mm。在小塔中($D < 1$ m),因塔板面积小,安定区应适当减小。

(4) 边缘区。边缘区也称无效区,是在板面靠近塔壁部分留出的一圈边缘区 W_c ,供支撑塔板的边梁使用。 W_c 的值视塔板的支撑需要而定,对于塔径在 2.5m 以下的塔, W_c 可取为 30～50mm；塔径大于 2.5m 的塔, W_c 可取为 50～70mm 或更大些。为了防止液体经无效区流过而产生"短路"现象,可在边缘区设置挡板。

3.4.3.2　筛孔的计算及排列

(1) 筛孔孔径。工业塔中筛板常用的孔径 d_0 为 3～8mm,推荐孔径为 4～5mm。过小的孔径只在有特殊要求时才使用。采用小孔径时,应注意小孔径容易堵塞,或由于加工误差而影响开孔率,或有时宜形成过多的泡沫等问题。因为大孔径塔板加工简单,不易堵塞,只要设计合理,同样可以得到满意的塔板效率,因此大孔径塔板也逐渐被使用。但一般来说,大孔径塔板操作弹性会小一些。

(2) 筛板厚度。筛孔的加工一般采用冲压法,故筛板厚度的选择应考虑筛孔孔径及加工的可能性。对于碳钢塔板,筛板厚度 δ 为 3~4mm,筛孔孔径 d_0 应不小于筛板厚度。对于不锈钢塔板,筛板板厚 δ 为 2~2.5mm,d_0 应不小于 1.5 倍的筛板厚度。

　　(3) 筛孔排列及孔中心距。筛孔一般按正三角形排列,如图 3-14 所示。相邻两筛孔中心的距离称为孔中心距,用 t 表示。孔中心距 t 一般为(2.5~5)d_0。实际设计时,t/d_0 应尽可能为 3~4。t/d_0 过小,易使气流互相干扰,过大则鼓泡不匀,都会影响传质效率。

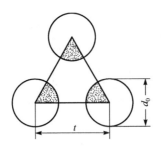

图 3-14　筛孔的正三角形排列

　　(4) 筛孔数的计算。筛孔按正三角形排列时(图 3-14),筛孔数 n 可按下式计算:

$$n=\frac{1.155A_a}{t^2} \tag{3-38}$$

式中:n 为筛孔数;A_a 为开孔区面积,m^2;t 为孔中心距,m。

　　按上述方法计算出筛孔直径、筛孔数后,还需要通过塔板流体力学验算,检验是否合理,若不合理,还需要进行调整。

　　(5) 开孔率。开孔面积 A_0 与开孔区面积 A_a 的比称为开孔率。筛孔按正三角形排列时,开孔率与 t/d_0 有如下的关系:

$$\varphi=\frac{A_0}{A_a}=0.907\left(\frac{d_0}{t}\right)^2 \tag{3-39}$$

式中:φ 为开孔率;A_0 为开孔面积,m^2;A_a 为开孔区面积,m^2;t 为孔中心距,m;d_0 为筛孔直径,m。

　　应当指出,按上述方法求出筛孔的直径 d_0、筛孔数 n 后,还需要通过流体力学验算,检验设计是否合理,若不合理需进行调整。

3.5　塔板的流体力学验算及负荷性能图

　　塔板流体力学验算的目的旨在校验预选的塔板参数是否能维持塔的正常操作,以便决定是否需要对塔板参数进行必要的调整,同时还要作出负荷性能图,了解塔的操作弹性。

3.5.1　塔板压降

　　塔板压降(Δp_p)是指板式塔中气相通过一块塔板的压降,$\Delta p_p=h_p\rho g$,h_p 包括干板压降 h_c、板上液层的有效阻力 h_1 和鼓泡时克服液体表面张力引起的阻力 h_σ,即

$$\Delta p_p=h_p\rho g=(h_c+h_1+h_\sigma)\rho g \tag{3-40}$$

　　1) 干板压降 h_c

　　对于筛板,其干板压降 h_c 用下式计算:

$$h_c=0.051\left(\frac{u_0}{C_0}\right)^2\left(\frac{\rho_V}{\rho_L}\right) \tag{3-41}$$

式中：h_c 为干板压降，m 液柱；u_0 为筛孔气速，m·s^{-1}；C_0 为流量系数，可由图 3-15 查得。

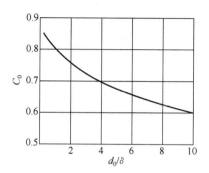

图 3-15　干板流量系数

若孔径 $d_0 \geq 10$mm，C_0 应乘以修正系数 β，即

$$h_c = 0.051 \left(\frac{\rho_V}{\rho_L} \right) \left(\frac{u_0}{\beta C_0} \right)^2 \tag{3-42}$$

一般取 $\beta = 1.15$。

2）板上液层的有效阻力 h_1

对于筛板，板上液层的有效阻力 h_1 用下式计算：

$$h_1 = \beta(h_w + h_{ow}) \tag{3-43}$$

式中：h_1 为板上液层的有效阻力，m 液柱；h_w 为溢流堰高度，m；h_{ow} 为堰上液层高度，m；β 为充气系数，由图 3-16 查取。

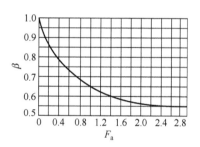

图 3-16　充气系数与动能因子关联图

图 3-16 中横坐标 F_a 为气相动能因子：

$$F_a = u_a \rho_V^{0.5} \tag{3-44}$$

式中：F_a 为气相动能因子，kg$^{1/2}$·m$^{-1/2}$·s^{-1}；ρ_V 为气相密度，kg·m^{-3}；u_a 为以塔截面面积与降液区面积之差（$A_T - 2A_f$）为基准计算的气体速度，m·s^{-1}。

3）液体表面张力引起的阻力 h_σ

液体表面张力引起的阻力 h_σ 用下式计算：

$$h_\sigma = \frac{4\sigma_L}{\rho_L g d_0} \tag{3-45}$$

式中：h_σ 为液体表面张力引起的阻力，m 液柱；σ_L 为液体的表面张力，N·m^{-1}；ρ_L 为液相密度，kg·m^{-3}；d_0 为筛孔直径，m。

3.5.2 液面落差

当液体横向流过塔板时,为了克服板上的摩擦阻力及板上构件产生的局部阻力,需要一定的液位差,此液位差即为液面落差。筛板上由于没有突起的气液接触构件,因此液面落差较小。在正常的液体流量范围内,对于塔径小于1.6m的筛板,其液面落差可以忽略不计。对于液体流量很大及塔径大于2.0m的筛板,则应考虑液面落差的影响,其计算方法可参考相关书籍。

3.5.3 漏液

当气相负荷减小或塔板上开孔率增大,通过筛板或阀孔的气速不足以克服液层阻力时,部分液体会通过筛孔直接降下,该现象称为漏液。漏液会导致板效率下降,严重时还将使塔板上不能积液而导致精馏塔无法操作。

漏液点气速是指漏液现象明显影响板效率时的气速。对于筛板塔,漏液点气速 u_{ow} 可用下式计算:

$$u_{ow} = 4.4C_0 \sqrt{(0.0056 + 0.13h_L - h_\sigma)\rho_L/\rho_V} \tag{3-46}$$

当 $h_L < 30$mm 或 $d_0 < 3$mm 时, u_{ow} 采取下式计算:

$$u_{ow} = 4.4C_0 \sqrt{(0.01 + 0.13h_L - h_\sigma)\rho_L/\rho_V} \tag{3-47}$$

式中: u_{ow} 为漏液点气速,m·s^{-1}; C_0 为流量系数; h_L 为板上液层高度,m; h_σ 为液体表面张力引起的阻力,m 液柱; ρ_V、ρ_L 分别为气、液相的密度,kg·m^{-3}。

为了保证所设计的筛板具有足够的操作弹性,通常要求设计孔速 u_0 与 u_{ow} 之比 K(称为筛板的稳定系数)一般为 1.5～2.0。

3.5.4 液沫夹带

液沫夹带是指下层塔板产生的雾滴被上升的气流带到上层塔板的现象,它将导致塔板效率下降。综合考虑生产能力和板效率,应该控制液沫夹带量 e_V 小于 0.1kg$_{液}$·kg$_{气}^{-1}$。

筛板塔的液沫夹带量可用哈特(Hunt)关联式计算:

$$e_V = \frac{5.7 \times 10^{-6}}{\sigma_L} \left(\frac{u_a}{H_T - h_f}\right)^{3.2} \tag{3-48}$$

式中: e_V 为液沫夹带量,kg$_{液}$·kg$_{气}^{-1}$; σ_L 为液体的表面张力,N·m^{-1}; H_T 为塔板间距,m; h_f 为鼓泡层高度,m; u_a 为以塔截面面积与降液区面积之差为基准计算的气体速度,m·s^{-1},对于单流型塔板: $u_a = V_s/(A_T - 2A_f)$。

根据设计经验,一般取鼓泡层高度 h_f 为板上清液层高度 h_L 的 2.5 倍,即 $h_f = 2.5h_L$。

3.5.5 液泛

液泛分为液沫夹带液泛和降液管液泛,前面已对液沫夹带量进行了验算,这里只对降液管的液泛进行验算。

为了使液体能由上层塔板稳定地流入下层塔板,降液管内必须维持一定的液层高度 H_d。降液管内的液层高度 H_d 用于克服塔板阻力、板上液层的阻力以及液体流过降液管的阻力等。降液管内液层高度 H_d 可用下式计算:

$$H_d = h_w + h_{ow} + \Delta + h_p + h_d \tag{3-49}$$

式中：H_d 为降液管内液层高度，m；h_w 为溢流堰高度，m；h_{ow} 为堰上液层高度，m；Δ 为液面梯度，m；h_p 为气相通过一块塔板的压降，m 液柱；h_d 为液体经过降液管的压降，m 液柱。

对于筛板和浮阀塔板，一般液面梯度 Δ 都很小，可以忽略。

塔板上不设入口堰时，液体经过降液管的压降 h_d 可按下列经验公式计算：

$$h_d = 0.153 \left(\frac{L_s}{l_w \cdot h_o} \right)^2 = 0.153 u_c^2 \tag{3-50}$$

塔板上设入口堰时，h_d 可按下式计算：

$$h_d = 0.2 \left(\frac{L_s}{l_w \cdot h_o} \right)^2 = 0.2 u_c^2 \tag{3-51}$$

式中：h_d 为液体经过降液管的压降，m 液柱；L_s 为液相流量，$m^3 \cdot s^{-1}$；h_o 为降液管底隙高度，m；l_w 为溢流堰堰长，m；u_c 为液体通过降液管底隙的流速，$m \cdot s^{-1}$。

为了防止由降液管引起的液泛现象，应保证降液管中泡沫液体总高度不能超过上层塔板的出口堰，即

$$H_d \leqslant \varphi(H_T + h_w) \tag{3-52}$$

式中：φ 为安全系数。对于容易起泡的物系，$\varphi = 0.3 \sim 0.4$；对于不易起泡的物系，$\varphi = 0.6 \sim 0.7$；对于一般物系，$\varphi = 0.5$。

3.5.6　负荷性能图

对于每个塔板结构参数已设计好的塔，处理固定的物系时，要维持其正常操作，必须把气相及液相负荷限制在一定的范围内。通常在直角坐标系中，标绘各种极限条件下的气相流量 V 与液相流量 L 的关系曲线，可得到塔板适宜的气相及液相流量范围，该图称为负荷性能图，如图 3-17 所示。

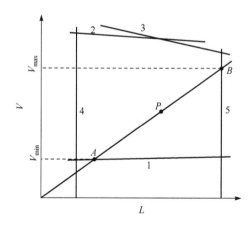

图 3-17　筛板塔的负荷性能图

1. 漏液线；2. 液沫夹带线；3. 液泛线；4. 液相负荷下限线；5. 液相负荷上限线

负荷性能图由以下五条曲线组成：

（1）漏液线。线 1 为漏液线，又称为气相负荷下限线。气相负荷低于此线将发生严重的漏液现象，气相与液相不能充分接触，使塔效率下降。筛板塔的漏液线可通过式（3-46）或式（3-47）作出。

(2) 液沫夹带线。线 2 为液沫夹带线。当气相负荷超过此线时,液沫夹带量过大,使塔板效率大为降低。对于精馏,一般控制液沫夹带量 e_V 小于 $0.1\text{kg}_{液} \cdot \text{kg}_{气}^{-1}$。筛板的液沫夹带线可通过式(3-48)作出。

(3) 液泛线。线 3 为液泛线。根据降液管内液层高度与气相流量、液相流量的关系计算出相应的液泛流量,按式(3-49)可作出液泛线。操作线若在此线上方,会引起液泛,精馏塔将无法正常操作。

(4) 液相负荷下限线。线 4 为液相负荷下限线。液相负荷低于此线,就不能保证塔板上液流的均匀分布,将导致塔板效率下降。一般取堰上液层高度 h_{ow} 等于 6mm 作为下限,按式(3-35)作出液相负荷下限线。

(5) 液相负荷上限线。线 5 为液相负荷上限线,该线又称降液管超负荷线。液体流量超过此线,表明液体流量过大,液体在降液管内停留时间过短,进入降液管的气泡来不及与液相分离而被带入下层塔板,造成气相返混,降低塔板效率。通常根据液相在降液管内的停留时间 τ 应不小于 3s,可通过式(3-32)作出此线。

由上述各条曲线所围成的区域即为精馏塔的稳定操作区,操作条件下气相流量与液相流量在负荷性能图上的交点(P 点)称为操作点。操作点必须落在稳定操作区内,否则精馏塔将无法正常操作。在负荷性能图上,操作线可用通过坐标原点且斜率为 V/L 的直线表示。通常把气相最大负荷(V_{max})与气相最小负荷(V_{min})的比值称为塔板的操作弹性系数,简称操作弹性。图 3-17 中,操作弹性为 B 点和 A 点所对应的气相负荷的比值(V_{max}/V_{min})。

必须指出,对于一定的物系,负荷性能图的形状因塔板结构尺寸的不同而异。因此,在设计塔板时,应根据操作点在负荷性能图中的位置,适当调整塔板结构参数来满足所需的操作弹性范围。

3.6　精馏塔接管尺寸的计算

精馏塔的接管尺寸计算包括精馏塔的进料、出料、回流、仪表等接管尺寸计算。各接管直径由流体速度及其流量,按连续性方程确定,即

$$d = \sqrt{\frac{4q_V}{\pi u}} \tag{3-53}$$

式中:q_V 为流体的体积流量,$\text{m}^3 \cdot \text{s}^{-1}$;$u$ 为流速,$\text{m} \cdot \text{s}^{-1}$;$d$ 为管内径,m。

将计算出的管径按照相关的管径标准进行圆整,再依据圆整后的管径计算流体的实际流速。部分无缝钢管规格见附录 8。

由式(3-53)可知,流体的接管尺寸与操作条件下管内流体适宜流速的选择密切相关。因此,计算流体接管尺寸,首先要确定流体的适宜流速。

1) 塔顶蒸气出口管的管径

流量一定的情况下计算管径,首先要选择流体的流速。在"化工装置工艺系统工程设计规定(二)(HG/T 20570—1995)"标准的第六部分"管径选择"中,列出了不同操作压强范围的气速,如表 3-4 所示。选定流速后,则可按式(3-53)计算出管径。

表 3-4　蒸气出口管中允许气速参照表

操作压强(绝压)/ MPa	< 1	$1 \sim 4$	$4 \sim 12$
蒸气速度 /($\text{m} \cdot \text{s}^{-1}$)	$15 \sim 20$	$20 \sim 40$	$40 \sim 60$

塔底蒸气进口管的管径计算与塔顶蒸气出口管的管径计算方法相同。

2) 回流液入口管的管径

冷凝器安装在塔顶时,冷凝液可以靠重力回流,也可以用泵回流。当冷凝液靠重力回流时,流速一般为 $0.2 \sim 0.5 \mathrm{m \cdot s^{-1}}$;若要提高流速,则要提高冷凝器的高度。当使用泵回流时,流速可取 $1.5 \sim 2.5 \mathrm{m \cdot s^{-1}}$,然后按式(3-53)计算管径。

3) 进料管的管径

料液由高位槽进塔时,料液流速一般取 $0.4 \sim 0.8 \mathrm{m \cdot s^{-1}}$。料液由泵输送时,流速可取为 $1.5 \sim 2.5 \mathrm{m \cdot s^{-1}}$,再按式(3-53)计算管径。

4) 釜液排出管的管径

釜液流出的速度一般取 $0.5 \sim 1.0 \mathrm{m \cdot s^{-1}}$,选定流速后按式(3-53)计算管径。

5) 测量及控制仪表的管径

对于精馏操作,需要测量和控制操作参数(如温度、流量、压强、液位等),精馏塔的控制方案在第 5 章中讨论。当控制方案确定后,可依据所选用的测量及控制仪表的规格确定相应的仪表接口管管径。若无具体要求,仪表接口管的管径一般可取 DN 25。

筛板塔工艺设计的计算结果汇总如表 3-5 所示。

表 3-5　筛板塔工艺设计结果汇总表

项目		符号	单位	计算数据	
				精馏段	提馏段
平均温度		t	℃		
平均压强		p	kPa		
流量	气相	V_s	$\mathrm{m^3 \cdot s^{-1}}$		
	液相	L_s	$\mathrm{m^3 \cdot s^{-1}}$		
实际塔板数(不含塔釜)		N			
塔板间距		H_T	m		
塔高		H	m		
塔径		D	m		
空塔气速		u	$\mathrm{m \cdot s^{-1}}$		
塔板溢流类型					
溢流装置	降液管类型				
	溢流堰长	l_w	m		
	溢流堰高度	h_w	m		
	溢流堰宽度	W_d	m		
	堰上液层高度	h_ow	m		
	降液管底隙高度	h_o	m		
板上液层高度		h_L	m		
筛孔直径		d_0	mm		
孔中心距		t	mm		
筛孔数		n			
开孔率		φ	%		

续表

项目	符号	单位	计算数据	
			精馏段	提馏段
开孔区面积	A_a	m^2		
筛孔气速	u_0	$m \cdot s^{-1}$		
塔板压降	Δp_p	kPa		
液体在降液管中停留时间	τ	s		
液沫夹带量	e_V	$kg_{液} \cdot kg_{气}^{-1}$		
稳定系数	K			
操作上限				
操作下限				
气相最大负荷	$V_{s,max}$	$m^3 \cdot s^{-1}$		
气相最小负荷	$V_{s,min}$	$m^3 \cdot s^{-1}$		
操作弹性				

3.7　筛板塔的工艺设计实例

本节分别以"苯-氯苯"及"甲醇-水"体系为例,进行板式精馏塔的工艺设计。"苯-氯苯"体系可视为理想溶液体系,而"甲醇-水"体系则是典型的非理想溶液体系,这两种不同类型体系的精馏过程设计有其各自的特点。通过不同类型溶液体系精馏过程的设计旨在加深学生对相关理论知识的理解,构建学用结合的桥梁,提高综合运用知识分析和解决工程实际问题的能力。

本节的设计实例中分别对板式精馏塔的精馏段和提馏段进行了设计计算,为了便于区别,在提馏段的相关参数符号上加撇号($'$),特此提醒读者注意。

3.7.1　苯-氯苯连续精馏塔的工艺设计

氯苯是重要的化工原料,工业上生产氯苯的方法是苯经氯化反应生成氯苯。国内外大多采用的氯苯生产方法是苯与氯气在三氯化铁的催化下生成氯苯和氯化氢。由于氯化反应中苯的转化不完全,同时反应体系中产生多氯苯等副产物,因此,要得到高纯度的氯苯就必须对粗产品进行分离提纯,这是本设计实例的工业背景。由于课程设计是初步的设计实践,重在对设计方法和程序的了解以及对所学理论知识的综合运用,故本设计只针对"苯-氯苯"二元体系的精馏分离进行工艺设计。

3.7.1.1　苯-氯苯连续精馏塔设计任务书

设计题目:苯-氯苯连续精馏塔的工艺设计

设计任务:年处理苯-氯苯混合液__10__万 t,原料中氯苯含量为__85__%,塔顶馏出液中氯苯含量不高于__1.5__%,塔底液中氯苯含量不低于__99.5__%(均为质量分数)。

操作条件:

① 塔顶压强:4kPa(表压);②进料热状态:泡点;③塔釜加热蒸气压强:0.5MPa(表压);④ 塔板压降:≤0.7kPa。

塔板类型:筛板

年操作时间：每年＿＿300＿＿天，每天 24h 连续运行

厂址：自定

设计内容：

1. 设计方案的确定及流程说明

2. 精馏塔的工艺计算

① 精馏塔的物料衡算；② 塔板数的确定；③ 相关物性数据的计算；④ 板式精馏塔塔体的设计；⑤ 板式精馏塔塔板的设计。

3. 塔板的流体力学验算

4. 负荷性能图

5. 设计计算结果一览表

6. 精馏塔接管尺寸计算

7. 辅助设备的计算与选型

8. 绘制工艺流程图

9. 对设计过程有关问题的讨论

3.7.1.2　设计方案的确定及流程说明

鉴于篇幅有限，在此不对设计方案予以详细分析讨论，只给出与设计计算相关的内容。

（1）精馏方式及流程。由于在所涉及的浓度范围内，苯和氯苯的挥发度相差较大，易于分离，而且苯和氯苯在操作条件下均非热敏物质，因此选用普通的常压精馏，并采用连续操作方式。苯和氯苯原料液经换热器由塔釜液预热至泡点连续进入精馏塔内，塔顶蒸气经塔顶冷凝器冷凝后，一部分馏分回流，一部分馏分作为产物连续采出；塔底液一部分经塔釜再沸器气化后回到塔底，一部分釜液连续采出。塔顶设置全凝器，塔釜设置再沸器，进料及回流液的输送采用离心泵。

（2）塔板类型。筛板塔处理能力大，塔板效率高，压降较低，适用于黏度不大的物系的分离。因此，选择结构简单、易于加工、造价低廉的筛板塔。

（3）进料热状态。泡点进料。

（4）加热及冷却方式。原料用塔釜液或蒸气预热至泡点，再沸器采用间接蒸气加热，塔顶全凝器采用水为冷却剂。

3.7.1.3　物料衡算

（1）原料、塔顶及塔底液中苯的摩尔分数。

苯的摩尔质量为 78.11kg・kmol^{-1}；氯苯的摩尔质量为 112.56kg・kmol^{-1}

$$x_F = \frac{0.15/78.11}{0.15/78.11 + 0.85/112.56} = 0.203$$

$$x_D = \frac{0.985/78.11}{0.985/78.11 + 0.015/112.56} = 0.990$$

$$x_W = \frac{0.005/78.11}{0.995/112.56 + 0.005/78.11} = 0.007$$

（2）原料、塔顶及塔底液物料的平均摩尔质量。

$$M_F = 0.203 \times 78.11 + (1 - 0.203) \times 112.56 = 105.57 (\text{kg・kmol}^{-1})$$

$$M_D = 0.990 \times 78.11 + (1 - 0.990) \times 112.56 = 78.45 (\text{kg・kmol}^{-1})$$

$$M_W=0.007\times78.11+(1-0.007)\times112.56=112.32(\text{kg}\cdot\text{kmol}^{-1})$$

（3）物料衡算。

进料产品量
$$F=\frac{10\times10^7}{300\times24\times105.57}=131.56(\text{kmol}\cdot\text{h}^{-1})$$

总物料衡算
$$F=D+W$$

苯的物料衡算
$$0.203F=0.990D+W\times0.007$$

联立求解
$$D=\frac{x_F-x_W}{x_D-x_W}F=\frac{0.203-0.007}{0.990-0.007}\times131.56=26.23(\text{kmol}\cdot\text{h}^{-1})$$

$$W=\frac{x_D-x_F}{x_D-x_W}F=\frac{0.990-0.203}{0.990-0.007}\times131.56=105.33(\text{kmol}\cdot\text{h}^{-1})$$

3.7.1.4 塔板数的确定

1）理论塔板数 N_T 的求取

苯-氯苯体系可视为理想溶液体系，故采用逐板计算法求取理论板层数。

A. 相平衡方程

不同温度下苯、氯苯的饱和蒸气压及其计算得到的相对挥发度如表 3-6 所示。

表 3-6　苯-氯苯饱和蒸气压数据

温度 / ℃		80	90	100	110	120	130	131.8
p^0 / kPa	苯(A)	101.3	136.6	179.9	234.6	299.9	378.5	386.5
	氯苯(B)	19.7	27.3	39.1	53.3	72.4	95.8	101.3
相对挥发度		5.14	5.00	4.60	4.40	4.14	3.95	3.82

苯-氯苯混合物可视为理想体系，故可用相对挥发度的平均值代入 $y=\dfrac{\alpha x}{1+(\alpha-1)x}$ 方程而得到苯-氯苯体系的相平衡方程。

苯-氯苯体系相对挥发度的几何平均值为

$$\alpha_m=\sqrt[7]{5.14\times5.00\times4.60\times4.40\times4.14\times3.95\times3.82}=4.41$$

故其为
$$y=\frac{4.41x}{1+(4.41-1)x}$$

B. 回流比

本精馏分离工艺的进料方式为泡点进料，故进料热状态参数 $q=1$。

$$x_e=x_F=0.203 \qquad y_e=\frac{4.41\times0.203}{1+(4.41-1)\times0.203}=0.529$$

由此可得最小回流比为

$$R_{min}=\frac{x_D-y_e}{y_e-x_e}=\frac{0.990-0.529}{0.529-0.203}=1.41$$

操作回流比一般为最小回流比的 1.1～2.0 倍，取操作回流比为最小回流比的 2 倍，则操作回流比：$R=2R_{min}=2.82$。

C. 气相及液相负荷

精馏段的气相及液相负荷：

$L = RD = 2.82 \times 26.23 = 73.97 (\text{kmol} \cdot \text{h}^{-1}); V = (R+1)D = 3.82 \times 26.23 = 100.20 (\text{kmol} \cdot \text{h}^{-1})$

提馏段的气相及液相负荷：

$L' = L + qF = 73.97 + 1 \times 131.56 = 205.53 (\text{kmol} \cdot \text{h}^{-1}); V' = V - (1-q)F = 100.20 (\text{kmol} \cdot \text{h}^{-1})$

D. 操作线方程

精馏段：
$$y = \frac{L}{V}x + \frac{D}{V}x_D = \frac{73.97}{100.20}x + \frac{26.23}{100.20} \times 0.990 = 0.738x + 0.259$$

提馏段：
$$y = \frac{L'}{V'}x - \frac{W}{V'}x_W = \frac{205.53}{100.20}x - \frac{105.33}{100.20} \times 0.007 = 2.051x - 0.0074$$

E. 理论塔板数

采用逐板计算法确定理论塔板数。

$$y_1 = x_D = 0.990, x_1 = \frac{y_1}{\alpha - (\alpha-1)y_1} = \frac{0.990}{4.41 - (4.41-1) \times 0.990} = 0.957$$

$$y_2 = 0.738x_1 + 0.259 = 0.738 \times 0.957 + 0.259 = 0.965$$

$$x_2 = \frac{y_2}{\alpha - (\alpha-1)y_2} = \frac{0.965}{4.41 - (4.41-1) \times 0.965} = 0.862$$

同理计算可得 $y_3 = 0.895, x_3 = 0.659; y_4 = 0.745, x_4 = 0.398; y_5 = 0.553, x_5 = 0.219;$ $y_6 = 0.421, x_6 = 0.142 < x_q$。

因为 $x_6 < x_q$，第 7 块板改由提馏段操作线方程计算。

$$y_7 = 2.051x_6 - 0.0074 = 2.051 \times 0.142 - 0.0074 = 0.284$$

$$x_7 = \frac{y_7}{\alpha - (\alpha-1)y_7} = \frac{0.284}{4.41 - (4.41-1) \times 0.284} = 0.083$$

$y_8 = 0.163, x_8 = 0.042; y_9 = 0.079, x_9 = 0.019; y_{10} = 0.032, x_{10} = 0.0074, y_{11} = 0.0078,$ $x_{11} = 0.0018$，由此可见 $x_{11} < x_W$。总理论板数为 11 块(包括塔釜)，第 6 块板为进料板。

2) 实际塔板数的求取

由式(3-24)可知，理论板数 N_T 一定时，实际塔板数 N 与全塔效率 E_T 成反比。由于全塔效率 E_T 为未知量，需要先估算 E_T。而估算 E_T 要用到 N，故需用试差法确定实际塔板数。

设 $E_T = 0.48$，则精馏段塔板层数 $N_{精} = 5/0.48 = 10.42 \approx 11$ 块；提馏段塔板层数 $N_{提} = (11-5-1)/0.48 = 10.42 \approx 11$ 块；总塔板层数 $N = 22$(不含塔釜)。

A. 操作压强

已知塔顶操作压强为 4kPa(表压)，每层塔板压降 $\Delta p = 0.7$kPa，故塔顶压强为：$p_D = 101.3 + 4 = 105.3$kPa；塔底压强为：$p_W = 105.3 + 0.7 \times 22 = 120.7$kPa。

B. 操作温度

利用安托因方程计算塔顶及塔底温度(泡点温度)。苯和氯苯的安托因方程分别为

$$\text{苯：} \lg p_A^0 = 6.03055 - \frac{1211.033}{t + 220.79} \qquad \text{氯苯：} \lg p_B^0 = 6.103 - \frac{1431.05}{t + 217.55}$$

其中压强 p 的单位为 kPa，温度 t 的单位为℃。

下面用试差法计算塔顶泡点温度。

已知：$p_D = 105.3$kPa，$x_D = 0.990$，泡点回流，故 $x_1 = 0.957$。

设塔顶泡点温度 $t_D = 82.0$℃，则苯和氯苯的饱和蒸气压分别为

$$p_A^0 = 107.4\text{kPa} \qquad p_B^0 = 21.17\text{kPa}$$

$$x=\frac{p-p_{\mathrm{B}}^{0}}{p_{\mathrm{A}}^{0}-p_{\mathrm{B}}^{0}}=\frac{105.3-21.17}{107.4-21.17}=0.976\neq x_{1}\text{，假设不成立。}$$

设泡点温度为 $t_{\mathrm{D}}=82.5℃$，则 $p_{\mathrm{A}}^{0}=109.04\mathrm{kPa}$，$p_{\mathrm{B}}^{0}=21.56\mathrm{kPa}$。

$$x=\frac{p-p_{\mathrm{B}}^{0}}{p_{\mathrm{A}}^{0}-p_{\mathrm{B}}^{0}}=\frac{105.3-21.56}{109.04-21.56}=0.957=x_{1}\text{，假设成立，故塔顶泡点温度为 }82.5℃\text{。若假}$$

设不成立，则需继续假设泡点温度，重复上述计算过程，直到假设成立为止。

用 Excel 的"单变量求解"功能可以方便、快捷地完成上述试差计算过程，如图 3-18 所示。

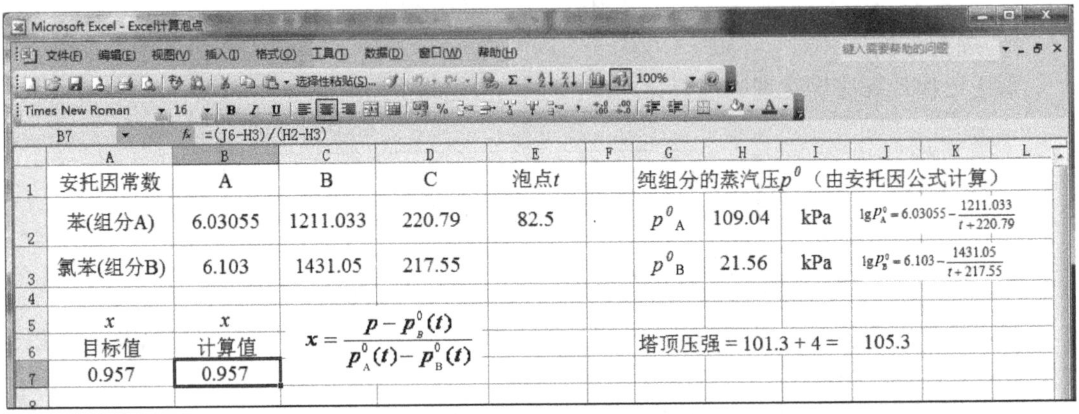

图 3-18　用 Excel 的"单变量求解"功能计算塔顶泡点温度界面

基本操作过程如下：

(1) 输入各组分的安托因方程系数(B2~D3 单元格)，E2 单元格为存放泡点温度的单元格。

(2) 用安托因方程计算纯组分的饱和蒸气压，单元格 H2 中输入苯的饱和蒸气压计算式"=10^(B2−C2/(E2+D2))"；H3 中输入氯苯的饱和蒸气压计算式"=10^(B3−C3/(E2+D3))"。

(3) 输入压强值(如 J6 单元格)，在某单元格(图 3-18 中的 B7 单元格)中输入苯组分的摩尔分数 x 的计算式"=(J6−H3)/(H2−H3)"。

(4) 在"工具"菜单中选"单变量求解"，打开如图 3-19 所示的对话框。在"目标单元格"中输入计算 x 的单元格地址(图 3-19 中的 B7 单元格)；"目标值"中输入 x 的目标值(本例中 x 为 0.957)；"可变单元格"中输入待求的泡点温度所在的单元格(图 3-18 中的 E2 单元格)。

(5) 点击确定，显示"单变量求解状态"界面(图 3-20)；再点击确定，即在"可变单元格"(E2 单元格)中显示试差结果(泡点温度)，本例中塔顶泡点温度为 82.5℃。

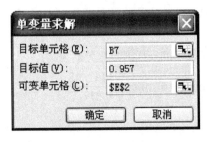

图 3-19　"单变量求解"对话框

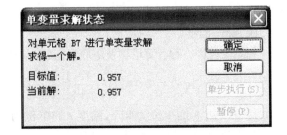

图 3-20　单变量求解状态

塔底泡点温度的求解如下。

塔底压强 $p_{\mathrm{w}}=120.7\mathrm{kPa}$，苯的摩尔分数 $x_{\mathrm{w}}=0.007$，同理可得塔底泡点温度 $t_{\mathrm{w}}=137.6℃$。

全塔平均温度　　　　　$t=\dfrac{t_W+t_D}{2}=\dfrac{137.6+82.5}{2}=110.0℃$

C. 黏度

由 $t=110.0℃$，从附录 2 黏度共线图查得：$\mu_A=0.215\text{mPa}\cdot\text{s}$，$\mu_B=0.265\text{mPa}\cdot\text{s}$。

$\lg\mu_L=x_F\lg\mu_A+(1-x_F)\lg\mu_B=0.203\lg0.215+(1-0.203)\lg0.265$；$\mu_L=0.254\text{mPa}\cdot\text{s}$

D. 全塔效率

用式(3-23)估算全塔效率

$$E_T'=0.49\,(\alpha\mu_L)^{-0.245}=0.49\times(4.41\times0.254)^{-0.245}=0.477$$

$|E_T'-E_T|=|0.477-0.48|=0.30\%<1\%$，满足设计要求。若不满足要求，则需重新假设全塔效率，重复上述计算，直到满足要求为止。

E. 实际塔板数的确定

按 $E_T=0.477$ 计算得精馏段的实际塔板层数为：$N_{精}=5/0.477=10.5\approx11$；提馏段的实际塔板层数为：$N_{提}=5/0.477=10.5\approx11$ 块；总塔板层数为：$N=22$(不含塔釜)。

3.7.1.5　精馏塔的工艺条件及相关物性数据

1) 操作压强

塔顶操作压强 $p_D=105.3\text{kPa}$，每层塔板压降 $\Delta p=0.7\text{kPa}$，故进料板压强 $p_F=105.3+0.7\times11=113.0\text{kPa}$，塔底操作压强 $p_W=105.3+0.7\times22=120.7\text{kPa}$，由此可分别计算得精馏段、提馏段的平均压强。

精馏段　　　　　　　　　$p=(105.3+113.0)/2=109.2(\text{kPa})$

提馏段　　　　　　　　　$p'=(113.0+120.7)/2=116.9(\text{kPa})$

2) 操作温度

前面已计算得到塔顶及塔底的泡点温度分别为：$t_D=82.5℃$，$t_W=137.6℃$。

通过逐板计算已知，第 6 块理论塔板为进料板，进料板上苯的摩尔分数 x_6 为 0.142；进料板的操作压强 p_F 为 113.0kPa。由泡点方程通过如前所述的 Excel 单变量求解方法计算得进料板泡点温度为：$t_F=122.6℃$。由此可分别计算得精馏段、提馏段的平均温度。

精馏段：$t=(82.5+122.6)/2=102.6℃$　　提馏段：$t'=(122.6+137.6)/2=130.1℃$

3) 平均摩尔质量

(1) 塔顶组分的平均摩尔质量。

已知：$y_1=x_D=0.990$，$x_1=0.957$；故塔顶气相和液相的平均摩尔质量分别为

气相平均摩尔质量 $M_{DV}=0.990\times78.11+(1-0.990)\times112.56=78.45(\text{kg}\cdot\text{kmol}^{-1})$

液相平均摩尔质量 $M_{DL}=0.957\times78.11+(1-0.957)\times112.56=79.59(\text{kg}\cdot\text{kmol}^{-1})$

(2) 进料板组分的平均摩尔质量。

第 6 块理论塔板为进料板，进料板上的气液相组成为：$y_6=0.421$，$x_6=0.142$；故进料板气相和液相的平均摩尔质量分别为

气相平均摩尔质量 $M_{FV}=0.421\times78.11+(1-0.421)\times112.56=98.06(\text{kg}\cdot\text{kmol}^{-1})$

液相平均摩尔质量 $M_{FL}=0.142\times78.11+(1-0.142)\times112.56=107.67(\text{kg}\cdot\text{kmol}^{-1})$

(3) 塔底组分的平均摩尔质量。

塔底 $x_W=0.007$，$y_W=\dfrac{4.41\times0.007}{(4.41-1)\times0.007+1}=0.0302$；同理可求得

气相平均摩尔质量 $M_{WV}=0.0302\times78.11+(1-0.0302)\times112.56=111.52(\text{kg}\cdot\text{kmol}^{-1})$

液相平均摩尔质量 $M_{WL}=0.007\times78.11+(1-0.007)\times112.56=112.32(\text{kg}\cdot\text{kmol}^{-1})$

（4）精馏段气相和液相的平均摩尔质量。

$M_V=(78.45+98.06)/2=88.26(\text{kg}\cdot\text{kmol}^{-1})$，$M_L=(79.59+107.67)/2=93.63(\text{kg}\cdot\text{kmol}^{-1})$

（5）提馏段气相和液相平均摩尔质量。

$M'_V=(98.06+111.52)/2=104.79(\text{kg}\cdot\text{kmol}^{-1})$，$M'_L=(107.67+112.32)/2=110.00$
$(\text{kg}\cdot\text{kmol}^{-1})$

4）苯-氯苯混合物的密度

（1）气相密度。

精馏段平均密度 $\rho_V=\dfrac{pM_V}{RT}=\dfrac{109.2\times88.26}{8.314\times(102.6+273.15)}=3.09(\text{kg}\cdot\text{m}^{-3})$

提馏段平均密度 $\rho'_V=\dfrac{p'M'_V}{RT'}=\dfrac{116.9\times104.79}{8.314\times(130.1+273.15)}=3.65(\text{kg}\cdot\text{m}^{-3})$

（2）液相密度。

塔顶：由 $t_D=82.5℃$ 查附录 2 的密度共线图可知 $\rho_A=816\text{kg}\cdot\text{m}^{-3}$，$\rho_B=1030\text{kg}\cdot\text{m}^{-3}$，则
$$\rho_D=1/(0.985/816+0.015/1030)=818.6(\text{kg}\cdot\text{m}^{-3})$$

进料板：由 $t_F=122.6℃$ 查附录 2 可知 $\rho_A=758\text{kg}\cdot\text{m}^{-3}$，$\rho_B=987\text{kg}\cdot\text{m}^{-3}$。

进料板液相质量分率 $w_A=\dfrac{0.142\times78.11}{0.142\times78.11+(1-0.142)\times112.56}=0.103$，则
$$\rho_F=1/(0.103/758+0.897/987)=957.2(\text{kg}\cdot\text{m}^{-3})$$

塔底：由 $t_W=137.6℃$ 查附录 2 可知 $\rho_A=735\text{kg}\cdot\text{m}^{-3}$，则 $\rho_B=974\text{kg}\cdot\text{m}^{-3}$，则
$$\rho_W=1/(0.005/735+0.995/974)=972.4(\text{kg}\cdot\text{m}^{-3})$$

精馏段液相平均密度 $\qquad\rho_L=(818.6+957.2)/2=887.9(\text{kg}\cdot\text{m}^{-3})$

提馏段液相平均密度 $\qquad\rho'_L=(957.2+972.4)/2=964.8(\text{kg}\cdot\text{m}^{-3})$

5）苯-氯苯混合物的表面张力

塔顶：由 $t_D=82.5℃$ 查附录 2 的表面张力共线图可知 $\sigma_A=20.7\text{mN}\cdot\text{m}^{-1}$，$\sigma_B=25.8$
$\text{mN}\cdot\text{m}^{-1}$，则
$$\sigma_D=0.990\times20.7+(1-0.990)\times25.8=20.75(\text{mN}\cdot\text{m}^{-1})$$

进料板：由 $t_F=122.6℃$ 查附录 2 可知 $\sigma_A=15.7\text{mN}\cdot\text{m}^{-1}$，$\sigma_B=21.3\text{mN}\cdot\text{m}^{-1}$，则
$$\sigma_F=0.142\times15.7+(1-0.142)\times21.3=20.50(\text{mN}\cdot\text{m}^{-1})$$

塔底：由 $t_W=137.6℃$ 查附录 2 可知 $\sigma_A=14.0\text{mN}\cdot\text{m}^{-1}$，$\sigma_B=19.8\text{mN}\cdot\text{m}^{-1}$，则
$$\sigma_W=0.007\times14.0+(1-0.007)\times19.8=19.76(\text{mN}\cdot\text{m}^{-1})$$

精馏段平均表面张力 $\qquad\sigma_L=(20.75+20.50)/2=20.63(\text{mN}\cdot\text{m}^{-1})$

提馏段平均表面张力 $\qquad\sigma'_L=(20.50+19.76)/2=20.13(\text{mN}\cdot\text{m}^{-1})$

3.7.1.6 塔体工艺尺寸的设计计算

1）塔径

A. 精馏段

精馏段气相及液相的流量分别为

$$V_h = \frac{VM_V}{\rho_V} = \frac{100.20 \times 88.26}{3.09} = 2862.0 (\text{m}^3 \cdot \text{h}^{-1}), L_h = \frac{LM_L}{\rho_L} = \frac{73.97 \times 93.63}{887.9} = 7.80 (\text{m}^3 \cdot \text{h}^{-1})$$

$$V_s = 2862.0/3600 = 0.795 (\text{m}^3 \cdot \text{s}^{-1}), L_s = 7.80/3600 = 0.00217 (\text{m}^3 \cdot \text{s}^{-1})$$

$$\frac{L_h}{V_h} \left(\frac{\rho_L}{\rho_V} \right)^{\frac{1}{2}} = \frac{7.802}{2862.0} \times \left(\frac{887.9}{3.09} \right)^{\frac{1}{2}} = 0.046$$

取塔板间距 $H_T = 0.45\text{m}$，板上液层高度 $h_L = 0.06\text{m}$，则

$$H_T - h_L = 0.45 - 0.06 = 0.39 (\text{m})$$

查图 3-3 得 $C_{20} = 0.085$，则

负荷因子：
$$C = C_{20} \left(\frac{\sigma_L}{20} \right)^{0.2} = 0.085 \times \left(\frac{20.63}{20} \right)^{0.2} = 0.086$$

最大允许气速：
$$u_{\max} = C \sqrt{\frac{\rho_L - \rho_V}{\rho_V}} = 0.086 \times \sqrt{\frac{887.9 - 3.09}{3.09}} = 1.46 (\text{m} \cdot \text{s}^{-1})$$

取安全系数为 0.8，则空塔气速为

$$u = 0.8 u_{\max} = 0.8 \times 1.46 = 1.17 (\text{m} \cdot \text{s}^{-1})$$

塔径 $D = \sqrt{\dfrac{4V_s}{\pi u}} = \sqrt{\dfrac{4 \times 2862.0}{3.14 \times 1.17 \times 3600}} = 0.930 (\text{m})$，按标准塔径圆整，取 $D = 1.0\text{m}$。

B. 提馏段

提馏段气相及液相的流量分别为

$$V_h' = \frac{V'M_V'}{\rho_V'} = \frac{100.20 \times 104.79}{3.65} = 2876.7 (\text{m}^3 \cdot \text{h}^{-1})$$

$$L_h' = \frac{L'M_L'}{\rho_L'} = \frac{205.53 \times 110.00}{964.8} = 23.43 (\text{m}^3 \cdot \text{h}^{-1})$$

$$V_s' = 2876.7/3600 = 0.799 (\text{m}^3 \cdot \text{s}^{-1}), L_s' = 23.44/3600 = 0.00651 (\text{m}^3 \cdot \text{s}^{-1})$$

$$\frac{L_h'}{V_h'} \left(\frac{\rho_L'}{\rho_V'} \right)^{\frac{1}{2}} = \frac{23.44}{2876.7} \times \left(\frac{964.8}{3.65} \right)^{\frac{1}{2}} = 0.132$$

取塔板间距 $H_T' = 0.45\text{m}$，板上液层高度 $h_L' = 0.065\text{m}$，则 $H_T' - h_L' = 0.45 - 0.065 = 0.385\text{m}$，查图 3-3 得 $C_{20}' = 0.076$，则

负荷因子：
$$C' = C_{20}' \left(\frac{\sigma_L'}{20} \right)^{0.2} = 0.076 \times \left(\frac{20.13}{20} \right)^{0.2} = 0.076$$

最大允许气速：
$$u_{\max}' = C' \sqrt{\frac{\rho_L' - \rho_V'}{\rho_V'}} = 0.076 \times \sqrt{\frac{964.8 - 3.65}{3.65}} = 1.23 (\text{m} \cdot \text{s}^{-1})$$

取安全系数为 0.8，则空塔气速为

$$u' = 0.8 u_{\max}' = 0.8 \times 1.23 = 0.98 (\text{m} \cdot \text{s}^{-1})$$

塔径 $D' = \sqrt{\dfrac{4V_s'}{\pi u'}} = \sqrt{\dfrac{4 \times 2876.7}{3.14 \times 0.98 \times 3600}} = 1.0 (\text{m})$，按标准塔径圆整，取 $D' = 1.0\text{m}$。

全塔塔径取 1.0 m。

塔截面面积为

$$A_T = \frac{\pi}{4} D^2 = \frac{3.14}{4} \times 1.0^2 = 0.785 (\text{m}^2)$$

精馏段和提馏段的实际空塔气速分别为

$$u = \frac{0.795}{0.785} = 1.01(\mathrm{m \cdot s^{-1}}) \qquad u' = \frac{0.799}{0.785} = 1.02(\mathrm{m \cdot s^{-1}})$$

2) 塔高

塔高按式(3-29)计算:

$$H = (N - N_\mathrm{F} - N_\mathrm{P} - 1)H_\mathrm{T} + N_\mathrm{F}H_\mathrm{F} + N_\mathrm{P}H_\mathrm{P} + H_\mathrm{D} + H_\mathrm{B}$$

(1) 塔板间距:H_T 取 0.45m;进料板的板间距 H_F 取 0.70m。

(2) 塔顶空间高度:H_D 取 2 倍的塔板间距,即 $H_\mathrm{D} = 2.0H_\mathrm{T} = 2.0 \times 0.45 = 0.90(\mathrm{m})$。

(3) 塔底空间高度:$H_\mathrm{B} = h_1 + h_2$。塔底料液停留时间 θ 取 5min,查附表 7-2 可知 DN 1000mm 的封头容积为 0.1505m³,则按式(3-30)及式(3-31)计算得塔底的储液高度为

$$h_1 = \frac{\dfrac{W \cdot M_\mathrm{w}}{\rho_\mathrm{w} \times 3600} \times 5 \times 60 - V_{\text{封头}}}{\frac{1}{4}\pi D^2} = \frac{\dfrac{105.33 \times 112.32 \times 5 \times 60}{972.4 \times 3600} - 0.1505}{\frac{1}{4}\pi \times 1.0^2} = 1.10(\mathrm{m})$$

取塔底液面至最下层塔板之间的距离 $h_2 = 1.5\mathrm{m}$,则塔底空间高度为

$$H_\mathrm{B} = h_1 + h_2 = 1.10 + 1.5 = 2.60(\mathrm{m})$$

(4) 全塔开三个人孔,分别位于塔顶、进料板和塔釜。

(5) 塔高 H:

$$H = (N - N_\mathrm{F} - N_\mathrm{P} - 1)H_\mathrm{T} + N_\mathrm{F}H_\mathrm{F} + N_\mathrm{P}H_\mathrm{P} + H_\mathrm{D} + H_\mathrm{B}$$
$$= (22 - 1 - 0 - 1) \times 0.45 + 1 \times 0.70 + 0 + 0.90 + 2.60 = 13.20(\mathrm{m})$$

3.7.1.7 塔板工艺尺寸的设计计算

1) 溢流装置

塔径为 1.0m,选用单溢流弓形降液管及凹形受液盘。

(1) 溢流堰堰长。

精馏段:取 $l_\mathrm{w}/D = 0.66$,则 $l_\mathrm{w} = 0.66D = 0.66 \times 1.0 = 0.66(\mathrm{m})$。

提馏段:取 $l_\mathrm{w}'/D = 0.66$,则 $l_\mathrm{w}' = 0.66D = 0.66 \times 1.0 = 0.66(\mathrm{m})$。

(2) 溢流堰高度。

选用平直堰,按式(3-35)计算堰上液层高度,近似取 $E = 1$。

精馏段:$h_\mathrm{ow} = \dfrac{2.84}{1000}E\left(\dfrac{L_\mathrm{h}}{l_\mathrm{w}}\right)^{2/3} = \dfrac{2.84}{1000} \times 1 \times \left(\dfrac{7.80}{0.66}\right)^{2/3} = 0.015(\mathrm{m})$,取板上液层高度为 0.06m,则溢流堰高度 $h_\mathrm{w} = h_\mathrm{L} - h_\mathrm{ow} = 0.06 - 0.015 = 0.045(\mathrm{m})$。

提馏段:$h_\mathrm{ow}' = \dfrac{2.84}{1000} \times 1 \times \left(\dfrac{23.43}{0.66}\right)^{2/3} = 0.031(\mathrm{m})$,板上液层高度 0.065m,则

溢流堰高度 $h_\mathrm{w}' = h_\mathrm{L}' - h_\mathrm{ow}' = 0.065 - 0.031 = 0.034(\mathrm{m})$。

(3) 弓形降液管宽度和降液管截面面积。

精馏段:由 $l_\mathrm{w}/D = 0.66$ 查图 3-11 得 $A_\mathrm{f}/A_\mathrm{T} = 0.072$,$W_\mathrm{d}/D = 0.13$,故

$$W_\mathrm{d} = 0.13 \times 1.0 = 0.13 \ (\mathrm{m}),\ A_\mathrm{f} = 0.072 \times 0.785 = 0.0565 \ (\mathrm{m}^2)$$

提馏段:由 $l_\mathrm{w}'/D = 0.66$ 查图 3-11 得 $A_\mathrm{f}'/A_\mathrm{T}' = 0.072$,$W_\mathrm{d}'/D = 0.13$,故

$$W_\mathrm{d}' = 0.13 \times 1.0 = 0.13(\mathrm{m}),\ A_\mathrm{f}' = 0.072 \times 0.785 = 0.0565(\mathrm{m}^2)$$

（4）验算液体在降液管中的停留时间。

精馏段：$\tau = 3600 A_f H_T / L_h = 3600 \times 0.0565 \times 0.45 / 7.802 = 11.7(s) > 3s$

提馏段：$\tau' = 3600 A_f' H_T' / L_h' = 3600 \times 0.0565 \times 0.45 / 23.43 = 3.9(s) > 3s$

故降液管设计合理。

（5）降液管底隙高度。

精馏段：取 $u_c = 0.10 \text{m} \cdot \text{s}^{-1}$，按式（3-36）计算降液管底隙高度。$h_o = \dfrac{L_h}{3600 l_w u_c} = \dfrac{7.802}{3600 \times 0.66 \times 0.10} = 0.033(\text{m})$，$h_w - h_o = 0.045 - 0.033 = 0.012(\text{m}) > 0.006\text{m}$，故精馏段降液管底隙高度设计合理。

提馏段：取 $u_c' = 0.35 \text{m} \cdot \text{s}^{-1}$，$h_o' = \dfrac{L_h'}{3600 l_w' u_c'} = \dfrac{23.43}{3600 \times 0.66 \times 0.35} = 0.028\text{m}$，$h_w' - h_o' = 0.034 - 0.028 = 0.006\text{m} \geqslant 0.006\text{m}$，故提馏段降液管底隙高度设计合理。

2）塔板布置

因塔径 $D = 1000\text{mm} \geqslant 800\text{mm}$，故应采用分块式塔板，由表 3-3 可知，塔板可分为 3 块。

（1）安定区和边缘区的确定。取 $W_s = W_s' = 0.070\text{m}$，$W_c = 0.035\text{m}$。

（2）开孔区面积。开孔区面积按式（3-37）计算。

精馏段：

$$x = \frac{D}{2} - (W_d + W_s) = \frac{1.0}{2} - (0.13 + 0.070) = 0.300(\text{m})$$

$$r = \frac{D}{2} - W_c = \frac{1.0}{2} - 0.035 = 0.465(\text{m})$$

$$A_a = 2\left(x\sqrt{r^2 - x^2} + \frac{\pi r^2}{180}\arcsin\frac{x}{r} \right)$$

$$= 2 \times \left(0.300 \times \sqrt{0.465^2 - 0.300^2} + \frac{\pi \times 0.465^2}{180}\arcsin\frac{0.300}{0.465} \right) = 0.516(\text{m}^2)$$

同理，可计算得提馏段开孔区面积。

$$x' = \frac{D}{2} - (W_d' + W_s') = \frac{1.0}{2} - (0.13 + 0.070) = 0.30\text{m}, \quad r' = \frac{D}{2} - W_c = \frac{1.0}{2} - 0.035 = 0.465(\text{m}),$$

$$A_a' = 2 \times \left(0.30 \times \sqrt{0.465^2 - 0.30^2} + \frac{\pi \times 0.465^2}{180}\arcsin\frac{0.30}{0.465} \right) = 0.516(\text{m}^2)$$

（3）筛孔数及其排列。

选用厚度 δ 为 4mm 的筛板，筛孔直径 d_0 取 5mm。精馏段和提馏段的筛孔均按正三角形排列，取筛孔中心距 $t = 2.5 d_0$，由式（3-38）和式（3-39）可计算得筛孔数及开孔率。

精馏段筛孔数及开孔率分别为

$$n = \frac{1.155 A_a}{t^2} = \frac{1.155 \times 0.516}{0.0125^2} = 3814 \text{ 个}; \quad \varphi = 0.907\left(\frac{d_0}{t}\right)^2 = 0.907 \times \left(\frac{0.005}{0.0125}\right)^2 = 14.51\%$$

气体通过筛孔的气速为

$$u_0 = \frac{V_s}{A_a \varphi} = \frac{2862.0}{0.516 \times 0.1451 \times 3600} = 10.62(\text{m} \cdot \text{s}^{-1})$$

提馏段筛孔数及开孔率分别为

$$n' = \frac{1.155 A'_a}{t'^2} = \frac{1.155 \times 0.516}{0.0125^2} = 3814 \text{ 个}; \varphi' = 0.907 \left(\frac{d_0}{t'}\right)^2 = 0.907 \times \left(\frac{0.005}{0.0125}\right)^2 = 14.51\%$$

气体通过筛孔的气速为

$$u'_0 = \frac{V'_s}{A'_a \varphi'} = \frac{2876.7}{0.516 \times 0.1451 \times 3600} = 10.67 (\text{m} \cdot \text{s}^{-1})$$

3.7.1.8　塔板流体力学验算

1) 塔板压降

塔板压降包括干板压降、板上液层的有效阻力和液体表面张力引起的阻力,按式(3-40)计算。

(1) 干板阻力。由 $d_0/\delta = 5/4 = 1.25$,查图 3-15 得 $C_0 = 0.79$,按式(3-41)计算干板阻力。

精馏段:$h_c = 0.051 \left(\frac{u_0}{C_0}\right)^2 \left(\frac{\rho_V}{\rho_L}\right) = 0.051 \times \left(\frac{10.62}{0.79}\right)^2 \times \left(\frac{3.09}{887.9}\right) = 0.0321 (\text{m 液柱})$

提馏段:$h'_c = 0.051 \left(\frac{u'_0}{C_0}\right)^2 \left(\frac{\rho'_V}{\rho'_L}\right) = 0.051 \times \left(\frac{10.67}{0.79}\right)^2 \times \left(\frac{3.65}{964.8}\right) = 0.0352 (\text{m 液柱})$

(2) 气体通过液层的阻力。按式(3-43)计算气体通过液层的阻力。
精馏段:

$$u_a = \frac{V_s}{A_T - 2A_f} = \frac{0.795}{0.785 - 2 \times 0.0565} = 1.18 (\text{m} \cdot \text{s}^{-1})$$

$$F_a = u_a \sqrt{\rho_V} = 1.18 \times \sqrt{3.09} = 2.07 (\text{kg}^{1/2} \cdot \text{s}^{-1} \cdot \text{m}^{-1/2})$$

查图 3-16 得 $\beta = 0.56$,已知 $h_L = 0.06\text{m}$,故 $h_1 = \beta h_L = 0.56 \times 0.06 = 0.0336 (\text{m 液柱})$。
提馏段:

$$u'_a = \frac{V'_s}{A_T - 2A'_f} = \frac{0.799}{0.785 - 2 \times 0.0565} = 1.19 (\text{m} \cdot \text{s}^{-1})$$

$$F'_a = u'_a \sqrt{\rho'_V} = 1.19 \times \sqrt{3.65} = 2.27 (\text{kg}^{1/2} \cdot \text{s}^{-1} \cdot \text{m}^{-1/2})$$

查图 3-16 得 $\beta' = 0.55$,已知 $h_L = 0.065\text{m}$,故 $h'_1 = \beta' h'_L = 0.55 \times 0.065 = 0.0358 (\text{m 液柱})$。
(3) 液体表面张力引起的阻力。按式(3-45)计算液体表面张力引起的阻力。

精馏段:　　　$h_\sigma = \frac{4\sigma_L}{\rho_L g d_0} = \frac{4 \times 20.63 \times 10^{-3}}{887.9 \times 9.81 \times 0.005} = 0.0019 (\text{m 液柱})$

提馏段:　　　$h'_\sigma = \frac{4\sigma'_L}{\rho'_L g d_0} = \frac{4 \times 20.13 \times 10^{-3}}{964.8 \times 9.81 \times 0.005} = 0.0017 (\text{m 液柱})$

由以上各项可分别计算得精馏段和提馏段的塔板压降:
精馏段　$h_p = h_c + h_1 + h_\sigma = 0.0321 + 0.0336 + 0.0019 = 0.0676 (\text{m 液柱})$
$\Delta p_p = h_p \rho_L g = 0.0676 \times 887.9 \times 9.81 = 589 (\text{Pa}) < 0.7\text{kPa}$,满足设计任务书给定的要求。
提馏段　$h'_p = h'_c + h'_1 + h'_\sigma = 0.0352 + 0.0358 + 0.0017 = 0.0727 (\text{m 液柱})$
$\Delta p'_p = h'_p \rho'_L g = 0.0727 \times 964.8 \times 9.81 = 688 (\text{Pa}) < 0.7\text{kPa}$,满足设计任务书给定的要求。
2) 液面落差
因 $D = 1000\text{mm} \leqslant 1600\text{mm}$,对于筛板塔,液面落差很小,可以忽略。

3) 漏液

漏液点气速按式(3-46)计算。

精馏段:$u_{0,min} = 4.4C_0\sqrt{(0.0056+0.13h_L-h_\sigma)\rho_L/\rho_V}$

$$= 4.4 \times 0.79 \times \sqrt{(0.0056+0.13 \times 0.06-0.0019) \times 887.9/3.09} = 6.32 (m \cdot s^{-1})$$

实际孔速 $u_0 = 10.62 m \cdot s^{-1} > u_{0,min}$;稳定系数为 $K = \dfrac{u_0}{u_{0,min}} = \dfrac{10.62}{6.32} = 1.68 > 1.5$

提馏段:$u'_{0,min} = 4.4 \times 0.79 \times \sqrt{(0.0056+0.13 \times 0.065-0.0017) \times 964.8/3.65} = 6.28 (m \cdot s^{-1})$

实际孔速 $u'_0 = 10.67 m \cdot s^{-1} > u'_{0,min}$;稳定系数为 $K' = \dfrac{u'_0}{u'_{0,min}} = \dfrac{10.67}{6.28} = 1.7 > 1.5$

故在本设计中精馏段和提馏段的稳定系数满足设计要求。

4) 液沫夹带

液沫夹带量按式(3-48)计算。

精馏段:取 $h_f = 2.5h_L = 2.5 \times 0.06 = 0.15 (m)$,则

$$e_V = \frac{5.7 \times 10^{-6}}{\sigma_L}\left(\frac{u_a}{H_T-h_f}\right)^{3.2} = \frac{5.7 \times 10^{-6}}{20.63 \times 10^{-3}} \times \left(\frac{1.18}{0.45-0.15}\right)^{3.2} = 0.022 (kg_{液} \cdot kg_{气}^{-1}) <$$

$0.1 kg_{液} \cdot kg_{气}^{-1}$

提馏段:取 $h'_f = 2.5h'_L = 2.5 \times 0.065 = 0.162 (m)$,则

$$e'_V = \frac{5.7 \times 10^{-6}}{20.13 \times 10^{-3}} \times \left(\frac{1.19}{0.45-0.162}\right)^{3.2} = 0.026 (kg_{液} \cdot kg_{气}^{-1}) < 0.1 kg_{液} \cdot kg_{气}^{-1}$$

故在本设计中精馏段和提馏段的液沫夹带量均在允许范围内。

5) 液泛

为防止塔内发生液泛,降液管内液层高度 H_d 应服从关系式 $H_d \leqslant \varphi(H_T+h_w)$,苯-氯苯物系属一般物系,取安全系数为 0.5,即 $\varphi = \varphi' = 0.5$。当降液管液体在板上分布均匀,且溢流堰高度满足液封要求时,板上可不设入口堰。

(1) 精馏段:$\varphi(H_T+h_w) = 0.5 \times (0.45+0.045) = 0.248 (m)$,$H_d = h_p + h_L + h_d$

$h_d = 0.153 (u_c)^2 = 0.153 \times 0.1^2 = 0.001\,53 (m 液柱)$;

$H_d = 0.0676 + 0.06 + 0.001\,53 = 0.129 (m 液柱)$,满足 $H_d \leqslant \varphi(H_T+h_w)$。

(2) 提馏段:$\varphi'(H'_T+h'_w) = 0.5 \times (0.45+0.034) = 0.242 (m)$

$h'_d = 0.153 (u'_c)^2 = 0.153 \times 0.35^2 = 0.018\,74 (m 液柱)$;$H'_d = 0.0728 + 0.065 + 0.01\,874 = 0.156 (m 液柱)$,满足 $H'_d \leqslant \varphi'(H'_T+h'_w)$。

故在本设计中精馏段和提馏段均不会发生液泛。

3.7.1.9 负荷性能图

1) 漏液线

精馏段:

$V_{s,min} = A_0 u_{0,min}$,$u_{0,min} = 4.4C_0\sqrt{(0.0056+0.13h_L-h_\sigma)\rho_L/\rho_V}$,其中 $h_L = h_w + h_{ow}$,$h_{ow} = \dfrac{2.84}{1000}E\left(\dfrac{L_h}{l_w}\right)^{2/3}$,联立各式可得

$$V_{s,min} = 4.4 C_0 A_0 \sqrt{\left\{0.0056 + 0.13 \times \left[h_w + \frac{2.84}{1000} E \left(\frac{L_h}{l_w}\right)^{2/3}\right] - h_\sigma\right\} \rho_L / \rho_V}$$

$$= 4.4 \times 0.516 \times 0.79 \times 0.1451$$

$$\times \sqrt{\left\{0.0056 + 0.13 \times \left[0.045 + \frac{2.84}{1000} \times 1 \times \left(\frac{3600 L_s}{0.66}\right)^{2/3}\right] - 0.0019\right\} \times 887.9 / 3.09}$$

整理得　　　　　　　　$V_{s,min} = 4.412 \times \sqrt{0.00955 + 0.1144 L_s^{2/3}}$

同理可得提馏段的漏液线方程:

$$V'_{s,min} = 4.4 \times 0.79 \times 0.516 \times 0.1451$$

$$\times \sqrt{\left\{0.0056 + 0.13 \times \left[0.034 + \frac{2.84}{1000} \times 1 \times \left(\frac{3600 L'_s}{0.66}\right)^{2/3}\right] - 0.0017\right\} \times 964.8 / 3.65}$$

$$V'_{s,min} = 4.231 \sqrt{0.00832 + 0.1144 L'^{2/3}_s}$$

由上述气相流量和液相流量之间的函数关系可分别作出精馏段和提馏段的漏液线(图 3-21 线 1)。

2) 液沫夹带线

以 $e_V = 0.1 \text{ kg}_{液} \cdot \text{kg}_{气}^{-1}$ 为限,计算气相流量和液相流量之间的函数关系。

精馏段:已知 $h_f = 2.5 h_L = 2.5(h_w + h_{ow})$, $h_{ow} = \frac{2.84}{1000} \times 1 \times \left(\frac{3600 L_s}{0.66}\right)^{2/3} = 0.880 L_s^{2/3}$, $h_w = 0.045$, 故 $h_f = 2.5(h_w + h_{ow}) = 0.112 + 2.200 L_s^{2/3}$。

$$u_a = \frac{V_s}{A_T - 2A_f} = \frac{V_s}{0.785 - 2 \times 0.0565} = 1.488 V_s, \quad H_T - h_f = 0.338 - 2.200 L_s^{2/3}, \text{故}$$

$$e_V = \frac{5.7 \times 10^{-6}}{\sigma_L} \left(\frac{u_a}{H_T - h_f}\right)^{3.2} = \frac{5.7 \times 10^{-6}}{20.63 \times 10^{-3}} \times \left(\frac{1.488 V_s}{0.338 - 2.200 L_s^{2/3}}\right)^{3.2} = 0.1$$

整理得精馏段:　　　　　　　　$V_s = 1.43 - 9.32 L_s^{2/3}$

同理,由以下各式可计算得提馏段的液沫夹带线方程。

$$h'_{ow} = \frac{2.84}{1000} \times 1 \times \left(\frac{3600 L'_s}{0.66}\right)^{2/3} = 0.880 L'^{2/3}_s, \quad h'_w = 0.034$$

$$h'_f = 2.5(h'_w + h'_{ow}) = 0.085 + 2.200 L'^{2/3}_s, \quad H'_T - h'_f = 0.365 - 2.200 L'^{2/3}_s$$

$$u'_a = \frac{V'_s}{A_T - 2A'_f} = \frac{V'_s}{0.785 - 2 \times 0.565} = 1.488 V'_s$$

$$e'_V = \frac{5.7 \times 10^{-6}}{\sigma'_L} \left(\frac{u'_a}{H'_T - h'_f}\right)^{3.2} = \frac{5.7 \times 10^{-6}}{20.13 \times 10^{-3}} \times \left(\frac{1.488 V'_s}{0.365 - 2.200 L'^{2/3}_s}\right)^{3.2} = 0.1$$

整理得提馏段:　　　　　　　　$V'_s = 1.53 - 9.25 L'^{2/3}_s$

由气相流量和液相流量之间的关系可分别作出精馏段和提馏段的液沫夹带线(图 3-21 线 2)。

3) 液泛线

令 $H_d = \varphi(H_T + h_w)$, 由 $H_d = h_p + h_L + h_d$, $h_p = h_c + h_l + h_\sigma$, $h_l = \beta h_L$; $h_L = h_w + h_{ow}$, 联立得

$$\varphi H_T + (\varphi - \beta - 1) h_w = (\beta + 1) h_{ow} + h_c + h_d + h_\sigma$$

忽略 h_σ, 将 h_{ow} 与 L_s、h_d 与 L_s、h_c 与 V_s 的关系式代入上式,整理得

$$a V_s^2 = b - c L_s^2 - d L_s^{2/3}$$

其中 $a = \frac{0.051}{(A_0 C_0)^2} \left(\frac{\rho_V}{\rho_L}\right)$, $b = \varphi H_T + (\varphi - \beta - 1) h_w$, $c = 0.153 / (l_w h_0)^2$, $d = 2.84 \times 10^{-3} E$

$$\times (1+\beta) \left(\frac{3600}{l_w}\right)^{2/3}。$$

分别将精馏段和提馏段的有关数据代入,即可得到气相流量和液相流量之间的函数关系。

精馏段:

$$a=\frac{0.051}{(0.516\times 0.1451\times 0.79)^2}\times \left(\frac{3.09}{887.9}\right)=0.0507$$

$$b=0.5\times 0.45+(0.5-0.56-1)\times 0.045=0.177$$

$$c=0.153/(0.66\times 0.033)^2=322.53$$

$$d=2.84\times 10^{-3}\times 1\times (1+0.56)\times \left(\frac{3600}{0.66}\right)^{2/3}=1.373$$

故 $0.0507 V_s^2=0.177-322.53L_s^2-1.373L_s^{2/3}$,即 $V_s=(3.49-6361.54L_s^2-27.08L_s^{2/3})^{1/2}$。

提馏段:

$$a'=\frac{0.051}{(0.516\times 0.1451\times 0.79)^2}\times \left(\frac{3.65}{964.8}\right)=0.0551$$

$$b'=0.5\times 0.45+(0.5-0.55-1)\times 0.034=0.189$$

$$c'=0.153/(0.66\times 0.028)^2=448.0$$

$$d'=2.84\times 10^{-3}\times 1\times (1+0.55)\times \left(\frac{3600}{0.66}\right)^{2/3}=1.364$$

故 $0.0551V_s'^2=0.189-448.0L_s'^2-1.364L_s'^{2/3}$,即 $V_s'=(3.43-8130.8L_s'^2-24.75L_s'^{2/3})^{1/2}$。

由气相流量和液相流量之间的函数关系可分别作出精馏段和提馏段的液泛线(图 3-21 线 3)。

4) 液相负荷下限线

对于平直堰,取堰上液层高度 $h_{ow}=0.006m$ 作为最小液体负荷标准,即

$$h_{ow}=\frac{2.84}{1000}\times 1\times \left(\frac{3600L_s}{l_w}\right)^{2/3}=0.006(m)$$

精馏段: $\quad L_{s,\min}=\left(\frac{0.006\times 1000}{2.84}\right)^{3/2}\times \frac{0.66}{3600}=0.000\ 563(m^3\cdot s^{-1})$

提馏段: $\quad L_{s,\min}'=\left(\frac{0.006\times 1000}{2.84}\right)^{3/2}\times \frac{0.66}{3600}=0.000\ 563(m^3\cdot s^{-1})$

由精馏段和提馏段的液相负荷下限值可分别作出其液相负荷下限线(图 3-21 线 4)。

5) 液相负荷上限线

精馏段和提馏段液体在降液管中停留时间 τ 的下限分别取 10s 和 3s,由式(3-32)可得

精馏段: $\quad L_{s,\max}=\frac{A_f H_T}{10}=\frac{0.0565\times 0.45}{10}=0.002\ 54(m^3\cdot s^{-1})$

提馏段: $\quad L_{s,\max}'=\frac{A_f' H_T}{3}=\frac{0.0565\times 0.45}{3}=0.008\ 48(m^3\cdot s^{-1})$

由精馏段和提馏段的液相负荷上限值可分别作出其液相负荷上限线(图 3-21 线 5)。

由精馏段和提馏段的上述五条线可分别作出其负荷性能图,如图 3-21 所示。

由精馏段和提馏段的气相及液相流量分别在负荷性能图上作出操作点 P,将 P 点与坐标原点相连接,即可得到操作线。由图 3-21 可以看出,该筛板塔的精馏段和提馏段的操作上限均为液相负荷上限控制,下限为漏液控制。

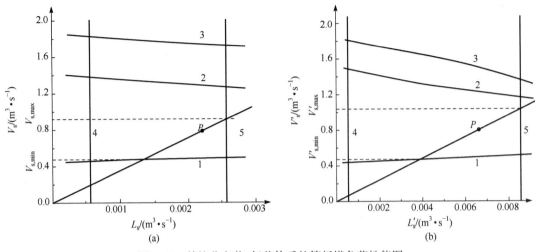

图 3-21　精馏分离苯-氯苯体系的筛板塔负荷性能图

（a）精馏段；（b）提馏段

1. 漏液线；2. 液沫夹带线；3. 液泛线；4. 液相负荷下限线；5. 液相负荷上限线

　　通过操作线与液相负荷上限线及漏液线的交点即可确定该精馏塔的极限负荷。精馏段的 $V_{s,max}$、$V_{s,min}$ 分别为 $0.931 \text{m}^3 \cdot \text{s}^{-1}$、$0.460 \text{m}^3 \cdot \text{s}^{-1}$，故其操作弹性为 $V_{s,max}/V_{s,min}=2.02$。提馏段的 $V'_{s,max}$、$V'_{s,min}$ 分别为 $1.041 \text{m}^3 \cdot \text{s}^{-1}$、$0.444 \text{m}^3 \cdot \text{s}^{-1}$，操作弹性为 $V'_{s,max}/V'_{s,min}=2.34$。

　　负荷性能图可以用常规的绘图方法绘制，也可以用 Origin 软件绘制。漏液线、液沫夹带线、液泛线可以用 Origin 软件的函数功能绘制，液相负荷下限线和上限线可以通过数据表功能绘制。Origin 8 的操作界面如图 3-22 所示。图中函数对话框所示的函数为精馏段的漏液线方程，其他各线的方程可依据此方法写出，数据表中为绘制液相负荷下限线和上限线的数据。

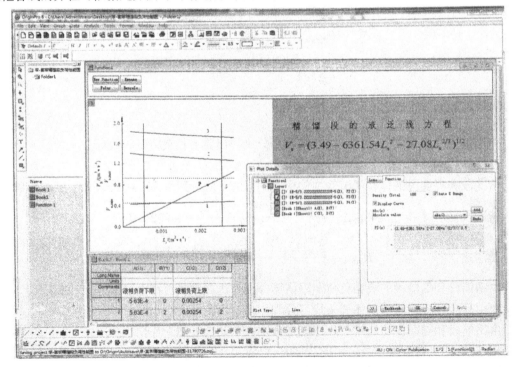

图 3-22　用 Origin 8 绘制负荷性能图界面

3.7.1.10　精馏塔接管尺寸计算

1) 进料管道

进料体积流量
$$q_V = \frac{FM_F}{\rho_F} = \frac{131.56 \times 105.57}{957.2} = 14.51 (\text{m}^3 \cdot \text{h}^{-1})$$

利用泵输送料液，取管道内流体流速 $u = 2.0 \text{m} \cdot \text{s}^{-1}$，因为 $q_V = \frac{1}{4}\pi d^2 u$，所以

$$d = \sqrt{\frac{4q_V}{\pi u}} = \sqrt{\frac{4 \times 14.51}{3.14 \times 2.0 \times 3600}} = 0.0507 (\text{m})$$

选用 $\phi 57\text{mm} \times 3.5\text{mm}$ 的无缝钢管，实际流速：$u = \dfrac{4 \times 14.51}{3.14 \times 0.05^2 \times 3600} = 2.05 (\text{m} \cdot \text{s}^{-1})$。

2) 塔顶回流液管道

塔顶回流液体积流量
$$q_V = \frac{LM_{DL}}{\rho_D} = \frac{73.97 \times 79.59}{818.6} = 7.19 (\text{m}^3 \cdot \text{h}^{-1})$$

用泵输送回流液，取流速 $u = 1.5 \text{m} \cdot \text{s}^{-1}$；$d = \sqrt{\dfrac{4q_V}{\pi u}} = \sqrt{\dfrac{4 \times 7.19}{3.14 \times 1.5 \times 3600}} = 0.041 (\text{m})$。

选用 $\phi 57\text{mm} \times 3.5\text{mm}$ 的无缝钢管，实际流速：$u = \dfrac{4 \times 7.19}{3.14 \times 0.05^2 \times 3600} = 1.02 (\text{m} \cdot \text{s}^{-1})$。

3) 塔底料液排出管道

塔底产品体积流量　$q_V = \dfrac{L'M_W}{\rho_W} = \dfrac{205.53 \times 112.32}{972.4} = 23.74 (\text{m}^3 \cdot \text{h}^{-1})$

塔底液出塔速度取 $u = 0.8 \text{m} \cdot \text{s}^{-1}$；$d = \sqrt{\dfrac{4q_V}{\pi u}} = \sqrt{\dfrac{4 \times 23.74}{3.14 \times 0.8 \times 3600}} = 0.102 (\text{m})$。

选用 $\phi 108\text{mm} \times 4\text{mm}$ 的无缝钢管，实际流速：$u = \dfrac{4 \times 23.74}{3.14 \times 0.10^2 \times 3600} = 0.84 (\text{m} \cdot \text{s}^{-1})$。

4) 塔顶蒸气出口管道

塔顶蒸气体积流量
$$q_V = \frac{VM_{DV}}{\rho_V}$$

塔顶蒸气密度　$\rho_V = \dfrac{p_D M_{DV}}{RT_D} = \dfrac{105.3 \times 78.45}{8.314 \times 355.7} = 2.79 (\text{kg} \cdot \text{m}^{-3})$

所以　$q_V = \dfrac{VM_{DV}}{\rho_V} = \dfrac{100.20 \times 78.45}{2.79} = 2.817 \times 10^3 (\text{m}^3 \cdot \text{h}^{-1})$

塔顶蒸气流速取 $u = 20 \text{m} \cdot \text{s}^{-1}$；$d = \sqrt{\dfrac{4q_V}{\pi u}} = \sqrt{\dfrac{4 \times 2.817 \times 10^3}{3.14 \times 20 \times 3600}} = 0.223 (\text{m})$。

选用 $\phi 273\text{mm} \times 8\text{mm}$ 的无缝钢管，实际流速：$u = \dfrac{4 \times 2.817 \times 10^3}{3.14 \times 0.257^2 \times 3600} = 15.09 (\text{m} \cdot \text{s}^{-1})$。

5) 塔底蒸气进口管道

塔底蒸气体积流量
$$q_V = \frac{V'M_{WV}}{\rho_V}$$

塔底蒸气密度　$\rho_V = \dfrac{p_W M_{WV}}{RT_W} = \dfrac{120.7 \times 111.52}{8.314 \times 410.8} = 3.94 (\text{kg} \cdot \text{m}^{-3})$

所以 $\qquad q_V = \dfrac{V'M_{WV}}{\rho_V} = \dfrac{100.20 \times 111.52}{3.94} = 2.836 \times 10^3 (\mathrm{m}^3 \cdot \mathrm{h}^{-1})$

塔底蒸气流速取 $\qquad u = 20\mathrm{m} \cdot \mathrm{s}^{-1}; d = \sqrt{\dfrac{4q_V}{\pi u}} = \sqrt{\dfrac{4 \times 2.836 \times 10^3}{3.14 \times 20 \times 3600}} = 0.224(\mathrm{m})$。

选用 $\phi 273\mathrm{mm} \times 8\mathrm{mm}$ 的无缝钢管,实际流速: $u = \dfrac{4 \times 2.836 \times 10^3}{3.14 \times 0.257^2 \times 3600} = 15.19(\mathrm{m} \cdot \mathrm{s}^{-1})$。

接管尺寸汇总于表 3-7 中。

表 3-7　精馏塔接管尺寸

	进料管	塔顶回流管	釜液排出管	塔顶蒸气出口管	塔底蒸气进口管	测量仪表接口
管径 / mm	$\phi 57 \times 3.5$	$\phi 57 \times 3.5$	$\phi 133 \times 6$	$\phi 273 \times 8$	$\phi 273 \times 8$	DN 25

辅助设备的计算与选型参见第 4 章。

筛板塔连续精馏分离苯-氯苯工艺设计结果汇总于表 3-8。

表 3-8　筛板塔连续精馏分离苯-氯苯工艺设计结果汇总表

项目		符号	单位	计算数据	
				精馏段	提馏段
平均温度		t	℃	102.6	130.1
平均压强		p	kPa	109.2	116.9
流量	气相	V_s	$\mathrm{m}^3 \cdot \mathrm{s}^{-1}$	0.795	0.799
	液相	L_s	$\mathrm{m}^3 \cdot \mathrm{s}^{-1}$	0.002 17	0.006 51
实际塔板数(不含塔釜)		N		11	11
塔板间距		H_T	m	0.45	0.45
塔高		H	m	13.20	
塔径		D	m	1.0	1.0
空塔气速		u	$\mathrm{m} \cdot \mathrm{s}^{-1}$	1.01	1.02
塔板溢流类型				单溢流	单溢流
	降液管类型			弓形降液管凹形受液盘	弓形降液管凹形受液盘
溢流装置	溢流堰堰长	l_w	m	0.66	0.66
	溢流堰高度	h_w	m	0.045	0.034
	溢流堰宽度	W_d	m	0.13	0.13
	堰上液层高度	h_{ow}	m	0.015	0.031
	降液管底隙高度	h_o	m	0.033	0.028
板上液层高度		h_L	m	0.06	0.065
筛孔直径		d_0	mm	5	5
孔中心距		t	mm	12.5	12.5
筛孔数		n		3814	3814
开孔率		φ	%	14.51	14.51
开孔区面积		A_a	m^2	0.516	0.516
筛孔气速		u_0	$\mathrm{m} \cdot \mathrm{s}^{-1}$	10.62	10.67
塔板压降		Δp_p	kPa	0.588	0.689

续表

项目	符号	单位	计算数据	
			精馏段	提馏段
液体在降液管中停留时间	τ	s	11.7	3.9
液沫夹带量	e_V	kg液·kg气$^{-1}$	0.022	0.026
稳定系数	K		1.68	1.71
操作上限			液相负荷上限控制	液相负荷上限控制
操作下限			漏液控制	漏液控制
气相最大负荷	$V_{s,max}$	m^3·s^{-1}	0.931	1.041
气相最小负荷	$V_{s,min}$	m^3·s^{-1}	0.460	0.442
操作弹性			2.02	2.36

3.7.2　甲醇-水连续精馏塔的工艺设计

在设计实例 3.7.1"苯-氯苯连续精馏塔的工艺设计"中,苯-氯苯体系可视为理想溶液体系,非理想溶液体系的精馏过程设计与理想溶液体系有所不同,本节以"甲醇-水连续精馏塔的工艺设计"为例,介绍非理想溶液体系精馏过程的设计。

3.7.2.1　甲醇-水连续精馏塔设计任务书

设计题目:甲醇-水连续精馏塔的工艺设计

设计任务:年产纯度 __98.5 %__ 的甲醇 __4 万__ t,塔底残液中甲醇含量不得高于 __1.0 %__,原料液中甲醇含量为 __25 %__ (以上均为质量分数)。

操作条件:
① 塔顶压强:4kPa(表压);② 进料热状态:泡点;③ 塔釜加热蒸气压强:0.5MPa(表压);④ 塔板压降:≤0.7kPa。

塔板类型:筛板

年操作时间:每年300 天,每天 24h 连续运行

厂址:自定

设计内容:

1. 设计方案的确定及流程说明

2. 精馏塔的工艺计算

① 精馏塔的物料衡算;② 塔板数的确定;③ 相关物性数据的计算;④ 板式精馏塔塔体的设计;⑤ 板式精馏塔塔板的设计。

3. 塔板的流体力学验算

4. 负荷性能图

5. 设计计算结果一览表

6. 精馏塔接管尺寸计算

7. 辅助设备的计算与选型

8. 绘制工艺流程图

9. 对设计过程有关问题的讨论

3.7.2.2　设计方案的确定及流程说明

参见 3.7.1.2 的相关内容。

3.7.2.3　物料衡算

1）原料、塔顶及塔底液中甲醇的摩尔分数

甲醇的摩尔质量 $M_A = 32.05\ \text{kg} \cdot \text{kmol}^{-1}$；水的摩尔质量 $M_B = 18.02\ \text{kg} \cdot \text{kmol}^{-1}$。

$$x_F = \frac{0.25/32.05}{0.25/32.05 + 0.75/18.02} = 0.158$$

$$x_D = \frac{0.985/32.05}{0.985/32.05 + 0.015/18.02} = 0.974$$

$$x_W = \frac{0.01/32.05}{0.01/32.05 + 0.99/18.02} = 0.006$$

2）原料、塔顶及塔底液物料的平均摩尔质量

$$M_F = 0.158 \times 32.05 + (1 - 0.158) \times 18.02 = 20.24\,(\text{kg} \cdot \text{kmol}^{-1})$$
$$M_D = 0.974 \times 32.05 + (1 - 0.974) \times 18.02 = 31.69\,(\text{kg} \cdot \text{kmol}^{-1})$$
$$M_W = 0.006 \times 32.05 + (1 - 0.006) \times 18.02 = 18.10\,(\text{kg} \cdot \text{kmol}^{-1})$$

3）物料衡算

塔顶产品量：
$$D = \frac{4 \times 10^7}{300 \times 24 \times 31.69} = 175.31\,(\text{kmol} \cdot \text{h}^{-1})$$

总物料衡算：　　　　　　　　$F = W + 175.31$

甲醇的物料衡算：　　　　　$0.158F = 0.006W + 175.31 \times 0.974$

联立求解得：　　　　$F = 1116.45\,\text{kmol} \cdot \text{h}^{-1}$；$W = 941.14\,\text{kmol} \cdot \text{h}^{-1}$

3.7.2.4　塔板数的确定

1）理论塔板数 N_T 的求取

甲醇-水属非理想体系，采用图解法求取理论板层数。

A. x-y 图

由手册查得甲醇-水物系的气液平衡数据，绘制 x-y 图，如图 3-23 所示。

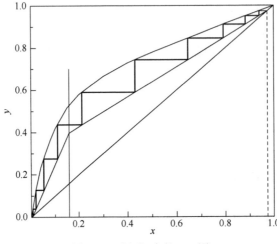

图 3-23　甲醇-水的 x-y 图

B. 回流比

本精馏分离工艺的进料方式为泡点进料,故进料热状态参数 $q=1$,在图 3-23 中对角线上,自点 $e(0.158,0.158)$ 作垂线即为进料线(q 线),该线与平衡线的交点坐标为 $x_e=0.158$, $y_e=0.527$,故最小回流比为:$R_{min}=\dfrac{x_D-y_e}{y_e-x_e}=\dfrac{0.974-0.527}{0.527-0.158}=1.21$。

操作回流比一般为最小回流比的 $1.1\sim2.0$ 倍,取操作回流比为最小回流比的 2 倍,则操作回流比为:$R=2R_{min}=2.42$。

C. 气相及液相负荷

精馏段的气相及液相负荷:

$L=RD=2.42\times175.31=424.25(\text{kmol}\cdot\text{h}^{-1})$；$V=(R+1)D=3.42\times175.31=599.56(\text{kmol}\cdot\text{h}^{-1})$

提馏段的气相及液相负荷:

$L'=L+qF=424.25+1\times1116.45=1540.70(\text{kmol}\cdot\text{h}^{-1})$；$V'=V-(1-q)F=V=599.56(\text{kmol}\cdot\text{h}^{-1})$

D. 操作线方程

精馏段:
$$y=\frac{L}{V}x+\frac{D}{V}x_D=\frac{424.25}{599.56}x+\frac{175.31}{599.56}\times0.974=0.708x+0.285$$

提馏段:
$$y=\frac{L'}{V'}x-\frac{W}{V'}x_W=\frac{1540.70}{599.56}x-\frac{941.14}{599.56}\times0.006=2.570x-0.009$$

E. 理论塔板数

图解法求理论塔板数,如图 3-23 所示。求解结果为总理论塔板数为 10 块(包括塔釜),第 7 块板为进料板。

2) 实际塔板数的求取

由式(3-24)可知,理论塔板数 N_T 一定时,实际塔板数 N 与全塔效率 E_T 成反比。由于全塔效率 E_T 为未知量,需要先估算 E_T。而估算 E_T 要用到 N,故需用试差法确定实际塔板数。

设 $E_T=0.47$,则:精馏段塔板层数 $N_{精}=6/0.47=12.77\approx13$ 块;

提馏段塔板层数 $N_{提}=(4-1)/0.47=6.4\approx7$ 块;总塔板层数 $N=20$(不含塔釜)。

下面由上述精馏段板层数、提馏段板层数及总塔板层数估算全塔效率。

A. 操作压强

已知塔顶操作压强为 4kPa(表压),每层塔板压降 $\Delta p=0.7$kPa,故塔顶的绝对压强为: $p_D=101.3+4=105.3(\text{kPa})$；塔底压强为:$p_W=0.7\times20+105.3=119.3(\text{kPa})$。

B. 操作温度

下面用试差法计算塔顶泡点温度。

由于甲醇-水为非理想溶液体系,其总压与溶液中各组分的活度有关,即
$$p=p_A^0\gamma_Ax_A+p_B^0\gamma_Bx_B$$

式中:γ 为活度系数;p 为饱和蒸气压;x 为摩尔分数;下标 A 为甲醇;下标 B 为水。

甲醇-水体系的马古斯方程:
$$\ln\gamma_A=[A_{12}+2(A_{21}-A_{12})x_A]x_B^2,\ln\gamma_B=[A_{21}+2(A_{12}-A_{21})x_B]x_A^2$$

甲醇-水体系的安托因方程:
$$\lg p_A^0=7.19736-\frac{1574.99}{t+238.86},\lg p_B^0=7.07406-\frac{1657.46}{t+227.02}$$

其中压强 p 的单位为 kPa,温度 t 的单位为℃。

将塔顶浓度 $x_A=0.974$ 及 $x_B=0.026$、甲醇-水体系的马古斯方程模型参数 $A_{12}=0.794$ 及 $A_{21}=0.534$ 代入方程 $\ln\gamma_A=[A_{12}+2(A_{21}-A_{12})x_A]x_B^2$ 和 $\ln\gamma_B=[A_{21}+2(A_{12}-A_{21})x_B]x_A^2$ 可得甲醇、水的活度系数分别为:$\gamma_A=1.00$,$\gamma_B=1.68$。

假设塔顶泡点温度 $t_D=65.9℃$,由安托因方程计算得 $p_A^0=106.92$ kPa、$p_B^0=26.02$ kPa,则总压 $p=p_A^0\gamma_A x_A+p_B^0\gamma_B x_B=106.98\times1.00\times0.974+26.04\times1.68\times0.026=105.34$ kPa。

已知塔顶压强 $p_D=105.3$ kPa,与计算得到的压强值(105.3kPa)相近,故假设正确,塔顶泡点温度为 65.9℃。若假设不成立,则需重新假设塔顶泡点温度,重复上述计算,直到假设成立为止。

用 Excel 的"单变量求解"功能可以方便、快捷地完成上述试差计算过程,如图 3-24 所示。

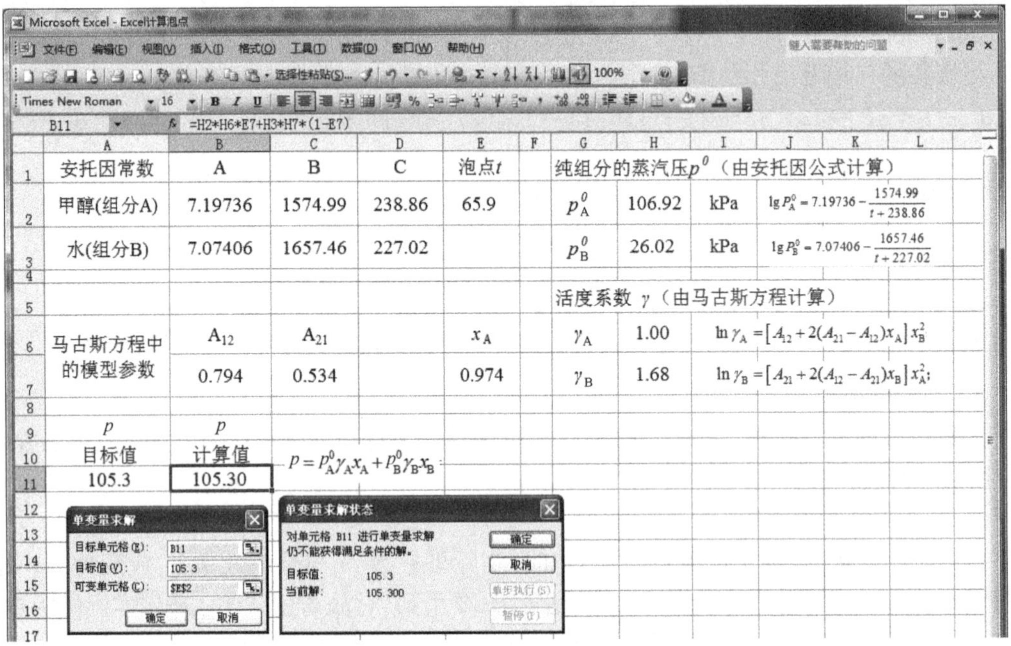

图 3-24　Excel 的"单变量求解"功能计算塔顶泡点温度界面

基本操作过程如下:

(1) 输入甲醇-水体系的马古斯方程模型参数 A_{12} 和 A_{21}(B7、C7 单元格)及甲醇的摩尔分数 x_A(E7 单元格)。用马古斯方程计算活度系数,单元格 H6 中为甲醇的活度系数计算式"=EXP((B7+2*(C7-B7)*E7)*(1-E7)^2)";H7 中为水的活度系数计算式"=EXP((C7+2*(B7-C7)*(1-E7))*E7^2)"。

(2) 输入各组分的安托因方程系数(B2~D3 单元格),E2 单元格为存放泡点温度的单元格。用安托因方程计算纯组分的饱和蒸气压,单元格 H2 中输入甲醇的饱和蒸气压计算式"=10^(B2-C2/(E2+D2))";H3 中输入水的饱和蒸气压计算式"10^(B3-C3/(E2+D3))"。

(3) 在 B11 单元格中按 $p=p_A^0\gamma_A x_A+p_B^0\gamma_B x_B$ 输入压强 p 的计算式"=H2*H6*E7+H3*H7*(1-E7)"。

(4) 在"工具"菜单中选"单变量求解",在"目标单元格"中输入计算 p 的单元格地址(如图中的 B11 单元格),"目标值"中输入 p 的目标值(本例中 p 为 105.3),"可变单元格"中输入待求的泡点温度所在的单元格(如图中的 E2 单元格)。

（5）点击确定，在"可变单元格"（即 E2 单元格）显示的结果即为泡点温度。本例中塔顶泡点温度为 65.9℃。

塔底泡点温度的求解如下。

塔底压强 $p_W=119.3$kPa，甲醇的摩尔分数 $x_W=0.006$，同理可得塔底泡点温度 $t_W=103.5$℃。

全塔平均温度 $t=\dfrac{t_W+t_D}{2}=\dfrac{103.5+65.9}{2}=84.7$℃。

C. 黏度

由 $t=84.7$℃，从附录 2 黏度共线图查得：$\mu_A=0.260$mPa·s，$\mu_B=0.340$mPa·s。

根据 $\lg\mu_L=0.158\times\lg0.260+(1-0.158)\times\lg0.340$，得 $\mu_L=0.326$mPa·s。

D. 全塔效率

用式（3-21）估算全塔效率：$E_T'=0.17-0.616\lg\mu_L=0.17-0.616\lg0.326=0.470$。

与假设的全塔效率相等，故满足设计要求。若不满足要求，则需重新假设全塔效率，重复上述计算，直到满足要求为止。

E. 实际塔板数的确定

按 $E_T=0.470$ 计算得精馏段的实际塔板层数为：$N_精=6/0.470=12.8\approx13$ 块；提馏段的实际塔板层数为：$N_提=3/0.470=6.4\approx7$ 块；总塔板层数为：$N=20$（不含塔釜）。

3.7.2.5　精馏塔的工艺条件及相关物性数据

1）操作压强

塔顶操作压强 $p_D=105.3$kPa，每层塔板压降 $\Delta p=0.7$kPa，故进料板压强 $p_F=105.3+0.7\times13=114.4$kPa，塔底操作压强 $p_W=105.3+20\times0.7=119.3$kPa，由此可分别计算得精馏段、提馏段的平均压强。

精馏段：$p=(105.3+114.4)/2=109.9$kPa；提馏段：$p'=(114.4+119.3)/2=116.9$kPa。

2）操作温度

前面已计算得塔顶及塔底的泡点温度分别为：$t_D=65.9$℃，$t_W=103.5$℃。

通过图解法已知，第 7 块理论板为进料板，进料板上甲醇的摩尔分数 x_7 为 0.113；进料板的操作压强 p_F 为 114.4kPa。由马古斯方程和泡点方程通过如前所述的 Excel 单变量求解方法可计算得到进料板泡点温度为 $t_F=90.0$℃。由此可计算得精馏段及提馏段的平均温度。

精馏段平均温度：　　　　　　$t=(65.9+90.0)/2=78.0$℃

提馏段平均温度：　　　　　　$t'=(90.0+103.5)/2=96.8$℃

3）平均摩尔质量

（1）塔顶组分的平均摩尔质量。

$y_1=x_D=0.974$，查平衡曲线得 $x_1=0.938$；故塔顶气相和液相的平均摩尔质量分别为

气相平均摩尔质量 $M_{DV}=0.974\times32.05+(1-0.974)\times18.02=31.69$（kg·kmol^{-1}）

液相平均摩尔质量 $M_{DL}=0.938\times32.05+(1-0.938)\times18.02=31.18$（kg·kmol^{-1}）

（2）进料板组分的平均摩尔质量。

由图解法已知第 7 块理论板为进料板，其气相组成 $y_7=0.445$，查相平衡曲线得对应的液相组成 $x_7=0.113$，故进料板气相和液相的平均摩尔质量分别为

气相平均摩尔质量 $M_{FV}=0.445\times32.05+(1-0.445)\times18.02=24.26$（kg·kmol^{-1}）

液相平均摩尔质量 $M_{FL}=0.113\times32.05+(1-0.113)\times18.02=19.61$（kg·kmol^{-1}）

（3）塔底组分的平均摩尔质量。

塔底 $x_W=0.006$，查平衡曲线得 $y_W=0.0387$，同理可求得

气相平均摩尔质量 $M_{WV}=0.0387\times32.05+(1-0.0387)\times18.02=18.56(\mathrm{kg\cdot kmol^{-1}})$

液相平均摩尔质量 $M_{WL}=0.006\times32.05+(1-0.006)\times18.02=18.10(\mathrm{kg\cdot kmol^{-1}})$

（4）精馏段气相和液相的平均摩尔质量。

$M_V=(31.69+24.26)/2=27.98(\mathrm{kg\cdot kmol^{-1}}),M_L=(31.18+19.61)/2=25.40(\mathrm{kg\cdot kmol^{-1}})$

（5）提馏段气相和液相的平均摩尔质量。

$M'_V=(24.26+18.56)/2=21.41(\mathrm{kg\cdot kmol^{-1}}),M'_L=(19.61+18.10)/2=18.86(\mathrm{kg\cdot kmol^{-1}})$

4）甲醇-水混合物的密度

A. 气相平均密度

精馏段：
$$\rho_V=\frac{pM_V}{RT}=\frac{109.9\times27.98}{8.314\times(78.0+273.15)}=1.05(\mathrm{kg\cdot m^{-3}})$$

提馏段：
$$\rho'_V=\frac{p'M'_V}{RT'}=\frac{116.9\times21.41}{8.314\times(96.8+273.15)}=0.81(\mathrm{kg\cdot m^{-3}})$$

B. 液相平均密度

塔顶：由 $t_D=65.9℃$ 查附录 2 甲醇的密度共线图及水的物性数据表可知 $\rho_A=752\mathrm{kg\cdot m^{-3}}$，$\rho_B=980\mathrm{kg\cdot m^{-3}}$，故 $\rho_D=1/(0.985/752+0.015/980)=754.6(\mathrm{kg\cdot m^{-3}})$。

进料板：由 $t_F=90.0℃$ 查附录 2 及水的物性数据表可知 $\rho_A=720\mathrm{kg\cdot m^{-3}}$，$\rho_B=965.3\mathrm{kg\cdot m^{-3}}$。

进料板液相质量分率 $w_A=\dfrac{0.113\times32.05}{0.113\times32.05+(1-0.113)\times18.02}=0.185$，故

$$\rho_{FL}=1/(0.185/720+0.815/965.3)=908.0(\mathrm{kg\cdot m^{-3}})$$

塔底：由 $t_W=103.6℃$ 查附录 2 及水的物性数据可知 $\rho_A=716\mathrm{kg\cdot m^{-3}}$，$\rho_B=956.5\mathrm{kg\cdot m^{-3}}$，故

$$\rho_W=1/(0.010/716+0.990/956.5)=953.3(\mathrm{kg\cdot m^{-3}})$$

精馏段液相平均密度：$\rho_L=(754.6+908.0)/2=831.3(\mathrm{kg\cdot m^{-3}})$

提馏段液相平均密度：$\rho'_L=(908.0+953.3)/2=930.7(\mathrm{kg\cdot m^{-3}})$

5）甲醇-水混合物的表面张力

塔顶：由 $t_D=65.9℃$ 查附录 2 的表面张力共线图可知 $\sigma_A=18.0\mathrm{mN\cdot m^{-1}}$，$\sigma_B=65.86\mathrm{mN\cdot m^{-1}}$，故 $\sigma_D=0.974\times18.0+(1-0.974)\times65.86=19.24(\mathrm{mN\cdot m^{-1}})$。

进料板：由 $t_F=90.0℃$ 查附录 2 可知 $\sigma_A=16.0\mathrm{mN\cdot m^{-1}}$，$\sigma_B=60.71\mathrm{mN\cdot m^{-1}}$，故

$$\sigma_F=0.113\times16.0+(1-0.113)\times60.71=55.66(\mathrm{mN\cdot m^{-1}})$$

塔底：由 $t_W=103.5℃$ 查附录 2 可知 $\sigma_A=14.5\mathrm{mN\cdot m^{-1}}$，$\sigma_B=58.28\mathrm{mN\cdot m^{-1}}$，故

$$\sigma_W=0.006\times14.5+(1-0.006)\times58.28=58.02(\mathrm{mN\cdot m^{-1}})$$

精馏段平均表面张力：$\sigma_L=(19.24+55.66)/2=37.45(\mathrm{mN\cdot m^{-1}})$

提馏段平均表面张力：$\sigma'_L=(55.66+58.02)/2=56.84(\mathrm{mN\cdot m^{-1}})$

3.7.2.6 塔体工艺尺寸的设计计算

1）塔径

A. 精馏段

精馏段气相及液相的流量分别为

$$V_h = \frac{VM_V}{\rho_V} = \frac{599.56 \times 27.98}{1.05} = 15\ 976.8 (m^3 \cdot h^{-1}), L_h = \frac{LM_L}{\rho_L} = \frac{424.25 \times 25.40}{831.3} = 12.96 (m^3 \cdot h^{-1})$$

$$V_s = 15\ 976.8/3600 = 4.438 (m^3 \cdot s^{-1}), L_s = 12.96/3600 = 0.003\ 60 (m^3 \cdot s^{-1})$$

$$\frac{L_h}{V_h} \left(\frac{\rho_L}{\rho_V} \right)^{\frac{1}{2}} = \frac{12.96}{15976.8} \times \left(\frac{831.3}{1.05} \right)^{\frac{1}{2}} = 0.023$$

取塔板间距 $H_T = 0.50m$,板上液层高度 $h_L = 0.06m$,则 $H_T - h_L = 0.50 - 0.06 = 0.44m$,查图 3-3 得 $C_{20} = 0.095$,则

负荷因子：
$$C = C_{20} \left(\frac{\sigma_L}{20} \right)^{0.2} = 0.095 \times \left(\frac{37.45}{20} \right)^{0.2} = 0.1077$$

最大允许气速：$u_{max} = C \sqrt{\frac{\rho_L - \rho_V}{\rho_V}} = 0.1077 \times \sqrt{\frac{831.3 - 1.05}{1.05}} = 3.03 (m \cdot s^{-1})$

取安全系数为 0.7,则空塔气速为：$u = 0.7 u_{max} = 0.7 \times 3.030 = 2.121 (m \cdot s^{-1})$。

塔径 $D = \sqrt{\frac{4V_s}{\pi u}} = \sqrt{\frac{4 \times 4.438}{3.14 \times 2.121}} = 1.63m$,按标准塔径圆整,取 $D = 1.8m$。

B. 提馏段

提馏段气相及液相的流量分别为

$$V'_h = \frac{V'M'_V}{\rho'_V} = \frac{599.56 \times 21.41}{0.81} = 15\ 847.6 (m^3 \cdot h^{-1}), L'_h = \frac{L'M'_L}{\rho'_L} = \frac{1540.70 \times 18.86}{930.7} = 31.2$$

$(m^3 \cdot h^{-1}), V'_s = 15\ 847.6/3600 = 4.402 (m^3 \cdot s^{-1}), L'_s = 31.2/3600 = 0.008\ 67 (m^3 \cdot s^{-1})$

$$\frac{L'_h}{V'_h} \left(\frac{\rho'_L}{\rho'_V} \right)^{\frac{1}{2}} = \frac{31.2}{15\ 847.6} \times \left(\frac{930.7}{0.81} \right)^{\frac{1}{2}} = 0.067$$

取塔板间距 $H'_T = 0.50m$,板上液层高度 $h'_L = 0.06m$,则

$$H'_T - h'_L = 0.50 - 0.06 = 0.44 (m)$$

查图 3-3 得 $C_{20} = 0.095$,则

负荷因子：
$$C = C_{20} \left(\frac{\sigma'_L}{20} \right)^{0.2} = 0.095 \times \left(\frac{56.84}{20} \right)^{0.2} = 0.1171$$

最大允许气速：$u'_{max} = C \sqrt{\frac{\rho'_L - \rho'_V}{\rho'_V}} = 0.1171 \times \sqrt{\frac{930.7 - 0.81}{0.81}} = 3.968 (m \cdot s^{-1})$

取安全系数为 0.7,则空塔气速为 $u' = 0.7 u'_{max} = 0.7 \times 3.968 = 2.778 m \cdot s^{-1}$。

塔径 $D' = \sqrt{\frac{4V'_s}{\pi u'}} = \sqrt{\frac{4 \times 4.402}{3.14 \times 2.778}} = 1.421 (m)$,按标准塔径圆整,取 $D' = 1.6m$。

精馏段与提馏段塔径不等,但比较接近,为了便于塔设备的加工,塔径取 1.8m。

塔截面面积为
$$A_T = \frac{\pi}{4} D^2 = \frac{3.14}{4} \times 1.8^2 = 2.543 (m^2)$$

精馏段和提馏段的实际空塔气速分别为

$$u = \frac{4.438}{2.543} = 1.75 (m \cdot s^{-1}), u' = \frac{4.402}{2.543} = 1.73 (m \cdot s^{-1})$$

2) 塔高

塔高按式(3-29)计算：
$$H = (N - N_F - N_P - 1)H_T + N_F H_F + N_P H_P + H_D + H_B$$

（1）塔板间距 H_T 取 0.50m;进料板的板间距 H_F 取 0.70m。

（2）塔顶空间高度 H_D 取 2 倍的塔板间距,即 $H_D = 2.0H_T = 2.0 \times 0.50 = 1.00$(m)。

（3）塔底空间高度 $H_B = h_1 + h_2$。

塔底料液停留时间 θ 取 15min,查附表 7-2 可知 DN 1800mm 的封头容积为 $0.827m^3$,则按式(3-30)及式(3-31)计算得塔底的储液高度为

$$h_1 = \frac{\dfrac{W \cdot M_W}{\rho_W \times 3600} \times 15 \times 60 - V_{封头}}{\dfrac{1}{4}\pi D^2} = \frac{\dfrac{941.14 \times 18.1 \times 15 \times 60}{953.3 \times 3600} - 0.827}{\dfrac{1}{4}\pi \times 1.8^2} = 1.43(\text{m})$$

取塔底液面至最下层塔板之间的距离 $h_2 = 1.5m$,则塔底空间高度为
$$H_B = h_1 + h_2 = 1.43 + 1.5 = 2.93(\text{m})$$

（4）全塔开四个人孔,人孔分别位于精馏段第 7 块塔板、塔顶、进料板、塔釜,除塔顶、进料板、塔釜外的人孔所在塔板的板间距 H_P 取 0.70m。

（5）塔高 H:
$$H = (N - N_F - N_P - 1)H_T + N_F H_F + N_P H_P + H_D + H_B$$
$$= (20 - 1 - 1 - 1) \times 0.50 + 1 \times 0.70 + 1 \times 0.70 + 1.0 + 2.93 = 13.83(\text{m})$$

3.7.2.7 塔板工艺尺寸的设计计算

1）溢流装置

塔径为 1.8m,选用单溢流弓形降液管及凹形受液盘。

（1）溢流堰堰长。

精馏段:取 $l_w/D = 0.66$,则 $l_w = 0.66D = 0.66 \times 1.8 = 1.19$(m)。

提馏段:取 $l'_w/D = 0.72$,则 $l'_w = 0.72D = 0.72 \times 1.8 = 1.30$(m)。

（2）溢流堰高度。

选用平直堰,按式(3-35)计算堰上液层高度,近似取 $E = 1$,精馏段和提馏段的板上液层高度均取为 0.06m,即 $h_L = h'_L = 0.06m$,则

精馏段 $\qquad h_{ow} = \dfrac{2.84}{1000}E\left(\dfrac{L_h}{l_w}\right)^{2/3} = \dfrac{2.84}{1000} \times 1 \times \left(\dfrac{12.96}{1.19}\right)^{2/3} = 0.014(\text{m})$

溢流堰高度 $\qquad h_w = h_L - h_{ow} = 0.06 - 0.014 = 0.046(\text{m})$

提馏段 $\qquad h'_{ow} = \dfrac{2.84}{1000} \times 1 \times \left(\dfrac{31.2}{1.30}\right)^{2/3} = 0.024(\text{m})$

溢流堰高度 $\qquad h'_w = h'_L - h'_{ow} = 0.06 - 0.024 = 0.036(\text{m})$

（3）弓形降液管宽度和降液管截面面积。

精馏段:由 $l_w/D = 0.66$ 查图 3-11 得 $A_f/A_T = 0.072, W_d/D = 0.13$,故
$\qquad W_d = 0.13 \times 1.8 = 0.234$(m),$A_f = 0.072 \times 2.543 = 0.183$(m^2)

提馏段:由 $l'_w/D = 0.72$ 查图 3-11 得 $A'_f/A'_T = 0.11, W'_d/D = 0.16$,故
$\qquad W'_d = 0.16 \times 1.8 = 0.288$(m),$A'_f = 0.11 \times 2.543 = 0.280$(m^2)

（4）验算液体在降液管中的停留时间。

精馏段: $\qquad \tau = 3600A_f H_T/L_h = 3600 \times 0.183 \times 0.50/12.96 = 25.4(\text{s}) > 3\text{s}$

提馏段: $\qquad \tau' = 3600A'_f H_T/L'_h = 3600 \times 0.280 \times 0.50/31.2 = 16.2(\text{s}) > 3\text{s}$

故降液管设计合理。

（5）降液管底隙高度。

精馏段：取 $u_c = 0.10\text{m} \cdot \text{s}^{-1}$，按式（3-36）计算降液管底隙高度。$h_o = \dfrac{L_h}{3600 l_w u_c} = $

$\dfrac{12.96}{3600 \times 1.19 \times 0.10} = 0.030\text{(m)}$，$h_w - h_o = 0.046 - 0.030 = 0.016\text{(m)} > 0.006\text{m}$，故精馏段降液管底隙高度设计合理。

提馏段：取 $u'_c = 0.25\text{m} \cdot \text{s}^{-1}$，$h'_o = \dfrac{L'_h}{3600 l'_w u'_c} = \dfrac{31.2}{3600 \times 1.30 \times 0.25} = 0.027\text{(m)}$，$h'_w - h'_o = $

$0.036 - 0.027 = 0.009\text{(m)} > 0.006\text{m}$，故提馏段降液管底隙高度设计合理。

2）塔板布置

因塔径 $D = 1800\text{mm} \geqslant 800\text{mm}$，故应采用分块式塔板，由表 3-3 可知，塔板可分为 5 块。

（1）安定区和边缘区的确定。取 $W_s = W'_s = 0.070\text{m}$，$W_c = 0.045\text{m}$。

（2）开孔区面积。开孔区面积按式（3-37）计算。

精馏段：

$$x = \frac{D}{2} - (W_d + W_s) = \frac{1.8}{2} - (0.234 + 0.070) = 0.596\text{(m)}, \quad r = \frac{D}{2} - W_c = \frac{1.8}{2} - 0.045 = $$

0.855(m)

$$A_a = 2\left(x\sqrt{r^2 - x^2} + \frac{\pi r^2}{180}\arcsin\frac{x}{r} \right)$$

$$= 2\left(0.596\sqrt{0.855^2 - 0.596^2} + \frac{\pi \times 0.855^2}{180}\arcsin\frac{0.596}{0.855} \right) = 1.858\text{(m}^2\text{)}$$

同理，可计算得提馏段开孔区面积。

$$x' = \frac{D}{2} - (W'_d + W'_s) = \frac{1.8}{2} - (0.288 + 0.070) = 0.542\text{(m)}, \quad r' = \frac{D}{2} - W_c = \frac{1.8}{2} - $$

$0.045 = 0.855\text{(m)}$

$$A'_a = 2 \times \left(0.542 \times \sqrt{0.855^2 - 0.542^2} + \frac{\pi \times 0.855^2}{180}\arcsin\frac{0.542}{0.855} \right) = 1.720\text{(m}^2\text{)}$$

（3）筛孔计算及其排列。

选用厚度 δ 为 3mm 的筛板，筛孔直径取 5mm。精馏段和提馏段的筛孔均按正三角形排列，取筛孔中心距 $t = 2.7d_0$，由式（3-38）和式（3-39）可计算得筛孔数及开孔率。

精馏段：$n = \dfrac{1.155 A_a}{t^2} = \dfrac{1.155 \times 1.858}{0.0135^2} = 11\,775$ 个；$\varphi = 0.907\left(\dfrac{d_0}{t}\right)^2 = 0.907 \times \left(\dfrac{0.005}{0.0135}\right)^2 = 12.4\%$

气体通过筛孔的气速为 $\qquad u_0 = \dfrac{V_s}{\varphi A_a} = \dfrac{4.438}{0.124 \times 1.858} = 19.26\text{(m} \cdot \text{s}^{-1}\text{)}$

提馏段：$n' = \dfrac{1.155 A'_a}{t'^2} = \dfrac{1.155 \times 1.72}{0.0135^2} = 10\,900$ 个；$\varphi' = 0.907\left(\dfrac{d_0}{t'}\right)^2 = 0.907 \times$

$\left(\dfrac{0.005}{0.0135}\right)^2 = 12.4\%$

气体通过筛孔的气速为 $\qquad u'_0 = \dfrac{V'_s}{A'_0} = \dfrac{4.402}{0.124 \times 1.72} = 20.64\text{(m} \cdot \text{s}^{-1}\text{)}$

3.7.2.8　塔板流体力学验算

1) 塔板压降

塔板压降包括干板压降、板上液层的有效阻力和液体表面张力引起的阻力,按式(3-40)计算。

(1) 干板阻力。由 $d_0/\delta=5/3=1.67$,查图 3-15 得 $C_0=0.77$,按式(3-41)计算干板阻力。

精馏段: $\quad h_c=0.051\left(\dfrac{u_0}{C_0}\right)^2\left(\dfrac{\rho_V}{\rho_L}\right)=0.051\times\left(\dfrac{19.26}{0.77}\right)^2\times\left(\dfrac{1.05}{831.3}\right)=0.0403(\text{m 液柱})$

提馏段: $\quad h'_c=0.051\left(\dfrac{u'_0}{C_0}\right)^2\left(\dfrac{\rho'_V}{\rho'_L}\right)=0.051\times\left(\dfrac{20.64}{0.77}\right)^2\times\left(\dfrac{0.81}{930.7}\right)=0.0319(\text{m 液柱})$

(2) 气体通过液层的阻力。按式(3-43)计算气体通过液层的阻力。

精馏段:

$$u_a=\frac{V_s}{A_T-2A_f}=\frac{4.438}{2.543-2\times0.183}=2.039(\text{m}\cdot\text{s}^{-1}),\quad F_a=u_a\sqrt{\rho_V}=2.039\sqrt{1.05}=$$

$2.089(\text{kg}^{1/2}\cdot\text{s}^{-1}\cdot\text{m}^{-1/2})$

查图 3-16 得 $\beta=0.56$,已知 $h_L=0.06\text{m}$,故 $h_1=\beta h_L=0.56\times0.06=0.0336(\text{m 液柱})$。

提馏段:

$$u'_a=\frac{V'_s}{A_T-2A'_f}=\frac{4.402}{2.543-2\times0.280}=2.220(\text{m}\cdot\text{s}^{-1}),\quad F'_a=u'_a\sqrt{\rho'_V}=2.220\sqrt{0.81}=$$

$2.00(\text{kg}^{1/2}\cdot\text{s}^{-1}\cdot\text{m}^{-1/2})$

查图 3-16 得 $\beta'=0.57$,已知 $h'_L=0.06\text{m}$,故 $h'_1=\beta'h'_L=0.57\times0.06=0.0342(\text{m 液柱})$。

(3) 液体表面张力引起的阻力。按式(3-45)计算液体表面张力引起的阻力。

精馏段: $\quad h_\sigma=\dfrac{4\sigma_L}{\rho_L g d_0}=\dfrac{4\times37.45\times10^{-3}}{831.3\times9.81\times0.005}=0.0037(\text{m 液柱})$

提馏段: $\quad h'_\sigma=\dfrac{4\sigma'_L}{\rho'_L g d_0}=\dfrac{4\times56.84\times10^{-3}}{930.7\times9.81\times0.005}=0.0050(\text{m 液柱})$

由以上各项可分别计算得精馏段和提馏段的塔板压降:

精馏段　　　$h_p=h_c+h_1+h_\sigma=0.0403+0.0336+0.0037=0.0776(\text{m 液柱})$

$\Delta p_p=h_p\rho_L g=0.0776\times831.3\times9.81=633(\text{Pa})<0.7\text{kPa}$,满足设计任务书给定的要求。

提馏段　　　$h'_p=h'_c+h'_1+h'_\sigma=0.0319+0.0342+0.0050=0.0711(\text{m 液柱})$

$\Delta p'_p=h'_p\rho'_L g=0.0711\times930.7\times9.81=649(\text{Pa})<0.7\text{kPa}$,满足设计任务书给定的要求。

2) 液面落差

对于筛板塔,在液体流量很大及塔径大于 2.0m 时,需要考虑液面落差的影响。本设计中,塔径小于 2.0m,液体流量不是很大,故液面落差可以忽略。

3) 漏液

漏液点气速按式(3-46)计算。

精馏段: $u_{0,\min}=4.4C_0\sqrt{(0.0056+0.13h_L-h_\sigma)\rho_L/\rho_V}$

$$=4.4\times0.77\times\sqrt{(0.0056+0.13\times0.06-0.0037)\times831.3/1.05}=9.39(\text{m}\cdot\text{s}^{-1})$$

实际孔速 $u_0=19.26\text{m}\cdot\text{s}^{-1}>u_{0,\min}$;稳定系数为 $K=\dfrac{u_0}{u_{0,\min}}=\dfrac{19.26}{9.39}=2.05>1.5$。

提馏段：$u'_{0,\min} = 4.4 \times 0.77 \times \sqrt{(0.0056 + 0.13 \times 0.06 - 0.0050) \times 930.7/0.81}$

　　　　　$= 10.53 (\mathrm{m \cdot s^{-1}})$。

实际孔速 $u'_0 = 20.64 \mathrm{m \cdot s^{-1}} > u_{0,\min}'$；稳定系数为 $K' = \dfrac{u'_0}{u'_{0,\min}} = \dfrac{20.64}{10.53} = 1.96 > 1.5$

故在本设计中精馏段和提馏段的稳定系数满足设计要求。

4）液沫夹带

精馏段和提馏段均取 $h_f = 2.5 h_L = 2.5 \times 0.06 = 0.15 \mathrm{m}$，按式（3-48）计算液沫夹带量。

精馏段：$e_V = \dfrac{5.7 \times 10^{-6}}{\sigma_L} \left(\dfrac{u_a}{H_T - h_f} \right)^{3.2}$

　　　　　$= \dfrac{5.7 \times 10^{-6}}{37.45 \times 10^{-3}} \times \left(\dfrac{2.039}{0.50 - 0.15} \right)^{3.2} = 0.0428 \left(\mathrm{kg_{液} \cdot kg_{气}^{-1}} \right) < 0.1 \mathrm{kg_{液} \cdot kg_{气}^{-1}}$

提馏段：$e'_V = \dfrac{5.7 \times 10^{-6}}{56.84 \times 10^{-3}} \times \left(\dfrac{2.220}{0.50 - 0.15} \right)^{3.2} = 0.0370 \left(\mathrm{kg_{液} \cdot kg_{气}^{-1}} \right) < 0.1 \mathrm{kg_{液} \cdot kg_{气}^{-1}}$

故在本设计中精馏段和提馏段的液沫夹带量均在允许范围内。

5）液泛

为防止塔内发生液泛，降液管内液层高度 H_d 应服从关系式 $H_d \leqslant \varphi(H_T + h_w)$，甲醇-水物系属一般物系，取安全系数为 0.5，即 $\varphi = \varphi' = 0.5$。当降液管液体在板上分布均匀，且溢流堰高度满足液封要求时，板上可不设入口堰。

（1）精馏段：$\varphi(H_T + h_w) = 0.5 \times (0.50 + 0.046) = 0.273 (\mathrm{m})$，$H_d = h_p + h_L + h_d$

　　　　　　$h_d = 0.153 (u_c)^2 = 0.153 \times 0.1^2 = 0.001\,53 (\mathrm{m\ 液柱})$

　　$H_d = 0.0776 + 0.06 + 0.001\,53 = 0.139 (\mathrm{m\ 液柱})$，满足 $H_d \leqslant \varphi(H_T + h_w)$。

（2）提馏段：　　　　$\varphi'(H_T + h'_w) = 0.5 \times (0.50 + 0.036) = 0.268 (\mathrm{m})$

　　　　　　　　$h'_d = 0.153 (u'_c)^2 = 0.153 \times 0.25^2 = 0.0096 (\mathrm{m\ 液柱})$

　　$H'_d = 0.0711 + 0.06 + 0.0096 = 0.141 (\mathrm{m\ 液柱})$，满足 $H'_d \leqslant \varphi'(H_T + h'_w)$。

故在本设计中精馏段和提馏段均不会发生液泛。

3.7.2.9　负荷性能图

1）漏液线

精馏段：

$V_{s,\min} = A_0 u_{0,\min}$，$u_{0,\min} = 4.4 C_0 \sqrt{(0.0056 + 0.13 h_L - h_\sigma) \rho_L / \rho_V}$，其中 $h_L = h_w + h_{ow}$，$h_{ow} = \dfrac{2.84}{1000} E \left(\dfrac{L_h}{l_w} \right)^{2/3}$，联立各式可得

$$V_{s,\min} = 4.4 C_0 A_0 \sqrt{\left\{ 0.0056 + 0.13 \left[h_w + \dfrac{2.84}{1000} E \left(\dfrac{L_h}{l_w} \right)^{2/3} \right] - h_\sigma \right\} \rho_L / \rho_V}$$

　　　　$= 4.4 \times 0.77 \times 0.124$

　　　　$\times 1.858 \sqrt{\left\{ 0.0056 + 0.13 \left[0.046 + \dfrac{2.84}{1000} \times 1 \times \left(\dfrac{3600 L_s}{1.19} \right)^{2/3} \right] - 0.0037 \right\} \times 831.3/1.05}$

整理得　　　　　　　　$V_{s,\min} = 21.96 \sqrt{0.007\,88 + 0.0772 L_s^{2/3}}$

同理可得提馏段的漏液线方程：

$$V'_{s,min} = 4.4 \times 0.77 \times 0.124$$

$$\times 1.720 \times \sqrt{\left\{ 0.0056 + 0.13 \times \left[0.036 + \frac{2.84}{1000} \times 1 \times \left(\frac{3600 L'_s}{1.30} \right)^{2/3} \right] - 0.0050 \right\} \times 930.7/0.81}$$

$$V'_{s,min} = 24.49 \times \sqrt{0.00528 + 0.0728 L'^{2/3}_s}$$

由上述气相流量和液相流量之间的函数关系可分别作出精馏段和提馏段的漏液线（图 3-25 线 1）。

2）液沫夹带线

以 $e_V = 0.1\ \mathrm{kg_{液}\cdot kg_{气}^{-1}}$ 为限，计算气相流量和液相流量之间的函数关系。

精馏段：已知 $h_f = 2.5 h_L = 2.5(h_w + h_{ow})$，$h_{ow} = \dfrac{2.84}{1000} \times 1 \times \left(\dfrac{3600 L_s}{1.19} \right)^{2/3} = 0.59 L_s^{2/3}$，$h_w = 0.046$，故 $h_f = 2.5(h_w + h_{ow}) = 0.115 + 1.48 L_s^{2/3}$。

$$u_a = \frac{V_s}{A_T - 2A_f} = \frac{V_s}{2.543 - 2 \times 0.183} = 0.459 V_s,\ H_T - h_f = 0.385 - 1.48 L_s^{2/3},\ 故$$

$$e_V = \frac{5.7 \times 10^{-6}}{\sigma_L} \left(\frac{u_a}{H_T - h_f} \right)^{3.2} = \frac{5.7 \times 10^{-6}}{37.45 \times 10^{-3}} \times \left(\frac{0.459 V_s}{0.385 - 1.48 L_s^{2/3}} \right)^{3.2} = 0.1$$

整理得精馏段：　　　　　　　$V_s = 6.37 - 24.49 L_s^{2/3}$

同理，由以下各式可计算得提馏段的液沫夹带线方程。

$h'_{ow} = \dfrac{2.84}{1000} \times 1 \times \left(\dfrac{3600 L'_s}{1.30} \right)^{2/3} = 0.56 L'^{2/3}_s$，$h'_w = 0.036$，$h'_f = 2.5(h'_w + h'_{ow}) = 0.090 + 1.40 L'^{2/3}_s$，$H'_T - h'_f = 0.410 - 1.40 L'^{2/3}_s$，$u'_a = \dfrac{V'_s}{A_T - 2A'_f} = \dfrac{V'_s}{2.543 - 2 \times 0.280} = 0.504 V'_s$，故

$$e'_V = \frac{5.7 \times 10^{-6}}{56.84 \times 10^{-3}} \times \left(\frac{0.504 V'_s}{0.410 - 1.4 L'^{2/3}_s} \right)^{3.2} = 0.1$$

整理得提馏段：　　　　　　　$V'_s = 7.04 - 24.03 L'^{2/3}_s$

由气相流量和液相流量之间的函数关系可分别作出精馏段和提馏段的液沫夹带线（图 3-25 线 2）。

3）液泛线

令 $H_d = \varphi(H_T + h_w)$，由 $H_d = h_p + h_L + h_d$，$h_p = h_c + h_1 + h_\sigma$，$h_1 = \beta h_L$；$h_L = h_w + h_{ow}$ 联立得

$$\varphi H_T + (\varphi - \beta - 1) h_w = (\beta + 1) h_{ow} + h_c + h_d + h_\sigma$$

忽略 h_σ，将 h_{ow} 与 L_s、h_d 与 L_s、h_c 与 V_s 的关系式代入上式，整理得

$$a V_s^2 = b - c L_s^2 - d L_s^{2/3}$$

其中 $a = \dfrac{0.051}{(A_0 C_0)^2} \left(\dfrac{\rho_V}{\rho_L} \right)$，$b = \varphi H_T + (\varphi - \beta - 1) h_w$，$c = 0.153/(l_w h_0)^2$，$d = 2.84 \times 10^{-3} E (1 + \beta) \left(\dfrac{3600}{l_w} \right)^{2/3}$。

分别将精馏段和提馏段的有关数据代入，即可得到气相流量和液相流量之间的函数关系。

精馏段：

$$a = \frac{0.051}{(0.124 \times 1.858 \times 0.77)^2} \times \left(\frac{1.05}{831.3} \right) = 0.002\,05$$

$b = 0.5 \times 0.5 + (0.5 - 0.56 - 1) \times 0.046 = 0.201$；$c = 0.153/(1.19 \times 0.030)^2 = 120.05$

$$d = 2.84 \times 10^{-3} \times 1 \times (1 + 0.56) \times \left(\frac{3600}{1.19}\right)^{2/3} = 0.927$$

故　　$0.002\,05V_s^{\,2} = 0.201 - 120.05L_s^2 - 0.927L_s^{2/3}$，$V_s = (98.05 - 58\,560.98L_s^2 - 452.20L_s^{2/3})^{1/2}$

提馏段：

$$a' = \frac{0.051}{(0.124 \times 1.720 \times 0.77)^2} \times \left(\frac{0.81}{930.7}\right) = 0.001\,65$$

$$b' = 0.5 \times 0.5 + (0.5 - 0.57 - 1) \times 0.036 = 0.211，\quad c' = 0.153/(1.30 \times 0.027)^2 = 124.19$$

$$d' = 2.84 \times 10^{-3} \times 1 \times (1 + 0.57) \times \left(\frac{3600}{1.30}\right)^{2/3} = 0.879$$

故　　$0.00165V_s'^{\,2} = 0.211 - 124.19L_s'^2 - 0.879L_s'^{2/3}$，$V_s' = (127.88 - 75266.67L_s'^2 - 532.73L_s'^{2/3})^{1/2}$

由气相流量和液相流量之间的函数关系可分别作出精馏段和提馏段的液泛线(图3-25线3)。

4) 液相负荷下限线

对于平直堰，取堰上液层高度 $h_{ow} = 0.006$m 作为最小液体负荷标准，即

$$h_{ow} = \frac{2.84}{1000} \times 1 \times \left(\frac{3600L_s}{l_w}\right)^{2/3} = 0.006(\text{m})$$

精馏段：　　　　$$L_{s,min} = \left(\frac{0.006 \times 1000}{2.84}\right)^{3/2} \times \frac{1.19}{3600} = 0.001\,02(\text{m}^3 \cdot \text{s}^{-1})$$

提馏段：　　　　$$L_{s,min}' = \left(\frac{0.006 \times 1000}{2.84}\right)^{3/2} \times \frac{1.30}{3600} = 0.001\,11(\text{m}^3 \cdot \text{s}^{-1})$$

由精馏段和提馏段的液相负荷下限值可分别作出其液相负荷下限线(图3-25线4)。

5) 液相负荷上限线

精馏段和提馏段液体在降液管中停留时间 τ 的下限取10s，由式(3-32)可得

精馏段：　　　　$$L_{s,max} = \frac{A_f H_T}{10} = \frac{0.183 \times 0.50}{10} = 0.0092(\text{m}^3 \cdot \text{s}^{-1})$$

提馏段：　　　　$$L_{s,max}' = \frac{A_f' H_T'}{10} = \frac{0.280 \times 0.50}{10} = 0.014(\text{m}^3 \cdot \text{s}^{-1})$$

由精馏段和提馏段的液相负荷上限值可分别作出其液相负荷上限线(图3-25线5)。

由精馏段和提馏段的上述五条线可分别作出其负荷性能图，如图3-25所示。

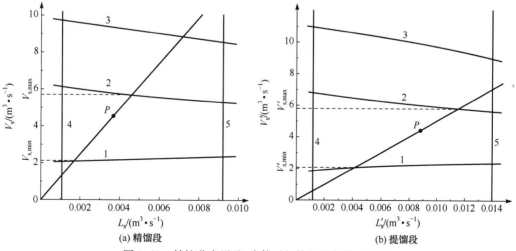

图 3-25　精馏分离甲醇-水体系的筛板塔负荷性能图

1. 漏液线；2. 液沫夹带线；3. 液泛线；4. 液相负荷下限线；5. 液相负荷上限线

由精馏段和提馏段的气相及液相流量分别在负荷性能图上作出操作点 P，将 P 点与坐标原点相连接，即可得到操作线。由图 3-25 可以看出，该筛板塔的精馏段和提馏段的操作上限均为液沫夹带控制，下限为漏液控制。

通过操作线与液沫夹带线及漏液线的交点即可确定该精馏塔的极限负荷。精馏段的 $V_{s,max}$、$V_{s,min}$ 分别为 5.69 $m^3 \cdot s^{-1}$、2.08 $m^3 \cdot s^{-1}$，故其操作弹性为 $V_{s,max}/V_{s,min} = 2.74$。提馏段的 $V'_{s,max}$、$V'_{s,min}$ 分别为 5.81 $m^3 \cdot s^{-1}$、2.06 $m^3 \cdot s^{-1}$，操作弹性为 $V'_{s,max}/V'_{s,min} = 2.82$。

用 Origin 软件绘制负荷性能图的方法参见 3.7.1 节。

3.7.2.10　精馏塔接管尺寸计算

1) 进料管道

进料体积流量
$$q_V = \frac{FM_F}{\rho_F} = \frac{1116.45 \times 20.24}{908.0} = 24.89 (m^3 \cdot h^{-1})$$

利用泵输送料液，取管道内流体流速 $u = 2.0 m \cdot s^{-1}$。

因为 $q_V = \frac{1}{4} \pi d^2 u$，所以 $d = \sqrt{\frac{4q_V}{\pi u}} = \sqrt{\frac{4 \times 24.89}{3.14 \times 2.0 \times 3600}} = 0.0664 (m)$。

选用 $\phi 76mm \times 4mm$ 的无缝钢管，实际流速：$u = \frac{4 \times 24.89}{3.14 \times 0.068^2 \times 3600} = 1.90 (m \cdot s^{-1})$。

2) 塔顶回流液管道

塔顶回流液体积流量
$$q_V = \frac{LM_D}{\rho_D} = \frac{424.25 \times 31.69}{754.6} = 17.82 (m^3 \cdot h^{-1})$$

用泵输送回流液，取流速 $u = 2.5 m \cdot s^{-1}$，$d = \sqrt{\frac{4q_V}{\pi u}} = \sqrt{\frac{4 \times 17.82}{3.14 \times 2.5 \times 3600}} = 0.0502 (m)$。

选用 $\phi 57mm \times 3.5mm$ 的无缝钢管，实际流速：$u = \frac{4 \times 17.82}{3.14 \times 0.05^2 \times 3600} = 2.52 (m \cdot s^{-1})$。

3) 塔底料液排出管道

塔底液体积流量
$$q_V = \frac{L'M_W}{\rho_W} = \frac{1540.7 \times 18.10}{953.3} = 29.25 (m^3 \cdot h^{-1})$$

塔底液出塔速度取 $u = 0.8 m \cdot s^{-1}$，$d = \sqrt{\frac{4q_V}{\pi u}} = \sqrt{\frac{4 \times 29.25}{3.14 \times 0.8 \times 3600}} = 0.114 (m)$。

选用 $\phi 133mm \times 6mm$ 的无缝钢管，实际流速：$u = \frac{4 \times 29.25}{3.14 \times 0.121^2 \times 3600} = 0.71 (m \cdot s^{-1})$。

4) 塔顶蒸气出口管道

塔顶蒸气体积流量
$$q_V = \frac{VM_{DV}}{\rho_V}$$

塔顶蒸气密度
$$\rho_V = \frac{p_D M_{DV}}{RT_D} = \frac{105.3 \times 31.69}{8.314 \times (65.9 + 273.15)} = 1.184 (kg \cdot m^{-3})$$

所以
$$q_V = \frac{VM_{DV}}{\rho_V} = \frac{599.56 \times 31.69}{1.184} = 1.605 \times 10^4 (m^3 \cdot h^{-1})$$

塔顶蒸气流速取 $u = 20 m \cdot s^{-1}$，则
$$d = \sqrt{\frac{4q_V}{\pi u}} = \sqrt{\frac{4 \times 1.605 \times 10^4}{3.14 \times 20 \times 3600}} = 0.533 (m)$$

选用 $\phi 630 \text{mm} \times 9 \text{mm}$ 的无缝钢管,实际流速:$u = \dfrac{4 \times 1.605 \times 10^4}{3.14 \times 0.612^2 \times 3600} = 15.16 (\text{m} \cdot \text{s}^{-1})$。

5)塔底蒸气进口管道

塔底蒸气体积流量 $\qquad q_V = \dfrac{V' M_{WV}}{\rho_V}$

塔底蒸气密度 $\qquad \rho_V = \dfrac{p_W M_{WV}}{R T_W} = \dfrac{119.3 \times 18.56}{8.314 \times (103.5 + 273.15)} = 0.707 (\text{kg} \cdot \text{m}^{-3})$

所以 $\qquad q_V = \dfrac{V' M_{WV}}{\rho_V} = \dfrac{599.56 \times 18.56}{0.707} = 1.574 \times 10^4 (\text{m}^3 \cdot \text{h}^{-1})$

塔底蒸气流速取 $u = 20 \text{m} \cdot \text{s}^{-1}, d = \sqrt{\dfrac{4 q_V}{\pi u}} = \sqrt{\dfrac{4 \times 1.574 \times 10^4}{3.14 \times 20 \times 3600}} = 0.528 (\text{m})$。

选用 $\phi 630 \text{mm} \times 9 \text{mm}$ 的无缝钢管,实际流速:$u = \dfrac{4 \times 1.574 \times 10^4}{3.14 \times 0.612^2 \times 3600} = 14.9 (\text{m} \cdot \text{s}^{-1})$。

接管尺寸汇总于表 3-9 中。

表 3-9 精馏塔接管尺寸

	进料管	塔顶回流管	釜液排出管	塔顶蒸气出口管	塔底蒸气进口管	测量仪表接口
管径 /mm	$\phi 76 \times 4$	$\phi 57 \times 3.5$	$\phi 133 \times 6$	$\phi 630 \times 9$	$\phi 630 \times 9$	DN 25

辅助设备的计算与选型参见第 4 章。

筛板塔连续精馏分离甲醇-水工艺设计结果汇总于表 3-10。

表 3-10 筛板塔连续精馏分离甲醇-水工艺设计结果汇总表

项目		符号	单位	计算数据	
				精馏段	提馏段
平均温度		t	℃	78.0	96.8
平均压强		p	kPa	109.9	116.9
流量	气相	V_s	$\text{m}^3 \cdot \text{s}^{-1}$	4.438	4.402
	液相	L_s	$\text{m}^3 \cdot \text{s}^{-1}$	0.003 60	0.008 67
实际塔板数(不含塔釜)		N		13	7
塔板间距		H_T	m	0.5	0.5
塔高		H	m	13.83	
塔径		D	m	1.8	1.8
空塔气速		u	$\text{m} \cdot \text{s}^{-1}$	1.75	1.73
塔板溢流类型				单溢流	单溢流
降液管类型				弓形降液管 凹形受液盘	弓形降液管 凹形受液盘
溢流装置	溢流堰堰长	l_w	m	1.19	1.30
	溢流堰高度	h_w	m	0.046	0.036
	溢流堰宽度	W_d	m	0.234	0.288
	堰上液层高度	h_{ow}	m	0.014	0.024
	降液管底隙高度	h_o	m	0.030	0.027
板上液层高度		h_L	m	0.06	0.06

续表

项目	符号	单位	计算数据	
			精馏段	提馏段
筛孔直径	d_0	mm	5	5
孔中心距	t	mm	13.5	13.5
筛孔数	n		11 775	10 900
开孔率	φ	%	12.4	12.4
开孔区面积	A_a	m^2	1.858	1.720
筛孔气速	u_0	$m \cdot s^{-1}$	19.26	20.64
塔板压降	Δp_p	kPa	0.633	0.649
液体在降液管中停留时间	τ	s	25.4	16.2
液沫夹带量	e_V	$kg_{液} \cdot kg_{气}^{-1}$	0.0428	0.0370
稳定系数	K		2.05	1.96
操作上限			液沫夹带控制	液沫夹带控制
操作下限			漏液控制	漏液控制
气相最大负荷	$V_{s,max}$	$m^3 \cdot s^{-1}$	5.69	5.81
气相最小负荷	$V_{s,min}$	$m^3 \cdot s^{-1}$	1.96	2.06
操作弹性			2.90	2.82

通过本节两个设计实例可以看出,精馏过程不仅是一个多变量操作过程,而且塔设备的结构及参数对精馏操作的稳定性、操作弹性、经济性等也有非常重要的影响。

例如,进料热状态 q 的选择会影响到塔板数 N、塔径 D、回流比 R 等,而回流比不仅影响所需的理论塔板数 N_T,还影响加热蒸气和冷却水的消耗量、塔径以及塔板、再沸器和冷凝器结构尺寸的选择。塔径又会影响到塔板的结构及参数,同时塔径还要满足流体力学要求,满足流体在降液管中停留时间的要求等。

塔板间距也是精馏塔的重要结构参数之一。对于一定的生产任务,若采用较大的塔板间距,允许较高的空塔气速,则塔径可小些,但塔高会增加;气液负荷和塔径一定时,增加塔板间距可减少液沫夹带并提高精馏塔的操作弹性,但塔高的增加会增大材料的用量,同时增加塔基、支座等的负荷,从而增加全塔的造价。反之,采用较小的塔板间距,只能在较小的空塔气速下操作,塔径就要增大,但塔高可以降低;若塔板间距过小,则容易产生液泛现象,从而降低塔的效率。

塔板作为塔的重要内件之一,其结构和尺寸参数对塔效率、生产能力以及操作等也有非常重要的影响。降液管的类型、液体在降液管中的停留时间 τ、溢流堰堰长 l_w 与塔内径 D 之比 (l_w/D)、溢流堰前的安定区 W_s、入口堰后的安定区 W_s'、边缘区 W_c、筛孔直径 d_0、孔中心距 t 等结构及参数的选择都会影响塔的操作弹性及稳定性。若这些参数选取不当,还可能导致精馏塔难以正常操作。因此,在设计时,需不断对这些参数进行调整,通过流体力学验算,检验设计的合理性。

本节中两个设计实例的计算结果只是众多可选方案之一,化工设计是一个多方案优化的过程,应通过反复调整,综合精馏操作的稳定性、操作弹性、经济性等,比较多个方案,然后做出选择。

本章符号说明

A_0—开孔面积,m^2

A_a—开孔区面积,m^2

A_f—降液管截面面积,m^2

A_T—塔的横截面面积,m^2

C_0—流量系数

C—负荷因子,$m \cdot s^{-1}$

D—馏出液流量,$kmol \cdot h^{-1}$;塔径,m

d_0—筛孔直径,m

d—管内径,m

E—液流收缩系数

E_T—全塔效率

e_V—液沫夹带量,$kg_{液} \cdot kg_{气}^{-1}$

F—原料液流量,$kmol \cdot h^{-1}$

F_a—气相动能因子,$kg^{1/2} \cdot m^{-1/2} \cdot s^{-1}$

H—塔高,m

H_B—塔底空间高度,m

H_d—降液管内液层高度,m

H_D—塔顶空间高度,m

H_F—进料板的板间距,m

H_P—开有人孔的塔板间距,m

H_T—塔板间距,m

h_c—干板压降,m液柱

h_d—液体经过降液管的压降,m液柱

h_f—鼓泡层高度,m

h_l—板上液层的有效阻力,m液柱

h_L—板上液层高度,m

h_o—降液管底隙高度,m

h_{ow}—堰上液层高度,mm

h_p—塔板压降,m液柱

h_w—溢流堰高度,mm

h_σ—液体表面张力引起的阻力,m液柱

L_h—液相流量,$m^3 \cdot h^{-1}$

L_s—液相流量,$m^3 \cdot s^{-1}$

l_w—溢流堰堰长,m

M—摩尔质量,$kg \cdot kmol^{-1}$

N—实际塔板数

N_P—人孔数(不含塔顶空间、塔底空间以及进料板人孔)

N_T—塔内的理论塔板层数(不含塔釜)

n—筛孔数

Δp_p—塔板压降,kPa

q—进料热状态参数

q_V—体积流量,$m^3 \cdot h^{-1}$

R—回流比

t—孔中心距,m

u—空塔气速,流速,$m \cdot s^{-1}$

u_0—筛孔气速,$m \cdot s^{-1}$

u_a—以 $A_T - 2A_f$ 为基准计算的气体速度,$m \cdot s^{-1}$

u_c—液体通过降液管底隙的流速,$m \cdot s^{-1}$

u_{max}—最大允许气速,$m \cdot s^{-1}$

u_{ow}—漏液点气速,$m \cdot s^{-1}$

V—总储液量,m^3

V_0—直接加热蒸气的流量,$kmol \cdot h^{-1}$

V_h—气相流量,$m^3 \cdot h^{-1}$

V_s—气相流量,$m^3 \cdot s^{-1}$

$V_{封头}$—封头的容积,m^3

W—塔底采出液流量,$kmol \cdot h^{-1}$

W^*—直接蒸气加热时釜液流量,$kmol \cdot h^{-1}$

x—液相中组分的摩尔分数

y—气相中组分的摩尔分数

σ—表面张力,$N \cdot m^{-1}$

β—充气系数

Δ—液面梯度,m

γ—活度系数

φ—开孔率,安全系数

ρ—密度,$kg \cdot m^{-3}$

μ—黏度,$mPa \cdot s$

θ—塔底液的停留时间,min

α—相对挥发度

τ—液体在降液管内的停留时间,s

下脚标

D—塔顶

F—进料

L—液相

V—气相

W—塔底

第4章　精馏塔辅助设备的设计和选型

精馏装置的主要附属设备包括蒸气冷凝器、产品冷凝器、塔底再沸器、原料预热器、直接加热蒸气鼓泡管、物料输送管道及输送泵等。本章重点介绍换热器的设计和选型，简要介绍泵的选用原则及方法。

4.1　列管式换热器的设计

在化工、石油、动力、制冷、食品等行业中广泛使用各种换热器，换热器的类型也多种多样，不同类型的换热器各有优缺点，性能各异。列管式换热器的应用有悠久的历史，它作为一种传统的标准换热设备在很多工业领域（尤其在化工、石油等领域）中大量使用。为此本章主要对列管式换热器的工艺设计进行介绍。

列管式换热器的设计资料较完善，已有系列化标准。目前我国列管式换热器的设计、制造、检验、验收按"钢制管壳式（即列管式）换热器"（GB 151—1999）标准执行。

列管式换热器的工艺设计主要包括以下内容：①根据换热任务和有关要求确定设计方案；②初步确定换热器的结构和尺寸；③核算换热器的传热面积和流体阻力；④确定换热器的结构尺寸。

4.1.1　设计方案的确定

列管式换热器设计方案的确定应从以下几个方面入手：①选择换热器类型；②选择流体流动空间；③选择流体流速；④选择加热剂和冷却剂；⑤确定流体进出口温度；⑥选择材质；⑦确定管程数与壳程数。

4.1.1.1　换热器类型的选择

1）固定管板式换热器

固定管板式换热器如图4-1所示。它的两端和壳体连为一体，换热管固定于管板上。该类换热器结构简单，在相同的壳体直径内排管最多，比较紧凑。由于这种结构使壳侧清垢困难，所以壳程宜用于不易结垢的清洁流体。此外，当管束和壳体之间的温差太大而产生不同的热膨胀时，热膨胀产生的热应力常会使加热管与管板的接口脱开，从而发生介质的泄漏。因此一般当管壁与壳壁温度相差50℃以上时，常在外壳上焊一温度补偿装置（波形膨胀节），但它仅能减小而不能完全消除由于温差而产生的热应力，只能用于管壁与壳壁温度低于60℃和壳程压强不高的情况，且在多程换热器中，这种方法不能照顾到管子的相对移动，当壳程压强超过0.6MPa时，补偿圈过厚难以伸缩。由此可见，这种换热器比较适合用于温差不大或温差较大但壳程压强不高的场合。

2）浮头式换热器

浮头式换热器两端管板只有一端与壳体完全固定，另一端则可相对于壳体作某些移动，该端称为浮头，如图4-2所示。此类换热器的管束膨胀不受壳体的约束，所以壳体与管束之间不

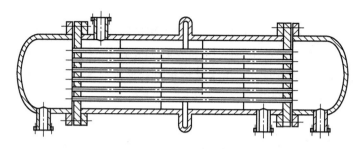

图 4-1　固定管板式换热器

会由于膨胀量的不同而产生热应力。而且在清洗和检修时,仅需将管束从壳体中抽出即可,能适用于管壁与壳壁间温差较大,或易于腐蚀和结垢的场合。但该类换热器结构复杂、笨重,材料消耗量大,造价约比固定管板式高 20% 左右,而且由于浮头的端盖在操作中无法检查,所以在制造和安装时要特别注意其密封,以免发生内漏,管束和壳体间的间隙较大,在设计时要避免短路。此外壳程的压强也受滑动接触面的密封限制。

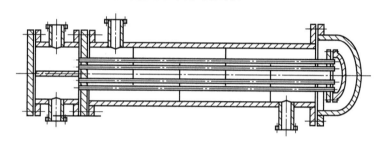

图 4-2　浮头式换热器

3) U 形管换热器

U 形管式换热器仅有一个管板,换热管两端均固定于同一管板上,如图 4-3 所示。这类换热器的特点是:管束可以自由伸缩,不会因管、壳之间的温差而产生热应力,热补偿性能好;管程为双管程,流程较长,流速较高,传热性能较好;承压能力强;管束可从壳体内抽出,便于检修和清洗,且结构简单,造价便宜。但换热管内清洗不便,管束中间部分的换热管难以更换,又因受限于最内层换热管弯曲半径不能太小,所以管子数不能太多,管板中心部分布管不紧凑,且管束中心部分存在间隙,使壳程流体易于短路而影响壳程换热。此外,为了弥补弯管后管壁的减薄,必须用较大壁厚的换热管,这就限制了它的使用场合,因此 U 形换热器仅宜用于管、壳壁温相差较大,或壳程介质易结垢而管程介质不易结垢,高温、高压、腐蚀性强的情形。

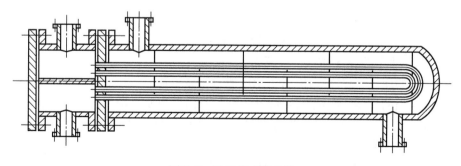

图 4-3　U 形管式换热器

4）填料函式换热器

此类换热器的管板一端与壳体固定,另一端采用填料函密封,如图4-4所示。它的管束可自由膨胀,所以管、壳之间不会产生热应力,且管程和壳程都能清洗,结构较浮头式简单,加工制造方便,材料消耗较少,造价较低。由于填料密封处易于泄漏,故壳程压强不能过高,也不宜用于易挥发、易燃、易爆、有毒的场合。

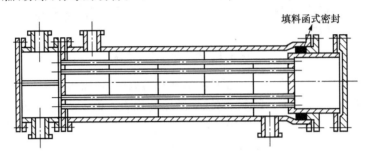

图 4-4　填料函式换热器

4.1.1.2　流体流动空间的选择

对于列管式换热器,何种流体走管程,何种流体走壳程,一般可遵循以下原则:

(1) 应尽量提高传热面两侧给热系数中较小的一个,使两侧的给热系数接近。

(2) 在运行温度较高的换热器中,应尽量减少热量损失,而对于一些制冷装置,应尽量减少其能量损失。

(3) 管程、壳程的确定应做到便于清洗除垢和维修,以保证运行的可靠性。

(4) 应减小管程管束和壳体因受热不同而产生的热应力。从这个角度来说,并流式优于逆流式,因为并流式换热器两端的温度比较平均,而逆流式高温、低温部分分别集中于两端,由此导致两端胀缩不同而产生热应力。

(5) 对于有毒的介质或者气相介质,应特别注意其密封,密封不仅要求可靠,而且还应力求简便。

(6) 应尽量避免采用贵金属,以降低成本。

这些原则通常是相互矛盾的,所以在具体设计时应综合考虑。以下为一些确定流体流动空间的方法可供设计时参考。

宜走管程的流体:

(1) 不清洁的流体。由于管内易于实现较高的流速,高流速使悬浮物不易沉积,且管内空间也便于清洗。

(2) 体积流量小的流体。管内空间的流通截面面积往往比管外空间的小,流体易于获得必要的理想流速,而且也便于做成多程流动。

(3) 压强高的流体。较之壳体,管子承压能力明显更强。

(4) 腐蚀性强的流体。腐蚀性流体走管程时,只需管束及管箱用耐腐蚀材料,壳体及管外空间的所有零件均可用普通材料制造,所以换热器造价降低。此外管内空间装设保护用的衬里或覆盖层也比较方便,且容易检查。

(5) 与外界温差大的流体。可以减少热量的逸散。

宜走壳程的流体：

（1）当两流体温度相差较大时，α 值大的流体走壳程。这样可以减少换热管管壁与壳壁间的温度差，因而减小温差应力及管束与壳体间的相对伸缩。

（2）若两流体给热性能相差较大时，α 值小的流体走壳程。此时可用翅片管来平衡传热面两侧的给热条件，使之相互接近。

（3）饱和蒸气宜走壳程。饱和蒸气对流速和清理无特殊要求，且壳程易于排除冷凝液。

（4）黏度大的流体宜走壳程。壳程的流动截面和方向都在不断变化，在低雷诺数下，管外给热系数比管内的大。

（5）泄漏后危险性大的流体宜走壳程。减少泄漏机会，保证安全。

此外，易析出结晶、沉渣及其他沉淀物的流体宜走易机械清洗的空间。在列管式换热器中，一般易清洗的是管内空间，但在 U 形管、浮头式换热器中，易清洗的是管外空间。

4.1.1.3　流体流速的确定

当流体不发生相变时，介质流速高一般可抑制污垢的产生，高流速还可增大换热强度，从而使换热面积减小、结构紧凑、成本降低。但高流速也会带来一些不利影响，如压降 Δp 增加，泵功率增大，且加剧了对传热面的冲刷。

换热器流体常用的流速范围见表 4-1，列管式换热器易燃、易爆液体和气体允许的安全流速见表 4-2。

表 4-1　换热器流体常用的流速范围

流速	介质						
	循环水	新鲜水	一般液体	易结垢液体	低黏度油	高黏度油	气体
管程流速/(m·s^{-1})	1.0~2.0	0.8~1.5	0.5~3.0	>1.0	0.8~1.8	0.5~1.5	5.0~30.0
壳程流速/(m·s^{-1})	0.5~1.5	0.5~1.5	0.2~1.5	>0.5	0.4~1.0	0.3~0.8	2.0~15.0

表 4-2　列管式换热器易燃、易爆液体和气体允许的安全流速

液体名称	乙醚、二硫化碳、苯	甲醇、乙醇、汽油	丙酮	氢气
安全流速/(m·s^{-1})	<1.0	<2.0	<10.0	≤8.0

4.1.1.4　加热剂和冷却剂的选择

在换热过程中加热剂和冷却剂的选用根据实际情况而定。除满足加热和冷却温度外，还应该考虑来源方便，价格低廉，使用安全等因素。在化工生产中常用的加热剂有饱和水蒸气与导热油，冷却剂有水与冷冻盐水。

4.1.1.5　流体出口温度的确定

流体的进出口温度由工艺条件决定，加热剂或冷却剂的进口温度也是确定的，但其出口温度是由设计者选定的。该温度直接影响加热剂或冷却剂的耗量和换热器的大小，所以温度的确定存在优化问题。加热温度一般由热源温度确定，对于冷却水换热，其进出口温差不应低于 5℃。对于严重缺水地区，尤其是采用河水作为冷却介质时，为避免产生严重结垢，其出口温度不应超过 50℃。

4.1.1.6　材质的选择

在设计换热器时，其零部件的材料应根据设备的操作压强、温度、流体的腐蚀性及对材料制造工艺性能等要求来选取。当然，最后还要考虑材料的经济合理性。一般为了满足设备的操作压强和操作温度,即从设备的强度或刚度的角度来考虑是比较容易达到的,但材料的耐腐蚀性能往往成为一个复杂的问题。在这方面考虑不周,选材不妥,不仅会影响换热器的使用寿命,而且也大大提高设备的成本。至于材料的制造工艺性能,则与换热器的具体结构有着密切的关系。

一般换热器常用的材料有碳钢和不锈钢。碳钢价格低,强度较高,对碱性介质的化学腐蚀比较稳定,但其很容易被酸腐蚀,在无耐腐蚀要求的环境中应用是合理的,如一般换热器用的普通无缝钢管,其常用的材料为 10 号和 20 号碳钢。奥氏体系不锈钢以 1Cr18Ni9 为代表,是标准的 18-8 奥氏体不锈钢,具有稳定的奥氏体组织、良好的耐腐蚀性和冷加工性能。

4.1.2 列管式换热器的结构

列管式换热器的结构可分为管程结构和壳程结构两大部分,主要由壳体、换热管束、管板、管箱、隔板、折流板、定距管(杆)、导流筒、防冲板、滑道等部件组成。

4.1.2.1 管程结构

管程主要由换热管束、管板、封头、盖板、分程隔板与管箱等部分组成。

1) 换热管束的布置和排列

常用的换热管规格有 $\phi19mm\times2mm$、$\phi25mm\times2mm$(1Cr18Ni9Ti)。$\phi25mm\times2.5mm$(10号碳钢)。另外一些换热管的规格见表 4-3。

表 4-3　常用换热管的规格和尺寸偏差

材料	钢管标准	外径×厚度/(mm×mm)	Ⅰ级换热器		Ⅱ级换热器	
			外径偏差/mm	壁厚偏差	外径偏差/mm	壁厚偏差
碳钢	GB8163	10×1.5	±0.15	+12% −10%	±0.20	+15% −10%
		14×2	±0.20		±0.40	
		19×2				
		25×2				
		25×2.5				
		32×3	±0.30		±0.45	
		38×3				
		45×3				
		57×3.5	±0.8%	±10%	±1%	+12% −10%
不锈钢	GB2270	10×1.5	±0.15	+12% −10%	±0.20	±15%
		14×2	±0.20		±0.40	
		19×2				
		25×2				
		32×2	±0.30		±0.45	
		38×2.5				
		45×2.5				
		57×3.5	±0.8%		±1%	

换热管在管板上的排列方式有正方形直列、正方形错列、三角形直列、三角形错列和同心圆排列,如图 4-5 所示。

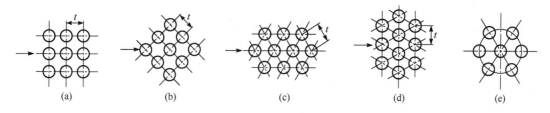

图 4-5　换热管排列方式

(a) 正方形直列；(b) 正方形错列；(c) 三角形直列；(d) 三角形错列；(e) 同心圆排列

正三角形排列结构紧凑；正方形排列便于机械清洗；同心圆排列用于小壳径换热器，外圆管布管均匀，结构更为紧凑。我国换热器系列中，固定管板式多采用正三角形排列；浮头式则以正方形错列排列居多，也有正三角形排列。

对于多管程换热器，常采用组合排列方式。每程内都采用正三角形排列，各程之间为了便于安装隔板，常采用正方形排列方式。

管间距（管中心的间距）t 与管外径 d_0 的比值，焊接时为 1.25，胀接时为 1.3～1.5。常用换热管的规格见表 4-4。

表 4-4　常用换热管的规格

换热管外径 d_0/mm	10	12	14	16	19	20	22	25	30	32	35	38	45	50	55	57
换热管中心距 t/mm	13～14	16	19	22	25	26	28	32	38	40	44	48	57	64	70	72
分程隔板槽两侧相邻管中心距 t_0/mm		28	30	32	35	38		42	44	50	52	56	60	68	76	78	80

管材常用碳钢、低合金钢、不锈钢、铜、铜镍合金、铝合金等。应根据工作压强、温度和介质腐蚀性等条件决定。此外还有一些非金属材料，如石墨、陶瓷、聚四氟乙烯等也有采用。在设计和制造换热器时，正确选用材料很重要。既要满足工艺条件的要求，又要经济合理。对化工设备而言，由于各部分可采用不同材料，应注意由于不同种类金属接触而产生的电化学腐蚀问题。

2）管板

管板的作用是将受热管束连接在一起，并将管程和壳程的流体分隔开来。管板与管束的连接可胀接或焊接。胀接法是利用胀管器将管口扩胀，产生显著的塑性变形，依靠管与管板间的挤压力达到密封紧固的目的。胀接法一般用在管材为碳素钢，管板为碳素钢或低合金钢，设计压强不超过 4MPa，设计温度不超过 350℃的场合。在高温高压条件下焊接法更能保证接头的严密性。

管板与壳体的连接有可拆连接和不可拆连接两种。固定管板常采用不可拆连接。两端管板直接焊在外壳上并兼作法兰，拆下顶盖可检修胀口或清洗管内。浮头式、U 形管式等为使壳体清洗方便，常将管板夹在壳体法兰和顶盖法兰之间构成可拆连接。

3）封头和管箱

封头和管箱位于壳体两端，其作用是控制及分配管程流体。

（1）封头。当壳体直径较小时常采用封头。接管和封头可用法兰或螺纹连接，封头与壳体之间用螺纹连接，以便卸下封头，检查和清洗管道。

（2）管箱。壳径较大的换热器大多采用管箱结构。管箱具有一个可拆盖板，因此在检修或清洗管道时无须卸下管箱。

（3）管程分程隔板。对于多管程换热器，在管箱内应设分程隔板，将管束分为顺次串接的若干组，各组管数大致相等。这样可提高介质流速，增强传热。管程多者可达16程，常用的有2、4、6程，其布置方案见表4-5。在布置时应尽量使管程流体与壳程流体成逆流布置，以增强传热，同时应严防分程隔板的泄漏，以防止流体的短路。从制造、安装、操作的角度考虑，一般多采用偶数管程，程数不宜过多，以免隔板占用太大的布管用空间，且在壳程中形成旁路，影响传热。

表 4-5 管束分程布置

	程数						
	1	2	4			6	
流动顺序	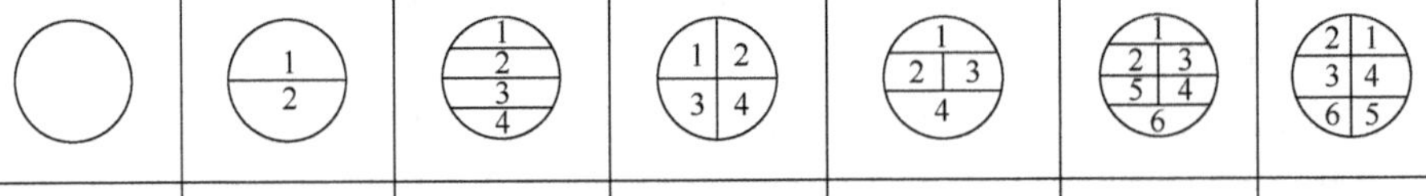 ○	①②	①②③④	①② ③④	① ②③ ④	②①③④⑤⑥	②①③④⑥⑤
管箱隔板	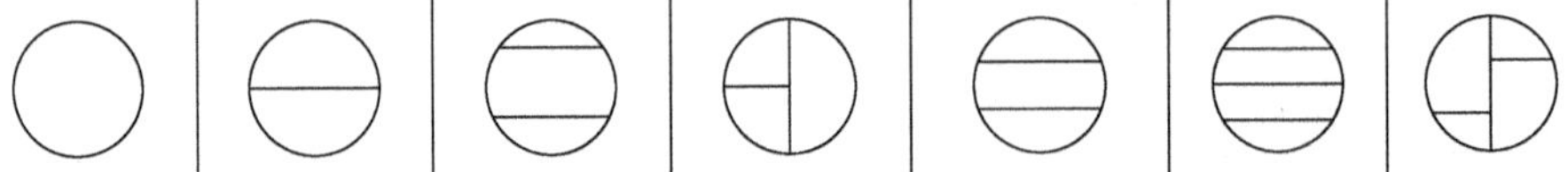 ○	⊖	⊖	⊕	⊖	⊖	⊖
介质返回侧隔板	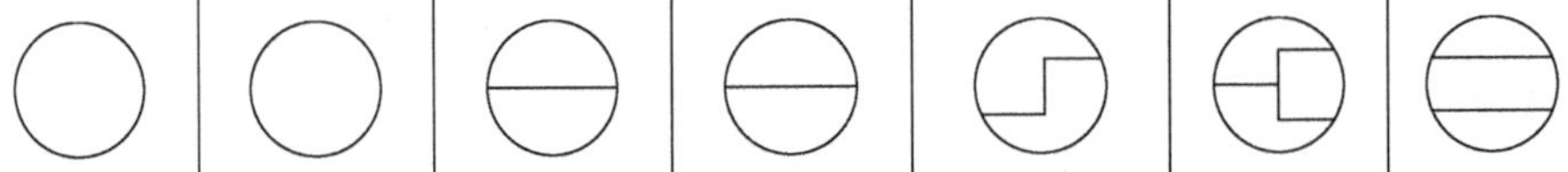 ○	○	⊖	○	⊖	⊖	⊖

4.1.2.2 壳程结构

壳程主要由折流板、支撑板、纵向隔板、旁路挡板及缓冲板等元件组成。由于各种换热器的工艺性能、使用场合不同，壳程内对各种元件的设置形式也不同。按其作用不同，各元件壳程的设置可分为两类：一类是为了壳侧介质对传热管最有效的流动，以提高换热设备的传热效果而设置的各种挡板，如折流板、纵向挡板、旁路挡板等；另一类是为了管束的安装及保护列管而设置的支撑板、管束的导轨以及缓冲板等。

1）壳体与壳径

壳体是一个圆筒形的容器，壳壁上焊有接管，供壳程流体进入和排出之用。公称直径小于400mm的壳体通常用无缝钢管制成，大于400mm的可用钢板卷焊而成。壳体材料根据工作温度选择，有防腐要求时，大多考虑使用复合金属板。

介质在壳程的流动方式有多种形式，单壳程形式应用最为普遍。如果壳侧给热膜系数远小于管侧，则可用纵向挡板分隔成双壳程形式。用两个换热器串联也可得到同样的效果。为降低壳程压降，可采用分流或错流等形式。

壳体内径 D 取决于换热管数 N、排列方式和管中心距 t。计算式如下：

单管程
$$D = t(n_c - 1) + (2 \sim 3)d_o \tag{4-1}$$

式中：t 为管中心距，mm；d_o 为换热管外径，mm；n_c 为横过管束中心线上的管数，该值与换热管排列方式有关。

正三角形排列
$$n_c = 1.1\sqrt{N} \tag{4-2}$$

正方形排列
$$n_c = 1.19\sqrt{N} \tag{4-3}$$

多管程 $$D=1.05t\sqrt{N/\eta}$$ （4-4）

式中：N 为排列管子数目；η 为管板利用率。

正三角形排列：2 管程 $\eta=0.7\sim0.85$；>4 管程 $\eta=0.6\sim0.8$；

正方形排列：2 管程 $\eta=0.55\sim0.7$；>4 管程 $\eta=0.45\sim0.65$。

壳体内径 D 的计算值最终应圆整为标准值。

2）折流板

在壳程管束中，一般都装有横向折流板，用以引导流体横向流过管束，增加流体速度，加强其湍动程度，提高壳程给热系数，以增强传热效果；同时起支撑管束、防止管束振动和换热管弯曲的作用。

折流板有圆缺型、环盘型和孔流型等类型。圆缺型折流板又称弓形折流板，是常用的折流板，有水平圆缺和垂直圆缺两种，如图 4-6（a）、（b）所示。切缺率（切掉圆弧的高度与壳内径之比）通常为 20%～50%。垂直圆缺用于水平冷凝器、水平再沸器和含有悬浮固体粒子流体用的水平热交换器等。使用垂直圆缺时，不凝气不能在折流板顶部积存，而在冷凝器中，冷凝液排水也不能在折流板底部积存。环盘型折流板如图 4-6（c）所示，是由圆板和环形板组成的，压降较小，但传热效果也较差。在环形板背后有堆积不凝气或污垢，所以应用不多。孔流型折流板使流体穿过折流板孔和管子之间的缝隙流动，压降大，仅适用于清洁流体，其应用更少。

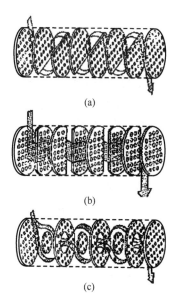

（a）

（b）

（c）

图 4-6　折流板类型

（a）水平圆缺型；（b）垂直圆缺型；（c）环盘型

在允许的压强损失范围内希望折流扳的间隔尽可能小。一般推荐折流板间隔最小值为壳内径的 1/5 或者不小于 50mm，最大值取决于支持管所需要的最大间隔。

3）缓冲板

在壳程进口接管处常装有防冲挡板，或称缓冲板。它可防止进口流体直接冲击管束而造成管道的侵蚀和管束振动，还有使流体沿管束均匀分布的作用。有时在管束两端放置导流筒，不仅起防冲板的作用，还可以改善两端流体的分布，提高传热效率。

4）其他主要附件

（1）旁通挡板。如果壳体和管束之间间隙过大，则流体可不通过管束而通过这个间隙旁通，为了防止出现这种情形，往往采用旁通挡板。

（2）假管。为减少管程分程所引起的中间穿流的影响，可设置假管。假管的表面形状为两端堵死的管道，安置于分程隔板槽背面两管板之间但不穿过管板，可与折流板焊接以便固定。假管通常是每隔 3～4 排换热管安置一根。

（3）拉杆和定距管。为了使折流板能牢靠保持在一定位置上，通常采用拉杆和定距管。

4.1.3 列管式换热器的工艺设计

4.1.3.1 设计步骤

目前，我国已制定了管壳式换热器系列标准，设计中应尽可能选用系列化的标准产品，这样可简化设计和加工。但是实际生产条件千变万化，当系列化产品不能满足需要时，仍应根据生产的具体要求而自行设计非系列标准的换热器。此处将扼要介绍二者设计计算的基本步骤。

（1）非标准系列换热器的一般设计步骤如下：①了解换热流体的物理化学性质和腐蚀性能。②由热平衡计算传热量的大小，并确定第二种换热流体的用量。③决定流体的流通空间。④计算流体的定性温度，以确定流体的物性数据。⑤计算有效平均温差。一般先按逆流计算，然后再校核。⑥选取管径和管内流速。⑦计算传热系数 K 值，包括管程对流给热系数和壳程对流给热系数的计算。由于壳程对流给热系数与壳径、管束等结构有关，因此一般先假定一个壳程对流给热系数，以计算 K 值，然后再作校核。⑧初估传热面积。考虑安全系数和初估性质，因而常取实际传热面积为计算值的 1.1～1.5 倍。⑨ 选择管长 L。⑩ 计算换热管数 N。⑪校核管内流速，确定管程数。⑫画出排管图，确定壳径 D 和壳程挡板形式及数量等。⑬校核壳程对流给热系数。⑭校核有效平均温差。⑮校核传热面积，应有一定安全系数，否则需重新设计。⑯计算流体流动阻力。如阻力超过允许范围，需调整设计，直到满意为止。

（2）标准系列换热器选用的设计步骤如下：①至⑤步与（1）相同。⑥选取经验的传热系数 K 值。⑦计算传热面积。⑧由标准系列选取换热器的基本参数。⑨校核传热系数，包括管程、壳程对流给热系数的计算。若核算的 K 值与原选的经验值相差不大，则无需再次校核；若相差较大，则需重新假设 K 值并重复上述⑥以下步骤。⑩校核有效平均温差。⑪校核传热面积，使其有一定安全系数，一般安全系数取 1.1～1.5，否则需重新设计。⑫计算流体流动阻力，如超过允许范围，需重新选定换热器的基本参数再次进行计算。

从上述步骤来看，换热器的传热设计是一个反复试算的过程。

4.1.3.2 传热计算

传热速率方程式是传热计算的最基本公式：

$$Q = KA\Delta t_{\mathrm{m}} \tag{4-5}$$

式中：Q 为传热速率（热负荷），W；K 为总传热系数，$\mathrm{W \cdot m^{-2} \cdot K^{-1}}$；$A$ 为与 K 值对应的传热面积，$\mathrm{m^2}$；Δt_{m} 为平均温度差，℃。

1）传热速率（热负荷）Q

（1）冷热流体均无相变化，且忽略热损失，则

$$Q = q_{\mathrm{mh}} c_{ph}(T_1 - T_2) = q_{\mathrm{mc}} c_{pc}(t_2 - t_1) \tag{4-6}$$

式中：q_m 为流体的质量流量，$kg \cdot h^{-1}$ 或 $kg \cdot s^{-1}$；c_p 为流体的平均定压比热容，$kJ \cdot kg^{-1} \cdot K^{-1}$；$T$ 为热流体的温度，$℃$；t 为冷流体的温度，$℃$。下标 h 和 c 分别表示热流体和冷流体，下标 1 和 2 分别表示换热器的进口和出口。

（2）流体有相变化，如饱和蒸气冷凝，且冷凝液在饱和温度下排出，则

$$Q = W_h r = q_{mc} c_{pc} (t_2 - t_1) \tag{4-7}$$

式中：W 为饱和蒸气的冷凝速率，$kg \cdot h^{-1}$ 或 $kg \cdot s^{-1}$；r 为冷凝潜热或气化潜热，$kJ \cdot kg^{-1}$。

2）传热平均温差 Δt_m

（1）恒温传热时的平均温度差

$$\Delta t_m = T - t \tag{4-8}$$

（2）变温传热时的平均温度差

逆流和并流：　　　　$\dfrac{\Delta t_1}{\Delta t_2} > 2$　　　$\Delta t_m = \dfrac{\Delta t_2 - \Delta t_1}{\ln \dfrac{\Delta t_2}{\Delta t_1}}$ \hfill (4-9)

$$\dfrac{\Delta t_1}{\Delta t_2} \leqslant 2 \qquad \Delta t_m = \dfrac{\Delta t_1 + \Delta t_2}{2} \tag{4-10}$$

式中：Δt_1、Δt_2 分别为换热器两端热、冷流体的温差，$℃$。

错流和折流：　　　　　　　$\Delta t_m = \varphi \Delta t'_m$ \hfill (4-11)

式中：$\Delta t'_m$ 为按逆流计算的平均温差，$℃$，φ 为温差校正系数，无量纲，$\varphi = f(P, R)$。

$$P = \frac{t_2 - t_1}{T_1 - t_1} = \frac{\text{冷流体的温升}}{\text{两流体的最初温差}} \tag{4-12}$$

$$R = \frac{T_1 - T_2}{t_2 - t_1} = \frac{\text{热流体的温降}}{\text{冷流体的温升}} \tag{4-13}$$

根据比值 P 和 R，温差校正系数 φ 通过图 4-7 查出。该值实际上表示特定流动形式在给定工况下接近逆流的程度。在设计中，除非出于必须降低壁温的目的，否则要求 $\varphi \geqslant 0.8$，如达不到上述要求，则应改选其他流动形式。

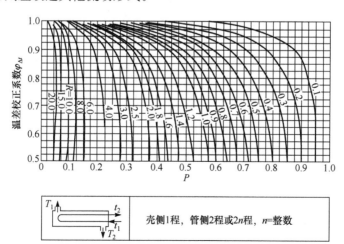

图 4-7　各种换热器的平均温差校正系数 φ

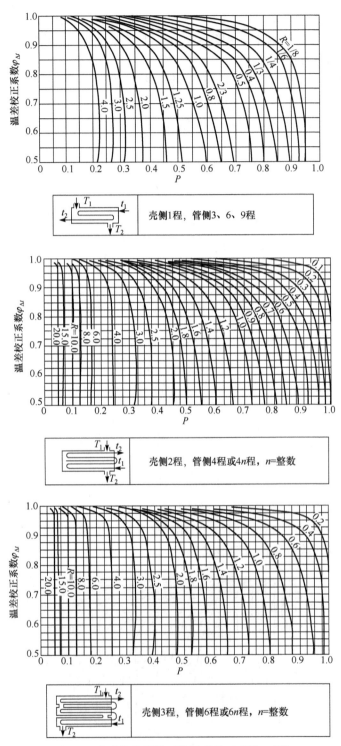

图 4-7　各种换热器的平均温差校正系数 φ（续）

3）总传热系数 K（以外表面积为基准）

$$K=\cfrac{1}{\cfrac{d_\mathrm{o}}{\alpha_\mathrm{i}d_\mathrm{i}}+R_\mathrm{si}\cfrac{d_\mathrm{o}}{d_\mathrm{i}}+\cfrac{d_\mathrm{o}}{2\lambda}\ln\cfrac{d_\mathrm{o}}{d_\mathrm{i}}+\cfrac{1}{\alpha_\mathrm{o}}+R_\mathrm{so}}\tag{4-14}$$

式中:K 为总传热系数,$W \cdot m^{-2} \cdot K^{-1}$;$\alpha_i$、$\alpha_o$ 分别为传热管内、外侧流体的对流给热系数,$W \cdot m^{-2} \cdot K^{-1}$;$R_{si}$、$R_{so}$ 分别为传热管内、外表面上的污垢热阻,$m^2 \cdot K \cdot W^{-1}$;d_i、d_o、d_m 分别为传热管内径、外径及平均直径,m;λ 为传热管管壁热导率,$W \cdot m^{-1} \cdot K^{-1}$;$b$ 为传热管壁厚,m。

4）给热系数 α

流体在不同流动状态下的给热系数的关联式不同,见表 4-6 和表 4-7。

表 4-6　流体无相变时的对流给热系数

流动状态		关联式	适用条件
管内强制对流	圆直管内湍流	$N_u = 0.023 Re^{0.8} Pr^n$ $\alpha_i = 0.023 \dfrac{\lambda}{d_i} \left(\dfrac{d_i u \rho}{\mu} \right)^{0.8} \left(\dfrac{c_p \mu}{\lambda} \right)^n$	低黏度流体 流体加热 $n=0.4$,冷却 $n=0.3$; $Re>10\,000$,$0.7<Pr<160$,$L/d_i>60$; 特性尺寸 d_i; 定性温度:流体进出口温度的算术平均值
		$N_u = 0.027 Re^{0.8} Pr^{1/3} \left(\dfrac{\mu}{\mu_w} \right)^{0.14}$ $\alpha_i = 0.027 \dfrac{\lambda}{d_i} \left(\dfrac{d_i u \rho}{\mu} \right)^{0.8} \left(\dfrac{c_p \mu}{\lambda} \right)^{1/3} \left(\dfrac{\mu}{\mu_w} \right)^{0.14}$	高黏度流体; $Re>10000$,$0.7<Pr<160$,$L/d_i>60$; 特性尺寸 d_i; 定性温度:流体进出口温度的算术平均值(μ_w 取管内壁温)
	圆直管内滞流	$N_u = 1.86 Re^{1/3} Pr^{1/3} \left(\dfrac{d_i}{L} \right)^{1/3} \left(\dfrac{\mu}{\mu_w} \right)^{0.14}$ $\alpha_i = 1.86 \dfrac{\lambda}{d_i} \left(\dfrac{d_i u \rho}{\mu} \right)^{1/3} \left(\dfrac{c_p \mu}{\lambda} \right)^{1/3} \left(\dfrac{d_i}{L} \right)^{1/3} \left(\dfrac{\mu}{\mu_w} \right)^{0.14}$	管径较小,管内流体与管内壁面温度差较小,μ/ρ 值较大; $Re<2300$,$0.6<Pr<6700$,$(Re \cdot Pr \cdot L/d_i)>10$; 特性尺寸 d_i; 定性温度:流体进出口温度的算术平均值(μ_w 取管内壁温)
	圆直管内过渡流	$N_u = 0.023 Re^{0.8} Pr^n$ $\alpha_i' = 0.023 \dfrac{\lambda}{d_i} \left(\dfrac{d_i u \rho}{\mu} \right)^{0.8} \left(\dfrac{c_p \mu}{\lambda} \right)^n$ $\alpha_i = \alpha_i' \varphi = \alpha_i' \left(1 - \dfrac{6 \times 10^5}{Re^{1.8}} \right)$	$2300<Re<10\,000$ α_i' 湍流时的对流给热系数; φ 校正系数; α_i 过渡流对流给热系数
管外强制对流	管束外垂直	$N_u = 0.33 Re^{0.6} Pr^{0.33}$ $\alpha_o = 0.33 \dfrac{\lambda}{d_o} \left(\dfrac{d_o u \rho}{\mu} \right)^{0.6} \left(\dfrac{c_p \mu}{\lambda} \right)^{0.33}$	错列管束,管束排数=10,$Re>3000$; 特征尺寸:管外径 d_o; 流速为通道最狭窄处流速
		$N_u = 0.26 Re^{0.6} Pr^{0.33}$ $\alpha_o = 0.26 \dfrac{\lambda}{d_o} \left(\dfrac{d_o u \rho}{\mu} \right)^{0.6} \left(\dfrac{c_p \mu}{\lambda} \right)^{0.33}$	直列管束,管束排数=10,$Re>3000$; 特征尺寸:管外径 d_o; 流速为通道最狭窄处流速
	管间流动	$N_u = 0.36 Re^{0.55} Pr^{1/3} \left(\dfrac{\mu}{\mu_w} \right)^{0.14}$ $\alpha_o = 0.36 \dfrac{\lambda}{d_o} \left(\dfrac{d_e u \rho}{\mu} \right)^{0.55} \left(\dfrac{c_p \mu}{\lambda} \right)^{1/3} \left(\dfrac{\mu}{\mu_w} \right)^{0.14}$	壳程流体圆缺挡板(25%),$Re=2 \times 10^3 \sim 1 \times 10^6$; 特征尺寸:当量直径 d_e; 定性温度:流体进出口温度的算术平均值(μ_w 取管外壁温)

表 4-7　流体相变时的对流给热系数

流动状态	关联式	适用条件
管外蒸气冷凝	$\alpha_o = 1.13\left(\dfrac{r\rho^2 g\lambda^3}{\mu L\Delta t}\right)^{0.25}$	垂直管外膜滞流； 特征尺寸 L：垂直管的高度； 定性温度：$t_m = (t_w + t_s)/2$
	$\alpha_o = 0.725\left(\dfrac{r\rho^2 g\lambda^3}{n^{2/3}\mu d_o\Delta t}\right)^{0.25}$	水平管束外冷凝； n 水平管束在垂直列上的换热管数，膜滞流； 特征尺寸 d_o：管外径

5）污垢热阻

在设计换热器时，必须采用正确的污垢系数，否则热交换器的设计误差很大。因此污垢系数是换热器设计中非常重要的参数。污垢热阻因流体种类、操作温度和流速等不同而异。常见流体的污垢热阻参见表 4-8 和表 4-9。

表 4-8　水的污垢热阻

加热流体温度 / ℃	<115		115～205	
水的温度 / ℃	<25		>25	
水的流速 / $(m \cdot s^{-1})$	<1.0	>1.0	<1.0	>1.0
污垢热阻/$(m^2 \cdot K \cdot W^{-1})$				
海水	0.8598×10^{-4}		1.7197×10^{-4}	
自来水、井水、锅炉软水	1.7197×10^{-4}		3.4394×10^{-4}	
蒸馏水	0.8598×10^{-4}		0.8598×10^{-4}	
硬水	5.1590×10^{-4}		8.5980×10^{-4}	
河水	5.1590×10^{-4}	3.4394×10^{-4}	6.8788×10^{-4}	5.1590×10^{-4}

表 4-9　常见流体的污垢热阻

流体名称	污垢热阻 /$(m^2 \cdot K \cdot W^{-1})$	流体名称	污垢热阻 /$(m^2 \cdot K \cdot W^{-1})$	流体名称	污垢热阻 /$(m^2 \cdot K \cdot W^{-1})$
有机化合物蒸气	0.8598×10^{-4}	有机化合物	1.7197×10^{-4}	石脑油	1.7197×10^{-4}
溶剂蒸气	1.7197×10^{-4}	盐水	1.7197×10^{-4}	煤油	1.7197×10^{-4}
天然气	1.7197×10^{-4}	熔盐	0.8598×10^{-4}	汽油	1.7197×10^{-4}
焦炉气	1.7197×10^{-4}	植物油	5.1590×10^{-4}	重油	8.5980×10^{-4}
水蒸气	0.8598×10^{-4}	原油	$(3.4394\sim12.0980)\times10^{-4}$	沥青油	1.7197×10^{-4}
空气	3.4394×10^{-4}	柴油	$(3.4394\sim5.1590)\times10^{-4}$		

4.1.3.3　流体流动阻力的计算

流体流经列管式换热器时，由于流动阻力而产生一定的压降，所以换热器的设计必须满足工艺要求的压降。一般合理的压降范围见表 4-10。

表 4-10 合理压降范围的选取

操作情况	操作压强(绝)/ Pa	合理压降 / Pa
减压操作	$p = 0 \sim 1 \times 10^5$	$0.1\,p$
低压操作	$p = 1 \times 10^5 \sim 1.7 \times 10^5$	$0.2\,p$
	$p = 1.7 \times 10^5 \sim 11 \times 10^5$	0.35×10^5
中压操作	$p = 11 \times 10^5 \sim 31 \times 10^5$	$(0.35 \sim 1.8) \times 10^5$
较高压操作	$p = 31 \times 10^5 \sim 81 \times 10^5$	$(0.7 \sim 2.5) \times 10^5$

1) 管程压降

多管程列管换热器，管程压降 $\sum \Delta p_i$ ：

$$\sum \Delta p_i = (\Delta p_1 + \Delta p_2) F_t N_s N_p \tag{4-15}$$

式中：Δp_1 为直管中因摩擦阻力引起的压降，Pa；Δp_2 为回弯管中因摩擦阻力引起的压降，Pa，可由经验公式 $\Delta p_2 = 3(\rho u^2 / 2)$ 估算；F_t 为结垢校正系数，无因次，$\phi 25\text{mm} \times 2.5\text{mm}$ 的换热管 F_t 取 1.4，$\phi 19\text{mm} \times 2\text{mm}$ 的换热管 F_t 取 1.5；N_s 为串联的壳程数；N_p 为管程数。

2) 壳程压降

（1）壳程无折流挡板。壳程压降按流体沿直管流动的压降计算，以壳程的当量直径 d_e 代替直管内径 d_i。

（2）壳程有折流挡板。计算方法有 Bell 法、Kern 法、Esso 法等。Bell 法计算结果与实际数据一致性较好，但计算比较麻烦，而且对换热器的结构尺寸要求较详细。工程计算中常采用 Esso 法，该法计算公式如下：

$$\sum \Delta p_i = (\Delta p_1' + \Delta p_2') F_t N_s \tag{4-16}$$

$$\Delta p_1' = F f_o n_c (N_B + 1) \frac{\rho u_o^2}{2} \tag{4-17}$$

$$\Delta p_2' = N_B \left(3.5 - \frac{2B}{D}\right) \frac{\rho u_o^2}{2} \tag{4-18}$$

式中：$\Delta p_1'$ 为流体流过管束的压降，Pa；$\Delta p_2'$ 为流体流过折流挡板缺口的压降，Pa；F_t 为结垢校正系数，无因次，对液体 $F_t = 1.15$，对气体 $F_t = 1.0$；F 为管子排列方式对压降的校正系数：三角形排列 $F = 0.5$，正方形直列 $F = 0.3$，正方形错列 $F = 0.4$；f_o 为壳程流体的摩擦系数，$f_o = 5.0 \times Re_o^{-0.228}$ $(Re_o > 500)$；n_c 为横过管束中心线的换热管数；B 为折流板间距，m；D 为壳体直径，m；N_B 为折流板数目；u_o 为按壳程最大流通截面面积 $[A_o = B(D - n_c d_o)]$ 计算的流速，$\text{m} \cdot \text{s}^{-1}$。

4.2 塔釜再沸器的设计

再沸器的任务是将部分塔底的液体气化以便进行精馏分离。再沸器是热交换设备，根据加热面安排的需要，再沸器的构造可以是夹套式、蛇管式或列管式；加热方式可分为间接加热和直接加热。

4.2.1 再沸器类型及选用

小型再沸器可直接安装在塔的底部，但再沸器的横截面面积要略小于塔体的截面。对于较大型的塔，再沸器一般安装在塔外。

4.2.1.1 再沸器的类型

工业上使用最多的有釜式再沸器、热虹吸式再沸器、强制循环再沸器及内置式再沸器,如图 4-8 所示。

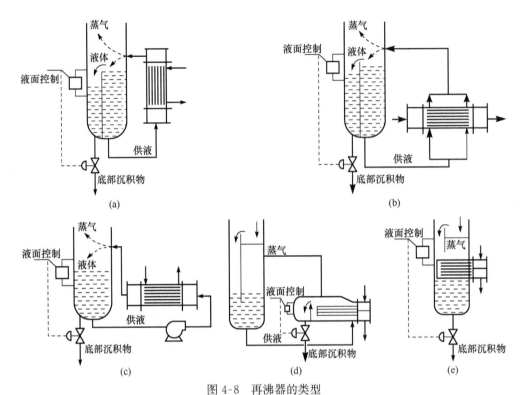

图 4-8 再沸器的类型

(a) 立式热虹吸再沸器;(b) 卧式热虹吸再沸器;(c) 强制循环再沸器;
(d) 釜式再沸器;(e) 内置式再沸器

1) 热虹吸式再沸器

热虹吸式再沸器可分为立式和卧式两种类型。图 4-8(a)为立式热虹吸再沸器,它是利用塔底单相液体与换热器换热管内气液混合物的密度差形成循环推动力,构成工艺物流在精馏塔底与再沸器间的流动循环。这种再沸器具有传热系数高,结构紧凑,安装方便,釜液在加热段的停留时间短,不易结垢,调节方便,占地面积小,设备及运行费用低等显著优点。但由于结构上的原因,壳程不能采用机械方法清洗,因此不适宜用于高黏度或较脏的加热介质。同时由于是立式安装,因而增加了塔的裙座高度。图 4-8(b)为卧式热虹吸再沸器,它也是利用塔底单相釜液与换热器换热管内气液混合物的密度差维持循环。卧式热虹吸再沸器的传热系数和釜液在加热段的停留时间均为中等,维护和清理方便,适用于传热面积大的情况,对塔底液面的高度和流体在各部位的压降要求不高,可适用于真空操作,出塔釜液缓冲容积大,故流动稳定。缺点是占地面积大。

2) 强制循环再沸器

如图 4-8 中(c)所示,强制循环再沸器是依靠泵输入机械功进行流体的循环,适用于高黏度液体及敏感性物料、固体悬浮液以及长显热段和低蒸发比的高阻力系统。

3）釜式再沸器

如图 4-8(d)所示,釜式再沸器由一个带有气液分离空间的壳体和一个可抽出的管束组成,管束末端设有溢流堰,以保证管束能有效地浸没在液体中。溢流堰外侧空间作为出料液体的缓冲区。再沸器内液体的装填系数,对于不易起泡沫的物系为 80%,对于易起泡沫的物系则不超过 65%。釜式再沸器的优点是对流体力学参数不敏感,可靠性高,可在高真空下操作,维护与清洁方便;缺点是传热系数小,壳体容积大,占地面积大,造价高,塔底液在加热段停留时间长,易结垢。

4）内置式再沸器

如图 4-8 中(e)所示,内置式再沸器是将再沸器的管束直接置于塔釜内而成,其结构简单,造价比釜式再沸器低;缺点是由于塔釜空间容积有限,传热面积不能太大,传热效果不够理想。

4.2.1.2　再沸器的选用

工程上对再沸器的基本要求是操作稳定、调节方便、结构简单、加工制造容易、安装检修方便、使用周期长、运转安全可靠,同时也应考虑其占地面积和安装空间高度要合适等因素。一般说来,同时满足上述各项要求是困难的,故在设计上应全面地进行分析、综合考虑,满足主要的、起决定性作用的要求,然后兼顾一般,选择一种比较合理的再沸器类型。

一般说来,在满足工艺要求的前提下,应首先考虑选用立式热虹吸再沸器,因为它具有上述一系列突出优点和优良性能。但出现下列三种情况时不宜选用:①当精馏塔在较低液位下排出塔底液,或在控制方案中对塔底液面不作严格控制时,这时应采用釜式再沸器;②在高真空下操作或者结垢严重时,立式热虹吸再沸器不太可靠,这时应采用釜式再沸器。③在无足够的空间高度安装立式热虹吸再沸器时,可采用卧式热虹吸再沸器或釜式再沸器。

由于需增加循环泵,故一般不宜选用强制循环再沸器。只有当塔底液黏度较高,或易于受热分解时,才采用强制循环再沸器。

综上所述,各类再沸器都有其特点,应根据具体情况仔细比较才能选用。

4.2.2　立式热虹吸再沸器的工艺设计

再沸器的设计目标:①使设备成本低(保持较高的传热系数);②使换热表面尽可能清洁(防止换热管表面结垢);③对于易受热分解的产品,应使其停留时间短,加热壁温低;④能满足分离要求。

4.2.2.1　设计方法和步骤

如图 4-9 所示,立式热虹吸式再沸器内的流体流动系统是由塔釜内液位高度Ⅰ、塔釜底部至再沸器下部封头管箱的管路Ⅱ、再沸器的管程Ⅲ及其上部封头至入塔口的管路Ⅳ所构成的循环系统。精馏塔塔底液面维持在再沸器顶部管板的同一水平面上,由于存在一段静液柱,温度低于沸点,液体便从塔底部流入换热管内,其温度仍低于沸点,因此,液体从进入换热管内到加热至泡点之前的区域,如图中的 BC 段,此段管内是单相的液体对流给热,称为显热加热段。达到泡点后,液体部分沸腾蒸发气化为气液混合物,流体呈气液两相流动,此区域为蒸发段,如图中 CD 段。所以,垂直管内沸腾给热由显热段和蒸发段两部分组成。

由于立式热虹吸再沸器是依靠单相液体与气液混合物间的密度差为推动力形成塔底液流动循环的,塔底液环流量、压降及热流量相互关联,因此,立式热虹吸再沸器工艺设计需将传热计算和流体力学计算相互关联,采用试差法,并以出口气化率为试差变量进行计算。假设传热

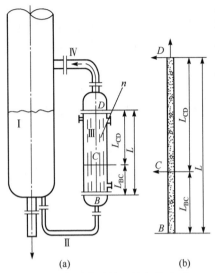

图 4-9　再沸器管程的加热方式
(a) 流动与加热系统；(b) 第 n 根管放大

系数，估算传热面积。其基本步骤是：①依据估算的传热面积，进行再沸器的工艺结构设计；②假设再沸器的出口气化率，进行热流量核算；③计算塔底液循环过程的推动力和流动阻力，核算出口气化率。

4.2.2.2　立式热虹吸式再沸器工艺尺寸的设计计算

再沸器工艺尺寸的设计计算主要涉及两个方面：①根据管程内塔底液和壳程中加热介质的状态、组成、温度、压强等，查取或计算定性温度下的物性数据；②估算传热面积，确定换热管规格与接管尺寸等。

1) 立式热虹吸再沸器工艺结构尺寸的估算

(1) 再沸器的热流量 Q。再沸器的热流量可以根据实际情况以管程液体蒸发所释放的热流量或以壳程蒸气冷凝所释放的热流量为准，按下式计算

$$Q = D_b r_b = D_c r_c \tag{4-19}$$

式中：r 为物流相变热，$kJ \cdot kg^{-1}$；D 为相变质量流量，$kg \cdot s^{-1}$；下标 b、c 分别表示蒸发与冷凝。

(2) 计算传热温差 Δt_m。若已知壳程水蒸气冷凝温度为 T，管程中塔底液的泡点为 t_b，则 Δt_m 为

$$\Delta t_m = T - t_b \tag{4-20}$$

若已知壳程或管程中混合蒸气露点为 T_d、泡点为 T_b，管程或壳程中塔底液的泡点为 t_b，则 Δt_m 为

$$\Delta t_m = \frac{(T_d - t_b) - (T_b - t_b)}{\ln \dfrac{T_d - t_b}{T_b - t_b}} \tag{4-21}$$

(3) 假定传热系数 K 计算传热面积 A_p。依据壳程及管程中介质的种类，查附录 4，从中选取某一 K 值，作为假定传热系数 K，计算实际传热面积 A_p。

$$A_p = \frac{Q}{K \Delta t_m} \tag{4-22}$$

(4) 工艺结构设计。根据经验选定的单程换热管长度 L、选择换热管规格和确定排列方式，并按下式计算换热管数 N：

$$N = \frac{A_p}{\pi d_o L} \tag{4-23}$$

若管板上换热管按正三角形排列时，则排管构成正六边形的个数 a、最大正六边形内对角线上管子数目 b 和再沸器壳体内径 D，可分别按下式进行计算：

$$N = 3a(a+1) + 1 \tag{4-24}$$

$$b = 2a + 1 \tag{4-25}$$

$$D = t(b-1) + (2 \sim 3)d_o \tag{4-26}$$

式中：N 为排列管子总数；a 为正六边形的个数；t 为管中心距，mm；d_o 为换热管外径，mm。

另外，立式热虹吸再沸器也可按标准系列（JB/T4716—92）选取，$\phi 25mm \times 2mm$ 及 $\phi 25mm \times 2.5mm$ 管径再沸器的基本参数见表 4-11，接管直径可参照表 4-12 选取。

表 4-11　立式热虹吸再沸器的基本参数

公称直径 DN / mm	管程数 N_p	管数 N	不同管长 L 的计算换热面积 A/m^2			
			$L=1500mm$	$L=2000mm$	$L=2500mm$	$L=3000mm$
400		98	10.8	14.6	18.4	—
600		245	26.8	36.5	46.0	—
800		467	51.1	69.4	87.8	106
1000	1	749	82.0	111	140	170
1200		1115	122	165	209	253
1400		1547	—	230	290	351
1600		2023	—	—	380	460
1800		2559	—	—	481	581

表 4-12　立式热虹吸再沸器接管直径

壳径 DN / mm		400	600	800	1000	1200	1400	1600	1800
最大接管直径 D / mm	壳程	100	100	125	150	200	250	300	300
	管程	200	250	350	400	450	450	500	500

2）立式热虹吸再沸器的校核

A. 传热系数 K_C 的核算

a. 显热段传热系数 K_L

（1）塔底液循环量。设换热管出口气化率为 x_e（其值的大致范围为：对于水的气化率一般为 2％～5％，对于有机溶剂一般为 10％～20％），塔底液蒸发量为 D_b，则循环量 W_t 为

$$W_t = D_b/x_e \tag{4-27}$$

式中：D_b 为塔底液蒸发质量流量，kg · s^{-1}；W_t 为塔底液循环质量流量，kg · s^{-1}。

（2）显热段换热管内给热膜系数 α_i。设换热管内总流通截面面积为 A_i，则换热管内塔底液的质量流速 G 为

$$G = W_t/A_i \qquad A_i = \frac{\pi}{4}d_i^2 N \tag{4-28}$$

式中：A_i 为管内流通截面面积，m^2；d_i 为换热管内径，m；N 为换热管数。

设 μ_b 为管内液体的黏度，则管内流动的雷诺数及普朗特数分别为

$$Re = \frac{d_i G}{\mu_b} \qquad Pr = \frac{c_{pb}\mu_b}{\lambda_b} \tag{4-29}$$

式中：μ_b 为管内液体黏度，Pa · s；c_{pb} 为管内液体定压比热容，kJ · kg^{-1} · K^{-1}；λ_b 为管内液体热导率，W · m^{-1} · K^{-1}。

若 $Re>10^4$，$0.6<Pr<160$，显热段管长与管内径之比 $L_{BC}/d_i>50$ 时，则按圆形直管强制湍流公式来计算显热段换热管内表面的传热系数 α_i，即

$$\alpha_i = 0.023\frac{\lambda_b}{d_i}Re^{0.8}Pr^{0.4} \tag{4-30}$$

（3）显热段壳程冷凝给热膜系数 α_o。按下式计算 α_o。设 ρ_c 为管外凝液密度，λ_c 为壳程凝液热导率，μ_c 为管外凝液黏度，则

$$\alpha_o = 1.88\left(\frac{\rho_c^2 g\lambda_c^3}{\mu_c^2}\right)^{1/3}Re_o^{-1/3} = 1.88\left(\frac{\rho_c^2 g\lambda_c^3}{\mu_c^2}\right)^{1/3}\left(\frac{4D_c}{\mu_c\pi d_o N}\right)^{-1/3} \tag{4-31}$$

$$Re_o = \frac{4M}{\mu_c} \qquad M = \frac{D_c}{\pi d_o N} \qquad D_c = \frac{Q}{r_c}$$

式中：r_c 为蒸气冷凝热。

（4）显热段总传热系数 K_L。用下式计算 K_L，即

$$\frac{1}{K_L} = \frac{1}{\alpha_o} + R_{so} + \frac{b}{\lambda} \cdot \frac{d_o}{d_m} + R_{si}\frac{d_o}{d_i} + \frac{1}{\alpha_i} \cdot \frac{d_o}{d_i} \qquad (4-32)$$

b. 蒸发段传热系数 K_E

管内沸腾-对流给热膜系数 α_V。为了计算 α_V，必须首先了解气液两相流动流型。如图 4-10 所示。竖直管内气液两相的流动，根据气化顺序，依次可分为泡状流、块状流、环状流和雾状流四种流型。沸腾开始时，首先是鼓泡流，当气泡相连而变大时，就成为块状流。再往上，管中心就成为连续的气心，成为环状流。从块状流到环状流的过渡区一般都不稳定。当气化率 x_e 达到 50% 以上时，基本成为稳定的环状流。x_e 继续增加到一定程度就进入雾状区。在该区域内，壁面上液体全部气化，只有气心中有些液滴。此时不仅表面给热系数下降，而且壁温剧增，易于结垢或使物料变质。

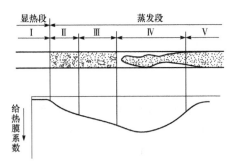

图 4-10　管内沸腾给热的流动流型及其表面给热系数

Ⅰ. 单相对流给热；Ⅱ. 两相对流与饱和泡核沸腾给热；Ⅲ. 块状流沸腾给热；

Ⅳ. 环状流沸腾给热；Ⅴ. 雾状流沸腾给热

因雾状流时给热系数很低，对传热极为不利；而块状流为气液交替脉动的不稳定流型（也称腾涌流）对操作不利。因此，再沸器的设计中，为了使其在操作时具有高效性和可操作性，应将气化率值 x_e 控制在 25% 以内。此时，沸腾给热正好处在饱和泡核沸腾给热和两相对流给热的流型之间，所以在蒸发段内任意一点的给热膜系数，可认为是沸腾-对流给热系数的组合，即所谓的双机理模型。

$$\alpha_V = a\alpha_b + b\alpha_{tp} \qquad (4-33)$$

式中：α_V 为管内沸腾-对流给热膜系数(也称管内沸腾表面给热系数)，$W \cdot m^{-2} \cdot K^{-2}$；$a$ 为泡核沸腾修正系数的平均值；α_b 为核状沸腾给热膜系数(也称核状沸腾表面给热系数)，$W \cdot m^{-2} \cdot K^{-1}$；$b$ 为对流给热修正系数，对于立式热虹吸再沸器，$b=1$；α_{tp} 为对流给热膜系数，$W \cdot m^{-2} \cdot K^{-2}$。式(4-33)中

$$a = \frac{a_E + a'}{2} \qquad (4-34)$$

式中：a_E 为换热管出口处泡核沸腾修正系数；a' 为对应于气化率等于出口气化率 40% 处的泡核沸腾修正系数。

这两个修正系数都与管内流体的质量流量 G_h(kg $\cdot$ m^{-2} $\cdot$ h^{-1})及 $1/X_{tt}$(相关参数)有关。

$$G_h = 3600G \qquad (4-35)$$

$$\frac{1}{X_{tt}} = \left(\frac{x}{1-x}\right)^{0.9} / \psi \tag{4-36}$$

式中：x 为蒸气质量分数；ψ 为与物性有关的参数。

$$\psi = \left(\frac{\rho_V}{\rho_b}\right)^{0.5} \left(\frac{\mu_b}{\mu_V}\right)^{0.1} \tag{4-37}$$

式中：ρ_V、ρ_b 分别为沸腾侧气相、液相的密度，$kg \cdot m^{-3}$；μ_V、μ_b 分别为沸腾侧气相、液相的黏度，$Pa \cdot s$。

管程流体为液相与气相的混合物，其物性应按混合物的平均物性计算。

当 x 等于换热管出口处气化率 x_e 时，可按式(4-36)、式(4-37)求得 $1/X_{tt}$ 值，再应用式(4-35)求得 G_h，查图 4-11 得 a_E；当 $x = 0.4x_e$ 时，用上述同样方法可得 a'。这样，便可用式(4-34)求得 a。图中 $1/X_{tt}$ 为

$$\frac{1}{X_{tt}} = \left(\frac{x}{1-x}\right)^{0.9} \left(\frac{\rho_b}{\rho_V}\right)^{0.5} \left(\frac{\mu_V}{\mu_b}\right)^{0.1} = \frac{\left(\frac{x}{1-x}\right)^{0.9}}{\psi}$$

式中：X_{tt} 为 Lockhat-Martinelli 参数，表示液体和蒸气动能的比例。

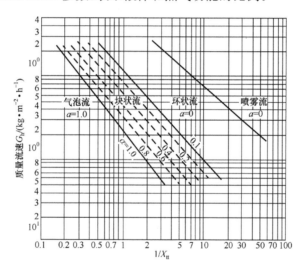

图 4-11　立式再沸器中推定两相流动形式的列线图

泡核沸腾给热膜系数 α_b 应用麦克内利(Mcnelly)公式计算：

$$\alpha_b = 0.225 \frac{\lambda_b}{d_i} Pr^{0.69} \left(\frac{Qd_i}{Ar_b\mu_b}\right)^{0.69} \left(\frac{\rho_b}{\rho_V} - 1\right)^{0.33} \left(\frac{pd_i}{\sigma}\right)^{0.31} \tag{4-38}$$

式中：d_i 为换热管内径，m；r_b 为塔底液气化潜热，$J \cdot kg^{-1}$；p 为塔底操作压强(绝压)，Pa；σ 为塔底液表面张力，$N \cdot m^{-1}$。

质量分数 $x = 0.4x_e$ 处的对流给热膜系数 α_{tp} 为

$$\alpha_{tp} = 0.023F_{tp} \frac{\lambda_b}{d_i} [Re(1-x)]^{0.8} Pr^{0.4} \tag{4-39}$$

式中：F_{tp} 为两相对流给热修正系数，其值为

$$F_{tp} = 3.5 \left(\frac{1}{X_{tt}}\right)^{0.5} \tag{4-40}$$

式(4-40)称为登格勒(Dengler)公式。

当 $x=0.4x_e$ 时,用式(4-36)及式(4-40)分别计算出 $1/X_{tt}$ 和 F_{tp},最后用式(4-39)求取 α_{tp}。用式(4-14)即可求得蒸发段传热系数 K_E。

c. 平均传热系数 K_c

显热段长度 L_{BC} 和换热管总长 L 之比为

$$\frac{L_{BC}}{L}=\frac{(\Delta t/\Delta p)_s}{\left(\dfrac{\Delta t}{\Delta p}\right)_s+\dfrac{\pi d_i N K_L \Delta t_m}{c_{pb}\rho_b W_t}} \tag{4-41}$$

式中:$(\Delta t/\Delta p)_s$ 为沸腾物系蒸气压曲线的斜率,常用物质的蒸气压曲线斜率可由表 4-13 查取,也可根据饱和蒸气压与温度的关系计算。根据式(4-41)可求得显热段长度 L_{BC},进而由 $L=L_{BC}+L_{CD}$ 求得蒸发段长度。

表 4-13　常用物质蒸气压曲线斜率

温度 / K	$(\Delta t/\Delta p)_s/(K \cdot m^2 \cdot kgf^{-1})$					
	丁烷	戊烷	己烷	庚烷	辛烷	苯
343	5.37×10^{-4}	1.247×10^{-3}	3.085×10^{-3}	6.89×10^{-3}	1.548×10^{-2}	3.99×10^{-3}
353	4.59×10^{-4}	1.022×10^{-3}	2.35×10^{-3}	5.17×10^{-3}	1.136×10^{-2}	3.09×10^{-3}
363	4.01×10^{-4}	8.49×10^{-4}	1.955×10^{-3}	4.02×10^{-3}	8.48×10^{-3}	2.45×10^{-3}
373	3.5×10^{-4}	7.075×10^{-4}	1.578×10^{-3}	3.14×10^{-3}	6.6×10^{-3}	1.936×10^{-3}
383	3.21×10^{-4}	6.9×10^{-4}	1.3×10^{-3}	2.565×10^{-3}	5.05×10^{-3}	1.583×10^{-3}
393	2.785×10^{-4}	5.175×10^{-4}	1.053×10^{-3}	2.085×10^{-3}	4.01×10^{-3}	1.317×10^{-3}
403	2.535×10^{-4}	4.5×10^{-4}	9.14×10^{-4}	1.86×10^{-3}	3.23×10^{-3}	1.103×10^{-3}
413	2.29×10^{-4}	3.97×10^{-4}	7.81×10^{-4}	1.43×10^{-3}	2.64×10^{-3}	9.425×10^{-4}
423	2.105×10^{-4}	3.51×10^{-4}	6.66×10^{-4}	1.22×10^{-3}	2.17×10^{-3}	8.12×10^{-4}
433	1.93×10^{-4}	3.14×10^{-4}	5.78×10^{-4}	1.047×10^{-3}	1.825×10^{-3}	7.45×10^{-4}
443	1.79×10^{-4}	2.81×10^{-4}	5.025×10^{-4}	9.1×10^{-4}	1.545×10^{-3}	6.21×10^{-4}
453	1.667×10^{-4}	2.52×10^{-4}	4.44×10^{-4}	7.87×10^{-4}	1.31×10^{-3}	5.525×10^{-4}
463	1.553×10^{-4}	2.305×10^{-4}	3.83×10^{-4}	6.99×10^{-4}	1.128×10^{-3}	5.01×10^{-4}
473	1.48×10^{-4}	2.09×10^{-4}	3.5×10^{-4}	6.22×10^{-4}	1×10^{-3}	4.43×10^{-4}
温度 / K	$(\Delta t/\Delta p)_s/(K \cdot m^2 \cdot kgf^{-1})$					
	甲苯	间、对二甲苯	邻二甲苯	乙苯	异丙苯	水
343	9.775×10^{-3}	2.43×10^{-2}	2.91×10^{-2}	2.2×10^{-2}	3.69×10^{-2}	7.29×10^{-3}
353	7.67×10^{-3}	1.915×10^{-2}	2.09×10^{-2}	1.572×10^{-2}	2.63×10^{-2}	5.22×10^{-3}
363	5.68×10^{-3}	1.422×10^{-2}	1.528×10^{-2}	1.156×10^{-2}	1.878×10^{-2}	3.73×10^{-3}
373	4.36×10^{-3}	1.075×10^{-2}	1.145×10^{-2}	8.86×10^{-3}	1.367×10^{-2}	2.75×10^{-3}
383	3.445×10^{-3}	8.21×10^{-3}	8.78×10^{-3}	6.83×10^{-3}	1.035×10^{-2}	2.055×10^{-3}
393	2.752×10^{-3}	6.425×10^{-3}	6.78×10^{-3}	5.26×10^{-3}	7.785×10^{-3}	1.585×10^{-3}
403	2.21×10^{-3}	5×10^{-3}	5.33×10^{-3}	4.2×10^{-3}	6.09×10^{-3}	1.265×10^{-3}
413	1.84×10^{-3}	4×10^{-3}	4.29×10^{-3}	3.39×10^{-3}	4.79×10^{-3}	9.66×10^{-4}
423	1.508×10^{-3}	3.235×10^{-3}	3.53×10^{-3}	2.755×10^{-3}	3.83×10^{-3}	7.77×10^{-4}

温度 / K	$(\Delta t/\Delta p)_s/(K \cdot m^2 \cdot kgf^{-1})$					
	甲苯	间、对二甲苯	邻二甲苯	乙苯	异丙苯	水
433	1.26×10^{-3}	2.65×10^{-3}	2.38×10^{-3}	2.265×10^{-3}	3.07×10^{-3}	5.52×10^{-4}
443	1.072×10^{-3}	2.175×10^{-3}	2.39×10^{-3}	1.906×10^{-3}	2.505×10^{-3}	4.37×10^{-4}
453	9.07×10^{-4}	1.785×10^{-3}	2.05×10^{-3}	1.6×10^{-3}	2.055×10^{-2}	3.61×10^{-4}
463	7.78×10^{-4}	1.492×10^{-3}	1.687×10^{-3}	1.365×10^{-3}	1.738×10^{-3}	3.07×10^{-4}
473	6.79×10^{-4}	1.26×10^{-3}	1.467×10^{-3}	1.164×10^{-3}	1.462×10^{-2}	—

平均传热系数 K_c 按下式计算：

$$K_c = \frac{K_L L_{BC} + K_E L_{CD}}{L} \qquad (4\text{-}42)$$

用面积裕度核算比较 $K_{计算}$ 和 $K_{假定}$。

求得传热系数后，可计算需要的传热面积和面积裕度。由于再沸器的热流量变化相对较大（因精馏塔常需要调节回流比），故再沸器的裕度应大些为宜，一般可在 30% 左右。若所得裕度过小，则需重新假定 K 值，重复以上各有关计算步骤，直到满足上述条件为止。也可通过比较 K 值来进行。若 $K_{计算}$ 比 $K_{假定}$ 高出 20%，则说明假定尚可，否则要重新假定 K 值。

B. 循环流量的校核

在传热计算中，由于再沸器内的塔底液循环量是在假设的出口气化率下得出的，因而需要核算塔底液循环量是否正确。核算的方法是在给定的出口气化率下，计算再沸器内流体流动的循环推动力及其流动阻力，应使循环推动力等于或略大于流动阻力，则表明假设的出口气化率正确，否则应重新假设出口气化率进行计算。

循环推动力 Δp_D 按下式计算：

$$\Delta p_D = [L_{CD}(\rho_b - \bar{\rho}_{tp}) - l\rho_{tp}]g \qquad (4\text{-}43)$$

式中：$\bar{\rho}_{tp}$ 为换热管出口处气化率 1/3 处的两相平均密度，$kg \cdot m^{-3}$；ρ_{tp} 为换热管出口处两相平均密度，$kg \cdot m^{-3}$；l 为再沸器上部管板至接管入塔口间的高度，其值可参照表 4-14，结合机械设计需要选取。

表 4-14 l 的参考值

再沸器公称直径 / mm	400	600	800	1000	1200	1400	1600	1800
l / mm	800	900	1020	1120	1240	1260	1460	1580

其他各参数按如下方式处理：

$$\bar{\rho}_{tp} = \rho_V(1 - R_L) + \rho_b R_L \qquad (4\text{-}44)$$

式中：R_L 为两相流的液相分数。

$$R_L = \frac{X_{tt}}{(X_{tt}^2 + 21X_{tt} + 1)^{0.5}} \qquad (4\text{-}45)$$

蒸发段两相流的平均密度按出口气化率 1/3 处的两相平均密度计算，即取 $x = x_e/3$，由式 (4-36) 求得的 X_{tt} 代入式 (4-45)，求得 R_L，应用式 (4-44) 便可求得 $\bar{\rho}_{tp}$；当 $x = x_e$ 时，按上述同样的方法求得 ρ_{tp}，这样，用式 (4-43) 便可求得循环推动力 Δp_D。

循环阻力 Δp_f。再沸器中的液体循环阻力 $\Delta p_f(Pa)$ 包括管程进口管段阻力 Δp_1、因动量变化引

起的加速损失 Δp_2、换热管显热段阻力 Δp_3、换热管蒸发段阻力 Δp_4 和管程出口管阻力 Δp_5,即

$$\Delta p_f = \Delta p_1 + \Delta p_2 + \Delta p_3 + \Delta p_4 + \Delta p_5 \tag{4-46}$$

a. 管程进口管段阻力 Δp_1

$$\Delta p_1 = \lambda_i \frac{L_i}{D_i} \frac{G^2}{2\rho_b} \tag{4-47}$$

$$\lambda_i = 0.012\,27 + \frac{0.7543}{Re_i^{0.38}} \tag{4-48}$$

式中:λ_i 为进口管阻力系数;L_i 为进口管长度与局部阻力当量长度之和,m。

$$L_i = \frac{(D_i/0.0254)^2}{0.3426(D_i/0.0254 - 0.1914)} \tag{4-49}$$

式中:D_i 为进口管内径,m。

式(4-48)中的 Re_i 为

$$Re_i = D_i G / \mu_b \tag{4-50}$$

$$G = W_t / \frac{\pi}{4} D_i^2 \tag{4-51}$$

b. 加速损失 Δp_2

由于在换热管内沿蒸发段蒸气质量分数渐增,故两相流加速,其损失为

$$\Delta p_2 = G^2 M / \rho_b \qquad G = \frac{W_t}{\frac{\pi}{4} d_i^2 N} \tag{4-52}$$

$$M = \frac{(1-x_e)^2}{R_L} + \frac{\rho_b}{\rho_V} \left(\frac{x_e^2}{1-R_L} \right) - 1 \tag{4-53}$$

c. 换热管显热段阻力 Δp_3

按直管阻力损失计算

$$\Delta p_3 = \lambda \frac{L_{BC}}{d_i} \frac{G^2}{2\rho_b} \tag{4-54}$$

$$Re = \frac{d_i G}{\mu_b} \qquad G = \frac{W_t}{\frac{\pi}{4} d_i^2 N} \qquad \lambda = 0.012\,27 + 0.7543/Re^{0.38}$$

d. 换热管蒸发段阻力 Δp_4

该段为两相流,故其流动阻力损失计算应按两相流考虑。计算方法是分别计算该段的气-液两相流动的阻力,然后按一定方法加和,求得阻力损失。

气相流动阻力 Δp_{V4}

$$\Delta p_{V4} = \lambda_V \frac{L_{CD}}{d_i} \cdot \frac{G_V^2}{2\rho_V} \tag{4-55}$$

取该段内的平均气化率 $x = 2x_e/3$,则气相质量流率 G_V 为

$$G_V = xG \qquad G = \frac{W_t}{\frac{\pi}{4} d_i^2 N} \tag{4-56}$$

气相流动的 Re_V

$$Re_V = \frac{d_i G_V}{\mu_V} \qquad \lambda_V = 0.012\,27 + \frac{0.7543}{Re_V^{0.38}} \tag{4-57}$$

液相流动阻力 Δp_{L4}

$$\Delta p_{L4} = \lambda_L \frac{L_{CD}}{d_i} \cdot \frac{G_L^2}{2\rho_b} \tag{4-58}$$

液相流量 G_L 为

$$G_L = G - G_V \tag{4-59}$$

液相流动 Re_L 为

$$Re_L = \frac{d_i G_L}{\mu_b} \qquad \lambda_L = 0.012\,27 + \frac{0.7543}{Re_L^{0.38}} \tag{4-60}$$

两相压降 Δp_4

$$\Delta p_4 = (\Delta p_{V4}^{1/4} + \Delta p_{L4}^{1/4})^4 \tag{4-61}$$

e. 管程出口管阻力 Δp_5

气相流动阻力 Δp_{V5}

$$\Delta p_{V5} = \lambda_V \frac{l'}{D_0} \cdot \frac{G_V^2}{2\rho_V} \tag{4-62}$$

管中气相质量流率 G_V 为

$$G_V = x_e G \qquad G = \frac{W_t}{\frac{\pi}{4} D_0^2} \tag{4-63}$$

管中气相流动的 Re_V 为

$$Re_V = \frac{D_0 G_V}{\mu_V} \qquad \lambda_V = 0.012\,27 + \frac{0.7543}{Re_V^{0.38}} \tag{4-64}$$

液相流动阻力 Δp_{L5}

$$\Delta p_{L5} = \lambda_L \frac{l'}{D_0} \cdot \frac{G_L^2}{2\rho_b} \tag{4-65}$$

液相流率 G_L 为

$$G_L = G - G_V \tag{4-66}$$

液相流动的 Re_L

$$Re_L = \frac{D_0 G_L}{\mu_b} \qquad \lambda_L = 0.012\,27 + \frac{0.7543}{Re_L^{0.38}} \tag{4-67}$$

两相压降 Δp_5

$$\Delta p_5 = (\Delta p_{V5}^{1/4} + \Delta p_{L5}^{1/4})^4 \tag{4-68}$$

循环推动力 Δp_D 与循环阻力 Δp_f 的相对误差见下式:

$$(\Delta p_D - \Delta p_f)/\Delta p_D = 0.001 \sim 0.05 \tag{4-69}$$

核算时,应使 Δp_D 略大于 Δp_f,若相对误差过大,则说明该再沸器还有潜力,应适当降低气化率,即提高循环量直到相对误差满足要求为止。

最后需要指出:对于这类再沸器可省略校核其是否小于最大热流密度。

4.3　换热器的设计实例

本节将以 3.7.2 节中甲醇-水连续精馏过程为例,进行换热器的设计,包括原料预热器、回流冷凝器以及塔底再沸器的设计。

4.3.1　原料预热器的设计

3.7.2 节所示的甲醇-水连续精馏过程为泡点进料,因此需要将含甲醇 25%(质量分数)的原料液预热至进料板压强所对应的泡点温度,原料液的流率为 1116.45kmol·h^{-1},加热介质采用 120℃的饱和水蒸气,冷凝液在饱和温度下排出。试设计一台列管式换热器,完成该生产任务。

精馏塔进料的泡点温度按进料板压强计算。由第 3 章 3.7.2 节"甲醇-水连续精馏塔的工艺设计"可知,塔顶压强为 105.3kPa,精馏段的塔板压降为 0.633kPa,精馏段的塔板数为 13 块,故进料板压强 p 为:$p=105.3+13\times0.633=113.5$kPa。

泡点温度需要通过试差法确定,利用 Excel"工具"菜单中的"单变量求解"功能可方便、快捷地进行试差。压强为 113.5kPa、原料液中甲醇的摩尔分数 x_A 为 0.158,通过 Excel 的"单变量求解"功能计算得到的泡点温度为 86.8℃(具体计算过程参见 65~67 页)。

4.3.1.1 设计方案的确定

1) 换热器的选型

热流体为 120℃的饱和水蒸气,冷流体的出口温度为 86.8℃,冷流体的进口温度取 20℃,两流体的温差为 $T_m-t_m=120.0-(20+86.8)/2=66.6$℃,温差大于 50℃,故选用浮头式列管换热器。

2) 流体流动空间及流速

因甲醇水溶液较易结垢,为便于清洗,故选定甲醇水溶液走管程,选用 $\phi25$mm$\times2.5$mm 的碳钢管,管内流速取 $u_i=0.5$m·s^{-1}。加热蒸气属压强较低的洁净流体,故走壳程。

4.3.1.2 物性数据的确定

壳程加热蒸气的定性温度为 $T_m=120$℃。

管程流体的定性温度为 $t_m=(20+86.8)/2=53.4$℃。

根据定性温度,分别查取壳程和管程流体有关的物性数据:

当 $T_m=120$℃时,水的气化潜热 $r_0=2205.2$kJ·kg^{-1},$\rho=1.12$kg·m^{-3}。

当 $t_m=53.4$℃时,甲醇、水的物性数据:A 为甲醇,B 为水

密度:$\rho_A=765.0$kg·m^{-3},$\rho_B=986.4$kg·m^{-3}。

比定压热容:

$$c_{pA}=2.615\text{kJ·kg}^{-1}\text{·K}^{-1}=83.811\text{kJ·kmol}^{-1}\text{·K}^{-1}$$

$$c_{pB}=4.175\text{kJ·kg}^{-1}\text{·K}^{-1}=75.234\text{kJ·kmol}^{-1}\text{·K}^{-1}$$

热导率:$\lambda_A=0.207$W·m^{-1}·K^{-1},$\lambda_B=0.651$W·m^{-1}·K^{-1}。

黏度:$\mu_A=0.400$mPa·s,$\mu_B=0.522$mPa·s。

所以甲醇-水原料液的物性数据:

$$M_i=20.24\text{kg·kmol}^{-1}$$

$$\rho_i=\frac{1}{0.25/765.0+0.75/986.4}=920(\text{kg·m}^{-3})$$

$$c_{pi}=0.158\times83.811+0.842\times75.234=76.59(\text{kJ·kmol}^{-1}\text{·K}^{-1})=3.784\text{kJ·kg}^{-1}\text{·K}^{-1}$$

$$\lambda_i=0.207\times0.158+0.651\times0.842=0.581(\text{W·m}^{-1}\text{·K}^{-1})$$

$\lg\mu_i=0.158\lg0.400+0.842\lg0.522$,由此可得 $\mu_i=0.500$mPa·s。

两流体在定性温度下的物性数据见表 4-15。

表 4-15　两流体在定性温度下的物性数据

流体	温度 /℃	密度 /(kg·m⁻³)	比热容 /(kJ·kg⁻¹·K⁻¹)	黏度 /(mPa·s)	热导率 /(W·m⁻¹·K⁻¹)	气化潜热 /(kJ·kg⁻¹)
甲醇-水	53.4	920.0	3.784	0.500	0.581	—
饱和水蒸气	120.0	—	—	—	—	2205.2

4.3.1.3　估算传热面积

（1）热流量。

原料处理量　　　　　　　　　$F = 1116.45\,\text{kmol·h}^{-1}$

质量流量　　　　$q_{\text{mi}} = 1116.45\,\text{kmol·h}^{-1} \times 20.24\,\text{kg·kmol}^{-1} = 22\,597\,\text{kg·h}^{-1}$

则热流量为　　$Q_0 = q_{\text{mi}}c_{pi}\Delta t_i = 22\,597 \times 3.784 \times (86.8 - 20) = 5.704 \times 10^6\,(\text{kJ·h}^{-1}) = 1584.4\,\text{kW}$

（2）平均传热温差。

$$\Delta t_{\text{m}} = \frac{\Delta t_1 - \Delta t_2}{\ln\dfrac{\Delta t_1}{\Delta t_2}} = \frac{(120-20)-(120-86.8)}{\ln\dfrac{120-20}{120-86.8}} = 60.6\,\text{℃}$$

（3）加热蒸气用量。

$$q_{\text{m0}} = \frac{Q_0}{r_0} = \frac{5.704 \times 10^6}{2205.2} = 2586.6\,(\text{kg·h}^{-1})$$

（4）传热面积。

设总传热系数：　　　　　　　$K = 1200\,\text{W·m}^{-2}\cdot\text{K}^{-1}$

传热面积　　　　$A' = \frac{Q_0}{K\Delta t_{\text{m}}} = \frac{1584.4 \times 10^3}{1200 \times 60.6} = 21.79\,(\text{m}^2)$

考虑 15% 的面积裕度，则 $A = 21.79 \times 1.15 = 25.1\,\text{m}^2$。

4.3.1.4　工艺结构尺寸

（1）管径和管内流速。

选用 $\phi 25\text{mm} \times 2.5\text{mm}$ 碳钢换热管，取管内流速 $u_i = 0.5\,\text{m·s}^{-1}$。

（2）管程数和换热管数。

单管程换热管数　　　$n_{\text{s}} = \frac{q_{\text{Vi}}}{\dfrac{1}{4}\pi d_i^2 u} = \frac{22\,597/(920 \times 3600)}{0.785 \times 0.02^2 \times 0.5} = 43.5 = 44\,(\text{根})$

所需换热管长度为　　　$L = \frac{A}{\pi d_o n_{\text{s}}} = \frac{25.1}{\pi \times 0.025 \times 44} = 7.3\,(\text{m})$

按单管程设计，换热管过长，宜采用多管程结构，现取换热管长 $l = 4.5\text{m}$，即该换热器管程数为 $N_p = L/l = 7.3/4.5 \approx 2$；换热管数 $N = 44 \times 2 = 88$ 根。

（3）换热管排列和分程方法。

采用组合排列法，即每程内均按正三角形排列，隔板两侧采用正方形排列，取管中心距：

$$t = 1.25 d_o = 1.25 \times 25 = 31.25 \approx 32\,(\text{mm})$$

横过管束中心线的管数：

$$n_{\text{c}} = 1.19\sqrt{N} = 1.19\sqrt{88} = 11.2 \approx 12\,(\text{根})$$

（4）壳体内径。

采用多管程结构，取管板利用率 $\eta=0.7$，则壳体内径为

$$D=1.05t\sqrt{N/\eta}=1.05\times32\times\sqrt{88/0.7}=376.7mm$$

取 $\phi426mm\times9mm$。

（5）折流板。

采用弓形折流板，取圆缺高度为壳体内径的 25%，则切去的圆缺高度为 $h=0.25\times408=102mm$，取折流板间距 $B=0.8D$，则 $B=0.8\times408=326.4mm$，可取 B 为 400mm。

折流板数 $N_B=$ 换热管长/折流板间距 $-1=4500/400-1\approx11$ 块，折流板圆缺面垂直装配。

（6）接管。

壳程流体进出口接管：取接管内蒸气流速为 $u=15m\cdot s^{-1}$，蒸气密度：$\rho=1.12kg\cdot m^{-3}$，则接管内径为

$$d=\sqrt{\frac{4q_{m0}}{\pi u\rho}}=\sqrt{\frac{4\times2586.6}{\pi\times15\times3600\times1.12}}=0.233(m)$$

选用 $\phi219mm\times6mm$ 的钢管。

管程流体进出口接管：取管内循环水流速 $u=1.5m\cdot s^{-1}$，则接管内径为

$$d=\sqrt{\frac{4q_{mi}}{\pi u\rho_i}}=\sqrt{\frac{4\times22\ 597}{\pi\times1.5\times3600\times920}}=0.076(m)$$

选用 $\phi89mm\times4mm$ 的钢管。

4.3.1.5　换热器核算

1）热量核算

（1）壳程对流给热系数。假设冷凝液膜内的流动为层流，则

$$\alpha_0=0.725\left(\frac{r\rho^2g\lambda^3}{n_c^{2/3}\mu d_0\Delta t}\right)^{1/4}$$

设壁温 $t_w=106℃$，在膜温 $(106+120)/2=113℃$ 时，冷凝液的有关物性如下：密度 $\rho=948.6kg\cdot m^{-3}$；黏度 $\mu=0.252mPa\cdot s$；热导率 $\lambda=0.685W\cdot m^{-1}\cdot K^{-1}$。

在 $t=120℃$ 时，冷凝液气化潜热 $r_0=2205.2kJ\cdot kg^{-1}$，则

$$\alpha_o=0.725\left(\frac{r\rho^2g\lambda^3}{n_c^{2/3}\mu d_o\Delta t}\right)^{1/4}=0.725\left(\frac{2205.2\times10^3\times948.6^2\times9.81\times0.685^3}{12^{2/3}\times0.252\times10^{-3}\times0.025\times(120-106)}\right)^{1/4}=$$

$7820.4(W\cdot m^{-2}\cdot K^{-1})$

（2）管程对流给热系数。

$$\alpha_i=0.023\frac{\lambda_i}{d_i}Re^{0.8}Pr^{0.4}$$

管程流通截面面积 $A_i=\frac{\pi}{4}d_i^2\frac{N}{2}=0.785\times0.02^2\times\frac{88}{2}=0.0138(m^2)$，则

$$u_i=\frac{q_{Vi}}{A_i}=\frac{22\ 597/(3600\times920)}{0.0138}=0.494(m\cdot s^{-1})$$

$$Re=\frac{d_iu_i\rho}{\mu_i}=\frac{0.02\times0.494\times920}{5.00\times10^{-4}}=18\ 179$$

$$Pr=\frac{c_{pi}\mu_i}{\lambda_i}=\frac{3.784\times10^3\times5.00\times10^{-4}}{0.581}=3.256$$

$$\alpha_i = 0.023 \frac{\lambda_i}{d_i} Re^{0.8} Pr^{0.4} = 0.023 \times \frac{0.581}{0.02} \times 18\,179^{0.8} \times 3.256^{0.4} = 2739.1 (\text{W} \cdot \text{m}^{-2} \cdot \text{K}^{-1})$$

（3）核算壁温与冷凝液流型。

蒸气在壳程冷凝，所以壳程污垢热阻很小，可忽略。管程污垢热阻 $R_{si} = 1.72 \times 10^{-4} \text{m}^2 \cdot$ K · W^{-1}，核算壁温时，一般忽略管壁热阻，按以下近似计算公式计算。

根据 $\dfrac{T_m - t_w}{\dfrac{1}{\alpha_o} + R_{so}} = \dfrac{t_w - t_m}{\dfrac{1}{\alpha_i} + R_{si}}$，$\dfrac{120 - t_w}{\dfrac{1}{7820.4}} = \dfrac{t_w - 53.4}{\dfrac{1}{2739.1} + 1.72 \times 10^{-4}}$，得 $t_w = 107.2$℃。

这与假设温度基本一致，可以接受，$t_w = 106$℃。换热器壳体壁温与换热管温差为 $\Delta t = 120 - 106 = 14$℃。

核算冷凝液流型：计算单位润湿周边上冷凝液膜流动的雷诺数：

$$Re_M = \frac{4q_{mo}}{L\mu} = \frac{4q_{mo}}{\pi d_o N\mu} = \frac{4 \times 2586.6}{3.14 \times 0.025 \times 88 \times 0.252 \times 10^{-3} \times 3600} = 1651 < 2000$$

所以假设冷凝液膜内的流动为层流是正确的。

（4）传热系数 K。

$$K = \cfrac{1}{\dfrac{d_o}{\alpha_i d_i} + R_{si}\dfrac{d_o}{d_i} + \dfrac{d_o}{2\lambda}\ln\dfrac{d_o}{d_i} + \dfrac{1}{\alpha_o}} = \cfrac{1}{\dfrac{0.025}{2739.1 \times 0.020} + 1.72 \times 10^{-4}\dfrac{0.025}{0.020} + \dfrac{0.025}{2 \times 45}\ln\dfrac{0.025}{0.020} + \dfrac{1}{7820.4}}$$

$$= 1161.2 (\text{W} \cdot \text{m}^{-2} \cdot \text{K}^{-1})$$

（5）传热面积。

$$A = \frac{Q}{K\Delta t_m} = \frac{1584.4 \times 10^3}{1161.2 \times 60.6} = 22.5 (\text{m}^2)$$

实际传热面积 $A_p = \pi d_o L(N - n_c) = 3.14 \times 0.025 \times (4.5 - 0.1) \times (88 - 12) = 26.3 (\text{m}^2)$

该换热器的面积裕度为 $H = \dfrac{A_p - A}{A} \times 100\% = \dfrac{26.3 - 22.5}{22.5} \times 100\% = 16.9\%$

面积裕度合适，能完成生产任务。

2）换热器内流体的流动阻力

（1）管程流动阻力。

$$\sum \Delta p_i = (\Delta p_1 + \Delta p_2) F_t N_s N_p$$

正三角形排列 F_t 取 1.5；壳程数 $N_s = 1$，管程数 $N_p = 2$；$\Delta p_1 = \lambda \dfrac{l}{d}\dfrac{\rho u^2}{2}$，$\Delta p_2 = 3 \times \dfrac{1}{2}\rho u^2$。

由 $Re = 18179$，换热管相对粗糙度 $0.1/20 = 0.005$，查莫狄图得 $\lambda = 0.032$。

管内实际流速 $\quad u_i = \dfrac{4q_{mi}}{\pi d_i^2 \dfrac{N}{2}\rho} = \dfrac{4 \times 22\,597}{3.14 \times 0.02^2 \times 44 \times 920 \times 3600} = 0.494 (\text{m} \cdot \text{s}^{-1})$

$$\Delta p_1 = \lambda \frac{l}{d}\frac{\rho u^2}{2} = 0.032 \times \frac{4.5}{0.02} \times \frac{920 \times 0.494^2}{2} = 808.2 (\text{Pa})$$

$$\Delta p_2 = 3 \times \frac{1}{2}\rho u^2 = 3 \times \frac{1}{2} \times 920 \times 0.494^2 = 336.8 (\text{Pa})$$

$$\sum \Delta p_i = (\Delta p_1 + \Delta p_2) F_t N_s N_p = (808.2 + 336.8) \times 1.5 \times 2 = 3.44 (\text{kPa}) < 10\text{kPa}$$

管程流动阻力在允许范围之内。

（2）壳程阻力。

蒸气冷凝，壳程阻力很小，压降可以忽略。

甲醇-水精馏塔原料预热器主要结构尺寸及计算结果见表 4-16。

表 4-16　甲醇-水精馏塔原料预热器主要结构尺寸及计算结果

	参数	管程	壳程
	流率/(kg·h^{-1})	22 597	2586.6
	温度(进/出)/℃	20/86.8	120/120
	压强(绝压)/MPa	0.12	0.2
物性参数	定性温度/℃	53.4	120.0
	密度/(kg·m^{-3})	920.0	1.12
	比热容/(kJ·kg^{-1}·K^{-1})	3.784	—
	黏度/(mPa·s)	0.500	—
	热导率/(W·m^{-1}·K^{-1})	0.581	—
	普朗特数	3.256	—

	类型	固定管板式	台数	1
设备结构参数	壳体内径/mm	408	壳程数	1
	管子规格/mm	$\phi 25 \times 2.5$	管心距/mm	32
	管长/mm	4500	管子排列	正三角形/正方形组合
	管数／根	88	折流板数／块	11
	传热面积/m^2	26.3	折流板距/mm	400
	管程数	2	材质	碳钢

主要计算结果	管程	壳程
流速/(m·s^{-1})	0.5	—
给热系数 α/(W·m^{-2}·K^{-1})	2739.1	7820.4
污垢热阻/(m^2·K·W^{-1})	1.72×10^{-4}	0
阻力损失/kPa	3.44	—
热负荷/kW	1584.4	
传热温差/℃	60.6	
传热系数/(W·m^{-2}·K^{-1})	1161.2	
面积裕度/%	16.9	

4.3.2　回流冷凝器的设计

年产 4 万 t 98.5％甲醇的甲醇-水连续精馏塔生产过程中，塔顶压强为 105.3kPa（绝压），需将塔顶的饱和蒸气冷却为泡点液体，蒸气冷凝液在饱和温度下排出。冷却介质采用循环水，循环冷却水的压强为 0.3MPa，冷却水入口温度 20℃，出口温度为 30℃。试设计一台列管式换热器，完成该生产任务。

4.3.2.1　确定设计方案

1）换热器的选型

两流体的温度变化情况：热流体为 65.9℃的饱和蒸气，冷流体的进出口温度分别为 20℃及 30℃，两流体的温差为 $T_m - t_m = 65.9 - (20 + 30)/2 = 40.9℃$，鉴于两流体的温度不高，且温差低于 50℃，故选用壳程带膨胀节的固定管板式列管换热器。

2）流体流动空间及流速

因冷却水较易结垢，为便于清洗，故选定冷却水走管程，选用 $\phi 25mm \times 2.5mm$ 的碳钢管，管内流速取 $u_i = 1.3 m \cdot s^{-1}$。塔顶蒸气属压强较低的洁净流体，选定走壳程。

4.3.2.2　确定物性数据

壳程：蒸气量 $V_0 = 599.56 kmol \cdot h^{-1}$，平均相对分子质量 $M_0 = 31.69 kg \cdot kmol^{-1}$，$x_D = 0.974$。

质量流量：
$$q_{mo} = 599.56 \times 31.69 = 19\ 000 (kg \cdot h^{-1})$$

蒸气密度：
$$\rho = \frac{pM}{RT} = \frac{105.3 \times 31.69}{8.314 \times (65.9 + 273.15)} = 1.18 (kg \cdot m^{-3})$$

壳程蒸气的定性温度为　　　　　　　$T_m = 65.9℃$

管程冷却水的定性温度为　　　　　　$t_m = (20 + 30)/2 = 25℃$

$t = 65.9℃$ 时，甲醇、水的气化潜热数据如下：A 为甲醇，B 为水

$$r_A = 1180 kJ/kg = 37\ 760 kJ \cdot kmol^{-1}$$

$$r_B = 2480 kJ/kg = 44\ 640 kJ \cdot kmol^{-1}$$

$r_m = x_A r_A + x_B r_B = 0.974 \times 37\ 760 + 0.026 \times 44\ 640 = 37\ 939 (kJ \cdot kmol^{-1}) = 37\ 939/31.69 = 1197 kJ \cdot kg^{-1}$，循环冷却水在 25℃ 下的物性数据为：密度 $\rho = 997 kg \cdot m^{-3}$；定压比热容 $c_{pi} = 4.18 kJ \cdot kg^{-1} \cdot K^{-1}$；热导率 $\lambda_i = 0.608 W \cdot m^{-1} \cdot K^{-1}$；黏度 $\mu_i = 9.52 \times 10^{-4} Pa \cdot s$。

两流体在定性温度下的物性数据见表 4-17。

表 4-17　两流体在定性温度下的物性数据

流体	温度 /℃	密度 /(kg·m⁻³)	比热容 /(kJ·kg⁻¹·K⁻¹)	黏度 /(mPa·s)	热导率 /(W·m⁻¹·K⁻¹)	气化潜热 /(kJ·kg⁻¹)
冷却水	25	997.0	4.18	0.952	0.608	—
冷凝液	65.9	—	—	—	—	1197.0

4.3.2.3　估算传热面积

（1）热流量。
$$Q_0 = q_m r_0 = 19\ 000 \times 1197 = 2.274 \times 10^7 (kJ \cdot h^{-1}) = 6317.5 kW$$

（2）平均传热温差。
$$\Delta t_m = \frac{\Delta t_1 - \Delta t_2}{\ln \frac{\Delta t_1}{\Delta t_2}} = \frac{(65.9 - 20) - (65.9 - 30)}{\ln \frac{65.9 - 20}{65.9 - 30}} = 40.7℃$$

（3）冷却水用量。
$$q_{mi} = \frac{Q_0}{c_{pi} \Delta t_i} = \frac{2.274 \times 10^7}{4.18 \times (30 - 20)} = 544\ 019 (kg \cdot h^{-1})$$

（4）传热面积。

设总传热系数：$K = 900 W \cdot m^{-2} \cdot K^{-1}$；传热面积 $A' = \dfrac{Q_0}{K \Delta t_m} = \dfrac{6.3175 \times 10^6}{900 \times 40.7} = 172.5 (m^2)$，考虑 15% 的面积裕度，$A = 172.5 \times 1.15 = 198.4 (m^2)$。

4.3.2.4 工艺结构尺寸

(1) 管径和管内流速。选用 $\phi 25\text{mm} \times 2.5\text{mm}$ 碳钢换热管,取管内流速 $u_i = 1.3\text{m} \cdot \text{s}^{-1}$。

(2) 管程数和换热管数。

单管程换热管数 $\quad n_s = \dfrac{q_{Vi}}{\dfrac{1}{4}\pi d_i^2 u_i} = \dfrac{544\ 019/(997 \times 3600)}{0.785 \times 0.02^2 \times 1.3} = 371.3 = 372(根)$

所需换热管长度为 $\quad L = \dfrac{A}{\pi d_o n_s} = \dfrac{198.4}{\pi \times 0.025 \times 372} = 6.79(\text{m})$

按单管程设计,换热管过长,宜采用多管程结构,现取换热管长 $l = 4.5\text{m}$,即该换热器管程数为 $N_p = L/l = 6.79/4.5 \approx 2$;换热管数 $N = 372 \times 2 = 744$ 根。

(3) 换热管排列和分程方法。

采用组合排列法,即每程内均按正三角形排列,隔板两侧采用正方形排列,取管心距 $t = 1.25d_o = 1.25 \times 25 = 31.25 \approx 32\text{mm}$。

横过管束中心线的管数 $n_c = 1.19\sqrt{N} = 1.19\sqrt{744} = 32.4 \approx 33$ 根。

(4) 壳体内径。

采用多管程结构,取管板利用率 $\eta = 0.7$,则壳体内径为

$$D = 1.05t\sqrt{N/\eta} = 1.05 \times 32 \times \sqrt{744/0.7} = 1095.4(\text{mm})$$

圆整后取 $D = 1200\text{mm}$。

(5) 折流板。

采用弓形折流板,取圆缺高度为壳体内径的 25%,则切去的圆缺高度为 $h = 0.25 \times 1200 = 300\text{mm}$。

取折流板间距 $B = 0.4D$,则 $B = 0.4 \times 1200 = 480\text{mm}$,可取 B 为 600mm。

折流板数 $N_B =$ 换热管长/折流板间距 $-1 = 4500/600 - 1 = 7$ 块,折流板圆缺面垂直装配。

(6) 接管。

壳程流体进出口接管:取接管内蒸气流速:$u = 20\text{m} \cdot \text{s}^{-1}$。

则接管内径 $d_o = \sqrt{\dfrac{4q_{Vo}}{\pi u}} = \sqrt{\dfrac{4 \times 19\ 000/(3600 \times 1.18)}{\pi \times 20}} = 534\text{mm}$。

取 $\phi 610\text{mm} \times 9\text{mm}$ 的钢管。

管程流体进出口接管:取管内循环水流速 $u = 1.5\text{m} \cdot \text{s}^{-1}$。

则接管内径 $d = \sqrt{\dfrac{4q_{Vi}}{\pi u}} = \sqrt{\dfrac{4 \times 54\ 4019/(3600 \times 997)}{\pi \times 1.5}} = 359\text{mm}$

取 $\phi 377\text{mm} \times 9\text{mm}$ 的钢管。

4.3.2.5 换热器核算

1) 热量核算

(1) 壳程对流给热系数。假设冷凝液膜内的流动为层流,则

$$\alpha_o = 0.725\left(\frac{r\rho^2 g\lambda^3}{n_c^{2/3}\mu d_o \Delta t}\right)^{1/4}$$

设壁温 $t_w = 40.0℃$，在膜温 $(40+65.9)/2 = 53.0℃$ 时，冷凝液的有关物性如下。

密度：在 $t_w = 53.0℃$，查甲醇(A)、水(B)的密度分别为 $\rho_A = 765 kg \cdot m^{-3}$，$\rho_B = 986.5 kg \cdot m^{-3}$，则

$$\rho = \frac{1}{0.985/765 + 0.015/986.5} = 767.6(kg \cdot m^{-3})$$

黏度：在 $t_w = 53.0℃$，查甲醇、水的黏度分别为 $\mu_A = 0.55 mPa \cdot s$，$\mu_B = 0.39 mPa \cdot s$，则

$$\lg\mu = 0.974\lg0.55 + 0.026\lg0.39 \qquad \mu = 0.545(mPa \cdot s)$$

热导率：在 $t_w = 53.0℃$，查甲醇、水的热导率分别为 $\lambda_A = 0.207 W \cdot m^{-1} \cdot K^{-1}$，$\lambda_B = 0.650 W \cdot m^{-1} \cdot K^{-1}$，则

$$\lambda = 0.974 \times 0.207 + 0.026 \times 0.650 = 0.218(W \cdot m^{-1} \cdot K^{-1})$$

$$\alpha_o = 0.725\left(\frac{r\rho^2 g\lambda^3}{n_c^{2/3}\mu d_o \Delta t}\right)^{1/4} = 0.725\left(\frac{1197 \times 10^3 \times 767.6^2 \times 9.81 \times 0.218^3}{33^{2/3} \times 0.545 \times 10^{-3} \times 0.025 \times (65.9-40)}\right)^{1/4}$$

$$= 1528.2(W \cdot m^{-2} \cdot K^{-1})$$

（2）管程对流给热系数。

$$\alpha_i = 0.023\frac{\lambda_i}{d_i}Re^{0.8}Pr^{0.4}$$

管程流通截面面积 $A_i = \frac{\pi}{4}d_i^2\frac{N}{2} = 0.785 \times 0.02^2 \times \frac{744}{2} = 0.117(m^2)$，故

$$u_i = \frac{544\,019/(3600 \times 997)}{0.117} = 1.295(m \cdot s^{-1})$$

$$Re = \frac{d_i u_i \rho_i}{\mu_i} = \frac{0.02 \times 1.295 \times 997}{9.52 \times 10^{-4}} = 27\,124$$

$$Pr = \frac{c_{pi}\mu_i}{\lambda_i} = \frac{4.18 \times 10^3 \times 9.52 \times 10^{-4}}{0.608} = 6.545$$

$$\alpha_i = 0.023\frac{\lambda_i}{d_i}Re^{0.8}Pr^{0.4} = 0.023 \times \frac{0.608}{0.02} \times 27\,124^{0.8} \times 6.545^{0.4} = 5219.7(W \cdot m^{-2} \cdot K^{-1})$$

（3）壁温核算。蒸气在壳程冷凝，所以壳程污垢热阻很小，可忽略。

管程污垢热阻：$\qquad R_{si} = 1.72 \times 10^{-4}\ m^2 \cdot K \cdot W^{-1}$

根据 $\dfrac{T_m - t_w}{\dfrac{1}{\alpha_o} + R_{so}} = \dfrac{t_w - t_m}{\dfrac{1}{\alpha_i} + R_{si}}$，$\dfrac{65.9 - t_w}{\dfrac{1}{1528.2}} = \dfrac{t_w - 25}{\dfrac{1}{5219.7} + 1.72 \times 10^{-4}}$，得 $t_w = 39.6℃$。

这与假设温度基本一致，可以接受，$t_w = 40.0℃$。换热器壳体壁温与换热管温差为 $\Delta t = 65.9 - 40 = 25.9℃$。

核算冷凝液流型：计算单位润湿周边上冷凝液膜流动的雷诺数：

$$Re_M = \frac{4q_{mo}}{L\mu} = \frac{4q_{mo}}{\pi d_o N\mu} = \frac{4 \times 19\,000}{3.14 \times 0.025 \times 744 \times 0.545 \times 10^{-3} \times 3600} = 663 < 2000$$

所以假设冷凝液膜内的流动为层流是正确的。

（4）传热系数 K。

$$K = \cfrac{1}{\cfrac{d_o}{\alpha_i d_i} + R_{si}\cfrac{d_o}{d_i} + \cfrac{d_o}{2\lambda}\ln\cfrac{d_o}{d_i} + \cfrac{1}{\alpha_o}} = \cfrac{1}{\cfrac{0.025}{5219.7 \times 0.020} + 1.72 \times 10^{-4}\cfrac{0.025}{0.020} + \cfrac{0.025}{2 \times 45}\ln\cfrac{0.025}{0.020} + \cfrac{1}{1528.2}}$$

$$= 854.1(\text{W} \cdot \text{m}^{-2} \cdot \text{K}^{-1})$$

（5）传热面积 A。

$$A = \frac{Q}{K\Delta t_m} = \frac{6.3175 \times 10^6}{854.1 \times 40.7} = 181.7(\text{m}^2)$$

实际传热面积：$A_p = \pi d_o L(N - n_c) = 3.14 \times 0.025 \times (4.5 - 0.1) \times (744 - 33) = 245.6(\text{m}^2)$

该换热器的面积裕度：$H = \dfrac{A_p - A}{A} \times 100\% = \dfrac{245.6 - 181.7}{181.7} \times 100\% = 35.2\%$

传热面积裕度合适，能够完成生产任务。

2）换热器内流体的流动阻力

A. 管程流动阻力

$$\sum \Delta p_i = (\Delta p_1 + \Delta p_2)F_t N_s N_p$$

正三角形排列 F_t 取 1.5，壳程数 $N_s = 1$，管程数 $N_p = 2$，$\Delta p_1 = \lambda \dfrac{l}{d}\dfrac{\rho u^2}{2}$，$\Delta p_2 = 3 \times \dfrac{1}{2}\rho u^2$。

根据 $Re = 27\ 124$，换热管相对粗糙度 $0.1/20 = 0.005$，查莫狄图得 $\lambda = 0.034$。

管内实际流速：$u_i = \dfrac{4q_{mi}}{\pi d_i^2 \dfrac{N}{2}\rho} = \dfrac{4 \times 544\ 019}{3.14 \times 0.02^2 \times 372 \times 997 \times 3600} = 1.3(\text{m} \cdot \text{s}^{-1})$

$$\Delta p_1 = \lambda \frac{l}{d}\frac{\rho u^2}{2} = 0.034 \times \frac{4.5}{0.02} \times \frac{997 \times 1.3^2}{2} = 6444.8(\text{Pa})$$

$$\Delta p_2 = 3 \times \frac{1}{2}\rho u^2 = 3 \times \frac{1}{2} \times 997 \times 1.3^2 = 2527.4(\text{Pa})$$

$$\sum \Delta p_i = (\Delta p_1 + \Delta p_2)F_t N_s N_p = (6444.8 + 2527.4) \times 1.5 \times 1 \times 2 = 26.92(\text{kPa}) < 35\text{kPa}$$

管程流动阻力在允许范围之内。

B. 壳程阻力

蒸气冷凝的壳程阻力很小，压降可以忽略。

甲醇-水精馏塔塔顶蒸气冷凝器主要结构尺寸及计算结果见表 4-18。

表 4-18　甲醇-水精馏塔塔顶蒸气冷凝器主要结构尺寸及计算结果

参数		管程	壳程
流率/(kg·h⁻¹)		544 019	19 000
温度（进/出）/℃		20.0/30.0	65.9/65.9
压强（绝压）/MPa		0.3	0.105
物性参数	定性温度/℃	25.0	65.9
	密度/(kg·m⁻³)	997	—
	比热容/(kJ·kg⁻¹·K⁻¹)	4.08	—
	黏度/(mPa·s)	0.952	—
	热导率/(W·m⁻¹·K⁻¹)	0.608	—
	普朗特数	6.545	—

续表

参数		管程		壳程
设备结构参数	类型	固定管板式	台数	1
	壳体内径/mm	1200	壳程数	1
	管子规格/mm	$\phi25\times2.5$	管心距/mm	32
	管长/mm	4500	管子排列	正三角形/正方形组合
	管子数目/根	744	折流板数/块	7
	传热面积/m²	245.6	折流板距/mm	600
	管程数	2	材质	碳钢
主要计算结果		管程		壳程
流速/(m·s⁻¹)		1.3		—
给热系数 α/(W·m⁻²·K⁻¹)		5219.7		1528.2
污垢热阻/(m²·K·W⁻¹)		1.72×10^{-4}		0
阻力损失/kPa		26.83		—
热负荷/kW		6317.5		
传热温差/℃		40.7		
传热系数/(W·m⁻²·K⁻¹)		854.1		
面积裕度/%		35.2		

4.3.3　塔釜再沸器的设计

设计一台立式热虹吸式再沸器,壳程为 0.5MPa(绝压)下的饱和水蒸气;管程为本书 3.7.2 节中甲醇-水精馏塔的塔底液,其组成为:甲醇 1%,水 99%(质量分数)。具体设计条件可见表 4-19。

4.3.3.1　设计任务

壳程蒸气 0.5MPa 下的饱和温度为 152℃;管程压强为 0.12 MPa,此压强下管程液体的温度为 103.6~104.5℃(露点 T_d~泡点 T_b);管程塔底液蒸发量 $V'=599.56$ kmol·h⁻¹,管程塔底液蒸发质量流量 $q_{mb}=599.56\times18.10=10\ 852$(kg·h⁻¹);计算得精馏塔底液组成:甲醇 0.6%,水 99.4%(摩尔分数)。

4.3.3.2　物性数据

壳程冷凝液在定性温度 152℃下的物性数据:

潜热 $r_0=2113.2$ kJ·kg⁻¹,热导率 $\lambda_0=0.6831$ W·m⁻¹·K⁻¹,黏度 $\mu_0=0.184$ mPa·s,密度 $\rho_0=915.4$ kg·m⁻³。

管程流体在 $t_m=(103.6+104.5)/2=104.0$℃下的物性数据:

潜热 $$r_i=\frac{1}{0.01/1105+0.99/2255}=2231.8(\text{kJ}\cdot\text{kg}^{-1})$$

液相热导率 $$\lambda_i=0.6827\text{W}\cdot\text{m}^{-1}\cdot\text{K}^{-1}$$

液相定压比热容 $$c_{pi}=\frac{1}{0.01/2.825+0.99/4.223}=4.2022(\text{kJ}\cdot\text{kg}^{-1}\cdot\text{K}^{-1})$$

液相黏度	$\lg\mu_i = 0.006\lg0.211 + 0.994\lg0.249$, $\mu_i = 0.249\text{mPa} \cdot \text{s}$

液相密度 $\quad\rho_i = \dfrac{1}{0.01/712.5 + 0.99/956.5} = 953.2(\text{kg} \cdot \text{m}^{-3})$

表面张力 $\quad\sigma_i = 0.006 \times 15.03 + 0.994 \times 58.50 = 58.24(\text{mN} \cdot \text{m}^{-1})$

气相黏度 $\quad\mu_V = 0.0125\text{mPa} \cdot \text{s}$

气相密度 $\quad\rho_V = \dfrac{pM}{RT} = \dfrac{0.12 \times 10^3 \times 18.1}{8.314 \times (273.15 + 102.5)} = 0.695(\text{kg} \cdot \text{m}^{-3})$

蒸气压曲线斜率 $\quad(\Delta t/\Delta p)_s = 2.576 \times 10^{-3} \text{ m}^2 \cdot \text{K} \cdot \text{kgf}^{-1}$

以上再沸器设计条件及相关物性数据列于表 4-19 中。

表 4-19 再沸器设计条件及相关物性数据

操作条件	壳程	管程	
温度/℃	152	103.6～104.5	
压强(绝)/MPa	0.5	0.12	
冷凝/蒸发量/(kg · h^{-1})		10 852	
壳程凝液物性(152℃)		管程流体物性(104℃)	
		液相	气相
潜热/(kJ · kg^{-1})	2113.2	2231.8	—
热导率/(W · m^{-1} · K^{-1})	0.6831	0.6827	—
黏度/(Pa · s)	1.84×10^{-4}	2.49×10^{-4}	1.25×10^{-5}
密度/(kg · m^{-3})	915.4	953.2	0.695
比热容/(kJ · kg^{-1} · K^{-1})	4.318	4.2022	
表面张力/(N · m^{-1})	4.824×10^{-2}	5.824×10^{-2}	
蒸气压曲线斜率/(K · m^2 · kgf^{-1})	—	2.576×10^{-3}	

4.3.3.3 工艺结构尺寸估算

(1) 热流量 $Q = q_{mb}r_i = 10\ 852 \times 2231.8 \times 10^3/3600 = 6.7276 \times 10^6 \text{W}$。

(2) 传热温差 $\Delta t_m = T - t_b = 152 - 104 = 48℃$。

(3) 假设传热系数 K：依据壳程及管程中介质的种类，查附录 4，选取 $K = 1100 \text{ W} \cdot \text{m}^{-2} \cdot \text{K}^{-1}$。

(4) 计算传热面积 $A = \dfrac{Q}{K \cdot \Delta t_m} = \dfrac{6.7276 \times 10^6}{1100 \times 48} = 127.4(\text{m}^2)$。

(5) 换热管：拟用换热管规格为 $\phi25\text{mm} \times 2.5\text{mm}$ 碳钢管，管长 $L = 3000\text{mm}$，按正三角形排列，换热管数 $N = \dfrac{A}{\pi d_o L} = \dfrac{127.4}{\pi \times 0.025 \times 3} = 541(\text{根})$。

(6) 壳体直径：换热管按正三角形排列，则壳径 $D = t(b-1) + 3d_o$。

管心距 $t = 1.25d_o = 1.25 \times 25 = 31.25 \approx 32(\text{mm})$，对角线上管子数目 $b = 1.1\sqrt{541} = 25$，所以 $D = 32 \times (25-1) + 3 \times 25 = 843(\text{mm})$，按标准圆整到 900mm。取管程进口管直径 $D_i = 150\text{mm}$，出口管直径 $D_0 = 350\text{mm}$。取壳程进口管径 150mm，出口管径为 100mm。

4.3.3.4　传热系数校核

1) 显热段传热系数 K_{CL}

(1) 循环流量。设换热管出口气化率 $x_e=0.08$，则管程塔底液循环总流量 q_{mt} 为

$$q_{mt}=\frac{q_{mb}}{x_e}=\frac{10852}{3600\times0.08}=37.68(\text{kg}\cdot\text{s}^{-1})=135\,650\text{kg}\cdot\text{h}^{-1}$$

(2) 显热段换热管内表面给热系数 α_i。

换热管内质量流速为

$$G_i=\frac{q_{mt}}{\dfrac{\pi}{4}d_i^2N_t}=\frac{37.68}{\dfrac{\pi}{4}\times0.02^2\times541}=221.8(\text{kg}\cdot\text{m}^{-2}\cdot\text{s}^{-1})$$

流速

$$u_i=\frac{G_i}{\rho_i}=\frac{221.8}{953.2}=0.233(\text{m}\cdot\text{s}^{-1})$$

雷诺数

$$Re_i=\frac{d_iG_i}{\mu_i}=\frac{0.02\times221.8}{0.249\times10^{-3}}=17\,815>10^4$$

普朗特数

$$Pr_i=\frac{c_{pi}\mu_i}{\lambda_i}=\frac{4.2022\times10^3\times0.249\times10^{-3}}{0.6827}=1.533$$

显热段换热管内表面给热系数 α_i 为

$$\alpha_i=0.023\frac{\lambda_i}{d_i}Re_i^{0.8}Pr_i^{0.4}=0.023\times\frac{0.6827}{0.020}\times17\,815^{0.8}\times1.533^{0.4}=2343.0(\text{W}\cdot\text{m}^{-2}\cdot\text{K}^{-1})$$

(3) 壳程换热管外表面冷凝膜给热系数 α_o。

蒸气冷凝的质量流量为

$$q_{mo}=\frac{Q}{r_0}=\frac{6.7276\times10^6}{2113.2\times10^3}=3.1836(\text{kg}\cdot\text{s}^{-1})=11\,461.0\text{kg}\cdot\text{h}^{-1}$$

换热管外单位润湿周边上凝液的质量流量 M_0 为

$$M_0=\frac{q_{mo}}{\pi d_o N}=\frac{3.1836}{\pi\times0.025\times541}=0.075\text{kg}\cdot\text{m}^{-1}\cdot\text{s}^{-1}$$

雷诺数

$$Re_o=\frac{4M_0}{\mu_0}=\frac{4\times0.075}{0.184\times10^{-3}}=1630<2000$$

$$\alpha_o=1.88Re_o^{-1/3}\left(\frac{\rho_0^2g\lambda_0^3}{\mu_0^2}\right)^{1/3}=1.88\times1630^{-1/3}\left(\frac{915.4^2\times9.81\times0.6831^3}{(0.184\times10^{-3})^2}\right)^{1/3}=6807.6(\text{W}\cdot\text{m}^{-2}\cdot\text{K}^{-1})$$

(4) 污垢热阻及管壁热阻。

管程污垢热阻为 $R_{si}=1.72\times10^{-4}\text{m}^2\cdot\text{K}\cdot\text{W}^{-1}$；壳程污垢热阻为 $R_{so}=0.86\times10^{-4}\text{m}^2\cdot\text{K}\cdot\text{W}^{-1}$；碳钢管热导率为 $\lambda=45\text{W}\cdot\text{m}^{-1}\cdot\text{K}^{-1}$。

(5) 显热段传热系数 K_{CL}。

$$K_{CL}=\frac{1}{\dfrac{d_o}{\alpha_i d_i}+R_{si}\dfrac{d_o}{d_i}+\dfrac{d_o}{2\lambda}\ln\dfrac{d_o}{d_i}+\dfrac{1}{\alpha_o}+R_{so}}$$

$$=\frac{1}{\dfrac{0.025}{2343.0\times0.020}+1.72\times10^{-4}\dfrac{0.025}{0.020}+\dfrac{0.025}{2\times45}\ln\dfrac{0.025}{0.020}+\dfrac{1}{6807.6}+0.86\times10^{-4}}$$

$$=958.4(\text{W}\cdot\text{m}^{-2}\cdot\text{K}^{-1})$$

2) 蒸发段传热系数 K_{CE}

A. 管内沸腾-对流给热膜系数 $\alpha_V = a\alpha_b + b\alpha_{tp}$

(1) 泡核沸腾平均修正系数 $a = (a_E + a')/2$。

换热管内塔底液的质量流速 $G_h = 3600 \times 221.8 = 7.98 \times 10^5 (\mathrm{kg \cdot m^{-2} \cdot h^{-1}})$

当 $x = x_e = 0.08$ 时：

$$1/X_{tt1} = [x/(1-x)]^{0.9} (\rho_V/\rho_b)^{-0.5} (\mu_b/\mu_V)^{-0.1}$$
$$= [0.08/(1-0.08)]^{0.9} (0.695/953.2)^{-0.5} (0.249/0.0125)^{-0.1} = 3.049$$

查图 4-11 得 $a_E = 0.05$。

当 $x = 0.4x_e = 0.4 \times 0.08 = 0.032$ 时

$$1/X_{tt2} = [x/(1-x)]^{0.9} (\rho_V/\rho_b)^{-0.5} (\mu_b/\mu_V)^{-0.1}$$
$$= [0.032/(1-0.032)]^{0.9} (0.695/953.2)^{-0.5} (0.249/0.0125)^{-0.1} = 1.276$$

查图 4-11 得 $a' = 0.1$，则泡核沸腾修正因数为 $a = (a_E + a')/2 = (0.05 + 0.1)/2 = 0.075$。

(2) 泡核沸腾表面膜给热系数 α_b。

$$\alpha_b = 0.225 \frac{\lambda_i}{d_i} Pr^{0.69} \left(\frac{Qd_i}{A_p r_i \mu_i}\right)^{0.69} \left(\frac{\rho_i}{\rho_V} - 1\right)^{0.33} \left(\frac{pd_i}{\sigma_i}\right)^{0.31}$$
$$= 0.225 \times \frac{0.6827}{0.02} \times 1.533^{0.69} \left(\frac{6.7276 \times 10^6 \times 0.02}{127.4 \times 2231.8 \times 10^3 \times 0.249 \times 10^{-3}}\right)^{0.69}$$
$$\times \left(\frac{953.2}{0.695} - 1\right)^{0.33} \left(\frac{1.2 \times 10^5 \times 0.02}{5.824 \times 10^{-2}}\right)^{0.31}$$
$$= 4854.8 (\mathrm{W \cdot m^{-2} \cdot K^{-1}})$$

(3) 质量分数 $x = 0.4x_e$ 处的表面对流给热系数 α_{tp}。

$$\alpha_i = 0.023 \frac{\lambda_i}{d_i} [Re_i(1-x)]^{0.8} Pr_i^{0.4}$$
$$= 0.023 \times \frac{0.6827}{0.020} \times [17\,815(1-0.032)]^{0.8} \times 1.533^{0.4} = 2282.8 (\mathrm{W \cdot m^{-2} \cdot K^{-1}})$$

对流沸腾因子 $F_{tp} = 3.5 (1/X_{tt2})^{0.5} = 3.5 \times (1.276)^{0.5} = 3.95$

两相对流表面给热系数 $\alpha_{tp} = F_{tp} \cdot \alpha_i = 3.95 \times 2282.8 = 9017.1 (\mathrm{W \cdot m^{-2} \cdot K^{-1}})$

(4) 管内沸腾膜给热系数。

$$\alpha_V = a\alpha_b + b\alpha_{tp} = 0.075 \times 4854.8 + 1 \times 9017.1 = 9381.2 (\mathrm{W \cdot m^{-2} \cdot K^{-1}})$$

B. 蒸发段传热系数 K_{CE}

$$K_{CE} = \cfrac{1}{\cfrac{d_o}{\alpha_V d_i} + R_{si} \cfrac{d_o}{d_i} + \cfrac{d_o}{2\lambda} \ln \cfrac{d_o}{d_i} + \cfrac{1}{\alpha_o} + R_{so}}$$

$$= \cfrac{1}{\cfrac{0.025}{9381.2 \times 0.020} + 1.72 \times 10^{-4} \cfrac{0.025}{0.020} + \cfrac{0.025}{2 \times 45} \ln \cfrac{0.025}{0.020} + \cfrac{1}{6807.6} + 0.86 \times 10^{-4}}$$

$$= 1554.9 (\mathrm{W \cdot m^{-2} \cdot K^{-1}})$$

3) 显热段 L_{BC} 和蒸发段 L_{CD} 长度

$$\frac{L_{BC}}{L}=\frac{(\Delta t/\Delta p)_s}{\left(\dfrac{\Delta t}{\Delta p}\right)_s+\dfrac{\pi d_i N K_{CL}\Delta t_m}{c_{pi}\rho_i q_{mt}}}=\frac{2.576\times10^{-3}}{2.576\times10^{-3}+\dfrac{\pi\times0.02\times541\times958.4\times48.0}{4202.2\times953.2\times37.68}}=0.199$$

$$L_{BC}=3\times0.199=0.60\text{m},\ L_{CD}=3-0.60=2.40\text{m}$$

4) 平均传热系数 K_C

$$K_C=\frac{K_{CL}L_{BC}+K_{CE}L_{CD}}{L}=\frac{958.4\times0.60+1554.9\times2.40}{3}=1435.6(\text{W}\cdot\text{m}^{-2}\cdot\text{K}^{-1})$$

需要传热面积
$$A_C=\frac{Q}{K_C\Delta t_m}=\frac{6.7276\times10^6}{1435.6\times48}=97.6(\text{m}^2)$$

5) 面积裕度 H

面积裕度
$$H=\frac{A-A_C}{A_C}=\frac{127.4-97.6}{97.6}\times100\%=30.5\%$$

所以该再沸器的传热面积合适。

4.3.3.5 循环流量校核

1) 循环推动力 Δp_D

$$\Delta p_D=[L_{CD}(\rho_b-\overline{\rho_{tp}})-l\rho_{tp}]g$$

当 $x=x_e/3=0.08/3=0.027$ 时,有

$$X_{tt1}=[(1-x)/x]^{0.9}(\rho_V/\rho_b)^{0.5}(\mu_b/\mu_V)^{0.1}$$
$$=[(1-0.027)/0.027]^{0.9}(0.695/953.2)^{0.5}(0.249/0.0125)^{0.1}=0.917$$

两相流的液相分率

$$R_{L1}=\frac{X_{tt1}}{(X_{tt1}^2+21X_{tt1}+1)^{0.5}}=\frac{0.917}{(0.917^2+21\times0.917+1)^{0.5}}=0.200$$

当 $x=x_e/3=0.08/3=0.027$ 时,两相流平均密度 $\overline{\rho_{tp}}=\rho_V(1-R_{L1})+\rho_bR_{L1}=0.695(1-0.200)+953.2\times0.200=191.2\text{kg}\cdot\text{m}^{-3}$。

当 $x=x_e=0.08$ 时,

$$X_{tt2}=[(1-x)/x]^{0.9}(\rho_V/\rho_b)^{0.5}(\mu_b/\mu_V)^{0.1}$$
$$=[(1-0.08)/0.08]^{0.9}(0.695/953.2)^{0.5}(0.249/0.0125)^{0.1}=0.328$$

两相流的液相分率

$$R_{L2}=\frac{X_{tt2}}{(X_{tt2}^2+21X_{tt2}+1)^{0.5}}=\frac{0.328}{(0.328^2+21\times0.328+1)^{0.5}}=0.116$$

当 $x=x_e=0.08$ 时,管程出口两相流密度为

$$\rho_{tp}=\rho_V(1-R_{L2})+\rho_bR_{L1}=0.695(1-0.116)+953.2\times0.116=111.2(\text{kg}\cdot\text{m}^{-3})$$

循环推动力 $\Delta p_D=[L_{CD}(\rho_b-\overline{\rho_{tp}})-l\rho_{tp}]g$

根据标准及焊接需要 l 取 1.05m,所以

$$\Delta p_D=[L_{CD}(\rho_b-\overline{\rho_{tp}})-l\rho_{tp}]g=[2.40\times(953.2-191.2)-1.05\times111.2]\times9.81=16\ 795.1(\text{Pa})$$

2) 循环阻力 Δp_f

$$\Delta p_f = \Delta p_1 + \Delta p_2 + \Delta p_3 + \Delta p_4 + \Delta p_5$$

A. 管程进口管阻力 Δp_1

塔底液在管程进口管内的质量流速 $G_1 = \dfrac{q_{mt}}{\frac{\pi}{4}D_i^2} = \dfrac{37.68}{\frac{\pi}{4} \times 0.15^2} = 2133.3(\text{kg} \cdot \text{m}^{-2} \cdot \text{s}^{-1})$

塔底液在进口管的流动雷诺数 $Re_i = \dfrac{D_i G_1}{\mu_b} = \dfrac{0.15 \times 2133.3}{0.249 \times 10^{-3}} = 1\,285\,120$

进口管长度与局部阻力当量长度之和 L_i 为

$$L_i = \frac{(D_i/0.0254)^2}{0.3426(D_i/0.0254 - 0.1914)} = \frac{(0.15/0.0254)^2}{0.3426(0.15/0.0254 - 0.1914)} = 17.8(\text{m})$$

进口管内流体流动的摩擦系数 $\lambda_i = 0.012\,27 + \dfrac{0.7543}{Re_i^{0.38}} = 0.012\,27 + \dfrac{0.7543}{1\,285\,120^{0.38}} = 0.0159$

所以管程进口阻力为 $\Delta p_1 = \lambda_i \dfrac{L_i}{D_i} \dfrac{G_1^2}{2\rho_b} = 0.0159 \times \dfrac{17.8}{0.15} \times \dfrac{2133.3^2}{2 \times 953.2} = 4504.2(\text{Pa})$

B. 换热管显热段阻力 Δp_2

塔底液在换热管内的质量流速 $G = 221.8\,\text{kg} \cdot \text{m}^{-2} \cdot \text{s}^{-1}$

塔底液在换热管内的流动雷诺数 $Re = \dfrac{d_i G}{\mu_b} = \dfrac{0.02 \times 221.8}{0.249 \times 10^{-3}} = 17\,815.2$

换热管内流体流动的摩擦系数 $\lambda = 0.012\,27 + \dfrac{0.7543}{Re^{0.38}} = 0.012\,27 + \dfrac{0.7543}{17\,815.2^{0.38}} = 0.0306$

所以换热管显热段阻力 $\Delta p_2 = \lambda \dfrac{L_{BC}}{d_i} \dfrac{G^2}{2\rho_b} = 0.0306 \times \dfrac{0.60}{0.02} \times \dfrac{221.8^2}{2 \times 953.2} = 23.7(\text{Pa})$

C. 换热管蒸发段阻力 Δp_3

换热管内质量流速 $G = 221.8\,\text{kg} \cdot \text{m}^{-2} \cdot \text{s}^{-1}$，则气相在换热管蒸发段的质量流速为

$$G_V = xG = (2x_e/3)G = (2 \times 0.08/3) \times 221.8 = 11.83(\text{kg} \cdot \text{m}^{-2} \cdot \text{s}^{-1})$$

气相在换热管蒸发段的雷诺数 $Re_V = \dfrac{d_i G_V}{\mu_b} = \dfrac{0.02 \times 11.83}{0.0125 \times 10^{-3}} = 18\,928$

气相在换热管蒸发段流动的摩擦系数 $\lambda_V = 0.012\,27 + \dfrac{0.7543}{Re_V^{0.38}} = 0.012\,27 + \dfrac{0.7543}{18\,928^{0.38}} = 0.030$

所以换热管蒸发段内气相流动阻力 $\Delta p_{V3} = \lambda_V \dfrac{L_{CD}}{d_i} \dfrac{G_V^2}{2\rho_V} = 0.030 \times \dfrac{2.40}{0.02} \times \dfrac{11.83^2}{2 \times 0.695} = 362.5(\text{Pa})$

液相在换热管蒸发段的质量流速为 $G_L = G - G_V = 221.8 - 11.83 = 209.97(\text{kg} \cdot \text{m}^{-2} \cdot \text{s}^{-1})$

液相在换热管蒸发段的雷诺数 $Re_L = \dfrac{d_i G_L}{\mu_b} = \dfrac{0.02 \times 209.97}{0.249 \times 10^{-3}} = 16\,865$

液相在换热管蒸发段流动的摩擦系数 $\lambda_L = 0.01\,227 + \dfrac{0.7543}{Re_L^{0.38}} = 0.01\,227 + \dfrac{0.7543}{16\,865^{0.38}} = 0.0309$

所以液相在换热管蒸发段流动阻力 $\Delta p_{L3} = \lambda \dfrac{L_{CD}}{d_i} \dfrac{G_L^2}{2\rho_L} = 0.0309 \times \dfrac{2.40}{0.02} \times \dfrac{209.97^2}{2 \times 953.2} = 85.2(\text{Pa})$

则换热管蒸发段阻力 $\Delta p_3 = (\Delta p_{V3}^{0.25} + \Delta p_{L3}^{0.25})^4 = (362.5^{0.25} + 85.2^{0.25})^4 = 3001.2(\text{Pa})$

D. 管程因动量变化引起的阻力 Δp_4

塔底液在换热管内质量流速为 $G=221.8\ \mathrm{kg \cdot m^{-2} \cdot s^{-1}}$

蒸发管内因动量变化引起的阻力系数 ξ 为

$$\xi=\frac{(1-x_\mathrm{e})^2}{R_{\mathrm{L}2}}+\frac{\rho_\mathrm{b}}{\rho_\mathrm{V}}\left(\frac{x_\mathrm{e}^2}{1-R_{\mathrm{L}2}}\right)-1=\frac{(1-0.08)^2}{0.116}+\frac{953.2}{0.695}\left(\frac{0.08^2}{1-0.116}\right)-1=16.226$$

则因动量变化引起的阻力 $\Delta p_4=\dfrac{G^2\xi}{\rho_\mathrm{b}}=\dfrac{221.8^2\times16.226}{953.2}=837.4(\mathrm{Pa})$

E. 管程出口阻力 Δp_5

$$\Delta p_5=(\Delta p_{\mathrm{V}5}^{0.25}+\Delta p_{\mathrm{L}5}^{0.25})^4$$

管中气、液相总质量流速 $G_0=\dfrac{q_{\mathrm{mt}}}{\frac{\pi}{4}D_0^2}=\dfrac{37.68}{\frac{\pi}{4}\times0.35^2}=391.7(\mathrm{kg \cdot m^{-2} \cdot s^{-1}})$

管中气相质量流速 $G_\mathrm{V}=x_\mathrm{e}G_0=0.08\times391.7=31.34(\mathrm{kg \cdot m^{-2} \cdot s^{-1}})$

管长度与局部阻力的当量长度之和 l' 为

$$l'=\frac{(D_0/0.0254)^2}{0.3426(D_0/0.0254-0.1914)}=\frac{(0.35/0.0254)^2}{0.3426(0.35/0.0254-0.1914)}=40.8(\mathrm{m})$$

管中气相流动雷诺数 $Re_\mathrm{V}=\dfrac{D_0G_\mathrm{V}}{\mu_0}=0.35\times31.34/(0.0125\times10^{-3})=877\,520$

管中气相流动的摩擦系数 $\lambda_\mathrm{V}=0.012\,27+\dfrac{0.7543}{Re_\mathrm{V}^{0.38}}=0.012\,27+\dfrac{0.7543}{877\,520^{0.38}}=0.0164$

管中气相流动阻力 $\Delta p_{\mathrm{V}5}=\lambda_\mathrm{V}\dfrac{l'}{D_0}\dfrac{G_\mathrm{L}^2}{2\rho_\mathrm{L}}=0.0164\times\dfrac{40.8}{0.35}\times\dfrac{31.34^2}{2\times0.695}=1350.9(\mathrm{Pa})$

管中液相质量流速 $G_\mathrm{L}=G_0-G_\mathrm{V}=391.7-31.34=360.36(\mathrm{kg \cdot m^{-2} \cdot s^{-1}})$

管中液相流动雷诺数 $Re_\mathrm{L}=\dfrac{D_0G_\mathrm{L}}{\mu_\mathrm{b}}=0.35\times360.36/(0.249\times10^{-3})=506\,530$

管中液相流动的摩擦系数 $\lambda_\mathrm{L}=0.012\,27+\dfrac{0.7543}{Re_\mathrm{L}^{0.38}}=0.012\,27+\dfrac{0.7543}{506\,530^{0.38}}=0.0174$

管中液相流动阻力 $\Delta p_{\mathrm{L}5}=\lambda_\mathrm{L}\dfrac{l'}{D_0}\dfrac{G_\mathrm{L}^2}{2\rho_\mathrm{L}}=0.0174\times\dfrac{40.8}{0.35}\times\dfrac{360.36^2}{2\times953.2}=138.2(\mathrm{Pa})$

所以管程出口管中两相流动阻力 $\Delta p_5=(\Delta p_{\mathrm{V}5}^{0.25}+\Delta p_{\mathrm{L}5}^{0.25})^4=(1350.9^{0.25}+138.2^{0.25})^4=8114.4(\mathrm{Pa})$

则循环阻力 Δp_f:

$\Delta p_\mathrm{f}=\Delta p_1+\Delta p_2+\Delta p_3+\Delta p_4+\Delta p_5=4504.2+23.7+3001.2+837.4+8114.4=16\,480.9(\mathrm{Pa})$

循环推动力与循环阻力的比值为

$\dfrac{\Delta p_\mathrm{D}}{\Delta p_\mathrm{f}}=\dfrac{16\,795.1}{16\,480.9}=1.019$，在 $1.001\sim1.05$

循环推动力略大于循环阻力，说明所设出口转化率 $x_\mathrm{e}=0.08$ 基本正确。所设计的再沸器能够满足传热过程对循环流量的要求。再沸器设计结果汇总见表 4-20。

表 4-20　甲醇-水精馏塔再沸器主要结构尺寸及计算结果

设备名称		再沸器	
		壳程	管程
物料名称	进口	水蒸气	甲醇-水混合溶液
	出口	水蒸气冷凝液	甲醇-水混合溶液和蒸气
质量流量 /(kg·h^{-1})	进口	11 461	135 650
	出口	11 461	135 650
操作温度 /℃	进口	152	103.6
	出口	152	104.5
甲醇摩尔分数		0	0.006
热流量 Q/kW		6.7276×10^3	
操作压强(绝)/MPa		0.5	0.12
定性温度 t_m/℃		152	104
液体物性参数	比热容 c_p/(kJ·kg^{-1}·K^{-1})	4.318	4.2022
	热导率 λ/(W·m^{-1}·K^{-1})	0.683 1	0.6827
	密度 ρ/(kg·m^{-3})	915.4	953.2
	黏度 μ/(Pa·s)	0.184×10^{-3}	0.249×10^{-3}
	表面张力 σ/(N·m^{-1})	4.824×10^{-2}	5.824×10^{-2}
	气化潜热 r/(kJ·kg^{-1})		2231.8
气体物性参数	比热容 c_p/(kJ·kg^{-1}·K^{-1})	1.90	1.85
	热导率 λ/(W·m^{-1}·K^{-1})	2.7×10^{-2}	2.3×10^{-2}
	密度 ρ/(kg·m^{-3})	2.67	0.695
	黏度 μ/(Pa·s)	1.4×10^{-5}	1.25×10^{-5}
	冷凝热 r/(kJ·kg^{-1})	2113.2	
流速/(m·s^{-1})			0.233(显热段)
污垢热阻 R_s/(m^2·K·W^{-1})		0.86×10^{-4}	1.72×10^{-4}
阻力 Δp_f/MPa			1.648×10^{-2}
传热温度差 Δt_m/℃		48.0	
计算传热系数 K_C/(W·m^{-2}·K^{-1})		1435.6	
设备主要尺寸	传热面积/m^2	127.4	
	管子规格/mm	ϕ25×2.5	
	排列方式	△	
	管中心距 t/mm	32	
	管长/mm	3000	
	管数 N/根	541	
	程数	1	1
	壳体内径/mm	900	
	接管尺寸/mm　进口	150	150
	接管尺寸/mm　出口	100	350
材料			
面积裕度/%		30.5	

影响换热器操作条件及结构尺寸的因素很多,本节中的设计计算结果只是众多可选方案之一,应综合换热器的换热要求以及经济性等指标,比较多个方案,然后做出选择。

4.4 流体输送机械的选择

在精馏操作中,进料、回流、塔顶及塔底液的输送既可以通过高位槽也可以使用输送机械来实现。流体输送机械的种类非常多,有离心泵、往复泵、轴流泵、旋涡泵、隔膜泵、计量泵、齿轮泵、螺杆泵、真空泵、分子泵等。

4.4.1 泵的类型

泵的分类按照泵作用于液体的原理分为叶片式和容积式两大类。叶片式泵是由泵内的叶片在旋转时产生的离心力作用将液体吸入或排出。容积式泵是由泵的活塞或转子在往复或旋转运动产生挤压作用将液体吸入或压出。叶片式泵因泵内叶片结构不同分为离心泵、轴流泵、旋涡泵等。容积式泵又可分为活塞(柱塞)泵、转子泵等。

1) 离心泵

离心泵是化工过程中用途最广的叶片式泵。按不同的分类方式,离心泵可分为以下类型:

(1) 按工作叶轮数目分类。单级泵:在泵轴上只有一个叶轮;多级泵:在泵轴上有两个或两个以上的叶轮,这时泵的总压头为 n 个叶轮产生的压头之和。

(2) 按工作压强分类。低压泵:泵出口压强低于 100m 水柱;中压泵:出口压强在 $100\sim$ 650m 水柱;高压泵:出口压强高于 650m 水柱。

(3) 按叶轮进水方式分类。单侧进水式泵:又称为单吸泵,即叶轮上只有一个进水口;双侧进水式泵:又称为双吸泵,即叶轮两侧都有一个进水口。它的流量比单吸式泵大一倍,可以近似看成是两个单吸泵叶轮背靠背地放在了一起。

(4) 按泵壳结合缝形式分类。水平中开式泵:在通过轴心线的水平面上开有结合缝;垂直结合面泵:结合面与轴心线相垂直。

(5) 按泵轴位置分类。卧式泵:泵轴位于水平位置;立式泵:泵轴位于垂直位置。

(6) 按叶轮出水引向压出室的方式分类。蜗壳泵:水从叶轮出来后,直接进入具有螺旋线形状的泵壳;导叶泵:水从叶轮出来后,进入其外面设置的导叶,之后进入下一级或流入出口管。

(7) 按用途分类。油泵、水泵、凝结水泵、排灰泵、循环水泵等。

2) 容积式泵

当输送黏度较大、流量较小而压头相对较高的流体时,宜选用往复泵;液体中溶解或夹带的气体允许稍大于 5%(体积分数),液体需要准确计量时,可选用柱塞式计量泵;液体要求严格不漏时,可选用隔膜计量泵;润滑性能差的液体不应选用齿轮泵和三螺杆泵,可选用往复泵;流量较小、温度较低、压强要求稳定的,宜选用转子泵或双螺杆泵。

各类化工用泵的特点及适用范围如表 4-21 及图 4-12 所示。

表 4-21　各类化工用泵的特点及适用范围

泵的类型		非正位移泵			正位移泵	
		离心泵	轴流泵	旋涡泵	往复泵	旋转泵
流量	均匀性	均匀	均匀	均匀	不均匀	尚可
	恒定性	随管路特性而变			恒定	恒定
	范围	广、易达大流量	大流量	小流量	较小流量	小流量
压头大小		不易达到高压头	压头低	压头较高	高压头	较高压头
效率		稍低、越偏离额定值越小	稍低、高效区窄	低	高	较高
操作	流量调节	小幅度调节用出口阀,大泵大幅度调节,可调节转速	小幅度调节用旁路阀,有些泵可以调节叶片角度	用旁路阀调节	小幅度调节用旁路阀,大幅度调节可调节转速、行程等	用旁路阀调节
	自吸作用	一般没有	没有	部分型号有自吸能力	有	有
	启动	出口阀关闭	出口阀全开	出口阀全开	出口阀全开	出口阀全开
	维修	简便	简便	简便	麻烦	较简单
结构与造价		结构简单、造价低廉		结构紧凑,简单,加工要求稍高	结构复杂,振动大,体积庞大,造价高	结构紧凑,加工要求较高
适用范围		流量和压头使用范围广,尤其适用于较低压头、大流量。除高黏度物料不太合适外,可输送各种物料	特别适宜于大流量、低压头	高压头小流量的清洁液体	适宜于流量不大的高压头输送任务;输送悬浮液要采用特殊结构的隔膜泵	适宜于小流量较高压头的输送,对高黏度液体较适合

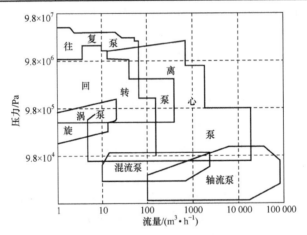

图 4-12　各种泵的适用范围

4.4.2　泵的选用原则

泵的选用应遵循以下原则:

(1) 根据被输送液体的性质(密度、黏度、腐蚀性、毒性等)和操作条件(温度、压强)确定泵的类型。

(2) 根据具体管路对泵提出的流量和压头要求确定泵的型号,流量、压头必须满足工作中所需要的最大负荷。

(3) 从节能观点选泵,一方面要尽可能选用效率高的泵,另一方面必须使泵的运行工作点长期位于高效区之内。

(4) 所选择的泵应具有结构简单、易于操作与维修、体积小、质量轻、设备投资少等特点。

工作介质对泵的类型有较大的影响,按工作介质选用泵可依据以下原则选用:

(1) 不允许泄漏液体的输送。在化工、医药、石油化工等行业中输送易燃、易爆、易挥发、有毒、有腐蚀性以及贵重流体时,要求泵只能微漏甚至不漏。离心泵按有无轴封,可分为有轴封泵和无轴封泵。

(2) 腐蚀性介质的输送。泵输送介质的腐蚀性各不相同,同一介质对不同材料的腐蚀性也不尽相同。因此,根据介质的性质、使用温度,选用合适的金属、非金属材料,关系到泵的耐腐蚀特性和使用寿命。输送腐蚀性介质的泵有金属泵和非金属泵两种类型,而在非金属泵中又有主要部件全为非金属和金属材料加非金属衬里层的。

(3) 黏性介质输送。对于叶片式泵,随着液体黏度的增大,其流量、压头下降,功耗增加。对于容积式泵,随着液体黏度增大,一般泄漏量下降,容积效率增加,泵的流量增加,但泵的总效率下降,泵的功耗增加。

(4) 含气液体的输送。输送含气液体时,泵的流量、压头、效率均有所下降,含气量越大,下降越快。随着含气量的增加,泵容易产生噪声和振动,严重时会加剧腐蚀或出现断流、断轴现象。

(5) 低温液化气的输送。输送低温介质的泵称为低温泵或深冷泵。绝大多数液化气具有腐蚀性和危险性,因此不允许泄漏;一旦泄漏,由于液化气体吸热极易造成密封部位的结冰,因此输送液化气的低温泵对轴封有较高的要求。

(6) 含固体颗粒液体的输送。输送含固体颗粒液体的泵常被称为杂质泵。杂质泵叶轮和泵体损坏的原因有两类:一类是由固体颗粒磨蚀引起的;另一类是由磨蚀性和腐蚀性共同作用引起的。

4.4.3　离心泵的选用

离心泵的流量和压头适用范围广,是化工过程中用途最广的流体输送机械,除高黏度物料不太适合外,离心泵可输送各种物料。

离心泵的选择一般可按下述的方法与步骤进行。

(1) 根据被输送液体的性质和操作条件确定离心泵的类型。离心泵的种类很多,常用的有清水泵、油泵、液下泵、屏蔽泵、杂质泵、耐腐蚀泵、管道泵等。不同的泵其适用范围不同,如清水泵一般用来输送各种工业用水及物理、化学性质类似于水的液体;油泵主要用于输送石油类产品,因这类流体易燃易爆,因此油泵具有较好的密封性能;耐腐蚀泵则主要用于输送酸、碱等腐蚀性液体。

(2) 确定输送系统的流量与压头。液体的输送量一般为生产任务所规定,如果流量在一定范围内波动,选泵时应按最大流量考虑。根据输送系统管路的安排,通过机械能守恒方程计算在最大流量下管路所需的压头。

(3) 选择泵的型号。选择泵型号的方法有两种:①利用"型谱图"选择。在泵样本中,各种类型的离心泵都附有系列特性曲线(即型谱图),如图 4-13 所示。图中每一小块面积表示某型号离心泵的最佳(即效率较高的)工作范围。根据管路要求的流量 q_V 和压头 H_e,可通过此图方便地确定离心泵的具体型号。②利用"泵性能表"选择。根据初步确定的泵的类型,在这种类型的泵性能表中查找与所需要的流量 q_V 和压头 H_e 相一致或接近的一种或几种型号泵。如果在这种类型泵系列中找不到合适的型号,则可换一种系列或暂选一种比较接近要求的型号,通过改变叶轮直径或改变转速等措施,使其满足使用要求。

(4) 核算泵的轴功率。选择好泵的型号后,按式(4-70)核算泵的轴功率:

$$P_e = \frac{\rho g q_V H_e}{\eta} \tag{4-70}$$

式中:H_e 为泵的有效压头,m;q_V 为泵的实际流量,$m^3 \cdot s^{-1}$;ρ 为液体密度,$kg \cdot m^{-3}$;P_e 为泵的有效功率,W。

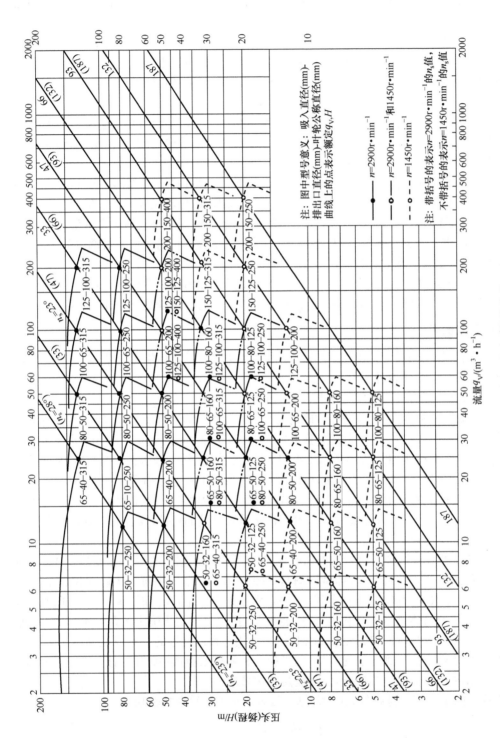

图 4-13　IS 型离心泵系列特性曲线

本章符号说明

A — 与 K 值对应的传热面积，m^2

A_i — 管内流通截面面积，m^2

a — 泡核沸腾修正系数的平均值

a — 正六边形的个数

a_E — 传热管出口处泡核沸腾修正系数

B — 折流板间距，m

b — 换热管壁厚，m

b — 对流给热修正系数，对于立式热虹吸再沸器，$b=1$

c_p — 流体的平均比定压热容，$kJ \cdot kg^{-1} \cdot K^{-1}$

c_{pb} — 管内液体比定压热容，$kJ \cdot kg^{-1} \cdot K^{-1}$

D — 壳体直径，m

D — 相变质量流量，$kg \cdot s^{-1}$

D_b — 塔底液蒸发质量流量，$kg \cdot s^{-1}$

D_i — 进口管内径，m

d_i — 换热管内径，m

d_m — 换热管平均直径，m

d_o — 换热管外径，mm

f_o — 壳程流体的摩擦系数

F — 管子排列方式对压降的校正系数

F_{cp} — 两相对流给热修正系数

F_t — 结垢校正系数

H_e — 泵的有效压头，m

K — 总传热系数，$W \cdot m^{-2} \cdot K^{-1}$

L_i — 进口管长度与局部阻力当量长度之和，m

l — 再沸器上部管板至接管入塔口间的高度

N — 换热管数

N_B — 折流板数目

N_p — 管程数

N_s — 串联的壳程数

n_c — 横过管束中心线上的管数

P_e — 泵的有效功率，W

p — 塔底操作压强（绝压），Pa

Q — 传热速率（热负荷），W

q_m — 流体的质量流量，$kg \cdot h^{-1}$ 或 $kg \cdot s^{-1}$

q_V — 泵的实际流量，$m^3 \cdot s^{-1}$

r — 相变热，$kJ \cdot kg^{-1}$

r_b — 塔底液气化潜热，$J \cdot kg^{-1}$

r_c — 蒸气冷凝热

R_L — 两相流的液相分数

R_{si} — 传热管内表面上的污垢热阻，$m^2 \cdot K \cdot W^{-1}$

R_{so} — 传热管外表面上的污垢热阻，$m^2 \cdot K \cdot W^{-1}$

T — 热流体的温度，℃

t — 管中心距，mm

t — 冷流体的温度，℃

u_o — 按壳程最大流通截面面积计算的流速，$m \cdot s^{-1}$

W — 饱和蒸气的冷凝速率，$kg \cdot h^{-1}$ 或 $kg \cdot s^{-1}$

W_t — 塔底液循环质量流量，$kg \cdot s^{-1}$

X_{tt} — Lockhat-Martinelli 参数

x — 蒸气质量分数

α_b — 核状沸腾给热膜系数 $W \cdot m^{-2} \cdot K^{-1}$

α_i、α_o — 分别为传热管内、外侧流体的对流给热系数，$W \cdot m^{-2} \cdot K^{-1}$

α_{tp} — 两相对流表面给热系数，$W \cdot m^{-2} \cdot K^{-1}$

α_V — 管内沸腾—对流给热膜系数，$W \cdot m^{-2} \cdot K^{-1}$

Δp_1 — 直管中因摩擦阻力引起的压降，Pa

Δp_2 — 回弯管中因摩擦阻力引起的压降，Pa

$\Delta p_1'$ — 流体横过管束的压降，Pa

$\Delta p_2'$ — 流体流过折流挡板缺口的压降，Pa

Δt_1、Δt_2 — 分别为换热器两端热、冷流体的温差，℃

Δt_m — 平均温差，℃

$\Delta t_m'$ — 按逆流计算的平均温差，℃

η — 管板利用率

λ — 传热管管壁热导率，$W \cdot m^{-1} \cdot K^{-1}$

λ_b — 管内液体热导率，$W \cdot m^{-1} \cdot K^{-1}$

λ_i — 进口管阻力系数

μ_b — 管内液体黏度，$Pa \cdot s$

μ_V、μ_b — 分别为沸腾侧气相与液相的黏度，$Pa \cdot s$

ξ — 因动量变化引起的阻力系数

ρ — 液体密度，$kg \cdot m^{-3}$

ρ_{tp} — 传热管出口处两相平均密度，$kg \cdot m^{-3}$

ρ_V、ρ_b — 分别为沸腾侧气相与液相的密度，$kg \cdot m^{-3}$

σ — 塔底液表面张力，$N \cdot m^{-1}$

φ — 温差校正系数，无量纲，$\varphi = f(P, R)$

ψ — 与物性有关的参数

第 5 章　精馏塔的自动控制

为了使化工过程能正常、稳定、安全运行,使产品质量达到设计及生产过程所要求的技术指标,在化工生产中需要对操作参数、产品质量等进行检测和控制。若这些检测和控制通过自动化装置来实现,就称为化工自动化。化工过程自动化可以达到以下目的:

(1) 加快生产速度,降低生产成本,提高产品产量和质量。在人工操作的生产过程中,由于人对外界的观察与控制其精确度和速度是有一定限度的,而且由于体力关系,人直接操纵设备的功率也是有限的。如果用自动化装置代替人工操纵,则可以提高过程控制的精确度和速度,并且可通过自动控制系统使生产过程在最佳条件下进行。从而大大加快生产速度,提高生产效率,降低能耗,实现优质、高产。

(2) 减轻劳动强度,改善劳动条件。多数化工生产过程是在高温、高压、低温(甚至是深冷)、低压(甚至是高真空)等条件下进行,且工作过程涉及的原料、中间产品、成品、副产品大多具有易燃、易爆、有毒、腐蚀、刺激等特性,有些生产装置还涉及硝化、氯化、氟化、氧化、加氢、裂解、聚合等安全性要求高的工艺。实现化工过程自动化,操作人员只要对自动化装置的运行进行检测与控制,可避免与危险化学品和高危工艺的直接接触和操作。

(3) 保证生产安全,防止事故的发生或扩大,延长设备的使用寿命,提高设备的利用率。例如,通过自动控制系统对生产过程进行检测和控制,当偶然因素导致工艺参数超出允许的变化范围而出现不正常的情况且有可能引起事故时,能及时进行控制。又如,通过自动信号和联锁保护系统对某些关键性参数设置联锁装置,对设备进行必要的自动控制,防止或减少事故的发生。

(4) 实现生产过程自动化,能根本改变劳动方式,提高从业人员文化技术水平,为逐步消灭体力劳动和脑力劳动之间的差别创造条件。

精馏塔的自动控制是精馏操作连续化、自动化、智能化的基础,是过程生产实现优质、高产、低耗、安全的重要保证。

有关过程控制的原理在《化工仪表及自动化》教材中有详细讨论,在此主要结合精馏塔的设计介绍过程控制的基本方法及应用。

5.1　仪表的表达及图形符号

在工艺设计时,要根据生产过程的特点及产品质量技术指标的要求,确定检测和控制的参数及控制方法,包括工艺流程中需要检测和控制的参数、检测点的位置及数量、控制系统、自动信号和联锁保护系统、自动操纵和自动开停车等(控制方案的确定在本章 5.4 节中讨论)。

在控制方案确定以后,要将检测点、控制点、控制系统、报警及联锁保护系统等监测和控制方法标示在工艺流程图、管道仪表流程图等相关的图纸上。精馏过程的工艺流程及检测、控制点示意图如图 5-1 所示。

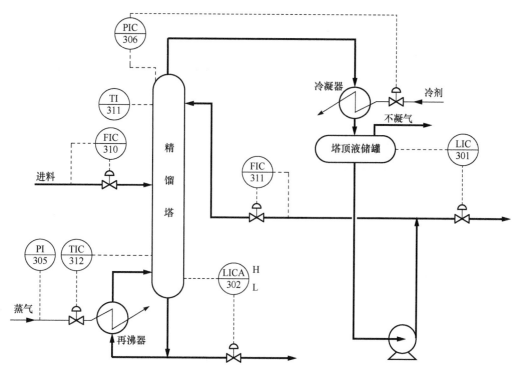

图 5-1　精馏过程的工艺流程及检测、控制点示意图

在绘制工艺流程图时,图中所采用的图例符号应遵照相关规定进行,具体可参阅设计标准"过程测量与控制仪表的功能标志及图形符号(HG/T 20505—2000)"。表 5-1 和表 5-2 分别为仪表安装位置的图形符号以及仪表功能标志的字母代号。

表 5-1　仪表安装位置的图形符号

	现场安装	控制室安装	现场盘装
单台常规仪表	○	⊖	⊖
DCS			
计算机功能			
可编程逻辑控制			

表 5-2　仪表功能标志的字母代号

字母	首位字母		后继字母首位字母		
	被测变量或引发变量	修饰词	读出功能	输出功能	修饰词
A	分析		报警		
B	喷嘴、火焰		供选用	供选用	供选用
C	电导率			控制	
D	密度	差			
E	电压(电动势)		检测元件		
F	流量	比率(比值)			
G	毒性气体或可燃气体		视镜、观察		
H	手动				高
I	电流		指示		
J	功率	扫描			
K	时间、时间程序	变化速率		操作器	
L	物位		灯		低
M	水分或湿度	瞬动			中、中间
N	供选用		供选用	供选用	供选用
O	供选用		节流孔		
P	压强、真空		连接或测试点		
Q	数量	积算、累计			
R	核辐射		记录、DCS趋势记录		
S	速度、频率	安全		关、联锁	
T	温度			传送(变送)	
U	多变量		多功能	多功能	多功能
V	震动、机械监视			阀、风门、百叶窗	
W	质量、力		套管		
X	未分类	X轴	未分类		
Y	事件、状态	Y轴		继动器(继电器)计算器、转换器	
Z	位置	Z轴		驱动器、执行元件	

　　在流程图上不标示变送器等检测仪表,工艺参数测量点与控制室监控仪表用细实线直接连接。当这种细实线连接与其他线条可能造成混淆时,可在细实线上加斜短划线(斜短划线与细实线成 45°)。就地仪表与控制室仪表(包括 DCS)的连接线、控制室仪表之间的连接线、DCS 内部系统连接线或数据线如表 5-3 所示。部分执行机构及控制阀体的图形符号分别见表 5-4 和表 5-5。

表 5-3　仪表连接线图形符号

序号	信号线类型	图形符号	备注
1	气动信号线		斜短划线与细实线成 45°角,下同
2	电动信号线		
3	导压毛细管		
4	液压信号线		
5	电磁、辐射、热、光、声波等信号线(有导向)		

表 5-4　执行机构的图形符号

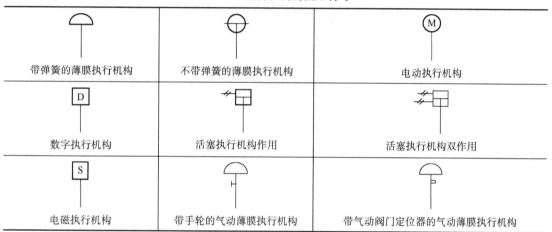

带弹簧的薄膜执行机构	不带弹簧的薄膜执行机构	电动执行机构
数字执行机构	活塞执行机构作用	活塞执行机构双作用
电磁执行机构	带手轮的气动薄膜执行机构	带气动阀门定位器的气动薄膜执行机构

表 5-5　控制阀体的图形符号

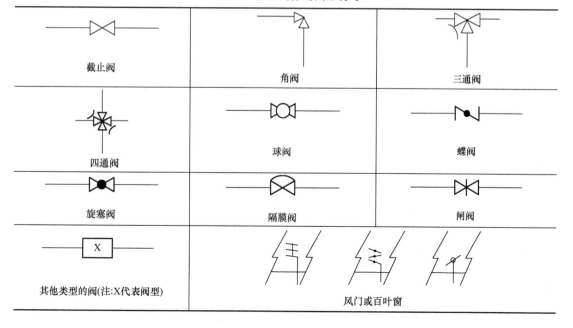

截止阀	角阀	三通阀
四通阀	球阀	蝶阀
旋塞阀	隔膜阀	闸阀
其他类型的阀(注:X代表阀型)	风门或百叶窗	

5.2 参数的检测及控制

在化工生产过程中，为了正确指导生产操作、保证生产安全稳定进行、提高产品质量和实现生产过程自动化，一项必不可少的工作就是准确而及时地检测和控制生产过程中的各有关参数。

5.2.1 参数的检测

温度、压强、流量、液位等是化工生产中需要检测和控制的重要操作参数，用来检测这些参数的工具称为检测仪表。精馏是化工生产上应用最广的液体混合物分离操作，精馏塔不同参数的检测，其相应的检测方法及仪表的结构原理各不相同。

温度对化工过程有非常重要的影响。例如，精馏塔的进料温度、塔顶温度、塔底温度、灵敏板温度、回流液温度等直接影响精馏塔的操作及产品质量。温度不能直接测量，而是借助于冷热物体之间的热交换，以及物体的某些物理性质随冷热程度不同而变化的特性来间接测量的。温度测量按测温原理的不同，可分为膨胀式、压强式、热电阻式、热电偶、热辐射式、红外线、光学式、比色式等。测温仪表常用的主要有热膨胀式温度计、热电阻温度计、热电偶温度计、压强式温度计、热辐射温度计、激光测温计等。

在化工生产过程中，经常会遇到压强和真空度的检测。例如，在精馏操作中需要测量塔顶、塔底的压强，以便了解塔的操作情况；在流体输送时需要测量泵的进出口压强，以便了解泵的性能和使用情况。测压仪表种类很多，常见的主要有液柱式测压计、弹性管测压计、应变式测压计、压阻式测压计、电容式测压计、力矩式测压计、霍尔片式测压计、波纹管测压计、膜式测压计、活塞式测压计等。

流量是表征单位时间内流经管道及进出设备的流体量，为了有效地进行生产操作和控制，需要测量生产过程中各种介质(液体、气体和蒸气等)的流量，如精馏塔的进料流量、回流量、出料流量等的测量。流量的测量方法很多，其依据的测量原理和所应用的仪表结构形式也各不相同。目前常用的流量测量仪表主要有差压式流量计、转子流量计、电磁流量计、涡轮流量计、旋涡流量计、椭圆齿轮流量计、科里奥利力流量计等。

液位是表征设备内液体介质储量的参数，可反映物料量的变化状况。在精馏操作中，塔顶回流液储罐、塔釜等处一般都安装有液位测量仪表。常见的液位测量仪表主要有玻璃管(板)液位计、差压式液位计、浮子(筒)液位计、电容式液位计、电感式液位计、光学式液位计、声波式液位计、核辐射液位计、称重式液位计等。

温度、压强、流量、液位等参数的检测结果可以通过多种方式显示，如指示式、自动记录式、远传式、信号式等。

各种测量方法及仪表类型都有其自身的特点及适用范围，选用时不仅要考虑其测量的精度、量程和可靠性，也要考虑其安全性、经济性等。

在许多生产操作过程中，温度、压强、流量、液位等参数不仅需要检测，而且还要进行控制。下面简要介绍温度、压强、流量、液位等参数的常用控制方法。

5.2.2 温度控制

任何一种化工生产过程都伴随着物质的物理和化学性质的改变，都必然有能量的交换和转化,其中最普遍的交换形式是热交换形式。因此,化工生产的各种工艺过程都是在一定的温度下进行的。温度的波动不仅会影响产品质量和生产效率,严重时还会发生事故。因此,温度的控制是保证化工过程能正常操作及安全运行的重要保障。

对精馏操作而言,可直接通过塔顶(或塔底)产品的组分分析来判断是否达到规定的分离要求。但是在线组分分析技术复杂,而靠人工分析又难以及时得到控制所必需的信息,这时可以利用精馏塔内的气液相组成与温度的对应关系,通过温度控制代替组分分析。

精馏塔温度控制的稳定与否直接影响精馏塔的分离质量和分离效果,维持正常工艺操作的塔温,不仅可以避免组分流失,提高物料的回收率,还可减少残余物料的污染。导致精馏塔温度不稳定的因素主要来自进料流量、进料组成及焓、再沸器热负荷、冷凝器的冷凝量、环境温度等的变化。

一般情况下,精馏塔的精馏段温度可采用回流量来控制,如图 5-2(a)所示;提馏段温度可采用塔釜上升蒸气量控制,如图 5-2(b)所示。

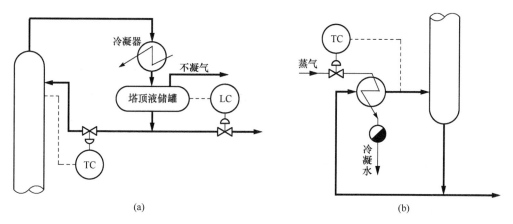

图 5-2　精馏塔内的温度控制
(a)控制回流量;(b)控制塔釜上升蒸气量

5.2.3　压强控制

在化工生产过程中,如果压强不符合要求,不仅会影响生产效率,降低产品质量,有时还会造成严重的安全生产事故。精馏塔内压强的波动是由塔内气相物料不平衡引起的,进入精馏塔的气体包括进料中的蒸气和再沸器产生的蒸气,出口气体有冷凝成液相的蒸气和气相出料。当进口气量大于出口气量时,压强上升,反之则下降。下面就几种常见情况来说明精馏塔的压强控制。

1) 有大量不凝气体的精馏塔压强控制

有大量不凝气体的精馏塔的压强控制如图 5-3 所示。

采用控制排放量的方案如图 5-3(a)所示,在气体出口管上加控制阀,直接控制排气量。采用控制压缩机转速的方案如图 5-3(b)所示,当塔顶气体进入压缩机时,用控制压缩机转速的方法控制塔顶压强。当压强升高时,压缩机转速加快,吸入量增加。反之,压缩机转速降低。

2) 有少量不凝气体的精馏塔压强控制

当塔顶仅有少量不凝性气体时,若用控制排出气体量的方法控制压强,常因控制系统的滞后过大而使控制极不灵敏,甚至失败。这时,应采用改变塔顶蒸气冷凝量的办法来控制压强。控制蒸气冷凝量的方案如图 5-4 所示。

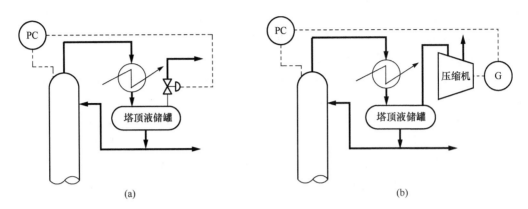

图 5-3　有大量不凝气体的精馏塔的压强控制
（a）控制排放量；（b）控制下游压缩机转速

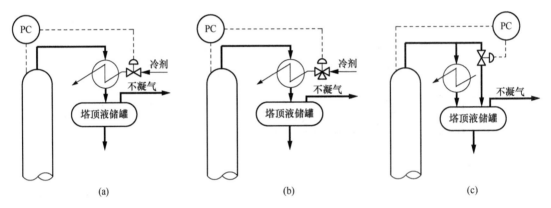

图 5-4　有少量不凝气体的精馏塔的压强控制
（a）控制冷剂的流量；（b）冷剂旁通；（c）热旁通法

采用控制冷剂流量的方案如图 5-4（a）所示，通过控制冷剂吸收的热量变化，从而改变冷凝蒸气量。采用此方案时，应使冷剂在冷凝器内停留时间小于 45s，否则系统滞后过大，影响控制质量。采用冷剂旁通的方案如图 5-4（b）所示，当冷剂流量不允许控制时，需采用三通控制阀，使一部分冷剂旁通，不进入冷凝器。采用热旁通法的方案如图 5-4（c）所示，通过改变冷凝器的面积，控制蒸气冷凝量，从而使操作压强保持在要求的范围内。当塔顶压强上升时，关小控制阀，使塔顶和塔顶液储罐的压差增大，冷凝器的液面下降，气体冷凝面积增加，从而使蒸气冷凝量增加，使塔顶压强下降。当阀门开大时，冷凝器液面上升，蒸气冷凝量减少，塔压升高。

5.2.4　流量控制

在化工生产过程中，为了有效地进行生产操作和控制，需要测量生产过程中各种介质（液体、气体和蒸气等）的流量，以便为生产操作和控制提供依据。同时，为了进行经济核算，需要掌握在一段时间内流过的介质总量。所以，介质流量是控制生产过程达到优质高产和安全生产以及经济核算所必需的一个重要参数。

在精馏操作中，精馏塔的进料往往是由储罐或上一工序提供的，其进料流量出现波动通常难免，当进料流量变化较大时，对精馏塔的操作会造成很大的影响。为了避免精馏塔操作出现剧烈变化的情况，使其平稳、安全运行，要求塔的进料流量波动比较平稳，这就需要对精馏塔的进料流量进行调节和控制。精馏塔进料流量的简单控制方案如图 5-5 所示。

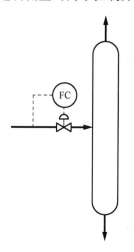

图 5-5　精馏塔进料流量的简单控制

5.2.5　液位控制

通过液位的测量可以及时准确地掌握设备中所储物质的体积或质量,从而监视或控制介质的液位,使它保持在工艺所要求的高度,或对它的上、下限位进行报警,以及根据液位来连续监视或控制设备中流入与流出物料的平衡情况。精馏塔液位的简单控制方案如图 5-6 所示。

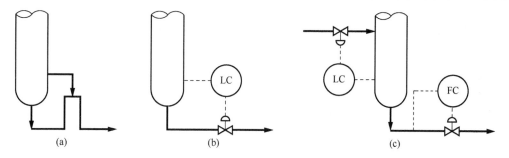

图 5-6　精馏塔液位的简单控制方案
(a)溢流控制液面;(b)出料控制液面;(c)进料控制液面

5.3　自动控制系统

对需要控制的参数按其控制系统可分为简单控制系统和复杂控制系统。复杂控制系统依据其结构和所担负任务的不同又有不同的类型,常见的复杂控制系统包括串级控制、分程控制、前馈控制、比值控制、超驰控制等。

5.3.1　简单控制系统

简单控制系统又称单回路控制系统,是指由一个被控对象,一个检测元件及变送器,一个控制器和一个执行器所构成的闭环系统。简单控制系统结构简单,易于分析设计,投资少,便于施工,并能满足一般生产过程的控制要求,因此,在生产过程中得到了广泛的应用。前述的

图 5-1～图 5-6 即为简单控制系统示例。

设计一个简单控制系统,首先应对被控对象进行全面了解。在此基础上,确定正确的控制方案,包括合理地选择被控变量与操纵变量、确定合适的检测变送元件及检测点位置、采用恰当的执行器以及控制器和控制器的控制规律等。被控变量和操纵变量的正确选择是关系到简单控制系统能否达到预期控制效果的重要因素。

选择被控变量时,一般要遵循以下原则:

(1) 被控变量应能代表一定的工艺操作指标或是反映工艺操作状态,一般都是工艺过程中比较重要的变量。

(2) 被控变量在工艺生产操作过程中经常要受到一些干扰而变化,为维持被控变量稳定,需要频繁加以控制。

(3) 尽可能选择工艺生产过程的直接控制指标作为被控变量,当无法获得直接控制指标信号,或其测量或传送滞后很大时,可选择与直接控制指标有单值对应关系的间接控制指标。

(4) 被控变量应是能测量的,并具有足够大的灵敏度。

(5) 应是独立可控的。

(6) 选择被控变量时,必须考虑工艺的合理性,以及目前国内仪表的现状能否满足要求。

选择操纵变量时,一般要遵循的原则如下:

(1) 作为操纵变量应是可控的,即工艺上允许控制的变量。

(2) 操纵变量应比其他干扰对被控变量的影响更加灵敏。

(3) 选择操纵变量时,还要考虑工艺的合理性和生产的经济性。一般来说,不宜选择生产负荷作为操纵变量,应选择那些尽可能降低物料与能量消耗的变量。

对精馏塔而言,有多个被控变量和操纵变量,合理地将这些变量配对,并依此设计控制系统有利于精馏塔的平稳操作和塔效率的提高。根据 Shinskey 关于精馏塔控制的三条准则,仅需要控制塔某一端的产品时,可选用物料平衡方式;当塔两端产品流量较小时,应作为操纵变量去控制两端产品质量;当两端都进行质量控制时,杂质较多的一端可采用物料平衡控制,杂质较少的一端可采用能量平衡控制。

在大多数情况下,由于简单控制系统需要的自动化工具少,设备投资少,维修、投运和整定较简单,而且,生产实践证明它能解决大量的生产控制问题,满足定值控制的需要。若生产过程对操作参数及产品质量的控制提出更高要求,简单控制系统就难以满足控制要求了,就需要采用复杂控制系统。

5.3.2 串级控制系统

一个控制器的输出作为另一个控制器的给定值,而后者的输出去控制执行器以改变操纵变量。从系统的结构来看,这两个控制器是串联工作的,这样的系统称为串级控制系统。在串级控制系统中,由于引入一个闭合的副回路,不仅能迅速克服作用于副回路的干扰,而且对作用于主对象上的干扰也能加速克服过程。副回路具有先调、粗调、快调的特点;主回路具有后调、细调、慢调的特点,并对副回路没有完全克服掉的干扰影响能彻底加以克服。因此,在串级控制系统中,由于主、副回路相互配合、相互补充,充分发挥了控制作用,大大提高了控制质量。

串级控制常用于精馏塔的塔顶、塔底温度的控制,用来补偿流量变化对温度带来的影响。图 5-7 和图 5-8 分别是精馏塔塔底温度与蒸气流量串级控制系统的示意图和方块图。

温度控制器 TC 的输出作为蒸气流量控制器 FC 的给定值,即流量控制器的给定值应该

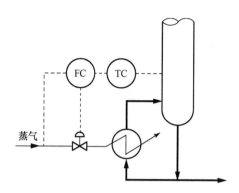

图 5-7　精馏塔塔底串级控制系统示意图

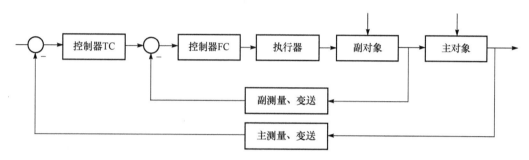

图 5-8　精馏塔蒸气流量串级控制系统方块图

由温度控制器的需要来决定它应该"变"或"不变",以及变化的"大"或"小"。通过这一串级控制系统,能够在塔底温度稳定不变时,蒸气流量保持恒定值;当温度在外来干扰作用下偏离给定值时,又要求蒸气流量能作相应的变化,以使能量的需要与供给之间得到平衡而使釜温保持在规定数值。这样,当干扰来自蒸气压强或流量的波动时,副回路能及时加以克服,以大大减小这种干扰对主变量的影响,使塔底温度的控制质量得以提高。

5.3.3　分程控制系统

分程控制是由一个控制器的输出信号控制两个或两个以上的控制阀,每个控制阀在控制器输出信号的某段范围内工作。

精馏塔操作中,其压强的波动将会破坏塔内原有的气液平衡,进而影响塔内的物料平衡,最终导致分离效果下降。在精馏过程中,可以采用热旁路分程控制系统来控制塔顶压强,如图 5-9所示。

一个控制阀装在热旁路管线上,另一个控制阀装在塔顶液储罐不凝气管线上。在正常操作时,塔的压强是通过控制热旁路管线上的控制阀的开度来实现的。当塔顶压强增大时,热旁路控制阀关小,进入塔顶液储罐的热旁路气体减少,降低了塔顶液储罐上面液膜层的温度,从而降低塔顶液储罐的压强,冷凝器内冷凝液的液位降低,提高了冷凝器气体的冷凝面积,减少了冷凝液的过冷度,结果是提高了冷凝器内气体的冷凝速度,降低了系统压强。反之,当塔顶压强减小时,热旁路控制阀开大,进入塔顶液储罐的热旁路气体增多,提高了塔顶液储罐上面液膜层的温度,从而提高了塔顶液储罐的压强,冷凝器内冷凝液的液位升高,减小了冷凝器内气体的冷凝面积,增加了冷凝液的过冷度,结果是降低了冷凝器气体的冷凝速度,提高了系统压强。

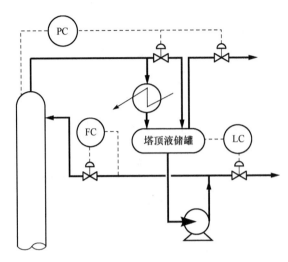

图 5-9　精馏塔的分程控制示意图

5.3.4　前馈控制系统

化工生产上常采用的控制系统一般是按照被控变量的偏差进行控制的反馈控制系统,这类系统往往存在较大的滞后性。当被控变量出现偏差后,通过反馈控制器的校正来补偿干扰对被控变量的影响时,不仅需要较长的调整时间,而且使被控变量有较大的偏差。

在被控变量尚未发生变化前,及时测量出干扰信号,继而产生校正信号,加到控制器的输出信号上去进行控制称为前馈控制。前馈控制的依据是干扰的变化,检测到的信号是干扰量的大小,控制作用的发生时间是在干扰作用的瞬间而不需等到偏差出现之后。

当精馏塔的进料量或组成有波动时,由于打破了原有的物料和热量平衡,塔顶(或塔底)产品的组成将发生变化。在塔顶(或塔底)产品组成尚未发生变化前采取增减出料量、加热量、冷凝量等措施,使塔顶(或塔底)产品组成不变,必须及时测量出干扰信号,以产生校正信号,加到控制器的输出信号上去。

前馈控制主要的应用场合有下面几种:

(1) 干扰幅值大而频繁,对被控变量影响剧烈,仅采用反馈控制达不到要求的对象。

(2) 主要干扰是可测而不可控的变量。所谓可测,是指干扰量可以运用检测变送装置将其在线转化为标准的电或气的信号。但目前对某些变量,特别是某些组分量还无法实现上述转换,也就无法设计相应的前馈控制系统。所谓不可控,主要是指这些干扰难以通过设置单独的控制系统予以稳定,这类干扰在连续生产过程中是经常遇到的,其中也包括一些虽能控制但生产上不允许控制的变量,如负荷量等。

(3) 当对象的控制通道滞后严重、反馈控制不及时、控制质量差时,可采用前馈或前馈-反馈控制系统,以提高控制质量。

由于前馈控制作用是按干扰进行工作的,一种前馈作用只能克服一种干扰,而且整个系统是开环的,所以前馈控制在实际应用时往往要与反馈控制结合起来,构成前馈-反馈控制系统。这样既发挥了前馈控制作用及时的优点,又保持了反馈控制能克服多个扰动和具有对被控变量实行反馈检验的长处。图 5-10 是以进料量为前馈信号构成的精馏段前馈-反馈控制系统。精馏塔的进料量为不可控变量,当进料量有波动时,将打破塔内原有的物料和热量平衡,为了使塔顶产品质量达到规定的要求,需及时克服这一干扰的影响,通过测量进料量,产生校正信号,用前馈控制器 K_1、K_2 去控制加热蒸气阀及回流阀的开大(或关小)。两流量控制器 FC 起反馈作用,用来克服其他干扰对被控变量的影响,前馈和反馈控制作用相加,共同改变加热蒸气流量或回流量,以使塔顶产品质量符合规定的要求。

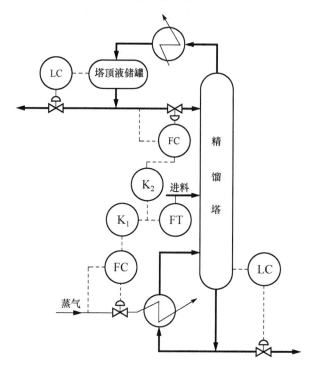

图 5-10　精馏段前馈-反馈控制系统示意图

5.3.5　超驰控制系统

超驰控制由两个(或三个)控制器和一个高值或低值选择器组成,可同时对两个(或三个)相关参数进行监视和控制。当生产操作趋于极限条件时,可用一个用于控制不安全变量的超驰控制器代替正常工作情况下的控制器,使各个参数都保持在预定的安全界限内。待过程回到安全范围后,正常控制器重新开始作用。

采用超驰控制方案可保证生产安全运行,减少开停车次数,发挥设备的最大潜力。以乙烯精馏塔为例,其超驰控制过程如图 5-11 所示。

乙烯精馏塔的再沸器以丙烯冷剂为热源,丙烯气把热量传给釜液后冷凝成液体,并返回丙烯冷剂系统。为了使塔底乙烯含量不超过规定要求,需克服丙烯冷剂系统波动引起的干扰,提馏段温度控制采用温度、流量串级方案,自再沸器流出的液体丙烯进入分离罐需保持一定的液位,液位不能太低以防气态丙烯返回冷剂系统。

串级控制的控制器为正常工作的控制器,分离罐的液位控制器为超驰控制器,选择器为低值选择器 LS。在正常操作过程中,正常控制器的输出始终低于超驰控制器的输出,被选择送往控制阀。当分离罐液位达到低位极限值时,超驰控制器的输出低于正常控制器的输出被选择送往控制阀。当分离罐液位恢复到正常范围,超驰控制器的输出增大,选择器重新选择正常控制器的输出送往控制器。

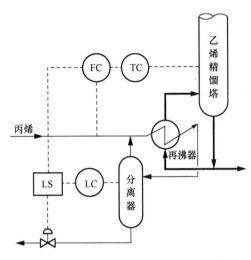

图 5-11　乙烯精馏的超驰控制示意图

5.3.6　比值控制系统

实现两个或两个以上参数符合一定比例关系的控制系统,称为比值控制系统。要实现两物料的比例关系,则表示为:$Q_2 = KQ_1$。比值控制系统分为开环比值控制系统、单闭环比值控制系统、双闭环比值控制系统和变比值控制系统。

1) 单闭环比值控制系统

比值控制系统中,控制器的控制规律根据控制方案和控制要求而定。在单闭环比值控制系统中,比值器 F_1C 起比值计算作用,若用控制器实现,则选纯比例控制;控制器 F_2C 使副流量稳定,为保证控制精度可选比例积分控制;双闭环比值控制不仅要求两流量保持恒定的比值关系,而且主、副流量均要实现定值控制,所以两个控制器均应选比例积分控制,比值器选纯比例控制。

在生产操作过程中,需要保持比值关系的两种物料中,必有一种物料处于主导地位,这种物料的流量称为主流量。采用单闭环比值控制方案,不仅能实现副流量跟随主流量的变化而变化,而且还可以克服副流量本身干扰对比值的影响,因此主、副流量的比值较为准确。单闭环控制系统的示意图和方块图分别如图 5-12 和图 5-13 所示。

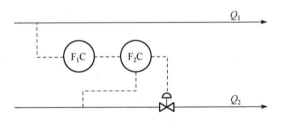

图 5-12　流量控制的单闭环控制系统示意图

在稳定情况下,主流量满足工艺要求的比值,即 $Q_2/Q_1 = K$;当主流量发生改变时,经变送器送至主控制器 F_1C,按预先设置好的比值使输出成比例地变化,也就是成比例地改变副流量控制 F_2C 的给定值,此时副流量闭环系统为一个随动控制系统,从而 Q_2 跟随 Q_1 变化,使得在新工况下,流量比值 K 保持不变;当主流量没有变化而 Q_2 由于自身干扰发生变化时,此副流

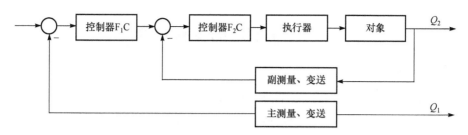

图 5-13　流量控制的单闭环控制系统的方块图

量闭环系统相当于一个定值控制系统,通过控制克服干扰,使工艺要求的流量比值仍保持不变。

2) 双闭环比值控制系统

在主动量也需要控制时,增加一个主动量闭环控制系统,单闭环比值控制系统成为双闭环比值控制系统,如图 5-14 所示。增加了主动量闭环控制后,主动量得以稳定,从而使总流量能保持稳定。双闭环比值控制系统主要用于总流量需要经常调整(即工艺负荷的升降)的场合,如无此要求,可采用两个单独的闭环控制系统来保持比值关系。

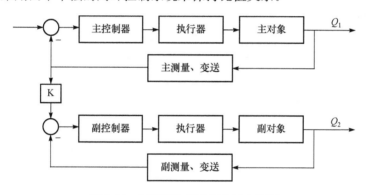

图 5-14　双闭环比值控制系统方块图

3) 变比值控制系统

按照一定的工艺指标自行修正比值系数的变比值控制系统,也称串级比值控制系统。其中第三参数必须是可连续的测量变送,否则系统将无法实施。图 5-15 为变比值控制系统的方块图。

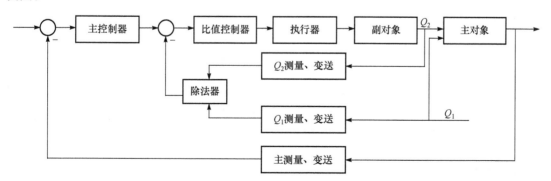

图 5-15　变比值控制系统方块图

5.4 精馏塔的控制方案

5.4.1 精馏塔的控制要求

精馏塔的控制目标是在保证产品质量合格的前提下,使塔的回收率最高、能耗最低,即总收益最大或总成本最小,还要考虑过程的可操作性和安全性。因此,精馏塔的控制要求可从质量指标、操作稳定性、约束条件、经济性等方面来考虑。

1) 保证质量指标

精馏塔的质量指标是指塔顶或塔底产品的纯度。对于一个正常操作的精馏塔,一般应保证在塔底或塔顶产品中至少有一个产品的纯度达到规定的要求,另一个产品的组成也应保持在规定的范围内。为此,应当取塔底或塔顶的产品质量指标作为被控变量。

在精馏操作中,产品纯度并非越高越好。这是因为纯度越高,对控制系统的偏离度要求就越高,操作成本提高,而产品纯度的提高所产生的经济效益不一定与纯度成正比,因此对产品纯度的控制应以满足产品指标要求为前提。

2) 保证平稳操作

为了保证塔的平稳操作,必须把进塔之前的主要可控干扰尽可能预先克服,同时尽可能缓和一些不可控的主要干扰。例如,可设置进料的温度控制、加热剂或冷却剂的压强控制、进料的流量控制等。为了维持塔的物料平衡,必须控制塔顶馏出液和塔底采出液的流量,使其之和等于进料量。而且两个采出量变化要缓慢,以保证塔的平稳操作。物料平衡的控制是以冷凝罐(塔顶液储罐)与塔底液位一定(介于规定的上、下限之间)为目标的。塔内的持液量应保持在规定的范围内。控制塔内压强稳定,对塔的平稳操作是十分必要的。

3) 约束条件

精馏过程是复杂的传质传热过程,为了满足稳定和安全操作的要求,需规定某些参数的极限值为约束条件,如气相速度限、操作压强限、临界温度限等。

以气相速度限为例。如果塔内气体流速过高,易产生液泛;流速过低,会降低塔板效率。对工作范围较窄的筛板塔和乳化塔,尤其要注意流速的控制。因此,通常在塔底与塔顶间装有测量压差的仪表,有的还带报警装置。塔本身还有最高压强限,超过这个压强,容器的安全就失去了保障。

4) 节能要求和经济性

任何精馏过程都是要消耗能量的,这主要是再沸器的加热量和冷凝器的冷却量消耗,此外,塔和附属设备及管线也要散失一部分流量。应当指出,精馏塔的操作情况必须从整体经济收益来衡量。在精馏操作中,质量指标、产品回收率和能量消耗都是需要控制的目标。其中质量指标是必要条件,在质量指标一定的前提下,应力求使产品产量尽可能高,同时考虑降低能量的消耗,使能量平衡,实现较好的经济性。

5.4.2 精馏过程的干扰因素

精馏塔的操作过程非常复杂,影响精馏操作稳定性及产品质量的因素很多。其中影响物料平衡的因素主要有进料流量及进料组成的变化、塔顶馏出物及底部出料量的变化;影响能量平衡的因素主要有进料温度或釜温的变化、再沸器加热量和冷凝器冷却量的变化及塔的环境温度的变化等。这些干扰有些可控,有些不可控。

1) 进料流量及组成

由于精馏塔的进料往往是由上一工序提供的,进料组成也是由上一工序的出料或原料情况决定,进料流量及组成的波动通常难以避免。对于塔系统而言,进料流量通常不可控但可测。当进料流量变化较大时,对精馏塔的操作会造成很大的影响。这时,可将进料流量作为前馈信号,引到控制系统中,组成前馈-反馈控制系统。

2) 进料温度及焓值

进料温度和焓值影响精馏塔的能量平衡,可以通过控制使其稳定。控制策略是采用蒸气压强(或流量)定值控制,或根据提馏段产品的质量指标组成串级控制。

3) 再沸器加热蒸气压强

再沸器加热蒸气压强不仅影响精馏塔的能量平衡,还会导致塔内温度的变化,直接影响产品的纯度。控制策略可采用塔压的定值控制,或将冷却水压强作为串级控制系统的副被控变量进行控制。

4) 冷却剂压强及温度

冷却剂的压强或温度的变化会影响精馏塔内回流量或回流温度。一般来说,冷却水温度的变化通常不大,对冷却水可不进行控制。

5) 环境温度

在一般情况下,环境温度变化的幅度不大,对精馏塔操作的影响较小,因此,一般不需要控制。但如果采用风冷器作为冷凝器时,气温的骤变与昼夜温差,对塔的操作影响较大,它会使回流量或回流温度发生变化。

在上述一系列扰动中,以进料流量及组成的变化影响最大。

5.4.3　精馏塔的控制方案

精馏塔的控制方案按具体的精馏过程不同可采用不同的方案,这里介绍几个常见的精馏塔控制方案。

1) 精馏段温度控制方案

精馏段一般采用以精馏段温度作为衡量质量指标的被控变量。如果操纵变量是产品的出料,则称为直接物料平衡控制。

按精馏段质量指标进行控制是以精馏段温度作为被控变量的控制。如果操纵变量是产品的出料,则称为间接物料平衡控制。

A. 直接物料平衡控制

该控制方案的被控变量是精馏段温度,可以是塔顶温度。操纵变量是塔顶采出液流量,同时,控制塔底蒸气加热量恒定。变量配对见表 5-6,控制示意图如图 5-16 所示。

表 5-6　精馏塔直接物料平衡控制的变量配对

被控变量	精馏段温度	再沸器加热蒸气量	塔顶液储罐液位	塔底液位
操纵变量	塔顶采出液流量 D	再沸器加热蒸气量 V	回流量 L	塔底采出液流量 W

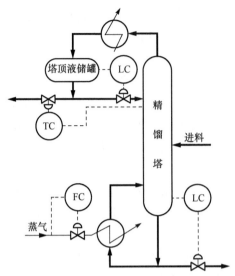

图 5-16　精馏段直接物料平衡控制示意图

　　该控制方案的优点是物料和能量平衡之间的关联最小,内回流在环境温度变化时基本不变,产品不合格时不出料。该控制方案的缺点是控制回路的滞后严重,改变后,需经塔顶液储罐液位变化并影响回流量,再影响温度,因此,动态响应较差。适用于塔顶采出液流量很小(回流比很大)、塔顶液储罐容积较小的精馏操作。

　　当馏出液流量有较大波动时,还可将精馏段温度作为被控变量,馏出液流量作为副被控变量组成串级控制系统。

　　B. 间接物料平衡控制

　　由于回流变化后再影响馏出液流量,因此是间接物料平衡控制。精馏段间接物料平衡控制的变量配对见表 5-7,控制示意图如图 5-17 所示。

表 5-7　精馏段间接物料平衡控制的变量配对

被控变量	精馏段温度	再沸器加热蒸气量	塔顶液储罐液位	塔底液位
操纵变量	回流液流量 L	再沸器加热蒸气量 V	塔顶采出液流量 D	塔底采出液流量 W

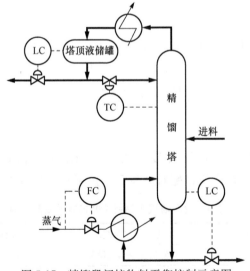

图 5-17　精馏段间接物料平衡控制示意图

　　该控制方案的优点是控制作用及时,温度稍有变化就可通过回流量进行控制,动态响应快,对克服扰动影响有利。该控制方案的缺点是内回流受外界环境温度影响大,能量和物料平衡直接的关联大。主要适用于回流比小于 0.8 及需要动态响应快速的精馏操作,是精馏塔最常用的控制方案。

　　当内回流受环境温度影响较大时,可采用内回流控制;当回流量变动较大时,可采用串级控制;当进料量变动较大时,可采用前馈-反馈控制。

　　2) 提馏段温控方案

　　A. 直接物料平衡控制

　　根据提馏段温度控制塔底采出液流量的控制方案是直接物料平衡控制。同时,保持回流比或回流量恒定。提馏段直接物料平衡控制的变量配对见表 5-8,控制示意图如图 5-18 所示。

表 5-8　提馏段直接物料平衡控制的变量配对

被控变量	提馏段温度	回流量	塔顶液储罐液位	塔底液位
操纵变量	塔底采出液流量 W	回流液流量 L	塔顶采出液流量 D	再沸器加热蒸气量 V

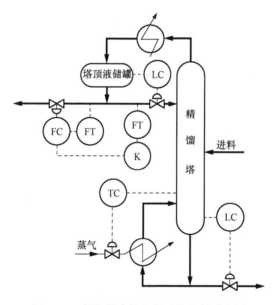

图 5-18　提馏段直接物料平衡控制示意图

　　该控制方案具有能量和物料平衡关系的关联性小、塔底采出液流量较小时操作较平稳、产品不合格时不出料等特点。但与精馏段直接物料平衡控制方案相似,动态响应较差,滞后较大,液位控制回路存在反向特性。适用于采出液流量很小,且 $W/V<0.2$ 的精馏操作。

　　B. 间接物料平衡控制

　　采用再沸器加热量作为操纵变量,控制提馏段温度的控制是间接物料平衡控制。采用回流量或回流比定值控制。提馏段间接物料平衡控制的变量配对见表 5-9,控制示意图如图 5-19 所示。

表 5-9　提馏段间接物料平衡控制的变量配对

被控变量	提馏段温度	回流量	塔顶液储罐液位	塔底液位
操纵变量	再沸器加热蒸气量 V	回流液流量 L	塔顶采出液流量 D	塔底采出液流量 W

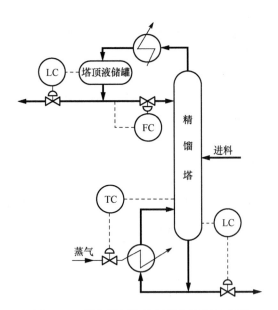

图 5-19　提留段间接物料平衡控制示意图

　　该控制方案具有响应快、滞后小的特点,能迅速克服进入精馏塔的扰动影响。缺点是物料平衡和能量平衡关系有较强的关联性。适用于 $V/F < 2.0$ 的精馏操作。

　　3) 精馏塔的双温差控制系统

　　对于一般的精馏塔来说,以温度作为被控变量的控制方案是可行的。但是在精密精馏时,产品纯度要求很高,而且塔顶、塔底产品的沸点差又不大时,应当采用温差控制,以进一步提高产品质量。

　　即使在自动控制系统中设置了塔压为定值控制,压强总是会有微小的波动,因而会引起组成的变化。这对纯度要求不太高的精馏是可以忽略不计的,但对精密精馏而言,对产品的纯度要求很高,压强的微小波动足以使产品质量超出允许的范围,这时就不能再忽略塔压的影响了。也就是说,精密精馏时,温度的变化可能是组成和压强两个变量变化的结果,除非保持压强恒定,否则,再用温度作为被控变量就不能很好地代表产品组成了。为解决这一问题,可以采用温差作为衡量质量指标的间接变量,以消除塔压波动对产品质量的影响。

　　温差控制虽然可以克服由于塔压波动对产品质量的影响,但是温差控制受两个因素的影响。一是进料组分的波动,二是因负荷变化引起塔板的压降变化。前者若使温差减小,则后者当压降增大时,温差反而增加,所以是有矛盾的。这时温差和组分之间就不呈单值对应关系。在这种情况下,可以采用双温差控制,即分别在精馏段和提留段上选取温差信号,然后把两个温差信号相减,以这个温差作为间接质量指标进行控制。图 5-20 是精馏操作的双温差控制方案示意图,分别在精馏塔的提留段和精馏段取温差信号,利用两者的温差 ΔT_d 间接控制产物的流量。

　　采用双温差控制后,若由于进料流量波动引起塔压变化对温差的影响,在塔的上、下段同时出现,因而上段温差减去下段温差的差值就消除了压降变化的影响。从国内外应用双温差控制的许多装置来看,在进料流量波动影响下,仍能得到较好的控制效果。

　　4) 按产品组成或物性的直接控制方案

　　除以上介绍的间接控制产品质量的方法,如果能利用组分分析器,如红外光谱仪、色谱仪、

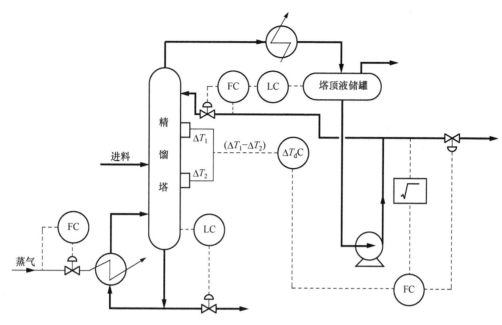

图 5-20　精馏塔双温差控制方案示意图

密度计、干点和闪点以及初馏点分析器等,分析出塔顶(或塔底)的产品组成并作为被控变量,用回流量(或再沸器加热量)作为控制手段构成组成控制系统,就可实现按产品组成的直接指标控制。

与温度的情况类似,塔顶(或塔底)产品的组成能体现产品的质量指标。但是当分离的产品较纯时,在临近塔顶、塔底的各板间,组分差已经很小了,而且每块板上的组分在受到干扰后变化较小,这就对检测含量仪表的灵敏度提出了很高的要求。但是目前来讲,组分分析器一般精度较低,控制效果往往不够满意,这时可选择灵敏板上的组成作为被控变量进行控制。

理论上来说,按产品组成的直接指标控制方案是最直接的,也是最有效的。但是,目前测量产品含量的检测仪表准确度较差、滞后的时间很长、维护比较复杂,使控制系统的控制质量受到很大影响,因此目前这种方案使用还不普遍。但是,在组分分析仪表性能不断得到改善后,按产品组成的直接指标控制方案还是很有前途的。

5.4.4　精馏塔的控制实例

1) 脱丁烷精馏塔的控制

利用精馏分离方法,在脱丁烷塔中将丁烷从脱丙烷塔釜混合物中分离出来。本流程中将脱丙烷塔釜混合物部分气化,由于丁烷的沸点较低,即其挥发度较高,故丁烷易于从液相中气化出来,再将气化的蒸气冷凝,可得到丁烷组成高于原料的混合物,经过多次气化冷凝,即可达到分离混合物中丁烷的目的,其过程控制方案示意图如图 5-21 所示。

塔顶压强采用分程控制,在正常的压强波动下,通过控制塔顶冷凝器的冷却水量来控制压强。当压强超高时,压强报警系统发出报警信号,PC102 控制塔顶至塔顶液储罐的排气量来控制塔顶压强控制气相出料。操作压强超出规定值后,高压控制器 PC101 将控制塔顶液储罐的气相排放量,来控制塔内压强稳定。塔顶液储罐液位由液位控制器 LC101 控制塔顶产品采出量来维持,回流量由流量控制器 FC104 控制。

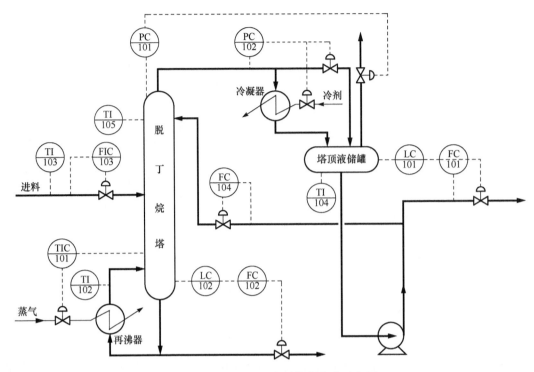

图 5-21　脱丁烷塔的自动控制方案示意图

　　脱丁烷塔塔釜液（主要为 C₅ 以上馏分）一部分作为产品采出，一部分经再沸器部分气化为蒸气从塔底上升。塔釜的液位和塔釜产品采出量由 LC102 和 FC102 组成的串级控制系统控制。

　　2）甲醇-水精馏塔的控制

　　分离甲醇-水体系的精馏塔为常压塔，产品为塔顶的馏出液甲醇。该精馏操作对塔顶出料的组分要求高于塔底出料。由于精馏段温度与塔顶的馏出液组成密切相关，因此对精馏段温度的控制尤为重要，故甲醇-水精馏塔可采用精馏段控制方案。对于甲醇-水体系，其灵敏板处于精馏段，因此通过检测灵敏板温度可及时有效地对精馏过程进行控制，从而确保馏出液的质量。图 5-22 是甲醇-水精馏分离的控制方案示意图。

　　控制方案的主要控制系统是以精馏段灵敏板温度作为被控变量，回流量为操纵变量。通过灵敏板温度控制器 TC101 控制回流量，以控制塔顶甲醇的质量。除这个主要控制系统外，还有五个辅助控制系统：对塔底采出量和塔顶采出量按物料平衡关系分别设有塔底液位控制器（LC101）和塔顶液储罐的液位控制器（LC102）作均匀控制。进料量由 FC101 定值控制（如不可控，也可采用均匀控制系统）。为维持塔压恒定，在塔顶设置压强控制器 PC101 来控制塔压，当塔压发生波动时，可以通过改变冷凝器冷剂量的大小来达到控制压强的目的。再沸器加热量采用定值控制（TC104），以保证塔釜的上升蒸气量。

　　由于采用了温度作为间接质量指标，它能较直接地反映精馏段的产品情况。当精馏段恒定后，能较好地保证塔顶产品的质量。对于动态气相进料，其进料量的变化过程也比较快，采用精馏段温控就比较及时。

　　3）苯-氯苯精馏塔的控制

　　氯苯是重要的化工原料，工业上生产氯苯的方法是苯经氯化反应生成氯苯。由于反应产

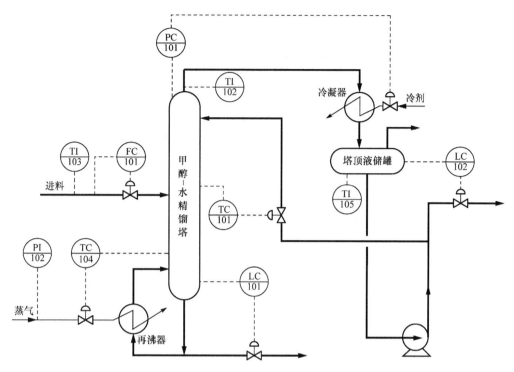

图 5-22　甲醇-水精馏分离的控制方案示意图

物中残留有未反应的苯以及多氯苯等副产物,因此需要通过精馏过程对粗产品进行分离提纯。本节结合第 3 章中"苯-氯苯"二元体系的精馏分离讨论该过程的自动控制方案。

分离苯-氯苯体系的精馏塔为常压塔,产品为塔底采出液。由于提馏段温度与塔底液的组成密切相关,因此应对提馏段温度予以控制。从控制的角度出发,宜选择变化最为显著的灵敏板温度作为被控变量,但考虑到苯-氯苯体系的灵敏板处于提馏段,为保证塔底采出液的质量,故以提馏段中温度相对敏感的塔板温度作为被控变量。

图 5-23 是苯-氯苯精馏分离的控制方案示意图。主要控制系统是以提馏段塔板温度作为被控变量,加热蒸气量为操纵变量。通过 TC101 和 FC101 组成的串级控制系统控制加热蒸气量,以控制塔底氯苯的质量。除了这个主要控制系统外,还有五个辅助控制系统:对塔底采出量和塔顶采出量按物料平衡关系分别设有塔底液位控制器(LC101)与塔顶液储罐的液位控制器(LC102)作均匀控制。进料量由 FC102 定值控制(如不可控,也可采用均匀控制系统)。为维持塔压恒定,在塔顶设置压强控制系统(PC101),当塔压发生变化时,可以通过改变冷凝器冷剂量的大小来达到控制压强的目的。回流量采用定值控制(FC103),以保持产品的质量。

由于采用了提馏段温度作为间接质量指标。因此,它能够较直接地反映提馏段产品情况。将提馏段恒定后,就能较好地保证塔底产品的质量。对于液相进料,进料量或进料组分的变化能很快影响塔底的成分,而采用提馏段温控比较及时,动态过程也比较快。

当然,精馏是一个多变量操作过程,主要操作控制参数包括回流比、塔底温度、塔顶温度等,其操作控制的手段包括改变回流比、改变塔釜加热量、改变进料量、改变进料位置等。不同的工艺控制要求、不同变量之间的相互配对,甚至是建厂的投资情况等都会使控制方案有所不同。上述实例仅是针对其中的某种要求进行配对设计的控制方案,通过其他配对也能达到预

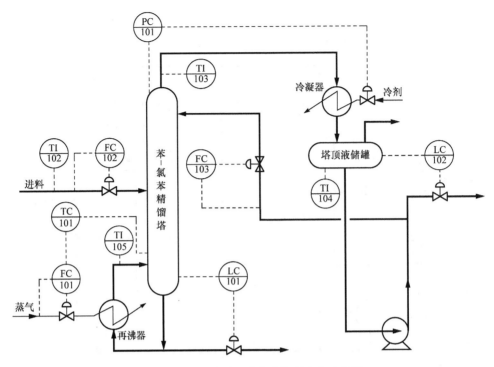

图 5-23　苯-氯苯精馏分离的控制方案示意图

期的控制效果。

　　由于控制方案不仅涉及工艺指标,而且还直接影响过程的安全性和经济性等,其方案的选择是一个多方案优化的问题,针对具体的工艺过程及要求,需要进行综合分析才能优选出适宜的控制方案。

第6章　塔设备的机械设计

完成塔设备的工艺计算后,综合工艺控制方案,提出塔设备的机械设计条件,进入后续的机械设计阶段。塔设备的机械设计目的是对设备的结构进行设计,并计算出主要部件的尺寸。塔设备的机械设计基本内容包括:①塔设备的结构设计;②设备材料的选择;③塔设备的强度设计和稳定性校核;④塔设备零部件的设计选用;⑤绘制装配图和零件图;⑥编写设计说明书。

塔设备的结构设计和有关计算需依据相关的标准进行,主要标准有"塔式容器(JB/T 4710—2014)"、"塔器设计技术规定(HG 20652—1998)"、"石油化工塔器设计规范(HS/T 3098—2011)"和"压力容器(GB 150—2011)"。

国际单位制中,用"压强"表示体系的受压大小。由于我国的压力容器标准及化工设备的相关教材中"压强"均用"压力"表示,因此本章仍使用"压力"表示"压强"。

6.1　板式精馏塔的结构设计

板式精馏塔是典型的塔设备,整体式塔设备和分段式塔设备的结构如图 6-1 和图 6-2 所示,主要有以下几部分组成。

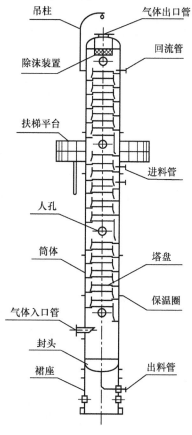

图 6-1　整体式塔设备

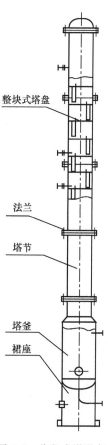

图 6-2　分段式塔设备

（1）塔体。塔体即塔设备的外壳，由筒体和封头组成，属直立式、高耸容器。当塔的直径大于等于800mm时，壳体焊接成为一个整体（图6-1）；当直径小于800mm，或者塔设备安装在框架、室内时，因环境和制造、安装条件的限制，常将塔体分成若干段，各段之间用法兰连接（图6-2）。

（2）内件。包括塔盘及其支撑装置，其结构设计见6.1.1节。

（3）支座。一般为裙式支座，其结构设计见6.1.2节。

（4）附件。包括人孔、手孔、进出料管口、仪表管口以及塔外的扶梯、操作平台等，其结构设计见6.1.3节。

6.1.1　塔盘的结构设计

塔盘及支撑连接件属于塔内件。塔盘主要由塔盘板、塔盘圈、溢流堰及降液管等组成。根据塔设备直径的大小，塔盘分成整块式和分块式两种类型。当塔径小于800mm时，采用整块式塔盘；塔径在800mm以上时，采用分块式塔盘。通常除最高层、最低层和进料层的结构和塔盘间距可能有所不同外，其他各层塔盘的结构基本相同。

6.1.1.1　整块式塔盘

采用整块式塔盘时，每个塔节中安装一定数量的塔盘，塔节之间用法兰连接。整体塔盘分为定距管式塔盘（图6-3）和重叠式塔盘（图6-4），定距管式塔盘是常用的结构类型。对定距管

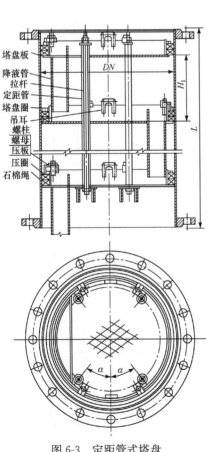

图6-3　定距管式塔盘

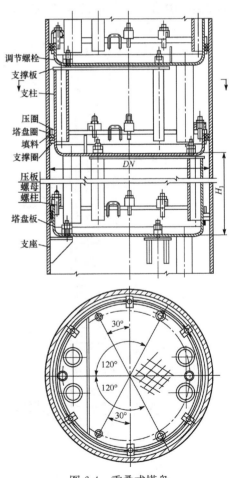

图6-4　重叠式塔盘

式塔盘,塔节高度视塔径尺寸范围、塔板间距和塔盘数确定,参见表 6-1。对重叠式塔盘,塔节高度不受限制。

表 6-1　定距管支撑式结构的塔节高度　　　　　　　　　　（单位:mm）

塔径	300~500	600~700
塔板间距	250~350	250~400
塔节高度	800~1000	1200~1500

6.1.1.2　分块式塔盘

对于直径较大的板式塔,考虑塔盘制造、安装、检修的方便,常采用分块式塔盘。塔盘由塔体上的人孔送入,安装在固定于塔壁的塔盘支撑件上。图 6-5 为单液流程分块式塔盘组装结构。单液流程塔盘的结构简单,液体流程较长,有利于提高分离效率,是一种常见的结构。图 6-6(a)和(b)则为双液流程分块式塔盘组装结构。采用双流型结构是为了减小液面落差,它的结构比单流型复杂。对塔径、液相流量较大的情况,则可采用三流或四流等多流型。

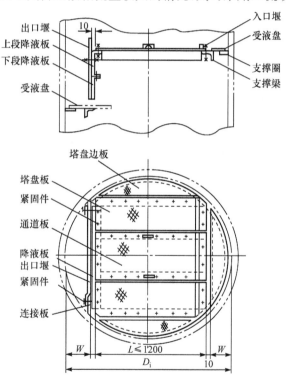

图 6-5　单液流程分块式塔盘组装结构

6.1.2　裙式支座的结构设计

6.1.2.1　裙座的类型及选择

塔体常用裙座支撑,这主要是由于裙座的结构性能好,连接处产生的局部应力较小的缘故。裙座有两种结构:一种是圆筒形裙座,见图 6-7;另一种是圆锥形裙座,见图 6-8。一般情况下选用圆筒形裙座。当塔体公称直径(D)与塔高(H)的比值为 $D<1000$mm,$H/D>25$;$D>1000$mm,$H/D>30$ 时属细高型塔,在下列情况时,应选用圆锥形裙座。

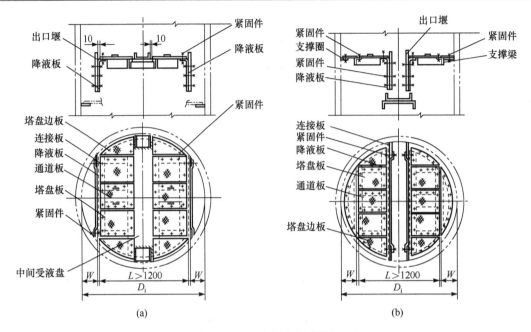

图 6-6　双液流程分块式塔盘
（a）两侧降液塔盘；（b）中间降液塔盘

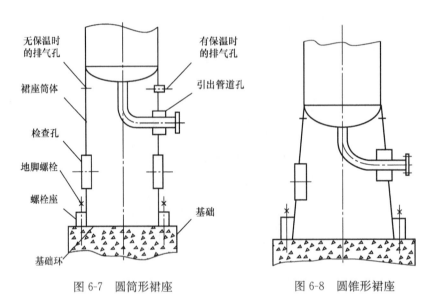

图 6-7　圆筒形裙座　　　　　　图 6-8　圆锥形裙座

（1）当按圆筒形裙座确定的基础环上所能放置的地脚螺栓个数少于塔稳定计算所需的地脚螺栓个数，需要加大基础环直径，以增加地脚螺栓个数时应选用圆锥形裙座。

（2）当裙座基础环下的混凝土基础表面的压应力过大时，需要加大混凝土的承载面积，以减小压应力时也应选用圆锥形裙座。

（3）需要增加塔体裙座的断面惯性矩，以减小裙座筒体底部断面上由于风载荷或地震载荷所产生的应力时，也同样需要选用圆锥形裙座。

裙座与塔内物料不直接接触，也不承受塔内的介质压力，允许用普通碳素结构钢。当塔底封头的材料与塔体不一致时，则座圈顶部应增加一个与塔体材质相同的短节，且这一段裙座的短节长度一般不宜小于 300mm。

6.1.2.2　裙座与塔体的连接

裙座与塔体的连接均采用焊接,焊接接头共有对接和搭接两种形式。由于对接焊缝受压,可承受较大的轴向力,推荐选用对接焊缝。采用对接接头焊缝时,一般取裙座筒体内径与塔体封头内径相等;当裙座筒体厚度与塔体封头厚度之差≥8mm 时,取两者的外径相等。对接焊接接头形式及尺寸见图 6-9。通常采用图 6-9(a)的结构,下列场合推荐采用图 6-9(b)的结构:

(1) 塔高与塔径之比>20。

(2) 塔内为低温操作。

(3) 裙座与塔体封头连接焊缝可能产生热疲劳。

(4) 裙座筒体名义厚度(δ_{ns})超过 16mm。

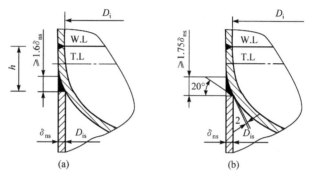

图 6-9　裙座与塔体对接焊接接头形式及尺寸

(a) 对接接头形式一;(b) 对接接头形式二

为避免焊接热影响区重叠,致使材料的性能下降,要求裙座与下封头的连接焊缝与筒体和封头的环向焊缝之间有一定的距离(h_d)。裙座外径与椭圆形封头外径相等时,裙座顶部到底封头切线的距离可选用式(6-1)计算 h_d 值。

$$h_d = \left(\frac{D_i}{4} + \delta_{nh}\right) \cdot \sqrt{1 - \frac{\left(\frac{D_i}{2} + \delta_{nh} - \delta_{ns}\right)^2}{\left(\frac{D_i}{2} + \delta_{nh}\right)^2}} \tag{6-1}$$

式中:D_i 为裙座或封头的内径,mm;δ_{nh} 为椭圆形封头的厚度,mm;δ_{ns} 为裙座的厚度,mm。

搭接焊接接头形式及尺寸见图 6-10。搭接部位最好位于塔体筒体上,如图 6-10 中(a)和(b)所示。也可位于封头直边段上,如图 6-10 中(c)和(d)所示。虽然搭接焊缝对封头而言受力较好,但焊接接头受剪切应力,因此底封头的环向连接焊缝应磨平,搭接的角焊缝必须填满,且须进行 100% 探伤检查。当底封头是由多块钢板拼接而成时,为避免出现十字焊缝,在封头拼接接头处的裙座筒体应切缺口,缺口的形状及尺寸分别见图 6-11 和表 6-2。

表 6-2　裙座筒体缺口尺寸　　　　　　　　　　　　　　　　(单位:mm)

封头厚度 δ_{nh}	6~8	10~18	20~26	28~32
宽度 K	70	100	120	140
缺口 R	35	50	60	70

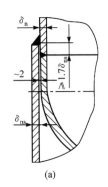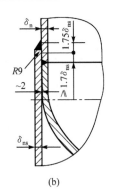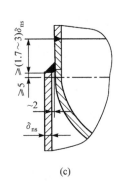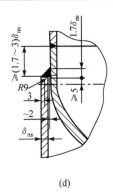

(a)　　　　　　　　(b)　　　　　　　　(c)　　　　　　　　(d)

图 6-10　裙座与塔体的搭接焊接接头形式及尺寸

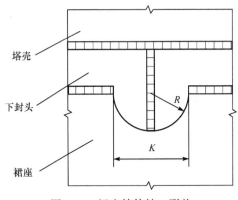

图 6-11　裙座筒体缺口形状

6.1.2.3　排气管和排气孔

化工装置在运行中可能有气体逸出并积聚在裙座与塔底封头之间的死角区中。为减小腐蚀以及避免可燃、有毒气体的积聚,必须在裙座上部设置沿周向均布的排气孔或排气管。当裙座设保温(保冷、防火)层时,裙座上部应均匀设置排气管,如图 6-12 所示。当裙座不设保温(保冷、防火)层时,其上部为排气孔,见图 6-13。根据"石油化工企业设计防火规范(GB 50160—2008)"的规定,对于钢裙座外侧未保温部分及直径大于 1.2m 的裙座内侧需覆盖耐火层,且耐火极限不应低于 1.5h。当塔器或塔壁的设计温度等于或大于 350℃时,应在裙座上部,靠近封头处设置隔气圈[图 6-12(b)]。为排出裙座顶部气体,排气孔和排气管应尽可能设置在裙座筒体的最高处,排气孔或排气管中心到裙座筒体上端的距离、规格和数量见表 6-3。对于开有检查孔的矮裙座可不设排气孔。裙座筒体底部可对开两个排净孔,其形式和尺寸见图 6-14。

表 6-3　排气管(孔)的尺寸与位置

裙座壳顶部内径 D_{is}/mm		$600\sim1200$	$1400\sim2400$	>2400
排气管(孔)规格/mm		$\phi89\times4/\phi80$	$\phi89\times4/\phi80$	$\phi114\times5/\phi100$
排气管(孔)数量/个		2	4	4
排气管中心线至裙座顶端的距离/mm	H_1[图 6-12(a)]	\multicolumn{3}{c}{$H_1=H+0.5d_o+50$}	
	H_2[图 6-12(b)]	\multicolumn{3}{c}{$H_2=Z+\delta_{si}+0.5d_o+50$}	
排气孔中心线至裙座顶端的距离 H_3/mm		140	180	220

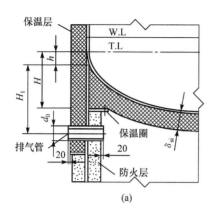
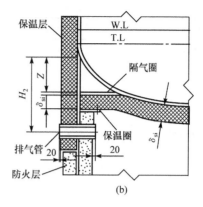

图 6-12　排气管设置的位置

(a) 无隔气圈时排气管的设置；(b) 有隔气圈时排气管的设置

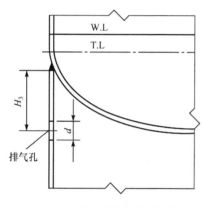
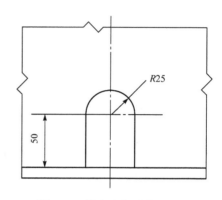

图 6-13　排气孔设置的位置　　　　　　图 6-14　排净孔的形状和尺寸

6.1.2.4　裙座的检查孔

裙座上必须开设检查孔或人孔，以方便检修。检查孔有圆形(A 型)和长圆形(B 型)两种，A 型检查孔的结构、尺寸及开孔数量见图 6-15 和表 6-4。当截面受限制或拆卸塔底附件困难时，可采用 B 型。B 型检查孔的结构、尺寸及开孔数量见图 6-16 和表 6-5。

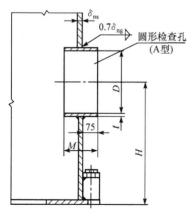
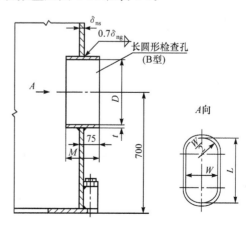

图 6-15　A 型检查孔　　　　　　　　　图 6-16　B 型检查孔

表 6-4　A 型检查孔的结构、尺寸及开孔数量

裙座直径/mm	开孔数量/个	直径 D/mm	M/mm	H/mm
≤700	1	250	150	—
800~1600	1	450	200	900
1800~2800	2	450	250	900
	1	500	500	900
3000~4600	2	500	250	950
>4600	2	600	250	1000

表 6-5　B 型检查孔的结构、尺寸及开孔数量

裙座直径/mm	开孔数量/个	W/mm	M/mm	L/mm
800~900	1	400	180	799
1000~2800	2	400	180	900
3000~4600	2	450	200	1200
>4600	2	450	200	1200

6.1.2.5　地脚螺栓座

塔设备上必须设置地脚螺栓，以固定塔的位置并防止其倾倒。地脚螺栓与地脚螺栓座组成一体。地脚螺栓座有多种结构类型，常采用外螺栓座及单环板座两种，见附图 7-8、附图 7-9 和附表 7-10。对外螺栓座，盖板有分块和环形两种，当地脚螺栓间距小于 450mm 或 3.5 倍地脚螺栓两侧筋板之间的距离时，可以采用环形盖板。而当塔高较低或基础环厚度小于 20mm 时，地脚螺栓座可选用单环板座结构。为便于布置地脚螺栓，螺栓的间距一般为 300~450mm，地脚螺栓个数应为 4 的倍数，推荐的地脚螺栓的个数见表 6-6。地脚螺栓应具有足够的刚性，除单环板地脚螺栓座以外，螺栓的公称直径不宜小于 24。

表 6-6　裙座的地脚螺栓数

裙座底部直径 D/mm	600	700	800	900	1000	1100	1200	1300	1400	1500	1600
最少个数		4				8					12
最多个数		8			12			16			
裙座底部直径 D/mm	1800	2000	2200	2400	2600	2800	3000	3200	3400	3600	3800
最少个数		12			16				20		
最多个数	16		20				24			28	
裙座底部直径 D/mm	4000	4200	4400	4600	4800	5000	5200	5400	5600	5800	6000
最少个数	20			24					28		
最多个数	28			32					36		

6.1.3　附件的结构设计

塔设备的附件包括接管、人孔(或手孔)、扶梯、平台、吊柱、保温圈等。

6.1.3.1　接管

接管包括进出料接管、仪表接管和备用接管等。进出料接管的结构设计,应考虑物料状态、分布要求、物料性质、塔内结构及安装、检修等情况。仪表接管的结构设计应满足测量要求。接管伸出长度的取值参阅"钢制化工容器结构设计规定"(HG/T 20583—2011)。

1) 液体进料管和回流管

常见的进料管结构有固定式和可拆式。物料易堵塞或小塔径($\leqslant 1000$mm)时,宜选用可拆结构,其结构又分为直管和弯管两种,分别见图 6-17(a) 和(b),相应的尺寸见表 6-7 和表 6-8。物料清洁和腐蚀轻微时,可用固定式进料管,其常见结构见图 6-17(c)和(d)。图 6-17 中 p 和 L 的取值由工艺条件确定。$H_1(H_2)$ 的取值由接管的公称直径和筒体保温层厚度确定。

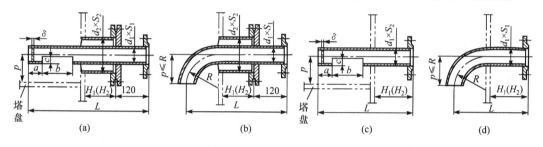

图 6-17　液体进料管结构

(a) 可拆式直管进料管;(b) 可拆式弯管进料管;(c) 固定式直管进料管;(d) 固定式弯管进料管

表 6-7　直管进料管尺寸　　　　　　　　　　　(单位:mm)

内管 $d_1 \times S_1$	外管 $d_2 \times S_2$	a	b	c	d	H_1	H_2
25×3	45×3.5	10	20	10	5	120	150
32×3.5	57×3.5	10	25	10	5	120	150
38×3.5	57×3.5	10	32	15	5	120	150
45×3.5	76×4	10	40	15	5	120	150
57×3.5	76×4	15	50	20	5	120	150
76×4	108×4	15	70	30	5	120	150
89×4	108×4	15	80	35	5	120	150
108×4	133×4	15	100	45	5	120	200
133×4	159×4.5	15	125	55	5	120	200
159×4.5	219×6	25	150	70	5	120	200
219×6	273×8	25	210	95	5	120	200
245×7	273×8	25	225	110	8	120	200
273×8	325×8	25	250	8	8	120	200

注:H_1 和 H_2 分别为无保温和有保温层厚度$\leqslant 100$ mm 时的最短伸出长度

表 6-8　弯管进料管尺寸　　　　　　　　　　　　（单位：mm）

内管 $d_1 \times S_1$	外管 $d_2 \times S_2$	R	H_1	H_2
25×3	76×4	75	120	150
32×3.5	76×4	120	120	150
38×3.5	89×4	120	120	150
45×3.5	89×4	150	120	150
57×3.5	108×4	175	120	150
76×4	133×4	225	120	150
89×4	133×4	265	120	150
108×4	159×4.5	325	150	200
133×4	219×6	400	150	200
159×4.5	219×6	480	150	200
219×6	273×8	650	150	200

注：H_1 和 H_2 分别为无保温和有保温层厚度≤100mm 时的最小伸出长度

2）气体进口管

进气管的装配位置由工艺条件确定。可设在两塔盘间或塔体下部，但管口下缘至液面距离不应小于 300mm，以避免液体淹没气体通道而产生冲溅和夹带现象。图 6-18 是常用进气管的结构图，其中（a）和（b）是塔侧进气管结构，出口处设置斜切口或挡板结构是为了改善气体的分布；（c）是带有气孔的气体分布管，管的上方开设三排出气小孔，以使进塔气体分布均匀。小孔直径的尺寸和数量由工艺条件决定，该结构常用于直径较大的塔中。切向进气管的结构见图6-19 所示。

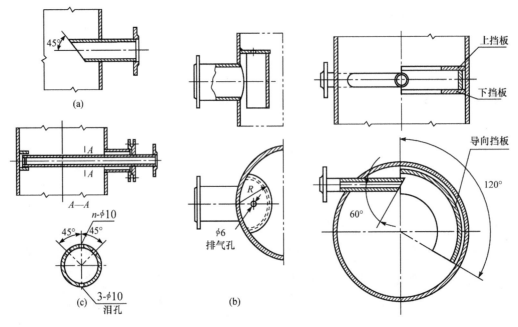

图 6-18　常用进气管的结构图
（a）斜切口进气管；（b）带挡板进气管；（c）气体分布进气管

图 6-19　切向进气管的结构

3) 气体出口管

为减少雾沫夹带,降低液体物料的损失,改善后续的工艺操作,可设置气体出口挡板或除沫器。常用的除沫装置是丝网除沫器。丝网是用不锈钢、铜、镀锌铁、聚四氟乙烯、尼龙、聚氯乙烯等圆丝或扁丝编制并压成双层折皱形网带或波纹形网带。这种除沫装置具有比表面积大、质量轻、空隙大、效率高、压降小以及使用方便等优点,被广泛使用。丝网除沫器的结构已标准化,其典型结构见图 6-20。

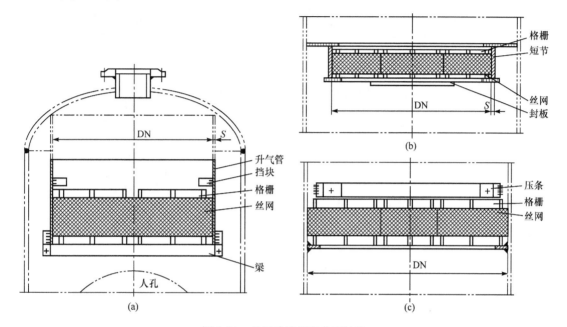

图 6-20 丝网除沫器的典型结构

4) 塔底出料管

釜液从塔底流出时会形成向下的旋涡,使塔釜液面不稳定,带走气体和容器底部杂质。如果出口与泵连接,将会影响泵的正常运转。因此釜液出口管应设置防涡流挡板。防涡流挡板的形式多种多样,图 6-21(a)和(b)所示结构分别适用于清洁和有沉淀物的介质,具体尺寸可查阅"石油化工塔器设计规范"。出料管一般需通过裙座上的通道管引到裙座的外部,引出管或通道管上应焊支撑板支撑,如图 6-22 所示。通道管尺寸见表 6-9。为满足塔底出料管热膨胀的需要,引出管上的支撑板与引出加强管应预留间隙,间隙值 C 见表 6-10。

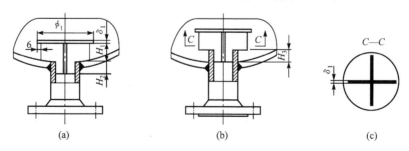

图 6-21 塔釜出料口的防涡流挡板结构

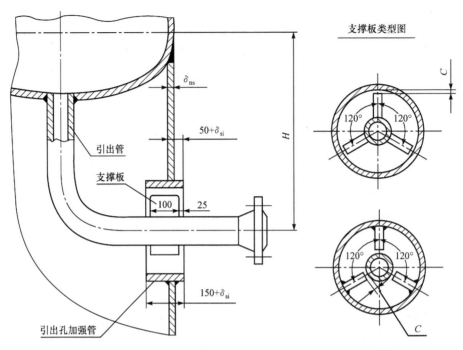

图 6-22　通道管结构

表 6-9　通道管尺寸　　　　　　　　　　（单位：mm）

引出管公称直径 DN		20～25	32～40	50～70	80～100	125～150	200	250	300	350
通道管规格	无缝钢管	$\phi133\times4$	$\phi159\times4.5$	$\phi219\times6$	$\phi273\times8$	$\phi325\times8$				
	卷焊管			$\phi200$	$\phi250$	$\phi300$	$\phi350$	$\phi400$	$\phi450$	$\phi500$

表 6-10　支撑板与通道管的间隙值 C　　　　　　　　（单位：mm）

$\Delta t/℃$ 材质 H	30		80		130		180		230		280		330	
间隙	Ⅰ	Ⅱ	Ⅰ	Ⅱ	Ⅰ	Ⅱ	Ⅰ	Ⅱ	Ⅰ	Ⅱ	Ⅰ	Ⅱ	Ⅰ	Ⅱ
600	1.0	1.0	1.0	1.0	1.5	1.5	1.5	2.0	1.5	2.0	2.0	2.0	2.5	3.0
900	1.0	1.0	1.0	1.0	1.5	2.0	2.0	2.5	2.5	3.0	2.5	3.0	3.0	3.5
1200	1.0	1.5	1.5	2.0	2.0	2.5	2.5	3.0	3.0	3.5	3.0	3.5	3.5	4.5
1500	1.0	1.5	2.0	2.5	3.0	3.5	3.5	4.0	3.5	4.5	4.0	5.0	5.0	6.5
1800	1.5	1.5	2.5	2.5	3.0	3.5	4.0	4.5	4.0	5.0	4.5	6.0	6.0	7.0
2000	1.5	2.0	3.0	3.0	3.5	4.0	5.0	4.5	4.5	5.5	5.0	7.0	6.0	8.0

注：① 间隙值 $C \geqslant (\alpha \cdot \Delta t \cdot H)\cos60° + 1$。式中，$\alpha$ 为介质工作温度与20℃之间的平均膨胀系数；Δt 为介质工作温度与20℃的温差；H 见图6-22；② 式中Ⅰ类材料指碳素钢、铬钼钢、低铬钼钢(Cr3Mo)，Ⅱ类材料指奥氏体不锈钢

5）仪表接口管

压力表、温度计等仪表接口管的结构应满足测量要求。例如，对要求液位指示平稳的液面计上的接管，可设置挡液板（图 6-23）。如有关专业未提出连接要求时，一般采用管法兰（DN25）连接。

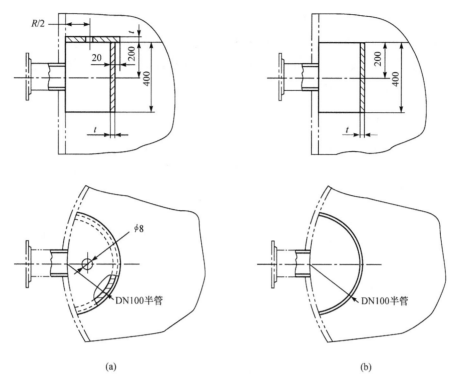

图 6-23　液位计接口挡液板的结构

(a) A 型(用于液位计上部接口)；(b) B 型

6.1.3.2　人孔和手孔

需经常进行清理或检查上有要求的容器必须开设人孔、手孔、检查孔等。人孔的公称直径应由容器直径大小、压力等级、容器内部可拆构件尺寸、检修人员进出方便等因素决定。塔体人孔、手孔公称压力的选择,除考虑操作工况外,还必须考虑水压试验压力的影响。人孔应采用 JB 标准,该标准的公称压力为 0.6~6.4MPa、公称直径为 400~600mm。一般情况下人孔和手孔的公称直径如表 6-11 所示。

表 6-11　人孔和手孔的公称直径　　　　　　　　　　　（单位:mm）

塔径	人孔的公称直径	手孔的公称直径
<800	—	不小于 150
800	400	—
>800~1600	450	—
>1600~3000	500	—
>3000	500 或 600	—

凡有可拆卸的内部构件的塔器,至少应在筒体的顶部开设一个人孔。开有多个人孔时,其间距一般宜大于或等于 5m。塔体上的人孔常采用垂直吊盖人孔(垂直吊盖人孔的结构和尺寸见附表 7-6 和附表 7-7)。当必须采用回转盖人孔时,应注意回转盖打开的方向上是否存在障碍物或打开后是否妨碍人员通过。板式塔的人孔中心线与降液板中心线夹角尽可能成 90°,

且所有人孔尽量在设置同一方位上。但对小直径塔,当人孔(手孔)的间距又很小时,应避免把人孔(手孔)开设在同一方位上(即不设在塔的同一侧),以免在焊接后引起塔体弯曲。

手孔用于操作者不便进入设备进行清理、检查或修理的场合。一般手孔直径取 150～250mm。手孔的结构和尺寸分别见附图 7-4 和附表 7-5。

6.1.3.3　操作平台与梯子

在需要检修和操作的地方可设置操作平台,操作平台的形式与塔设备布局方式、塔与厂房

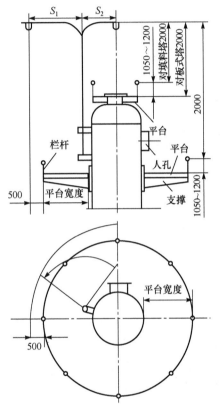

图 6-24　塔体平台、塔顶吊柱高度和臂长

之间的距离及塔设备的工艺操作要求等有关。对无其他构筑物可借助的单个塔宜选用塔体平台,见图6-24。

塔体平台的宽度应根据检修需要而定,一般为0.8～1.2m,不得小于 0.6m。当平台设在手孔或检修人孔附近时,净宽不小于 0.9m。作为修理塔盘用的平台,宽度最好不小于 1.1m。人孔水平中心线到塔平台表面的距离为 0.7～1m,最大不超过 1.2m。平台内侧与塔壁之间应留出一定间隙,以便进行设备保温、涂漆等工作。一般情况下,无保温层时的间隙为 100mm,有保温时,至保温层表面的间隙为 50mm。

6.1.3.4　塔顶吊柱

为便于安装和拆卸塔内件,对于较高的室外无框架的整体塔,需在塔顶设置吊柱。吊柱的安装高度由平台高度和所吊装的塔内件尺寸决定,参见图 6-24。附表 7-11 列出了塔顶吊柱的系列,当所设计吊柱的吊重及 S、L 参数在附表系列的范围内时,可直接选用标准的塔顶吊柱,不必设计计算。吊柱柱臂长 S 可由塔径及吊柱在塔壁上的安装位置确定,取 S_1 和 S_2 中最大者。设计载荷 W 应取起吊质量的 2.2 倍左右。手柄至操作平台之间的距离一般为 1.2～1.5m。

6.1.3.5　保温圈

当塔内操作温度高于环境温度,且不允许塔壁散热或防止高温塔壁烫及人体时,塔体需设置保温层。保温支撑件的布置可参考图 6-25 和表 6-12。塔壁上保温支撑件的形式和保温支撑件没有统一的标准,推荐图 6-26 中三种形式的保温支撑件。塔体保温圈为 Ⅰ 型,保温圈的宽度 W 取决于塔设备的保温层厚度,见表 6-13。塔顶保温圈为 Ⅱ 型,塔底封头保温圈为 Ⅲ 型。

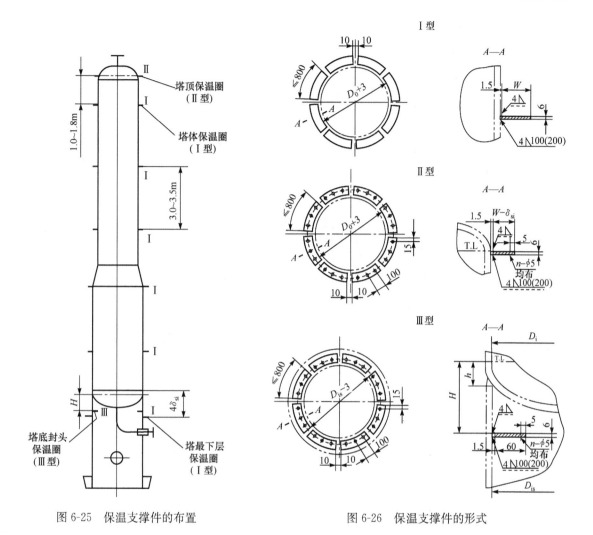

图 6-25 保温支撑件的布置   图 6-26 保温支撑件的形式

表 6-12 塔设备保温圈的位置和间距

塔顶保温圈（Ⅱ型）	上封头切线或焊缝以下 50mm 处
塔体保温圈（Ⅰ型）	间距 3～5m
塔体最低层保温圈（Ⅰ型）	距裙座筒体与塔釜封头焊缝以下 4 倍保温层厚度
塔底封头保温圈（Ⅲ）	位置见图 6-25

表 6-13 塔设备保温圈的宽度 （单位：mm）

保温层厚度 δ_{si}	40	50	60	70	80	100	120	150	>150
保温圈宽度 W	30	40	50	55	60	70	90	120	$\delta_{si}-50$

6.1.3.6 塔内和裙座内爬梯

对设有人孔的塔体，为方便检修人员通过人孔进入塔内，当人孔上下每侧没有可以脚蹬或无可以手扶的构件时，应设置爬梯。裙座内有检修要求时，也应在裙座内设置爬梯。塔设备内部爬梯布置详图见图 6-27。塔设备内部梯子和手柄的结构尺寸见图 6-28。

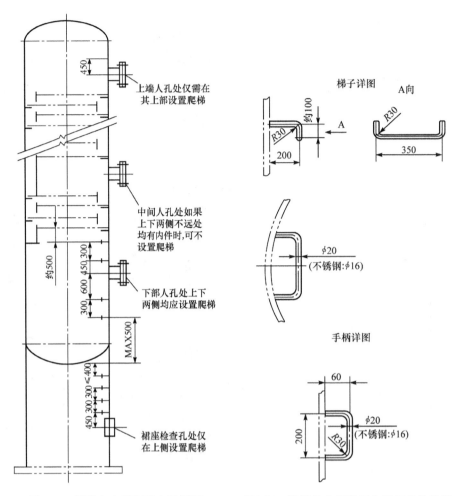

图 6-27　塔设备内部爬梯布置详图　　　图 6-28　塔设备内部梯子和手柄的结构尺寸

6.1.4　焊接接头的结构设计

　　焊接接头是指两个零件或一个零件的两部分在焊接连接部位的总称。化工设备上采用的焊缝结构尺寸可参照"钢制化工容器结构设计规定"(HG/T 20583—2011)。塔设备上常见的焊接接头形式和尺寸列于表 6-14 中，以供参考。对薄壁高塔，为控制焊接时焊缝附近塔体塌陷及塔整体挠曲变形，筒体焊缝应采用小尺寸的坡口；对设有加强圈的接管，应减小筒体与接管间的间隙。

表 6-14　焊接接头形式和尺寸　　　　　　　　　　　　（单位：mm）

焊缝代号	接头形式	基本尺寸				适用范围	焊缝符号
		手工电弧焊		埋弧自动焊			
DU3 DU22		δ	5~10	δ	≤20	钢板拼接	
		α	60°±5°	α	60°±5°		
		b	1±1	b	$2^{+0.5}_{0}$		
		p	1^{+1}_{0}	p	$1^{+0.5}_{0}$		

焊缝代号	接头形式	基本尺寸				适用范围	焊缝符号
		手工电弧焊		埋弧自动焊			
DU11 DU35		δ	$16\sim60$	δ	$20\sim60$	钢板拼接	
		α	$55°\pm5°$	α	$55°\sim75°$		
		b	2 ± 1	b	$0+2$		
		p	2_0^{+1}	p	6_{-1}^{+4}		
G1		$\beta=45°\pm5°$；$b=1\pm0.5$；$H\geqslant\delta_t$，$K\geqslant6$				1. 小壁厚的容器 2. 非腐蚀性介质腐蚀容器 3. 一般 $\delta_t<\delta_s$	
G2		$\beta=50°\pm5°$；$b=2\pm0.5$； $p=1\pm0.5$；$K=1/3\delta_t$，且 $K\geqslant6$				适用于 $\delta_s=4\sim25$， $\delta_t\geqslant1/2\delta_s$	
G11		$\beta=50°\pm5°$；$b=2\pm0.5$；$p=0_0^{+3}$； $H=\dfrac{\delta_s-p}{2}$；$K=0.15\delta_s$，且 $K\geqslant6$				1. 中、高压容器 2. 一般 $\delta_t\geqslant\delta_s$ 3. 一般 $\delta_s\geqslant12$	
G26		$\beta=20°\pm2°$；$b=2\pm0.5$； $K_1=1.4\delta_t$，且 $K\geqslant6$； $K_2=\delta_e$（当 $\delta_e\leqslant8$ 时）； $K_2=0.7\delta_e$ 或 $K_2=8$ 取最大值（当 $\delta_e>8$ 时）				1. 非疲劳载荷、低温和大温度梯度场合 2. 容器内有较好的施焊条件	
G28		$\beta_1=15°\pm2°$；$\beta_2=45°\pm5°$； $b=2\pm0.5$；$p=2\pm0.5$； $K_1=\delta_t/3$；$K_2=\delta_c$（当 $\delta_c\leqslant8$ 时）； $K_3=0.7\delta_c$（当 $\delta_c>8$ 时）				1. 多用于壳体内不具备施焊条件或进入壳体施焊不便的场合； 2. 该全焊透结构适用于 $\delta_{nt}\geqslant\delta_n/2$（当 $\delta_n\leqslant16$ 时）或 $\delta_{nt}\geqslant8$（当 $\delta_n\geqslant16$ 时）	
G29		$\beta_1=35°\pm2°$；$\beta_2=50°\pm5°$；$b_1=5\pm1$； $b_2=2\pm0.5$；$K_1=\delta_n/3$，且 $K_1\geqslant6$； $K_2=\delta_c$（当 $\delta_c\leqslant8$ 时）； $K_2=\max(0.7\delta_c,8)$（当 $\delta_c>8$ 时）； $p=2\pm0.5$				1. 可用于低温、储存有毒介质或腐蚀介质的容器； 2. 适用于 $\delta_{nt}\geqslant\delta_n/2$（当 $\delta_n\leqslant16$ 时）或 $\delta_{nt}\geqslant8$（$\delta_n>16$ 时）	
G49		$\beta_1=30°\pm5°$；$\beta_2=45°\pm5°$；$b=2\pm0.5$； $p=2\pm0.5$；$K=\delta_s/3$，且 $K_1\geqslant6$				1. 非径向接管 2. 一般 $\delta_t\geqslant\delta_s/2$ 或 $\geqslant6_s$ 3. 一般 $4\leqslant\delta_s<25$	

6.2 塔设备的强度设计和稳定校核

塔设备的机械结构设计完成后,还须进行强度和稳定计算,以确定塔体、裙座的壁厚,使其满足强度、刚度和稳定性要求。塔设备多数置于室外,塔体除承受操作压力外,还承受着各种质量载荷、地震载荷、风载荷等联合作用。因此,单纯根据设计压力确定的塔体壁厚,不足以保证塔设备的安全运行,尚需按各种工况,对设备在多种载荷联合作用时的强度和稳定性进行校核。下面结合第 3 章的精馏工艺,对塔设备进行强度设计及稳定性校核。主要包括以下步骤:

(1) 根据 GB150 相应章节,按计算压强确定圆筒及封头的有效厚度 δ_e 和 δ_{eh}。

(2) 根据地震和风载荷的需要,选取若干计算截面(包括所有危险截面)。

(3) 根据塔设备承受的载荷作用,依次在正常操作、停工检修和压力试验三种工况下进行危险截面的轴向强度和稳定性校核,并应满足相应的要求,否则需重新设定筒体的有效厚度,直至满足全部校核条件为止。

(4) 设计计算裙座、基础环和地脚螺栓等。

6.2.1 塔设备壁厚确定及质量计算

6.2.1.1 塔设备的选材

塔设备中受压元件的选材必须满足 GB150 关于材料的规定。主要依据塔的操作条件、材料的焊接性能、冷热加工性能、热处理及容器的结构等,并考虑选材的经济合理性。要提醒的是,裙座壳需按受压元件标准选材,还应考虑建设地区的环境温度、塔设备的设计温度、裙座壳体与塔体壳体的焊接性能等。除特殊要求外,当裙座设计温度在 0℃ 以上时,选用 Q235B、Q235C、Q245R 或 Q345R;温度低于 −20℃ 时,选用 Q245B 或 Q345R;温度为 −20～0℃ 时,可选用 Q235R 或 Q345R。需要注意的是,裙座过渡段(与塔体连接部分)的材料应与塔体材料相同。

确定地脚螺栓材料时,应考虑建塔地区环境温度的影响。环境温度高于 −20℃ 时选用 Q235B 或 Q235C,否则选用 Q345D 或 Q345E。焊接材料的选择应符合相关标准。

6.2.1.2 塔设备的壁厚

塔体的壁厚依据 GB150 相关内容确定。筒体壳体的计算厚度和名义厚度分别按式(6-2)和式(6-3)计算。

$$\delta = \frac{p_c D}{2[\sigma]^t \phi - p_c} \tag{6-2}$$

$$\delta_n = \delta + C_1 + C_2 + \Delta \tag{6-3}$$

式中:δ 为筒体的计算厚度,mm;p_c 为计算压力,MPa;D 为筒体的内径,mm;$[\sigma]^t$ 为材料在设计温度下的许用应力,MPa;ϕ 为焊接接头系数;δ_n 为筒体的名义厚度,mm;C_1 为钢板负偏差,mm;C_2 为腐蚀裕度,mm;Δ 为钢板厚度圆整值,mm。综合考虑制造、安装、运输的要求,对碳钢或低合金钢制造的圆筒,其最小壁厚 $\delta_{min} \geqslant 2D_i/1000$ 且不小于 3mm,对不锈钢制筒体最小厚度为 2mm,腐蚀裕量另加。

封头的计算厚度和名义厚度分别按式(6-4)和式(6-5)计算。

$$\delta_h = \frac{p_c D}{2[\sigma]^t \phi - 0.5 p_c} \tag{6-4}$$

$$\delta_{nh} = \delta_h + C_1 + C_2 + \Delta \tag{6-5}$$

式中:δ_h 为标准椭圆形封头的计算厚度,mm;δ_{nh} 为标准椭圆形封头的名义厚度,mm。对标准椭圆形封头,其有效厚度应不小于 $0.0015 D_i$。

由于裙座不承受介质的压力,对低压塔,其厚度一般与筒体接近,且不小于 6mm,腐蚀裕量另加,且不应小于 2mm。

6.2.1.3　塔设备的质量计算

塔设备的操作质量:

$$m_0 = m_{01} + m_{02} + m_{03} + m_{04} + m_{05} + m_a + m_e \tag{6-6}$$

塔设备的最大质量(水压试验时):

$$m_{max} = m_{01} + m_{02} + m_{03} + m_{04} + m_w + m_a + m_e \tag{6-7}$$

塔设备的最小质量(停工检修时):

$$m_{min} = m_{01} + 0.2m_{02} + m_{03} + m_{04} + m_a + m_e \tag{6-8}$$

式中:m_{01} 为壳体与裙座质量,kg;m_{02} 为内件质量,kg;m_{03} 为保温材料质量,kg;m_{04} 为平台、扶梯质量,kg;m_{05} 为操作时塔内物料质量,kg;m_a 为人孔、接管、法兰等附属件质量,kg;m_w 为充水的质量,kg;m_e 为偏心质量,kg。

　　式(6-6)~式(6-8)中:m_{01} 均按组成塔体各部分的名义厚度计算。式(6-8)中,$0.2m_{02}$ 为考虑焊在壳体上部分内构件的质量,如塔盘支持圈、降液管等。当空塔起吊时,如未装保温层、平台、扶梯,则 m_{min} 应扣除 m_{03} 和 m_{04}。对无实际资料的塔设备零部件,其质量可参考表 6-15。

表 6-15　塔设备部分零部件质量载荷估算表

名称	笼式扶梯	开式扶梯	钢制平台	圆泡罩塔盘	舌形塔盘
质量载荷	40kg·m⁻¹	15~24kg·m⁻¹	150kg·m⁻²	150kg·m⁻²	75kg·m⁻²
名称	筛板塔盘	浮阀塔盘	塔盘填充液	保温层	瓷环填料
质量载荷	65kg·m⁻²	75kg·m⁻²	70kg·m⁻²	300kg·m⁻³	700kg·m⁻³

6.2.2　弯矩计算

　　塔设备在操作时,除操作压强和液柱静压强外还承受质量载荷、地震载荷、风载荷、偏心载荷等载荷的作用。图 6-29 给出上述几种外载荷和各自的内力沿塔高的分布示意图及符号。地震载荷和风载荷属于动载荷,会使塔设备产生较大的惯性力,而发生振动。事实上,塔设备在上述动载荷作用下,其所受内力和变形不仅与载荷的大小有关,还与载荷的作用方式、载荷的变化规律以及塔设备的自振有关。因此,在进行塔设备载荷计算及强度、稳定性校核之前必须首先计算塔设备的自振周期,然后再根据具体情况进行一些在特殊工况下的强度计算、局部应力计算以及一些有强度要求的零部件的计算。根据课程设计的特点,本书着重介绍等截面、等壁厚塔设备的机械设计计算。

6.2.2.1　自振周期计算

　　计算塔的自振周期时,一般不考虑平台与外部接管的限制作用以及地基变形的影响,将直径、厚度或材料沿高度变化的塔设备视为一个多质点体系,如图 6-30 所示,其最低频率对应的

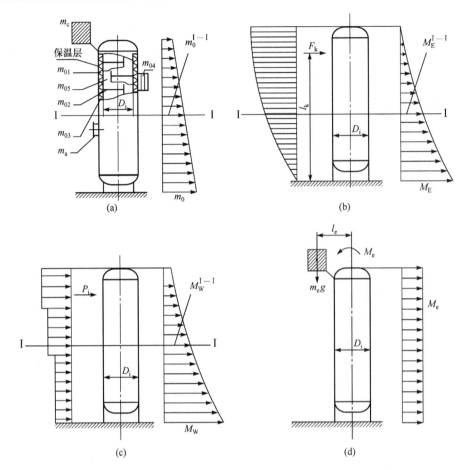

图 6-29　塔设备的外载荷及各自的内力沿塔高的分布示意图及符号

(a)质量载荷；(b)地震载荷；(c)风载荷；(d)偏心载荷

周期称为基本振型自振周期(T_1, s)，其值按式(6-9)计算。

$$T_1 = 90.33H \sqrt{\frac{m_0 H}{E^t \delta_e D_i^3}} \times 10^{-3} \qquad (6-9)$$

式中：H 为塔高，mm；δ_e 为筒体的有效厚度，$\delta_e = \delta_n - C$，mm，C 为钢板的厚度附加量，mm；E^t 为塔体钢板设计温度下的弹性模量，MPa；D_i 为筒体内径，mm。

6.2.2.2　地震弯矩的计算

塔设备在地震载荷作用下将产生弯曲变形。安装在地震烈度为七度或七度以上地区的塔设备必须具有抗震能力，应计算出由地震引起的力和弯矩。地震力可分解成水平方向和垂直方向。

1）水平地震力

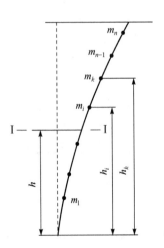

图 6-30　多质点体系基本振型示意图

任意高度 h_k 处的集中质量 m_k 引起的基本振型水平地震力 F_{1k} 按式(6-10)计算。

$$F_{1k} = \alpha_1 \eta_{1k} m_k g \qquad (6\text{-}10)$$

式中：m_k 为图 6-30 中距地面 h_k 处的集中质量，kg；α_1 为塔设备基本振型自振周期 T_1 的地震影响系数，按图 6-31 取值。图 6-31 中 $\alpha_{\max}$ 按表 6-16 取值，直线上升段斜率 η_1 按式（6-11）计算。其中阻尼比 ζ_i 应根据实测值确定，无实测数据时，一阶振型阻尼比可取 0.01～0.03。高阶振型阻尼比可参照第一振型阻尼比选取。图 6-31 中曲线部分的衰减指数 γ 按式（6-12）计算，调整阻尼系数 η_2 按式（6-13）计算，场地土的特征周期 T_g 由表 6-17 查取，基本振型参加系数 η_{1k}，按式（6-14）计算。

$$\eta_1 = 0.02 + \frac{(0.05 - \zeta_i)}{8} \qquad (6\text{-}11)$$

$$\gamma = 0.9 + \frac{0.05 - \zeta_i}{0.5 + 5\zeta_i} \qquad (6\text{-}12)$$

$$\eta_2 = 1 + \frac{0.05 - \zeta_i}{0.06 + 1.7\zeta_i} \qquad (6\text{-}13)$$

$$\eta_{1k} = \frac{h_k^{1.5} \sum_{i=1}^{n} m_i h_i^{1.5}}{\sum_{i=1}^{n} m_i h_i^{3}} \qquad (6\text{-}14)$$

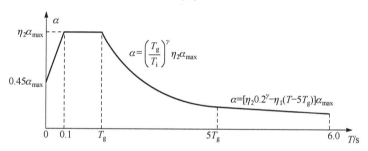

图 6-31　地震影响系数（α）曲线

表 6-16　不同设防烈度的 $\alpha_{\max}$ 值

设防烈度	七度		八度		九度
设计基本地震加速度	$0.1g$	$0.15g$	$0.2g$	$0.3g$	$0.4g$
地震影响系数最大值 $\alpha_{\max}$	0.08	0.12	0.16	0.24	0.32

表 6-17　各类场地土的特征周期值 T_g　　　　　　　（单位：s）

设计地震分组	场地土类别			
	Ⅰ	Ⅱ	Ⅲ	Ⅳ
第一组	0.25	0.35	0.45	0.65
第二组	0.3	0.40	0.55	0.75
第三组	0.35	0.45	0.65	0.90

注：Ⅰ类场地土：坚硬场地土；Ⅱ类场地土：中硬场地土；Ⅲ类场地土：中软场地土；Ⅳ类场地土：软场地土

2）垂直地震力

设置在地震烈度为八度或九度地区的塔设备还应考虑上、下两个方向的垂直地震力作用，见图 6-32。

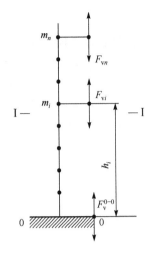

图 6-32　垂直地震力作用示意图

塔设备底截面处的垂直地震力 F_{v}^{0-0} 按式(6-15)计算。

$$F_{\mathrm{v}}^{0-0} = \alpha_{\mathrm{vmax}} m_{\mathrm{eq}} g \tag{6-15}$$

式中：m_{eq} 为塔设备的当量质量，取 $m_{\mathrm{eq}} = 0.75 m_0$，kg；$\alpha_{\mathrm{vmax}}$ 为垂直地震影响系数最大值，$\alpha_{\mathrm{vmax}} = 0.65 \alpha_{\mathrm{max}}$；$\alpha_{\mathrm{max}}$ 为地震影响系数最大值，参见表 6-16。

任意质量 i 处垂直地震力 $F_{\mathrm{v}}^{\mathrm{I-I}}$ 按式(6-16)计算。

$$F_{\mathrm{v}}^{\mathrm{I-I}} = \frac{m_i h_i}{\sum\limits_{k=i}^{n} m_k h_k} F_{\mathrm{v}}^{0-0} \quad (i = 1, 2, \cdots, n) \tag{6-16}$$

式中：h_i 为图 6-32 中第 i 段集中质量距地面高度，mm；m_i 为 I—I 截面处的质量，kg；m_k 为距地面 k 处的集中质量，kg；h_k 为任意计算截面 I—I 以上的集中质量 m_k 距地面高度，mm。

3) 地震弯矩

塔设备任意计算截面 I—I 处基本振型地震弯矩 $M_{\mathrm{E1}}^{\mathrm{I-I}}$ 按式(6-17)计算。

$$M_{\mathrm{E1}}^{\mathrm{I-I}} = \sum_{k=i}^{n} F_{1k}(h_k - h) \quad (i = 1, 2, \cdots, n) \tag{6-17}$$

对于等直径、等壁厚塔设备的任意截面 I—I 和底截面 0—0 的基本振型地震弯矩分别按式(6-18)和式(6-19)计算。

$$M_{\mathrm{E1}}^{\mathrm{I-I}} = \frac{8 \alpha_1 m_0 g}{175 H^{2.5}} (10 H^{3.5} - 14 H^{2.5} \cdot h + 4 h^{3.5}) \tag{6-18}$$

$$M_{\mathrm{E1}}^{0-0} = \frac{16}{35} \alpha_1 m_0 g H \tag{6-19}$$

当塔设备 $H/D > 15$，或 $H \geqslant 20\mathrm{m}$ 时，还需考虑高振型的影响，这种情况下的地震弯矩可按式(6-20)计算。

$$M_{\mathrm{E1}}^{\mathrm{I-I}} = 1.25 M_{\mathrm{E1}}^{\mathrm{I-I}} \tag{6-20}$$

6.2.2.3　风弯矩的计算

置于室外的塔设备受到风力作用时，可视为承受分布载荷的悬臂梁。由于地表面的黏滞作用，与地面接触的塔底面风压值接近 0，而吹到塔表面上的风压，随着塔高度的增加而增大。为计算方便，将塔设备沿高度方向分为若干段，并以每段的最大风压值作为该段的均布载荷的依据，如图 6-33 所示。塔设备的计算截面应考虑塔体上可能出现应力最大的部位，如塔设备的底部截面 0—0、裙座上人孔或较大管线引出孔处的截面 1—1、塔体与裙座连接焊缝处的截面 2—2，见图 6-33。

1) 水平风力

两相邻计算截面间的水平风力 P_i 按式(6-21)计算：

$$P_i = K_1 K_{2i} q_0 f_i l_i D_{ei} \times 10^{-6} \tag{6-21}$$

式中：P_i 为塔设备各计算段的水平风力，N；q_0 为塔设备所在

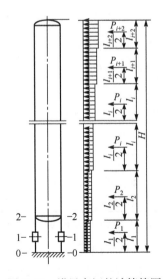

图 6-33　塔风弯矩的计算简图

地区的基本风压值,$kN \cdot m^{-2}$;K_1 为体型系数,对筒体取 0.7;f_i 为风压高度变化系数,按表 6-18 查取;K_{2i} 为塔设备各计算段的风振系数;l_i 为第 i 计算段长度,mm;D_{ei} 为塔设备各计算段的有效直径,mm。

表 6-18　风压高度变化系数 f_i

距地面高度	地面粗糙度类别			距地面高度	地面粗糙度类别		
h_{it}/m	A	B	C	h_{it}/m	A	B	C
5	1.17	0.80	0.54	50	2.03	1.67	1.36
10	1.38	1.00	0.71	60	2.12	1.77	1.46
15	1.52	1.14	0.84	70	2.20	1.86	1.55
20	1.63	1.25	0.94	80	2.27	1.95	1.64
30	1.80	1.42	1.11	90	2.34	2.02	1.72
40	1.92	1.56	1.24	100	2.40	2.09	1.79

当塔高 $H \leqslant 20m$ 时,取 $K_{2i}=1.70$;当 $H>20m$ 时,按式(6-22)计算。

$$K_{2i}=1+\frac{\xi \upsilon_i \phi_{zi}}{f_i} \tag{6-22}$$

式中:ξ 为脉动增大系数,按表 6-19 查取;υ_i 为第 i 段脉动影响系数,按表 6-20 查取;ϕ_{zi} 为第 i 段振型系数,根据 h_i/H 与 u 查表 6-21。

表 6-19　脉动增大系数 ξ

$q_1 Ti^2/(N \cdot s^2 \cdot m^{-2})$	10	20	40	60	80	100	200	400	600
ξ	1.47	1.57	1.69	1.77	1.83	1.88	2.04	2.24	2.36
$q_1 Ti^2/(N \cdot s^2 \cdot m^{-2})$	800	1 000	2 000	4 000	6 000	8 000	10 000	20 000	30 000
ξ	2.46	2.53	2.80	3.09	3.28	3.42	3.54	3.91	4.14

注:地面粗糙为 A 类时,$q_1=1.38q_0$;B 类时 $q_1=q_0$;C 类时 $q_1=0.71q_0$

表 6-20　脉动影响系数 υ_i

粗糙度	高度 h_{it}/m					
类别	10	20	40	60	80	100
A	0.78	0.83	0.87	0.89	0.89	0.89
B	0.72	0.79	0.85	0.88	0.89	0.90
C	0.66	0.74	0.82	0.86	0.88	0.89

注:A 为近海海面、海岸、湖岸及沙漠地区;B 为乡村、丘陵及房屋比较稀疏的地区;C 为具有密集建筑的地区

表 6-21　振型系数 ϕ_{zi}

相对高度	顶、底有效直径比 u			相对高度	顶、底有效直径比 u		
h_{it}/H	1	0.8	0.6	h_{it}/H	1	0.8	0.6
0.1	0.02	0.02	0.01	0.6	0.48	0.44	0.41
0.2	0.07	0.06	0.05	0.7	0.60	0.57	0.55
0.3	0.15	0.12	0.11	0.8	0.73	0.71	0.69
0.4	0.24	0.21	0.19	0.9	0.87	0.86	0.85
0.5	0.35	0.32	0.29	1.0	1.00	1.00	1.00

当笼式扶梯与塔顶管线布置成 180°时：

$$D_{ei} = D_{oi} + 2\delta_{si} + K_3 + K_4 + d_o + 2\delta_{ps} \tag{6-23}$$

当笼式扶梯与塔顶管线布置成 90°时，取下列两式中较大者：

$$D_{ei} = D_{oi} + 2\delta_{si} + K_3 + K_4 \tag{6-24}$$

$$D_{ei} = D_{oi} + 2\delta_{si} + K_4 + d_o + 2\delta_{ps} \tag{6-25}$$

式中：d_o 为塔顶管线的外径，mm；D_{oi} 为塔设备各计算段的外径，mm；δ_{ps} 为管线保温层厚度，mm；δ_{si} 为塔设备第 i 段保温层厚度，mm；K_3 为笼式扶梯当量宽度，当无确切数据时，可取 $K_3 = 400mm$；K_4 为操作平台当量宽度，mm，可按式(6-26)计算，也可近似取 600mm。

$$K_4 = \frac{2\sum A}{l_0} \tag{6-26}$$

式中：$\sum A$ 为平台构件的投影面积(不计空档投影面积)，mm^2，可近似按式(6-27)取值。

$$\sum A \approx (0.35 \sim 0.40) \times 2WH_p \tag{6-27}$$

式中：W 为平台宽度，mm；H_p 为平台的栏杆高度，mm。

2）风弯矩

风载荷在 I—I 任意截面上的风弯矩 M_w^{I-I} 按式(6-28)计算。

$$M_w^{I-I} = P_i \cdot \frac{l_i}{2} + P_{i+1} \cdot \left(l_i + \frac{l_{i+1}}{2}\right) + P_{i+2} \cdot \left(l_i + l_{i+1} + \frac{l_{i+2}}{2}\right) + \cdots + P_n\left(l_i + l_{i+1} + l_{i+2} + \cdots + \frac{l_n}{2}\right) \tag{6-28}$$

对整个塔而言，塔设备底截面 0—0 处的风弯矩值最大，M_w^{0-0} 按式(6-29)计算：

$$M_w^{0-0} = P_1 \cdot \frac{l_1}{2} + P_2 \cdot \left(l_1 + \frac{l_2}{2}\right) + \cdots + P_n\left(l_1 + l_2 + \cdots + \frac{l_n}{2}\right) \tag{6-29}$$

6.2.2.4 偏心弯矩的计算

当塔设备的外侧悬挂附属设备时，可视为偏心载荷。偏心载荷引起的偏心弯矩可按式(6-30)计算。

$$M_e = m_e g l_e \tag{6-30}$$

式中：m_e 为偏心质量，kg；l_e 为偏心的重心至塔设备中心线的距离，mm。

6.2.2.5 最大弯矩计算

塔设备任意计算截面 I—I 处的最大弯矩(M_{max}^{I-I})可能出现在正常操作或地震时，但地震时的风弯矩仅按最大风弯矩的 25% 计。因此 M_{max}^{I-I} 按式(6-31)计算，并取其中的较大值。

$$M_{max}^{I-I} = \begin{cases} M_w^{I-I} + M_e \\ M_E^{I-I} + 0.25M_w^{I-I} + M_e \end{cases} \tag{6-31}$$

6.2.3 应力计算

塔设备承受介质压力、弯矩(风载荷、地震载荷和偏心载荷)和轴向载荷(塔设备、塔内介质及附件的质量)的联合作用。由于塔的内压力、弯矩、质量随塔设备所处状态而变化，组合轴向应力也随之发生变化。因此需计算塔设备在各种状态下的轴向组合应力，并保证组合轴向拉应力满足强度条件,组合压应力满足塔体的稳定条件。如图 6-33 所示,对于塔体,最大组合应力出现在圆筒的底部(2-2 截面),对裙座,最大组合应力可能在塔底部(0—0 截面)或开有人孔、大直径管道出口的截面处(1-1 截面)。因此需对上述三个截面的组合应力逐一进行校核。

6.2.3.1　筒体应力计算

1) 应力计算

筒体任意计算截面 Ⅰ－Ⅰ 处的轴向应力分别按式(6-32)、式(6-33)和式(6-34)计算。

由内压和外压引起的轴向应力 σ_1:

$$\sigma_1 = \frac{p_c D_i}{4\delta_{ei}} \tag{6-32}$$

式中:δ_{ei} 为筒体 Ⅰ－Ⅰ 截面的有效厚度,mm。

操作或者非操作时重力及垂直地震力引起的轴向应力 σ_2:

$$\sigma_2 = \frac{m_0^{I-I} g \pm F_v^{I-I}}{\pi D_i \delta_{ei}} \tag{6-33}$$

其中,F_v^{I-I} 仅在最大弯矩为地震弯矩参与组合时计入此项。

最大弯矩引起的轴向应力 σ_3:

$$\sigma_3 = \frac{4M_{max}^{I-I}}{\pi D_i^2 \delta_{ei}} \tag{6-34}$$

2) 最大组合轴向应力

A. 对内压塔

最大组合轴向拉应力发生在操作工况下,其值按式(6-35)计算。

$$\sigma_{max组拉} = \sigma_1 - \sigma_2 + \sigma_3 \tag{6-35}$$

最大组合轴向压应力发生在非操作工况下,其值按式(6-36)计算。

$$\sigma_{max组压} = \sigma_2 + \sigma_3 \tag{6-36}$$

B. 对外压容器

最大组合轴向拉应力发生在非操作情况下,其值按式(6-37)计算。

$$\sigma_{max组拉} = -\sigma_2 + \sigma_3 \tag{6-37}$$

最大组合轴向压应力发生在操作工况下,其值按式(6-38)计算。

$$\sigma_{max组压} = \sigma_1 + \sigma_2 + \sigma_3 \tag{6-38}$$

3) 强度和稳定校核

筒体的许用轴向压应力 $[\sigma]_{cr}^t$ 按式(6-39)确定。

$$[\sigma]_{cr}^t = \begin{cases} KB \\ K[\sigma]^t \end{cases} \qquad 取其中较小值 \tag{6-39}$$

式中:K 为载荷组合系数,这里 K 取 1.2,主要是出于两个方面的考虑,一方面是地震载荷与最大风载荷属于短期动载荷,另一方面是由弯矩在筒体中引起的轴向应力沿环向是不断变化的。上述应力状态与沿环向均布的轴向应力相比,对塔的强度和稳定破坏的危害要小些。B 为系数,按 GB150 相关章节选取,单位为 MPa。

筒体的强度条件:

$$\sigma_{max组拉} \leqslant K[\sigma]^t \phi \tag{6-40}$$

筒体的稳定条件:

$$\sigma_{\text{max组压}} \leqslant [\sigma]_{cr}^{t} \tag{6-41}$$

如校核结果不能满足上述条件时,需重新设定有效厚度 δ_{ei},重复上述计算,直至满足要求。

4) 塔设备压力试验时的应力校核

塔设备水压试验和气压试验的压力(p_T)分别按式(6-42)和式(6-43)计算

$$p_T = 1.25 \frac{[\sigma]}{[\sigma]^t} p \tag{6-42}$$

$$p_T = 1.15 \frac{[\sigma]}{[\sigma]^t} p \tag{6-43}$$

A. 水压试验时筒体的应力计算

试验压力引起的周向应力 σ_T:

$$\sigma_T = \frac{(p_T + \rho H_w \times g \times 10^6)(D_i + \delta_{ei})}{2\delta_{ei}} \tag{6-44}$$

式中:ρ 为试验介质的密度,kg·m^{-3}(当介质为水时,$\rho = 1000$ kg·m^{-3});g 为重力加速度,N·kg^{-1};H_w 为液柱高度,m。

试验压力引起的轴向应力 σ_{T1}:

$$\sigma_{T1} = \frac{p_T D_i}{4\delta_{ei}} \tag{6-45}$$

重力引起的轴向应力 σ_{T2}:

$$\sigma_{T2} = \frac{m_T^{I-I} g}{\pi D_i \delta_{ei}} \tag{6-46}$$

式中:m_T^{I-I} 为液压试验时,计算截面 I－I 以上的质量,kg。

弯矩引起的轴向应力 σ_{T3}:

$$\sigma_{T3} = \frac{4(0.3 M_w^{I-I} + M_e)}{\pi D_i^2 \delta_{ei}} \tag{6-47}$$

B. 水压试验时塔体的应力校核

压力试验时,塔体材料的许用轴向应力 $[\sigma]_{cr}$ 按式(6-48)确定:

$$[\sigma]_{cr} = \begin{cases} KB \\ 0.9KR_{eL} \end{cases} \quad \text{取其中较小值} \tag{6-48}$$

式中:R_{eL} 为裙座壳材料的屈服强度,MPa。

压力试验时,圆筒的周向应力按式(6-49)和式(6-50)校核。

液压试验时: $\qquad\qquad\qquad \sigma_T \leqslant 0.9 R_{eL} \phi \tag{6-49}$

气压试验时: $\qquad\qquad\qquad \sigma_T \leqslant 0.8 R_{eL} \phi \tag{6-50}$

轴向最大组合应力按式(6-51)、式(6-52)和式(6-53)校核。

(1) 轴向拉应力。

液压试验时: $\qquad\qquad \sigma_{T1} - \sigma_{T2} + \sigma_{T3} \leqslant 0.9 R_{eL} \phi \tag{6-51}$

气压试验时: $\qquad\qquad \sigma_{T1} - \sigma_{T2} + \sigma_{T3} \leqslant 0.8 R_{eL} \phi \tag{6-52}$

(2) 轴向压应力。

$$\sigma_{T2} + \sigma_{T3} \leqslant [\sigma]_{cr} \tag{6-53}$$

6.2.3.2 裙座应力计算

裙座承受弯矩和轴向载荷的联合作用,因此也必须保证其组合轴向应力不超过许用应力值。裙座需配置较多的地脚螺栓和具有足够大承载面积的基础环,以避免由于风载荷或地震载荷引起的弯矩而造成翻倒现象。若经应力校核圆筒形裙座不能满足要求,可增大裙座壁厚或改选圆锥形裙座支撑。这里重点介绍圆筒形裙座。

圆筒形裙座危险截面一般取裙座底截面(0—0)或裙座检查孔和较大管线引出孔(Ⅰ—Ⅰ)截面处(图 6-33)。裙座筒体不受容器内压力作用,轴向组合拉应力总是小于轴向组合压应力。因此仅需校核危险截面的最大轴向压应力。

1) 裙座底截面组合应力的校核

操作和水压试验时,裙座底截面处轴向组合压应力按式(6-54)~式(6-57)校核。

(1) 操作时:

$$\frac{M_{\max}^{0-0}}{Z_{sb}}+\frac{m_0 g+F_v^{0-0}}{A_{sb}}\leqslant\begin{cases}KB\\K\left[\sigma\right]_s^t\end{cases}\qquad 取其中较小值 \qquad (6\text{-}54)$$

$$A_{sb}=\pi D_{is}\delta_{es} \qquad (6\text{-}55)$$

$$Z_{sb}=\frac{\pi}{4}D_{is}^2\delta_{es} \qquad (6\text{-}56)$$

式中:$[\sigma]_s^t$ 为设计温度下裙座材料的许用应力;A_{sb} 为裙座底部截面面积,mm^2;Z_{sb} 为裙座圆筒和锥壳的底部截面系数,mm^3;D_{is} 为裙座底截面处的内直径,mm;δ_{es} 为裙座壳的有效厚度,mm;F_v^{0-0} 仅在最大弯矩为地震弯矩参与组合时计入此项。

(2) 水压试验时:

$$\frac{0.3M_w^{0-0}+M_e}{Z_{sb}}+\frac{m_{\max}^{0-0}g}{A_{sb}}\leqslant\begin{cases}KB\\0.9R_{eL}\end{cases}\qquad 取其中较小值 \qquad (6\text{-}57)$$

2) 裙座检查孔和较大管线引出孔截面处组合应力的校核

裙座检查孔或较大管线引出孔(图 6-34)h—h 截面处,操作和水压试验时轴向组合压应力分别按式(6-58)和式(6-59)校核。

$$\frac{M_{\max}^{h-h}}{Z_{sm}}+\frac{m_0^{h-h} g+F_v^{h-h}}{A_{sm}}\leqslant\begin{cases}KB\\K\left[\sigma\right]_s^t\end{cases}\qquad 取其中较小值$$
$$(6\text{-}58)$$

$$\frac{0.3M_w^{h-h}+M_e}{Z_{sm}}+\frac{m_{\max}^{h-h}}{A_{sm}}\leqslant\begin{cases}KB\\0.9R_{eL}\end{cases}\qquad 取其中较小值$$
$$(6\text{-}59)$$

$$A_{sm}=\pi D_{im}\delta_{es}-\sum\left[(b_m+2\delta_m)\delta_m-A_m\right] \qquad (6\text{-}60)$$

$$A_m=2l_m\delta_m \qquad (6\text{-}61)$$

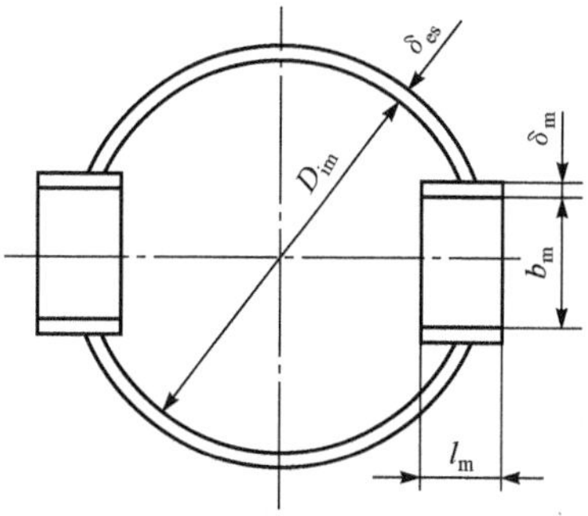

图 6-34　裙座检查孔或较大
管线引出孔 h—h 截面示意图

$$Z_{sm}=\frac{\pi}{4}D_{im}^2\delta_{es}-\sum\left(b_m D_{im}\frac{\delta_{es}}{2}-Z_m\right) \qquad (6\text{-}62)$$

$$Z_m=2\delta_{es}l_m\sqrt{\left(\frac{D_{im}}{2}\right)^2-\left(\frac{b_m}{2}\right)^2} \qquad (6\text{-}63)$$

式中:M_e 为由偏心质量引起的在 h—h 截面的弯矩,$N\cdot mm$;b_m 为 h—h 截面处水平方向的最大宽度,mm;D_{im} 为 h－h 截面处裙座壳的内直径,mm;F_v^{h-h} 为 h－h 截面处的垂直地震力,但仅在最大弯矩为地震弯矩参与组合时计入此项,N;l_m 为检查孔和较大管线引出孔加强管长度,mm;M_{max}^{h-h} 为 h－h 截面处的最大弯矩,N·mm;M_w^{h-h} 为 h－h 截面处的风弯矩,N·mm;m_{max}^{h-h} 为 h－h 截面以上塔设备压力试验时的质量,kg;m_0^{h-h} 为 h－h 截面以上塔设备操作时的质量,kg;δ_m 为 h－h 截面处加强管的厚度(图 6-34),mm;Z_{sm} 为 h－h 截面处的裙座壳截面系数,mm³;A_{sm} 为 h－h 截面处裙座的截面面积,mm²;A_m 为 h－h 截面处加强管的截面面积,mm²;Z_m 为 h－h 截面处加强管截面系数,mm³。若校核不能满足要求,需重新设定裙座壳有效厚度 δ_{ei},重复上述计算,直至满足条件。

6.2.4 地脚螺栓座的设计计算

6.2.4.1 基础环

1) 基础环的尺寸

基础环的尺寸应考虑地脚螺栓的位置及基础混凝土的抗压强度。基础环内、外径结构见图 6-35 和图 6-36,其尺寸可参考式(6-64)和式(6-65)选取。

$$D_{ob}=D_{is}+(160\sim400) \tag{6-64}$$

$$D_{ib}=D_{is}-(160\sim400) \tag{6-65}$$

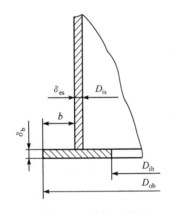

图 6-35　无筋板基础环

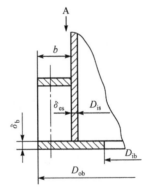

图 6-36　有筋板基础环

2) 基础环的厚度

作为工程上的近似计算,可认为作用在基础环底面上的载荷均布。基础环以及混凝土基础与基础环之间接触表面的最大压应力应按正常操作与水压试验两种工况考虑。把基础环作为圆环,其所受的最大压应力(σ_{bmax})按式(6-66)计算。

$$\sigma_{bmax}=\begin{cases}\dfrac{M_{max}^{0-0}+M_e}{Z_b}+\dfrac{m_0+F_v^{0-0}}{A_b}\\[3mm]\dfrac{0.3M_w^{0-0}+M_e}{Z_b}+\dfrac{m_{max}g}{A_b}\end{cases} \quad 取两者中较大值 \tag{6-66}$$

$$A_b=\frac{\pi}{4}(D_{ob}^2-D_{ib}^2) \tag{6-67}$$

$$Z_b = \frac{\pi}{32 D_{ob}}(D_{ob}^4 - D_{ib}^4) \tag{6-68}$$

式中：A_b 为基础环面积，mm^2；Z_b 为基础环的抗弯截面模量，mm^3。

基础环上无筋板时，可沿径向切出厚度为 δ_b、长度为 b 的单元条，并将其简化成受均布载荷 σ_{bmax} 的悬臂梁。此时基础环应满足下列强度条件：

$$\sigma_{max} = \frac{M}{W_z} = \frac{\sigma_{bmax} b^2/2}{1 \times \delta_b^2/6} \leqslant [\sigma]_b \tag{6-69}$$

式中：$[\sigma]_b$ 为基础环材料的许用应力，MPa；对低碳钢取 $[\sigma]_b = 140MPa$。

由此可得无筋板时基础环厚度按式(6-70)计算。

$$\delta_b \geqslant 1.73b \sqrt{\frac{\sigma_{bmax}}{[\sigma]_b}} \tag{6-70}$$

有筋板时相邻筋板之间的基础环可以近似为受均布载荷的矩形板($b \times l$)，其厚度按式(6-71)计算。

$$\delta_b \geqslant \sqrt{\frac{6M_s}{[\sigma]_b}} \tag{6-71}$$

式中：M_s 为计算力矩，取矩形板 X 轴、Y 轴的 M_x、M_y 中绝对值较大者，M_x、M_y 按表 6-22 计算。基础环厚度算出后应加上厚度附加量，并圆整至钢板规格厚度。无论有无筋板，基础环厚度均不得小于 16mm。

表 6-22　矩形板力矩计算表

b/l	$M_x\begin{pmatrix}x=b\\y=0\end{pmatrix}$	$M_y\begin{pmatrix}x=0\\y=0\end{pmatrix}$	b/l	$M_x\begin{pmatrix}x=b\\y=0\end{pmatrix}$	$M_y\begin{pmatrix}x=0\\y=0\end{pmatrix}$
0.1	$-0.500\sigma_{bmax}b^2$	0	1.6	$-0.0485\sigma_{bmax}b^2$	$0.126\sigma_{bmax}l^2$
0.2	$-0.490\sigma_{bmax}b^2$	$0.0006\sigma_{bmax}l^2$	1.7	$-0.0430\sigma_{bmax}b^2$	$0.127\sigma_{bmax}l^2$
0.3	$-0.448\sigma_{bmax}b^2$	$0.0051\sigma_{bmax}l^2$	1.8	$-0.0384\sigma_{bmax}b^2$	$0.129\sigma_{bmax}l^2$
0.4	$-0.385\sigma_{bmax}b^2$	$0.0151\sigma_{bmax}l^2$	1.9	$-0.0345\sigma_{bmax}b^2$	$0.130\sigma_{bmax}l^2$
0.5	$-0.319\sigma_{bmax}b^2$	$0.0293\sigma_{bmax}l^2$	2.0	$-0.0312\sigma_{bmax}b^2$	$0.130\sigma_{bmax}l^2$
0.6	$-0.260\sigma_{bmax}b^2$	$0.0453\sigma_{bmax}l^2$	2.1	$-0.0283\sigma_{bmax}b^2$	$0.131\sigma_{bmax}l^2$
0.7	$-0.212\sigma_{bmax}b^2$	$0.0610\sigma_{bmax}l^2$	2.2	$-0.0258\sigma_{bmax}b^2$	$0.132\sigma_{bmax}l^2$
0.8	$-0.173\sigma_{bmax}b^2$	$0.0751\sigma_{bmax}l^2$	2.3	$-0.0236\sigma_{bmax}b^2$	$0.132\sigma_{bmax}l^2$
0.9	$-0.142\sigma_{bmax}b^2$	$0.0872\sigma_{bmax}l^2$	2.4	$-0.0217\sigma_{bmax}b^2$	$0.132\sigma_{bmax}l^2$
1.0	$-0.118\sigma_{bmax}b^2$	$0.0972\sigma_{bmax}l^2$	2.5	$-0.0200\sigma_{bmax}b^2$	$0.133\sigma_{bmax}l^2$
1.1	$-0.0995\sigma_{bmax}b^2$	$0.105\sigma_{bmax}l^2$	2.6	$-0.0185\sigma_{bmax}b^2$	$0.133\sigma_{bmax}l^2$
1.2	$-0.0846\sigma_{bmax}b^2$	$0.112\sigma_{bmax}l^2$	2.7	$-0.0171\sigma_{bmax}b^2$	$0.133\sigma_{bmax}l^2$
1.3	$-0.0726\sigma_{bmax}b^2$	$0.116\sigma_{bmax}l^2$	2.8	$-0.0159\sigma_{bmax}b^2$	$0.133\sigma_{bmax}l^2$
1.4	$-0.0629\sigma_{bmax}b^2$	$0.120\sigma_{bmax}l^2$	2.9	$-0.0149\sigma_{bmax}b^2$	$0.133\sigma_{bmax}l^2$
1.5	$-0.0550\sigma_{bmax}b^2$	$0.123\sigma_{bmax}l^2$	3.0	$-0.0139\sigma_{bmax}b^2$	$0.133\sigma_{bmax}l^2$

6.2.4.2　地脚螺栓

塔设备的基础环在轴向载荷和各种弯矩共同作用下,使迎风侧出现拉应力。该应力需通过地脚螺栓,传递给混凝土基础,将塔固定在混凝土基础上,因此地脚螺栓为拉杆,必须有足够的强度。为了便于布置地脚螺栓,地脚螺栓个数应是 4 的整数倍,小直径塔设备可取 $n=6$。为使地脚螺栓易于安放,同时考虑到混凝土基础的强度,地脚螺栓的间距一般约为 450mm,最小为 300mm。不同直径的裙座所适宜的地脚螺栓数见表 6-6。为了使地脚螺栓具有足够的刚性,除单环板地脚螺栓座以外,一般公称直径不得小于 M24。地脚螺栓座的结构及尺寸见图6-37。

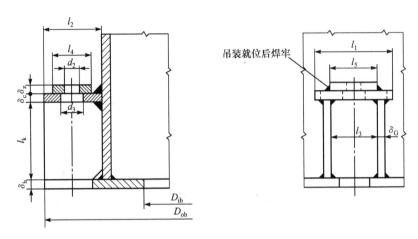

图 6-37　地脚螺栓座的结构及尺寸

塔设备质量最小时,最有可能翻倒。故计算地脚螺栓时,应考虑最小质量和风弯矩联合作用或者水压试验时的工况,此时地脚螺栓承受的最大拉应力 σ_B 按式(6-72)计算。

$$\sigma_B=\begin{cases}\dfrac{M_w^{0-0}+M_e}{Z_b}-\dfrac{m_{\min}g}{A_b}\\[3mm]\dfrac{M_E^{0-0}+0.25M_w^{0-0}+M_e}{Z_b}-\dfrac{m_0g-F_v^{0-0}}{A_b}\end{cases}\quad\text{取其中较大值}\qquad(6\text{-}72)$$

其中,F_v^{0-0} 仅在最大弯矩为地震弯矩参与组合时计入此项。

当 $\sigma_B\leqslant 0$ 时,塔设备自身稳定,但应设置一定数量的地脚螺栓,以起固定作用。当 $\sigma_B>0$ 时,塔设备必须设置地脚螺栓。地脚螺栓的螺纹小径应按式(6-73)计算。

$$d_1=\sqrt{\dfrac{4\sigma_B A_b}{\pi n[\sigma]_{bt}}}+C_2\qquad(6\text{-}73)$$

式中:C_2 为地脚螺栓腐蚀裕量,mm,取 $C_2=3$mm;n 为地脚螺栓个数,可参照表 6-6 选取;$[\sigma]_{bt}$ 为地脚螺栓材料的许用应力,Q235 和 Q345 制地脚螺栓许用应力分别取 147MPa 和 170MPa。经计算得到螺栓的螺纹小径需按表 6-23 作进一步圆整。

表 6-23　螺栓小径与螺栓规格的对照表　　　　　　　　　　（单位：mm）

螺栓规格	M24	M27	M30	M36	M42	M48	M56
螺栓小径	20.75	23.75	26.21	31.67	37.13	42.59	50.05

6.2.4.3　筋板

地脚螺栓座筋板的一直边与裙座筒体焊接，上下两边分别与盖板和基础环焊接。若不考虑裙座对筋板的加强作用，可将筋板视为两端铰接的压杆。筋板尺寸符号的定义见图 6-37，其数值可参考附表 7-10 进行预取，再进行稳定性校核。需要注意的是，δ_G 一般不小于 2/3 基础环厚度。筋板的压应力（σ_G）值按式（6-74）计算。

$$\sigma_G = \frac{F_1}{n_1 \delta_G l_2} \leqslant [\sigma]_c \tag{6-74}$$

式中：σ_G 为筋板的压应力，MPa；n_1 为对应一个地脚螺栓的筋板个数；δ_G 为筋板厚度，mm；l_2 为筋板宽度，mm；F_1 为一个地脚螺栓承受的最大拉力，N，按式（6-75）计算。

$$F_1 = \frac{\sigma_G A_b}{n_1} \tag{6-75}$$

筋板属受压件，其细长比 λ 按式（6-76）计算，且不大于 250，筋板的临界细长比 λ_c 按式（6-77）计算。

$$\lambda = \frac{0.5 l_k}{\rho_i} \tag{6-76}$$

$$\lambda_c = \sqrt{\frac{\pi^2 E}{0.6 [\sigma]_G}} \tag{6-77}$$

式中：ρ_i 为惯性半径，对长方形截面基本取 $0.289\delta_G$，mm；l_k 为筋板长度，mm；E 为筋板材料的弹性模量，MPa；$[\sigma]_G$ 为筋板材料的许用应力，MPa，对低碳钢 $[\sigma]_G = 140$MPa。

筋板的许用压应力 $[\sigma]_c$ 按式（6-78）或式（6-80）计算。

当 $\lambda \leqslant \lambda_c$ 时

$$[\sigma]_c = \frac{[1 - 0.4 (\lambda/\lambda_c)^2][\sigma]_G}{\nu} \tag{6-78}$$

式中：ν 为按式（6-79）计算。

$$\nu = 1.5 + \frac{2}{3} \left(\frac{\lambda}{\lambda_c}\right)^2 \tag{6-79}$$

当 $\lambda > \lambda_c$ 时

$$[\sigma]_c = \frac{0.277 [\sigma]_G}{(\lambda/\lambda_c)^2} \tag{6-80}$$

式中：$[\sigma]_c$ 为筋板的许用压应力，MPa。

6.2.4.4 盖板

地脚螺栓座的盖板有分块和环形两种结构。盖板有三条边,分别与裙座筒体和两块肋板相焊接,因而具有较大的刚度。近似计算时,盖板作为四边简支的矩形板,而将地脚螺栓的作用力换算成作用在六角螺母内接圆面积上的均布载荷。盖板的尺寸也可先参考附表 7-10 选取,再进行强度校核。盖板的最大弯曲应力以及校核可根据式(6-81)~式(6-83)进行。一般情况下,分块盖板厚度不小于基础环厚度。

1) 分块盖板

无垫板时

$$\sigma_z = \frac{Fl_3}{(l_2 - d_3)\delta_c^2} \leqslant [\sigma]_z \tag{6-81}$$

有垫板时

$$\sigma_z = \frac{Fl_3}{(l_2 - d_3)\delta_c^2 + (l_4 - d_2)\delta_z^2} \leqslant [\sigma]_z \tag{6-82}$$

式中:σ_z 为分块盖板最大应力,MPa;d_2 为垫板上地脚螺栓孔直径,mm;d_3 为盖板上地脚螺栓孔直径,mm;l_2 为筋板宽度,mm;l_3 为筋板内侧间距,mm;l_4 为垫板宽度,mm;δ_c 为盖板厚度,mm;δ_z 为垫板厚度,mm;$[\sigma]_z$ 为盖板材料许用应力,MPa,对低碳钢 $[\sigma]_z = 140$ MPa。

2) 环形盖板

无垫板时
$$\sigma_z = \frac{3Fl_3}{4(l_2 - d_3)\delta_c^2} \leqslant [\sigma]_z \tag{6-83}$$

有垫板时
$$\sigma_z = \frac{3}{4}\left[\frac{Fl_3}{(l_2 - d_3)\delta_c^2 + (l_4 - d_2)\delta_z^2}\right] \leqslant [\sigma]_z \tag{6-84}$$

6.2.5 裙座与塔壳连接焊缝的强度校核

6.2.5.1 裙座与塔壳搭接焊缝

搭接焊缝 J—J 截面处(图 6-38)承受组合剪应力,剪切强度条件为

操作时
$$\frac{M_{max}^{J-J}}{Z_w} + \frac{m_0^{J-J}g + F_v^{J-J}}{A_w} \leqslant 0.8K[\sigma]_w^t \tag{6-85}$$

水压试验时
$$\frac{0.3M_w^{J-J} + M_e}{Z_w} + \frac{m_{max}^{J-J}g}{A_w} \leqslant 0.8 \times 0.9KR_{eL} \tag{6-86}$$

式中:A_w 为焊缝抗剪断面面积,$A_w = 0.7\pi D_{ot}\delta_{es}$,mm²;$D_{ot}$ 为裙座顶部截面的外直径,mm;F_v^{J-J} 为搭接焊缝处的垂直地震力(仅在最大弯矩为地震弯矩参与组合时计入此项),N;M_{max}^{J-J} 为搭接焊缝处的最大弯矩,N·mm;m_0^{J-J} 为截面以上塔设备操作质量,kg;Z_w 为焊缝抗剪截面系数,$Z_w = 0.55D_{ot}^2\delta_{es}$,mm³;$[\sigma]_w^t$ 为设计温度下焊接接头的许用应力,取两侧母材许用应力的较小值,MPa。

6.2.5.2 裙座与塔壳的对接焊缝

对接焊缝 J—J 截面处(图 6-39)承受拉伸和弯矩作用,组合应力需满足式(6-87)的强度条件。

$$\frac{4M_{\max}^{J-J}}{\pi D_{it}^2 \delta_{es}} - \frac{m_0^{J-J} g - F_v^{J-J}}{\pi D_{it} \delta_{es}} \leqslant 0.6K \left[\sigma\right]_w^t \tag{6-87}$$

其中，F_v^{J-J} 仅在最大弯矩为地震弯矩参与组合时计入此项。

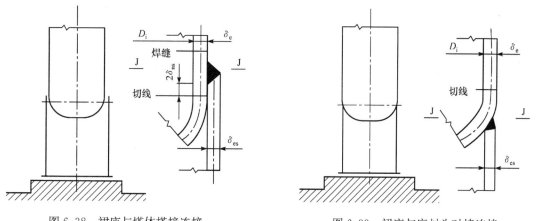

图 6-38　裙座与塔体搭接连接　　　　　　　图 6-39　裙座与底封头对接连接

6.2.6　塔设备法兰当量设计压力计算

当塔设备分段安装采用法兰连接时，此时法兰承受与塔体相同的内压以及质量载荷和弯矩的共同作用。因此设计法兰时，应将质量载荷和弯矩转换算成当量内压，加在塔设备的设计压力上，作为法兰的当量设计压力，其值按式(6-88)计算。

$$p_e = \frac{16M}{\pi D_G^3} + \frac{4F}{\pi D_G^2} + p \tag{6-88}$$

式中：p_e 为法兰的当量设计压力，MPa；D_G 为垫片压紧力作用中心圆直径，mm；F 为轴向外载荷，拉力时计入，压缩时不计，N；p 为设计压力，MPa；M 为外力矩，应计入法兰截面的最大力矩 $M_{\max}^{I-I}$、管线推力引起的力矩和其他机械载荷引起的力矩，N·mm。工程设计时，常选用标准的设备法兰，但必须注意的是，此时法兰的压力等级应大于或等于按式(6-88)算出的法兰设计压力。

6.3　精馏塔的机械设计实例

本例是对 3.7.2 节中涉及的甲醇-水连续精馏塔进行机械设计。首先是确定塔的机械设计条件，然后进行塔的强度设计和稳定性校核。

确定塔的机械设计条件主要步骤有：①根据工艺设计及控制方案，提出塔设备条件图和管口方位图，确定塔体的结构和一些附件的定位尺寸；②根据 GB 150—2011 标准的规定确定设计压力和设计温度；③根据操作条件和塔设备选材原则确定塔体、裙座和内件的材质；④查取塔所在地区的地震烈度和基本风压值；⑤列出机械设计条件表，如表 6-24 所示。

表 6-24　板式精馏塔机械设计条件表

简图与说明	比例	1∶100	设计参数及要求			

工作压力,MPa	4×10^{-3}	塔体内径,mm	1 800
设计压力,MPa	0.1	塔高,mm	17 565
工作温度,℃	103.5	设计寿命,a	20
设计温度,℃	104	保温材料厚度,mm	100
介质名称	甲醇-水	保温材料密度,kg·m⁻³	300
介质密度,kg·m⁻³	909.5	塔盘上存留介质层高度,mm	60
基本风压,N·m⁻²	350	壳体材料	Q245R
地震基本烈度	七度	内件材料	Q245R
场地类别	Ⅱ	裙座材料	Q235-B
塔形	筛板塔	偏心质量,kg	0
塔板数目	20	偏心距,mm	0
塔板间距,mm	500	厚度附加量,mm	3

接管表

符号	公称尺寸 DN/mm	用途	符号	公称尺寸 DN/mm	用途
W₁~₂	450	检查孔	C	600	气体出口
VS₁~₄	80	裙座排气口	D	50	回流液入口
TE₁~₂	25	温度计口	QE	25	取样口
A	600	气体进口	LG₁~₂	25	液位计口
B₁~₂	65	料液进口	E	125	釜液出口
PI	25	压力计口	M₁~₄	500	人孔

管口方位图

6.3.1　塔设备壁厚确定及质量计算

6.3.1.1　塔设备的选材及壁厚的确定

1) 塔设备的选材

本例中,操作压力为 4kPa,取设计压力 $p=0.1$MPa。设计温度按操作时塔底介质的最高温度为依据,取 104℃。在设计温度下,甲醇-水体系对碳钢腐蚀轻微,故塔体的材料选用 Q245R。裙座的材料选用 Q235-B。材料的有关力学性能参数如下:

Q245R　　　$[\sigma]=148\text{MPa};[\sigma]^t=147\text{MPa};R_{eL}=245\text{MPa};E=E^t=2\times10^5\text{MPa}$

Q235-B　　　$[\sigma]^t=[\sigma]=113\text{MPa};R_{eL}=235\text{MPa};E=E^t=2\times10^5\text{MPa}$

2) 塔设备的壁厚

塔底液面高度为 2.705m(=2.93-0.7+0.475)(液封盘至下封头底面的距离)

液柱静压力　　$p_H=10^{-6}\rho gh=10^{-6}\times909.5\times9.81\times2.705=0.024(\text{MPa})>0.05p$

计算压力　　　　$p_c=p+p_H=0.1+0.024=0.124(\text{MPa})$

圆筒计算厚度。采用双面对接焊,局部无损探伤,则焊接接头系数为 0.85。

筒体计算厚度　$\delta=\dfrac{p_c D}{2[\sigma]^t\phi-p_c}=\dfrac{0.124\times1800}{2\times147\times0.85-0.124}=0.9(\text{mm})$

封头计算厚度　$\delta=\dfrac{p_c D}{2[\sigma]^t\phi-0.5p_c}=\dfrac{0.124\times1800}{2\times147\times0.85-0.5\times0.124}=0.9(\text{mm})$

按刚度要求,筒体最小厚度　$\delta_{min}=\dfrac{2D}{1000}=\dfrac{2\times1800}{1000}=3.6(\text{mm})$

取筒体厚度附加量 $C=3\text{mm}$,裙座厚度附加量 $C=2\text{mm}$,考虑到风载荷等影响,适当增加壁厚,设定筒体、封头和裙座的名义厚度均为 8mm。则

塔壳的有效厚度　　　$\delta_e=\delta_n-C=8-3=5(\text{mm})$

封头的有效厚度　　　$\delta_{eh}=\delta_{nh}-C=8-3=5(\text{mm})$

裙座的有效厚度　　　$\delta_{es}=\delta_{ns}-C=8-2=6(\text{mm})$

6.3.1.2　塔设备的质量计算

1) 塔体质量 m_{01}

查附表 7-1,每米筒节质量 356kg;查附表 7-3,每个封头质量为 224.4kg;已知:筒体高度 $H_0=13.83\text{m}$;裙座高度为 3m(为便于计算,本例未将裙座与下封头的连接焊缝之间的距离从裙座筒体中扣除),由此可得

筒体质量　　　　　　$m_1=356\times H_0=356\times13.83=4923.5(\text{kg})$

封头质量　　　　　　$m_2=224.4\times2=448.8(\text{kg})$

裙座质量　　　　　　$m_3=356\times3=1068(\text{kg})$

塔体质量　$m_{01}=m_1+m_2+m_3=4923.5+448.8+1068=6440.3(\text{kg})$

2) 塔附属体质量 m_a

$$m_a=0.25m_{01}=0.25\times6440.3=1610.1(\text{kg})$$

3) 塔段内件质量 m_{02}

查表 6-15 筛板塔盘单位面积质量 65kg·m^{-2}。

$$m_{02}=65\times N\times\frac{\pi}{4}D^2=65\times20\times\frac{\pi}{4}\times1.8^2=3306.4(\text{kg})$$

4) 保温层质量 m_{03}

封头保温层体积 V'_3:

$$V'_3=\frac{2}{3}\pi\left[\left(\frac{D_0}{2}+\delta_{si}\right)^2\cdot\left(\frac{D_0}{4}+\delta_{si}\right)-\left(\frac{D_0}{2}\right)^2\cdot\frac{D_0}{4}\right]+\frac{\pi}{4}\left[(D_0+2\delta_{si})^2-D_0^2\right]\cdot h$$

$$= \frac{2\pi}{3} \left[\left(\frac{1816}{2} + 100 \right)^2 \times \left(\frac{1816}{4} + 100 \right) - \left(\frac{1816}{2} \right)^2 \times \frac{1816}{4} \right]$$

$$+ \frac{\pi}{4} \left[(1816 + 2 \times 100)^2 - 1816^2 \right] \times 25 = 0.4098 (\text{m}^3)$$

封头保温层质量 $\qquad m_3' = V_3' \rho_2 = 0.4098 \times 300 = 122.9 (\text{kg})$

保温层总质量

$$m_{03} = \frac{\pi}{4} \left[(D_0 + 2\delta_{si})^2 - D_0^2 \right] H_0 \rho_2 + 2m_3'$$

$$= \frac{\pi}{4} \left[(1816 + 2 \times 100)^2 - 1816^2 \right] \times 13\,830 \times 10^{-9} \times 300 + 2 \times 122.9 = 2741.9 (\text{kg})$$

5) 平台、扶梯质量 m_{04}

塔体的人孔处安装 1 层操作平台，共 4 层，平台宽 1m，包角 360°。平台与保温层间隙 $\delta = 50\text{mm}$，平台宽度 $B = 1\text{m}$，扶梯总高度 $H_F = 17.3\text{m}$（根据规定，距地面或平台 2m 以上设计为笼式扶梯，2m 以下为开式扶梯，此处均按笼式扶梯计算）。查表 6-15，笼式扶梯质量 $q_F = 40\text{kg} \cdot \text{m}^{-1}$，平台质量 $q_p = 150\text{kg} \cdot \text{m}^{-2}$。

$$m_{04} = \frac{\pi}{4} \left[(D_0 + 2\delta_{si} + 2\delta + 2B)^2 - (D_0 + 2\delta_{si} + 2\delta)^2 \right] \times n q_P + q_F \cdot H_F$$

$$= \frac{\pi}{4} \left[(1816 + 2 \times 100 + 2 \times 50 + 2 \times 1000)^2 - (1816 + 2 \times 100 + 2 \times 50)^2 \right] \times 10^{-6}$$

$$\times 4 \times 150 + 40 \times 17.3 = 6562.5 (\text{kg})$$

6) 物料质量 m_{05}

$$m_{05} = \frac{\pi}{4} D_i^2 (h_L N + h_1) \rho + V_f \rho = \frac{\pi}{4} \times 1800^2 (60 \times 20 + 1430) \times 10^{-9}$$

$$\times 909.5 + 0.827 \times 909.5 = 6835.9 (\text{kg})$$

7) 水压试验时充水质量

$$m_w = \left(\frac{\pi}{4} D_i^2 H_0 + 2V_f \right) \rho_w = \left(\frac{\pi}{4} \times 1.8^2 \times 13.83 + 2 \times 0.827 \right) \times 1000 = 36\,829.2 (\text{kg})$$

8) 塔设备操作质量

$$m_0 = m_{01} + m_{02} + m_{03} + m_{04} + m_{05} + m_a$$
$$= 6440.3 + 3306.4 + 2741.9 + 6562.5 + 6835.9 + 1610.1$$
$$= 27\,497.1 (\text{kg})$$

9) 塔设备最大质量

$$m_{\max} = m_{01} + m_{02} + m_{03} + m_{04} + m_a + m_w$$
$$= 6440.3 + 3306.4 + 2741.9 + 6562.5 + 1610.1 + 36829.2$$
$$= 57\,490.4 (\text{kg})$$

10) 塔设备最小质量

$$m_{\min} = m_{01} + 0.2 m_{02} + m_{03} + m_{04} + m_a$$
$$= 6440.3 + 0.2 \times 3306.4 + 2741.9 + 6562.5 + 1610.1$$
$$= 18\,016 (\text{kg})$$

11) 各计算段质量

将全塔沿高分成 4 段，见图 6-40，各段质量列入表 6-25。

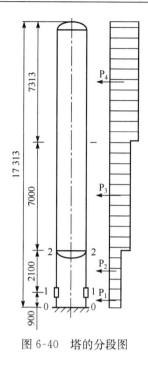

图 6-40　塔的分段图

表 6-25　各段的质量

质量/kg	塔段号			
	1	2	3	4
$m_{01}+m_a$	400.5	1 215.0	3 115.0	3 319.9
m_{02}	0.0	0.0	1 322.6	1 983.8
m_{03}	0.0	122.9	1 263.4	1 355.6
m_{04}	36.0	84.0	3 215.3	3 227.2
m_{05}	0.0	752.2	4 418.3	1 665.5
m_w	0.0	827.0	17 803.8	18 198.4
m_0	436.5	2 174.1	13 334.6	11 552
m_{max}	436.5	2 248.9	26 720.1	28 084.9
m_{min}	436.5	1 421.9	7 858.2	8 299.4
塔段长度/mm	900	2 100	7 000	7 313
人孔、平台数	0	0	2	2
塔板数	0	0	8	12

6.3.2　弯矩计算

6.3.2.1　地震弯矩的计算

1）塔设备的基本自振周期

$$T_1=90.33H\sqrt{\frac{m_0H}{E'\delta_eD_i^3}}\times10^{-3}=90.33\times17\ 313\sqrt{\frac{27\ 497.1\times17\ 313}{2\times10^5\times5\times1800^3}}\times10^{-3}=0.45(s)$$

2）水平地震力

本例中，塔设备建于地震烈度为七度地区，此情况仅考虑水平地震力对塔设备的影响。因为 $H/D=17\ 313/1800=9.6$，且 $H<20m$，故也不考虑高振型影响。塔沿高度方向分成 4 段，视每段高度之间的质量为作用在该段高度 1/2 处集中质量，各段集中质量对该截面所引起的地震力列于表 6-26。

表 6-26　水平地震力

计算内容及公式	结果			
	第 1 段	第 2 段	第 3 段	第 4 段
各段集中质量 m_i/kg	436.5	2 174.1	13 334.6	11 552.0
各点距地面的高度 h_i/mm	450	1 950	6 500	13 657
$m_ih_i^{1.5}$	4.167×10^6	1.872×10^8	6.988×10^9	18.437×10^9
$A=\sum\limits_{i=1}^{4}m_ih_i^{1.5}$	25.616×10^9			
$m_ih_i^3$	0.398×10^{11}	16.121×10^{12}	3.662×10^{15}	29.425×10^{15}
$B=\sum\limits_{i=1}^{4}m_ih_i^3$	33.104×10^{15}			
A/B	7.738×10^{-7}			

计算内容及公式	结果			
	第1段	第2段	第3段	第4段
基本振型参与系数 η_{1k}	$\eta_{1k} = \dfrac{A}{B} h_i^{1.5}$			
	0.0074	0.0666	0.4055	1.2350
阻尼比 ζ	0.02			
衰减系数 γ	$\gamma = 0.9 + \dfrac{0.05 - \zeta}{0.5 + 5\zeta} = 0.9 + \dfrac{0.05 - 0.02}{0.5 + 5 \times 0.02} = 0.95$			
调整系数 η_2	$\eta_2 = 1 + \dfrac{0.05 - \zeta}{0.06 + 1.7\zeta} = 1 + \dfrac{0.05 - 0.02}{0.06 + 1.7 \times 0.02} = 1.32$			
地震影响系数最大值 $\alpha_{\max}$	由表 6-16，取 $\alpha_{\max} = 0.12$			
各类场地土的特征周期 T_g/s	由表 6-17，取 $T_g = 0.35$			
地震影响系数 α_1	查图 6-31，$T_1 > T_g$ $$\alpha_1 = \left(\frac{T_g}{T_1}\right)^\gamma \eta_2 \alpha_{\max} = \left(\frac{0.35}{0.45}\right)^{0.95} \times 1.32 \times 0.12 = 0.12$$			
水平地震力 F_{1k}/N	$F_{1k} = \alpha_1 \eta_{1k} m_k g$			
	3.80	170.45	6365.33	16794.78

3) 地震弯矩

本塔的危险截面为 0—0 截面、1—1 截面和 2—2 截面，见图 6-40。各危险截面上的地震弯矩计算如下：

0—0 截面地震弯矩

$$M_E^{0-0} = \sum_{k=1}^{4} F_{1k} h_k = 3.8 \times 450 + 170.45 \times 1950 + 6365.33$$

$$\times 6500 + 16\,794.78 \times 13\,657 = 2.711 \times 10^8 (\text{N} \cdot \text{mm})$$

1—1 截面地震弯矩

$$M_E^{1-1} = \sum_{k=2}^{4} F_{1k}(h_k - h) = 170.45 \times (1950 - 900) + 6365.33$$

$$\times (6500 - 900) + 16794.78 \times (13657 - 900) = 2.501 \times 10^8 (\text{N} \cdot \text{mm})$$

2—2 截面地震弯矩

$$M_E^{2-2} = \sum_{k=3}^{4} F_{1k}(h_k - h) = 6365.33 \times (6500 - 3000) + 16794.78$$

$$\times (13657 - 3000) = 2.013 \times 10^8 (\text{N} \cdot \text{mm})$$

6.3.2.2　风弯矩的计算

1) 水平风力

将塔沿高度分成 4 段(图 6-40)，计算结果见表 6-27。

表 6-27　各段水平风力计算结果

	塔段号			
	1	2	3	4
塔段长度 l_i/mm	900	2 100	7 000	7 313
各计算段的外径 D_{oi}/mm	$D_{oi}=D_i+2\delta_n=1800+2\times8=1816$			
塔顶管线外径 d_o/mm	630			
第 i 段保温层厚度 δ_{si}/mm	0	0	100	100
管线保温层厚度 δ_{ps}/mm	100			
笼式扶梯当量宽度 K_3/mm	400			
操作平台所在计算段的长度 l_o/mm	900	2 100	7 000	7 313
平台数	0	0	2	2
平台和栏杆构成的投影面积 $\sum A$/mm²	0	0	1.6×10^6	1.6×10^6
操作平台当量宽度 K_4/mm	$K_4=2\sum A/l_o$			
	0	0	457	438
各计算段有效直径 D_{ei}/mm	笼式扶梯与塔顶管线布置成180°，$D_{ei}=D_{oi}+2\delta_{si}+K_3+K_4+d_o+2\delta_{ps}$			
	3 046	3 046	3 703	3 684
各计算段顶截面距地面的高度 h_{it}/mm	900	3 000	10 000	17 313
风压高度变化系数 f_i	根据 h_{it} 查表 6-18			
	0.8	0.8	1	1.19
体型系数 K_1	0.7			
风振系数 K_{2i}	1.7			
基本风压值 q_o/(N·m⁻²)	350			
各计算段的水平风力 P_i/N	$P_i=K_1K_{2i}q_of_il_iD_{ei}\times10^{-6}$			
	913.43	2 131.35	10 796.1	13 352.95

2）风弯矩

0—0 截面的风弯矩

$$M_w^{0-0}=P_1\times\frac{l_1}{2}+P_2\left(l_1+\frac{l_2}{2}\right)+P_3\left(l_1+l_2+\frac{l_3}{2}\right)+P_4\left(l_1+l_2+l_3+\frac{l_4}{2}\right)$$

$$=913.43\times\frac{900}{2}+2131.35\left(900+\frac{2100}{2}\right)+10\ 796.1\times\left(900+2100+\frac{7000}{2}\right)$$

$$+13\ 352.95\times\left(900+2100+7000+\frac{7313}{2}\right)=2.571\times10^8(\text{N}\cdot\text{mm})$$

1—1 截面的风弯矩

$$M_w^{1-1}=P_2\frac{l_2}{2}+P_3\left(l_2+\frac{l_3}{2}\right)+P_4\left(l_2+l_3+\frac{l_4}{2}\right)$$

$$=2131.35\times\frac{2100}{2}+10\ 796.1\times\left(2100+\frac{7000}{2}\right)+13\ 352.95\times\left(2100+7000+\frac{7313}{2}\right)$$

$$=2.330\times10^8(\text{N}\cdot\text{mm})$$

2—2 截面的风弯矩

$$M_w^{2-2} = P_3 \frac{l_3}{2} + P_4 \left(l_3 + \frac{l_4}{2} \right) = 10\ 796.1 \times \frac{7000}{2} + 13\ 351.95 \times \left(7000 + \frac{7313}{2} \right) = 1.801 \times 10^8 (\text{N} \cdot \text{mm})$$

3）各计算截面的最大弯矩

$$M_{max} = \begin{cases} M_w \\ M_E + 0.25 M_w \end{cases} \quad \text{取其中较大者}$$

（1）0—0 截面

$$M_{max}^{0-0} = \begin{cases} M_w^{0-0} = 2.571 \times 10^8 \\ M_E^{0-0} + 0.25 M_w^{0-0} = 3.354 \times 10^8 \end{cases} \quad \text{取为 } 3.354 \times 10^8 \text{N} \cdot \text{mm} \quad \text{（地震弯矩控制）}$$

（2）1—1截面

$$M_{max}^{1-1} = \begin{cases} M_w^{1-1} = 2.330 \times 10^8 \\ M_E^{1-1} + 0.25 M_w^{1-1} = 3.084 \times 10^8 \end{cases} \quad \text{取为 } 3.084 \times 10^8 \text{N} \cdot \text{mm} \quad \text{（地震弯矩控制）}$$

（3）2—2 截面

$$M_{max}^{2-2} = \begin{cases} M_w^{2-2} = 1.801 \times 10^8 \\ M_E^{2-2} + 0.25 M_w^{2-2} = 2.463 \times 10^8 \end{cases} \quad \text{取为 } 2.463 \times 10^8 \text{N} \cdot \text{mm} \quad \text{（地震弯矩控制）}$$

6.3.3 应力计算

6.3.3.1 筒体应力计算

验算塔体 2—2 截面处操作和压力试验时的强度和稳定，结果示于表 6-28。

表 6-28 筒体应力校核

计算截面		2—2
（1）操作时： 计算截面以上塔的操作质量 m_0^{2-2}	kg	24 886.6
塔体有效厚度 δ_e	mm	5
$A = \dfrac{0.094}{R_i/\delta_e} = \dfrac{0.094}{900/5} = 0.000\ 52$，查 GB150—2011,图 4-5 得 $B=68\text{MPa}$		
最大弯矩 M_{max}^{2-2}	N · mm	2.463×10^8
操作压力引起的轴向应力 $\sigma_1 = \dfrac{p_c D_i}{4\delta_e}$	MPa	11.16
重力引起的轴向应力 $\sigma_2 = \dfrac{m_0^{2-2} g \pm F_v^{2-2}}{\pi D_i \delta_e}$	MPa	8.64
弯矩引起的轴向应力 $\sigma_3 = \dfrac{4 M_{max}^{2-2}}{\pi D_i^2 \delta_e}$	MPa	19.37
最大组合压应力 $\sigma_2 + \sigma_3 \leqslant [\sigma]_{cr} \begin{cases} KB=81.6 \\ K[\sigma]^t = 176.4 \end{cases}$ 取 $81.6(K=1.2)$	MPa	$28.01 < 81.6$
最大组合拉应力 $\sigma_1 - \sigma_2 + \sigma_3 \leqslant K[\sigma]^t \phi = 149.94$	MPa	$21.89 < 149.94$
（2）液压试验时： 水压试验压力 $p_T = 1.25 p \dfrac{[\sigma]}{[\sigma]^t}$	MPa	0.13

续表

计算截面			2—2
液柱高度 H		mm	14 780
水压试验时的静压力 $Hg\rho$		MPa	0.145
计算截面以上的风弯矩 M_w^{2-2}		MPa	1.801×10^8
计算截面以上塔的质量 m_T^{2-2}		kg	17515.8
压力引起的轴向应力 $\sigma_{T1}=\dfrac{p_T D_i}{4\delta_e}$		MPa	11.7
重力引起的轴向应力 $\sigma_{T2}=\dfrac{m_T^{2-2}g}{\pi D_i\delta_e}$		MPa	6.08
弯矩引起的轴向应力 $\sigma_{T3}=\dfrac{0.3M_w^{2-2}+M_e}{\pi D_i^2\delta_e/4}$		MPa	4.25
周向应力 $\sigma_T=\dfrac{(p_T+液柱压力)(D_i+\delta_e)}{2\delta_e}<0.9R_{eL}\phi=187.43$		MPa	49.64<187.4
液压时最大组合压应力 $\sigma_{T2}+\sigma_{T3}\leqslant[\sigma]_{cr}=\begin{cases}KB=81.6\\0.9KR_{eL}=264.6\end{cases}$ 取 81.6		MPa	10.3<81.6
液压试验时最大组合拉应力 $\sigma_{T1}-\sigma_{T2}+\sigma_{T3}\leqslant0.9R_{eL}\phi=187.4$		MPa	9.9<187.4
结论:筒体厚度满足要求			

注:H=筒体高度+上、下封头深度

m_T^{2-2}:只计入 2—2 截面以上的塔壳、内构件、偏心质量、保温层、扶梯及平台质量

6.3.3.2　裙座应力计算

裙座壳为圆形,则 $A=\dfrac{0.094}{R_i/\delta_e}=\dfrac{0.094}{900/6}=0.00063$,查 GB150—2011 中图 4-5 得 $B=85\text{MPa}$。

操作时轴向许用应力

$$[\sigma]_{cr}=\begin{cases}KB=1.2\times85=102(\text{MPa})\\K[\sigma]_s^t=1.2\times113=135.6(\text{MPa})\end{cases}\quad 取[\sigma]_{cr}=102\text{MPa}$$

液压试验时轴向许用应力

$$[\sigma]_{cr}=\begin{cases}KB=1.2\times85=102(\text{MPa})\\0.9KR_{eL}=0.9\times1.2\times235=253.8(\text{MPa})\end{cases}\quad 取[\sigma]_{cr}=102\text{MPa}$$

1) 1—1 截面(检查孔所在截面)

查表 6-4,裙座上设置两个 A 型检查孔,$l_m=250\text{mm}$;$b_m=450\text{mm}$。取 $\delta_m=10\text{mm}$;$\delta_{es}=6\text{mm}$;$D_{im}=1800\text{mm}$。

加强管面积　　　　　　$A_m=2l_m\delta_m=2\times250\times10=5000(\text{mm}^2)$

裙座壳截面面积

$$A_{sm}=\pi D_{im}\delta_{es}-\sum[(b_m+2\delta_m)\delta_m-A_m]$$
$$=\pi\times1800\times6-2[(450+2\times10)\times10-5000]=3.451\times10^4(\text{mm}^2)$$

裙座壳的抗弯截面系数

$$Z_m=2\delta_{es}l_m\sqrt{\left(\dfrac{D_{im}}{2}\right)^2-\left(\dfrac{b_m}{2}\right)^2}=2\times6\times250\sqrt{\left(\dfrac{1800}{2}\right)^2-\left(\dfrac{450}{2}\right)^2}=2.614\times10^6(\text{mm}^3)$$

$$Z_{sm} = \frac{\pi}{4} D_{im}^2 \delta_{es} - \sum \left[b_m D_{im} \frac{\delta_{es}}{2} - Z_m \right]$$

$$= \frac{\pi}{4} \times 1800^2 \times 6 - 2 \times \left(450 \times 1800 \times \frac{6}{2} - 2.614 \times 10^6 \right) = 1.563 \times 10^7 (mm^3)$$

操作时最大压应力

$$\sigma = \frac{M_{max}^{1-1}}{Z_{sm}} + \frac{m_0^{1-1} g}{A_{sm}} = \frac{3.084 \times 10^8}{1.563 \times 10^7} + \frac{(2174.1 + 13\ 334.6 + 11\ 552.0) \times 9.81}{3.451 \times 10^4} = 27.42 (MPa) < 102 MPa$$

水压试验时最大压应力

$$\sigma_T = \frac{0.3 M_w^{1-1} + M_e}{Z_{sm}} + \frac{m_{max}^{1-1} g}{A_{sm}} = \frac{0.3 \times 2.33 \times 10^8}{1.563 \times 10^7} + \frac{(2248.9 + 26\ 720.1 + 28\ 084.9) \times 9.81}{3.451 \times 10^4}$$

$$= 20.69 (MPa) < 102 MPa$$

故 1—1 截面的结构和尺寸满足要求。

2) 0—0 截面

0—0 截面的抗弯截面系数　　$Z_{sb} = \frac{\pi}{4} D_{is}^2 \delta_{es} = \frac{\pi \times 1800^2 \times 6}{4} = 1.526 \times 10^7 (mm^3)$

0—0 截面的面积　　$A_{sb} = \pi D_{is} \delta_{es} = \pi \times 1800 \times 6 = 3.391 \times 10^4 (mm^2)$

正常操作时最大压应力$\frac{M_{max}^{0-0}}{Z_{sb}} + \frac{m_0 g}{A_{sb}} = \frac{3.354 \times 10^8}{1.526 \times 10^7} + \frac{27\ 497.1 \times 9.81}{3.391 \times 10^4} = 29.93 < 102 (MPa)$

水压试验时最大压应力

$$\frac{0.3 M_w^{0-0}}{Z_{sb}} + \frac{m_{max} g}{A_{sb}} = \frac{0.3 \times 2.571 \times 10^8}{1.526 \times 10^7} + \frac{57\ 490.4 \times 9.81}{3.391 \times 10^4} = 21.69 < 102 (MPa)$$

结论：裙座筒体的厚度满足要求。

6.3.4　地脚螺栓座的设计计算

6.3.4.1　基础环

1) 基础环的几何尺寸

基础环外径　　　　　　　　$D_{ob} = D_{is} + (160 \sim 400) = 2016 (mm)$

基础环内径　　　　　　　　$D_{ib} = D_{is} - (160 \sim 400) = 1600 (mm)$

基础环伸出宽度　$b = \frac{1}{2}(D_{ob} - D_o) = \frac{1}{2}(2016 - 1816) = 100 (mm)$

基础环面积　　　$A_b = \frac{\pi}{4}(D_{ob}^2 - D_{ib}^2) = \frac{\pi}{4}(2016^2 - 1600^2) = 1.181 \times 10^6 (mm^2)$

基础环截面系数　$Z_b = \frac{\pi(D_{ob}^4 - D_{ib}^4)}{32 D_{ob}} = \frac{\pi(2016^4 - 1600^4)}{32 \times 2016} = 4.85 \times 10^8 (mm^3)$

2) 混凝土基础上的最大压应力（下式中取较大值）

$$\sigma_{bmax} = \begin{cases} \dfrac{M_{max}^{0-0}}{Z_b} + \dfrac{m_0 g}{A_b} = \dfrac{3.354 \times 10^8}{4.85 \times 10^8} + \dfrac{27\ 497.1 \times 9.81}{1.181 \times 10^6} = 0.92 (MPa) \\[4mm] \dfrac{0.3 M_w^{0-0}}{Z_b} + \dfrac{m_{max} g}{A_b} = \dfrac{0.3 \times 2.571 \times 10^8}{4.85 \times 10^8} + \dfrac{57\ 490.4 \times 9.81}{1.181 \times 10^6} = 0.64 (MPa) \end{cases}$$

取 $\sigma_{bmax}=0.92$MPa。

3）基础环厚度计算

选用带筋板的地脚螺栓座，并取地脚螺栓数为 16。查附表 7-10，初选地脚螺栓 M24，则相邻两筋板最大外侧间距 $l=[\pi D_{ob}-n(l_3+2\delta_G)]/n=302$mm，因为 $b=100$mm，故 $b/l=0.33$。

查表 6-22 得：$M_x=-0.429\,\sigma_{bmax}b^2=-3947$N·mm·mm^{-1}，$M_y=0.0081\,\sigma_{bmax}l^2=680$N·mm·mm^{-1}。

M_s 取 M_x 和 M_y 中绝对值较大者是 3947N·mm·mm^{-1}

基础环厚度 $\delta_b=\sqrt{\dfrac{6M_s}{[\sigma]_b}}=\sqrt{\dfrac{6\times 3947}{140}}=13$mm，取 $\delta_b=16$mm。

6.3.4.2　地脚螺栓

1）地脚螺栓的最大拉应力（下式中取值较大者）

$$\sigma_B=\begin{cases}\dfrac{M_w^{0-0}}{Z_b}-\dfrac{m_{min}g}{A_b}=\dfrac{2.571\times 10^8}{4.85\times 10^8}-\dfrac{18\,016.0\times 9.81}{1.181\times 10^6}=0.38\,(\text{MPa})\\[3mm]\dfrac{M_E^{0-0}+0.25M_w^{0-0}}{Z_b}-\dfrac{m_0g}{A_b}=\dfrac{2.711\times 10^8+0.25\times 2.571\times 10^8}{4.85\times 10^8}-\dfrac{27\,497.1\times 9.81}{1.181\times 10^6}=0.46\,(\text{MPa})\end{cases}$$

取 $\sigma_B=0.46$MPa。

2）确定螺纹小径 d_1

取 16 个地脚螺栓　　　　　　　　　　$[\sigma]_{bt}=147$MPa

$$d_1=\sqrt{\dfrac{4\sigma_B A_b}{\pi n[\sigma]_{bt}}}+C_2=\sqrt{\dfrac{4\times 0.46\times 1.181\times 10^6}{\pi\times 16\times 147}}+3=20.2\,(\text{mm})$$

参照表 6-23，选 M24 的地脚螺栓。

6.3.4.3　筋板

参照附表 7-10，取 $n_1=2$；$\delta_G=12$mm；筋板宽度 $l_2=100$mm（附表中 $B+C$）；筋板高度 $l_k=168$mm。

一个地脚螺栓受的力　　　$F_1=\dfrac{\sigma_B A_b}{n}=\dfrac{0.46\times 1.181\times 10^6}{16}=3.395\times 10^4\,(\text{N})$

细长比　　　　　　　　　$\lambda=\dfrac{0.5l_k}{\rho_i}=\dfrac{0.5l_k}{0.289\delta_G}=\dfrac{0.5\times 168}{0.289\times 12}=24.2$

临界细长比　　　　　　　$\lambda_C=\sqrt{\dfrac{\pi^2 E}{0.6[\sigma]_G}}=\sqrt{\dfrac{\pi^2\times 2\times 10^5}{0.6\times 140}}=153.2$

由于 $\lambda<\lambda_C$，筋板的许用应力

$$[\sigma]_C=\dfrac{\left[1-0.4\left(\dfrac{\lambda}{\lambda_c}\right)^2\right][\sigma]_G}{1.5+\dfrac{2}{3}\left(\dfrac{\lambda}{\lambda_C}\right)^2}=\dfrac{\left[1-0.4\left(\dfrac{24.2}{153.2}\right)^2\right]\times 140}{1.5+\dfrac{2}{3}\left(\dfrac{24.2}{153.2}\right)^2}=91.39\,(\text{MPa})$$

$$\sigma_G=\dfrac{F_1}{n_1\delta_G l_2}=\dfrac{3.395\times 10^4}{2\times 12\times 100}=14.15\,(\text{MPa})<91.39\text{MPa}$$

筋板形状和尺寸满足要求。

6.3.4.4　盖板

地脚螺栓之间的距离 $=\pi(D_o+2B)/n=\pi(1816+2\times 55)/16=378\,(\text{mm})$，选用环形盖板

加垫板结构。参照附表 7-10，选用 M24 地脚螺栓柱的尺寸。取 $l_2 = 100$mm；$l_3 = 70$mm；$l_4 = 50$mm；$d_2 = 27$mm；$d_3 = 40$mm；$\delta_c = 16$mm；$\delta_z = 12$mm。

环形盖板的最大压应力

$$\sigma_z = \frac{3Fl_3}{4(l_2 - d_3)\delta_c^2 + 4(l_4 - d_2)\delta_z^2} = \frac{3 \times 3.395 \times 10^4 \times 70}{4(100 - 40) \times 16^2 + 4(50 - 27) \times 12^2} = 95.46 < [\sigma]_z = 140 \text{MPa}$$

盖板形状和尺寸满足要求。

6.3.5　裙座与塔壳连接焊缝的强度校核

本精馏塔裙座与塔壳连接选用对接焊缝，取 $D_{it} \approx D_i = 1800$mm；$\delta_{es} = 6$mm

焊缝承受的最大弯矩 $M_{max}^{J-J} \approx M_{max}^{2-2} = 2.463 \times 10^8$ N·mm

焊缝承受的质量载荷 $m_0^{J-J} \approx m_0^{2-2} = 24\ 886.6$kg

$0.6K[\sigma]_w^t = 0.6 \times 1.2 \times 113 = 81.36$(MPa)

$$\frac{4M_{max}^{J-J}}{\pi D_{it}^2 \delta_{es}} - \frac{m_0^{J-J}g}{\pi D_{it}\delta_{es}} = \frac{4 \times 2.463 \times 10^8}{\pi \times 1800^2 \times 6} - \frac{24886.6 \times 9.81}{\pi \times 1800 \times 6} = 8.94\text{(MPa)} < 81.36\text{(MPa)}$$

验算合格。

计算结果

塔体圆筒名义厚度 δ_n	8mm
塔体封头名义厚度 δ_{hn}	8mm
裙座圆筒名义厚度 δ_{en}	8mm
基本环名义厚度 δ_b	16mm
地脚螺栓个数 n	16
地脚螺栓公称直径 d	24mm

本章符号说明

A_b—基础环面积，mm^2

A_{sb}—裙座圆筒截面面积，mm^2

A_{sm}——h—h 截面处裙座的截面面积，mm^2

A_w—焊缝抗剪断面面积，mm^2

$\sum A$—第 i 段内平台构件的投影面积，mm^2

B—系数，按 GB150 相关章节，MPa

b—基础环外直径与裙座壳体之差的 $1/2$，mm

b_m—h—h 截面处裙座壳人孔或较大管线引出孔接管水平方向最大宽度，mm

C——壁厚附加量，mm

C_1—钢材厚度负偏差，mm

C_2—腐蚀裕量，mm

D—塔体公称直径，mm

D_{ei}—塔体第 i 计算段的有效直径，mm

D_i—塔设备壳体内直径，mm

D_{ib}—基础环内直径，mm

D_{is}—裙座壳的内直径，mm

D_o—塔设备壳体外直径，mm

D_{ob}—基础环外直径，mm

D_{os}—裙座壳体外直径，mm

d_o—塔顶管线外径，mm

d_1—地脚螺栓螺纹小径，mm

d_2—垫板上地脚螺栓孔直径，mm

d_3—盖板上地脚螺栓孔直径，mm

E^t—设计温度下材料的许用应力,MPa

f_i—风压高度变化系数

F_1—一个地脚螺栓承受的最大拉力,N

F_v^{0-0}—塔设备底截面处的垂直地震力,N

F_v^{I-I}—塔任意计算截面 I — I 处的垂直地震力,N

F_{1k}—集中质量 m_k 引起的基本振型水平地震力,N

g—重力加速度,m·s^{-2}

H—塔设备高度,mm

H_i—塔设备顶部至第 i 段底截面的距离,mm

H_{it}—塔设备第 i 段顶截面距地面的距离,m

H_o——筒体高度,mm

H_w—液柱高度,mm

H_p—平台的栏杆高度,mm

h—计算段距地面的高度,mm

h_d—裙座顶部到底封头切线的距离,

h_i—第 i 段集中质量距地面的高度,mm

I_i, I_{i-1}—第 i 段、第 $i-1$ 段的截面惯性矩,mm^4

h_{it}—塔第 i 段顶截面距塔底截面的高度,mm

h_k—任意计算截面 I — I 以上的集中质量 m_k 距地面高度,mm

K—载荷组合系数

K_1—塔的体型系数

K_{2i}—塔设备各计算段的风振系数

K_3—笼式扶梯当量宽度,mm

K_4—操作平台当量宽度,mm

l_i—第 i 计算段长度,mm

l_e—偏心质量重心至塔中心线的距离,mm

l_m—检查孔长度,mm

l_o—操作平台所在计算段的长度,mm

l_R—地脚螺栓座中筋板高度,mm

l_2—筋板宽度,mm

l_3—筋板内侧间距,mm

l_4—垫板宽度,mm

M_E^{I-I}—任意计算截面 I — I 处的地震弯矩,N·mm

M_{max}^{I-I}—任意计算截面 I — I 处的最大弯矩,N·mm

M_{max}^{J-J}—搭接焊缝 J — J 处的最大弯矩,N·mm

M_w^{0-0}—底部截面 0 — 0 处的最大弯矩,N·mm

M_w^{I-I}—任意计算截面 I — I 处的风弯矩,N·mm

M_w^{0-0}—底部截面 0 — 0 处的风弯矩,N·mm

M_s—矩形板计算力矩,N·mm

M_e—偏心质量引起的弯矩,N·mm

m_{max}^{h-h}—h — h 截面以上塔设备液压试验状态的最大质量,kg

m_{max}^{J-J}—塔接焊缝截面 J — J 以上液压试验时的最大质量,kg

m_T^{1-1}—试验时计算截面 1 — 1 以上的质量,kg

m_T^{J-J}—塔接焊缝 J — J 截面以上塔的操作质量,kg

m_a—人孔、接管、法兰等附属件质量,kg

m_{min}—塔设备安装状态时的最小质量,kg

m_o—塔设备操作质量,kg

m_w—液压试验时,塔设备内充液质量,kg

m_{01}—壳体和裙座质量,kg

m_{02}—内件质量,kg

m_{03}—保温材料质量,kg

m_{04}—平台、扶梯质量,kg

m_{05}—操作时塔内物料质量,kg

N——塔板数

n—地脚螺栓个数,个

n_j—对应于一个地脚螺栓的筋板个数,个

p—设计压力,MPa

p_c—计算压力,MPa

p_e—法兰的当量设计压力,MPa

p_T—试验压力,MPa

P_i—塔设备各计算段的水平风力,N

q_0—基本风压值,N·m^{-2}

R_i—塔设备的内半径,mm

R_{eL}—塔设备材料的屈服强度,MPa

T_1—基本振型自振周期,s

T_g—各类场地土的特征周期,s

T_i—第 i 振型的自振周期，s

u—塔顶与塔底有效直径的比

Z_{sb}—裙座圆筒底部抗弯截面系数，mm^3

Z_b—基础环的抗弯截面系数，mm^3

α_1—对应于塔基本振型自振周期 T_1 的地震影响系数

α_{max}—地震影响最大值

α_{vmax}—垂直地震影响系数最大值

δ_b—基础环计算厚度，mm

δ_c—盖板厚度，mm

δ_e—筒体的有效厚度，mm

δ_{eh}—封头的有效厚度，mm

δ_{ei}—各计算截面的有效厚度，mm

δ_{es}—裙座壳的有效厚度，mm

δ_G—筋板厚度，mm

δ_m—h—h 截面处加强管的厚度，mm

δ_n—筒体或封头的名义厚度，mm

δ_{ns}—裙座壳体的名义厚度，mm

δ_{ps}—管线保温层厚度，mm

δ_{si}—圆筒保温层厚度，mm

δ_z—垫板厚度，mm

υ_i—脉动影响系数

ξ—脉动增大系数

ζ_i—第 i 阶振型阻尼比

η_{1k}—基本振型参与系数

ρ—液压试验时介质的密度，$kg \cdot m^{-3}$

ρ_i—惯性半径，mm

σ_1—由压力引起的轴向应力，MPa

σ_2—由垂直载荷引起的轴向应力，MPa

σ_3—由弯矩引起的轴向应力，MPa

σ_B—地脚螺栓的最大拉应力，MPa

σ_{bmax}—混凝土基础上的最大压应力，MPa

σ_G—筋板的压应力，MPa

$\sigma_{max组拉}$—组合拉应力，MPa

$\sigma_{max组压}$—组合压应力，MPa

σ_T—试验压强下圆筒的周向应力，MPa

σ_z—盖板的最大应力，MPa

$[\sigma]$—试验温度下塔壳和裙座材料的许用应力，MPa

$[\sigma]^t$—设计温度下塔体材料的许用应力，MPa

$[\sigma]_s^t$—设计温度下裙座材料的许用应力，MPa

$[\sigma]_b$—基础环材料的许用应力，MPa

$[\sigma]_{bt}$—地脚螺栓材料的许用应力，MPa

$[\sigma]_c$—筋板的临界许用应力，MPa

$[\sigma]_{cr}^t$—设计温度下塔壳或裙座壳的许用轴向压应力，MPa

$[\sigma]_c$—筋板的临界许用应力，MPa

$[\sigma]_G$—筋板材料的许用应力，MPa

$[\sigma]_w$—设计温度下焊材的许用应力，MPa

ϕ—焊接接头系数

ϕ_{zi}—第 i 段振型系数

λ—细长比

λ_c—临界细长比

第7章　化工流程图及设备图的绘制

7.1　化工流程图

7.1.1　流程图的类型及特点

化工流程图是化工设计文件的重要组成部分,它以形象的图形、符号、代号表示化工设备、管路、附件及仪表自控等,借以表达出一个生产工艺中物料及能量的变化始末。化工流程可以通过多种方式表达,最常用的是工艺流程图(process flow diagram,PFD)和管道及仪表流程图(piping and instrumentation diagram,PID)。

工艺流程图(PFD)如图7-1所示(见书后)。PFD是化工设计的重要技术文件,该流程图包含主要设备、主要工艺管道及介质流向、主要工艺操作条件、主要参数的控制方法、物流的流率及物料的组成等内容。工艺流程图是系统合成和过程分析(参数优化)的结果,是化工设计中最重要、最本质、最基础性的图纸。

管道及仪表流程图(PID)如图7-2所示(见书后)。PID除了要给出工艺流程及主要设备外,还要表达所有正常操作和开停车所需的管道以及检测、控制、报警、切断等仪表和自动控制系统,同时还要表达出特殊管线的等级、公称直径、保温要求等。PID的工作重点是管道流程及控制方案。

下面以调节阀及泵为例说明PFD与PID的区别。

调节阀在PFD上只需要用一个阀门表示(图7-3);而在PID上,则需要画出该调节阀所需要的一切附件(图7-4)。

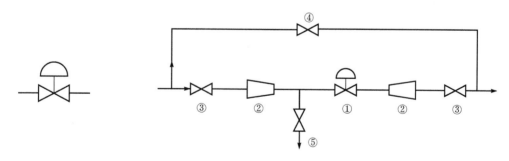

图7-3　PFD上调节阀的表示方法　　　　　图7-4　PID上调节阀的表示方法

增加这些附件主要基于以下原因:

(1)当调节阀①失灵需要检修时,要把调节阀两旁的切断阀③关闭,再用旁通阀门④临时进行手控调节。

(2)为了保证调节的灵敏度,一般调节阀的直径小于管道直径,因此要在调节阀的两端加装异径管②。

(3)在施工过程中,会有少量灰尘、焊渣等固体物残留在管道内,在开车前,管道要进行吹扫和氮气置换(对于易燃易爆物质),这时应在调节阀前加装盲板;将吹扫气体从排放口⑤排出,否则带有固体粒子的气流高速通过会损坏调节阀。

对于泵,在 PFD 上只需画出泵体,不必表示出进出口管道上的管件;而在 PID 上,则要表达清楚各种管件,如图 7-5 所示。

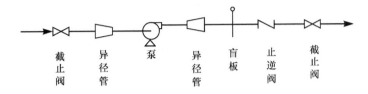

图 7-5　PID 上泵的表示方法

不管是化工工艺流程图、管道及仪表流程图,还是其他的设计图纸,图纸的幅面和规格、比例、字体、图线、图形符号、标题栏、明细栏乃至图纸的折叠方法等都要符合技术制图的基本要求,也要遵循相关的技术制图标准,相关标准如下:

GB/T 14689—2008 技术制图　图纸幅面和规格

GB/T 14690—1993 技术制图　比例

GB/T 14691—1993 技术制图　字体

GB/T 17450—1998 技术制图　图线

GB/T 10609.1—2008 技术制图　标题栏

GB/T 10609.2—2009 技术制图　明细栏

GB/T 10609.3—2009 技术制图　复制图的折叠方法

GB/T 10609.4—2009 技术制图　对缩微复制原件的要求

GB/T 6567.1—2008 技术制图　管路系统的图形符号 基本原则

GB/T 6567.2—2008 技术制图　管路系统的图形符号 管路

GB/T 6567.3—2008 技术制图　管路系统的图形符号 管件

GB/T 6567.4—2008 技术制图　管路系统的图形符号 阀门和控制元件

GB/T 18686—2002 技术制图 CAD 系统用图线的表示

对于流程图、设备布置图、管道布置图等,也有专门的标准予以规范。例如

HG 20559—1993 管道仪表流程图设计规定

HG/T 20519—2009 化工工艺设计施工图内容和深度统一规定

HG/T 20546—2009 化工装置设备布置设计规定

HG/T 20549—1998 化工装置管道布置设计规定

HG/T 20505—2000 过程测量与控制仪表的功能标志及图形符号

HGJ7—1987 化工过程监测、控制系统设计符号统一规定

7.1.2　流程图的表达和标注

作为表达化工流程的技术图纸,不管是化工工艺流程图(PFD),还是管道及仪表流程图(PID),不仅其图纸的幅面、规格、比例、字体、图线、标注等要符合技术图纸制图的基本要求,而且也要遵循化工流程图绘制的相关设计规定。

在"化工工艺设计施工图内容和深度统一规定"(HG/T 20519—2009)、"管道仪表流程图设计规定"(HG 20559—1993)、"炼油厂流程图图例"(SH/T 3101—2000)等标准中,对设备图形符号、管道和管件图形符号、物料代号和缩写词、设备位号等都有明确的要求和规定。下面对流程图的表达、标注等作简要介绍。

7.1.2.1 图纸幅面和规格

技术制图标准"技术制图 图纸幅面和格式"(GB/T 14689—2008)中规定了图纸的幅面及图框尺寸。图纸幅面代号及其基本幅面尺寸如表 7-1 所示。图纸若需要加长,可按"GB/T 14689—2008"中规定的加长幅面绘图。

表 7-1 基本幅面尺寸及图框尺寸 （单位:mm）

幅面代号	A0	A1	A2	A3	A4
$B \times L$	841×1189	594×841	420×594	297×420	210×297
e	20		10		
c	10			5	
a	25				

标题栏的长边置于水平方向并与图纸的长边平行时构成的图纸为 X 型图纸;若标题栏的长边与图纸的长边垂直,为 Y 型图纸。图 7-6 为 X 型图纸的幅面及图框格式,其图框尺寸见表 7-1。Y 型图纸的图框格式参见"GB/T 14689—2008"国家标准中的 Y 型图纸格式。

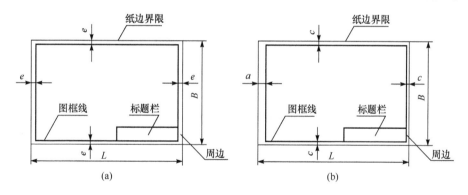

图 7-6　X 型图纸的幅面及图框格式

(a) 无装订边图纸;(b) 有装订边图纸

一般情况下,工艺流程图采用 X 型 A1 图纸绘制,图纸的数量不限。若流程比较简单,也可以采用 A2 图纸绘制。

7.1.2.2 标题栏

图纸的标题栏有规定的格式,要符合"技术制图 标题栏"(GB/T 10609.1—2008)标准的规定。标题栏一般放在图样的右下角,由名称及代号区、更改区、签字区等组成,根据实际需要也可以增加或减少。名称及代号区包括单位名称、图样名称、图样代号和存储代号等;签字区包括设计、审核、批准、签字、日期等;更改区包括更改标记、更改文件号、签字、日期等。两种格式的标题栏及各部分尺寸如图 7-7 所示,图 7-8 为标题栏示例。

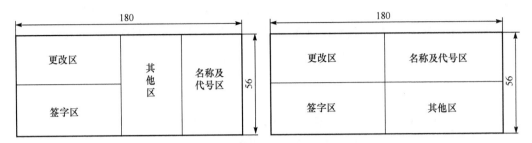

图 7-7 两种格式的标题栏及各部分尺寸(单位:mm)

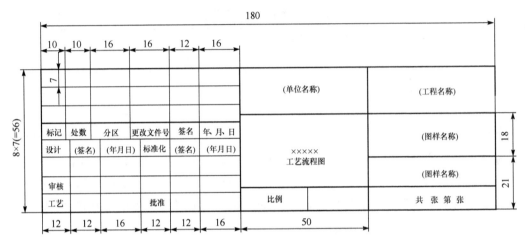

图 7-8 标题栏示例(单位:mm)

7.1.2.3 比例及图线

流程图中涉及各种不同尺寸的管道以及设备等,在这类流程图中,管道、设备等一般不按比例绘制。设备的图例一般只取其相对的比例,如果设备的实际尺寸过大或过小,则可将该设备适当放大或缩小,总体要求是使整个图协调、美观。

流程图中的图线宽度分为三种:粗线 0.6~0.9mm;中粗线 0.3~0.5mm;细线 0.15~0.25mm。图线用法及宽度如表 7-2 所示。

表 7-2 图线用法及宽度

类别	图线宽度/mm			备注
	0.6~0.9	0.3~0.5	0.15~0.25	
工艺管道及仪表流程图	主物料管道	其他物料管道	其他	设备、机械轮廓线 0.25mm
辅助管道及仪表流程图 公用系统管道及仪表流程图	辅助管道总管 公用系统管道总管	支管	其他	
设备布置图	设备轮廓	设备支架 设备基础	其他	动设备(机泵等)如只绘出设备基础,图线用 0.6~0.9mm 的粗线

类别		图线宽度/mm			备注
		0.6~0.9	0.3~0.5	0.15~0.25	
设备管口方位图		管口	设备轮廓 设备支架 设备基础	其他	
管道布置图	单线 （实线或虚线）	管道		法兰、阀门及其他	
	双线 （实线或虚线）		管道		
管道轴侧图		管道	法兰、阀门、承插焊螺纹连接的管件的表示线	其他	
设备支架图,管道支架图		设备支架及管架	虚线部分	其他	
特殊管件图		管件	虚线部分	其他	

注：凡界区线、区域分界线、图形接续分界线的图线采用双点划线,宽度均用 0.5mm

7.1.2.4　设备的表示方法

工艺流程图中只画与生产流程有关的主要设备,不画辅助设备及备用设备。对作用相同的并联或串联的同类设备,一般只表示其中的一台(或一组),而不必将全部设备同时画出。流程图中设备外形的表达应符合相关标准的规定,如"化工工艺设计施工图内容和深度统一规定(HG/T 20519—2009)"标准的第 2 部分规定了流程图中设备、机器的图例,并且规定了设备的类型及相应的代号。对于未列入的设备可参照其他有关专业的图例规定绘制,或绘出其象征性的简单外形,表明设备的特征。部分设备的类别、代号及图例如表 7-3 所示。

表 7-3　部分设备的类别、代号及图例

类别	代号	图例
塔	T	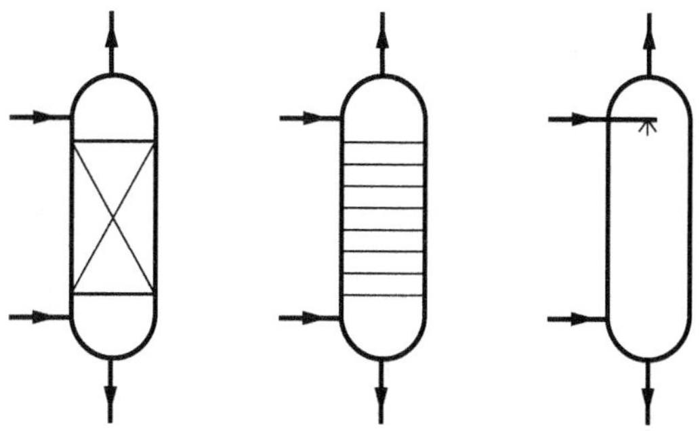 填料塔　　　　　板式塔　　　　　喷洒塔

类别	代号	图例
塔内件		降液管　　　　　受液管 浮阀塔塔板　　　泡罩塔塔板 格栅板　　　　　升气管
反应器	R	固定床反应器　　列管式反应器　　流化床反应器 反应釜 (闭式 带搅拌 夹套)　　　反应釜 (开式 带搅拌 夹套)　(开式 带搅拌 夹套 内盘管)
换热器	E	换热器(简图)　　　　固定管板式列管换热器 U形管式换热器　　　　浮头式列管换热器 套管式换热器　　　　　釜式换热器

续表

类别	代号	图例
泵	P	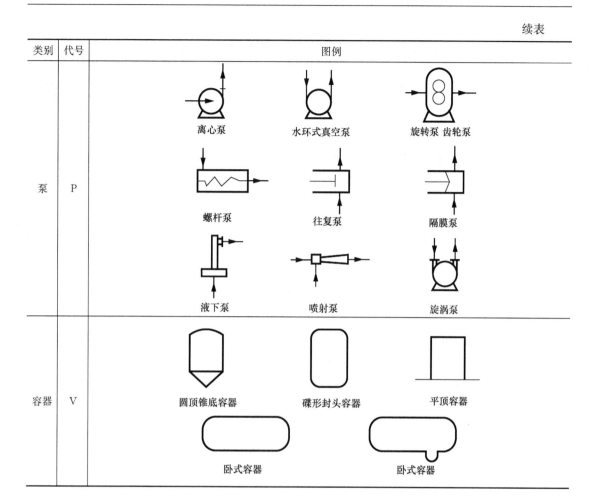
容器	V	

所有设备均用细实线表示,设备大小可以不按比例画,但其规格应尽量有相对的概念。有位差要求的设备,应示意出其相对高度位置。对工艺有特殊要求的设备内部构件应予表示。例如板式塔应画出有物料进出的塔板位置及自下往上数的塔板总数(在板式塔的工艺计算中,理论塔板数是自上而下递增的,应注意区别);容器应画出内部挡板及破沫网的位置;反应器应画出器内床层数;填料塔应表示填料层、气液分布器、集油箱等的数量及位置。

流程图中的设备要注明编号,并同时注明其名称(汉字)。设备位号由设备类别代号(表 7-3)、设备所在主项目的编号(以两位数表示)、主项内同类设备的顺序号(以两位数表示)以及相同设备的数量尾号(按大写英文字母 A、B、C……顺序排列;若无相同设备,此尾号则不写)四部分组成。设备标注的形式如图 7-9 所示,中间的水平线为位号线(用粗实线绘制),位号线上方标注设备位号,下方标注设备的名称。

一般要在流程图的两个地方标注设备位号。一是在图的上方或下方,要求排列整齐,并尽可能正对设备;二是在设备内或其近旁,此处只标注位号,不标注设备名称。当几个设备或机器为垂直排列时,它们的位号和名称可以由上而下按顺序标注,也可以水平标注。设备位号及名称的标注如图 7-10 所示。

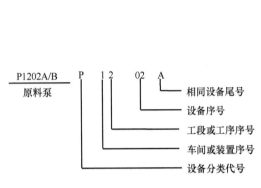

图 7-9　设备标注的形式

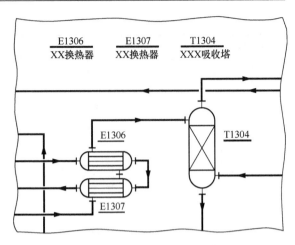

图 7-10　设备位号及名称的标注

在流程图上,应标出与配管以及与外界有关的管口(如直连阀门的排液口、排气口、放空口、仪表接口等),设备、机械上的其他接管(包括人孔、手孔等)也尽可能予以标示,设备的管口法兰可不绘制。流程图上一般不标示设备的支脚、支架、平台等,也不标注尺寸。

对于需要隔热的设备和机器要在相应部位画出一段隔热层图例,必要时标注出其隔热等级;有伴热者也要在相应部位画出一段伴热管,必要时可标注出伴热和介质代号。如图 7-11 所示。

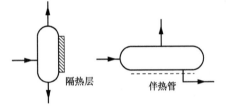

图 7-11　隔热层、伴热管示意图

7.1.2.5　管道、阀门和管件的绘制和标注

1) 管道的表示方法

流程图应自左至右按生产过程的顺序绘制,进出装置或进出另一张图(由多张图构成的流程图)的管道一般画在流程的始末端(必要时可画在图的上下端),用箭头(进出装置)或箭头(进出另一张图纸)明显表示,并注明物料的名称及其来源或去向。如果流程复杂,可加注来或去 XX 图的管道坐标。

流程图中用粗实线表示主要操作管道,并用箭头表示管内物料的流向。正常生产时使用的水、蒸汽、燃料及热载体等辅助管道,一般只在与设备或工艺管道连接处用短的细实线示意,注明物料名称及其流向。在工艺流程图中,正常生产时不用的开停工、事故处理、扫线及放空等管道,一般均不需要画出,也不需要用短的细实线示意。常见管道的图例参见表 7-4,部分辅助物料及公用工程系统介质的代号规定如表 7-5 所示。

表 7-4　常见管道的图例

名称	图例	备注
主物料管道	——————	粗实线
次物料管道辅助物料管道	——————	中粗线
引线、设备、管件、阀门、仪表图形符号和仪表管线等	——————	细实线

续表

名称	图例	备注
蒸气伴热管道		
电伴热管道		
夹套管		夹套管只表示一段
管道隔热层		绝热层只表示一段

表 7-5　部分辅助物料及公用工程系统介质的代号规定

介质名称	代号	介质名称	代号	介质名称	代号
工艺空气	PA	原水、新鲜水	RW	固体燃料	FS
工艺气体	PG	锅炉给水	BW	液体燃料	FL
工艺液体	PL	循环冷却水上水	CWS	液化石油气	LPG
工艺固体	PS	循环冷却水回水	CWR	天然气	NG
工艺水	PW	热水上水	HWS	液化天然气	LNG
气液两相流工艺物料	PGL	热水回水	HWR	冷冻盐水上水	RWS
气固两相流工艺物料	PGS	自来水、生活用水	DW	冷冻盐水回水	RWR
液固两相流工艺物料	PLS	脱盐水	DNW	真空排放气	VE
空气	AR	软水	SW	放空	VT
压缩空气	CA	消防水	FW	废气	WG
仪表空气	IA	化学污水	CSW	废渣	WS
高压蒸汽	HS	生产废水	WW	废油	WO
中压蒸汽	MS	氢	H	烟道气	FLG
低压蒸汽	LS	氮	N	惰性气	IG
蒸汽冷凝水	SC	氧	O	催化剂	CAT
伴热蒸汽	TS	燃料气	FG	添加剂	AD

　　每根管道都要以箭头表示其物料流向(箭头画在管道上)。图上的管道与其他图纸有关时,一般将其端点绘制在图的左方或右方,以空心箭头注出物料的流向(入或出),空心箭头内注明其接续图纸的序号,并在其附近注明来或去的设备位号或管道号,空心箭头的画法见图 7-12。管道应尽量画成水平或垂直,管道相交和转弯均画成直角。管道交叉时,应将其中一根管道断开,如图 7-13 所示。另外,要应尽量避免管道穿过设备。

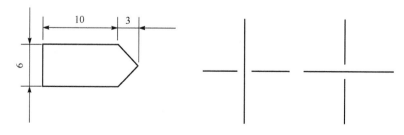

图 7-12　空心箭头的画法(单位:mm)　　　图 7-13　交叉管道的表示方法

2) 管道的标注

在管道及仪表流程图中要对管道进行较详尽的说明。管道一般用管道组合号标注,通常标示于管道上方或左方,也可用引线引出。管道组合号的表达如图 7-14 所示,其中物料代号、主项编号(2 位)、管道顺序号(2 位)总称管道号。工艺物料的介质代码自行编制,一般以分子式及其缩写字母表示。

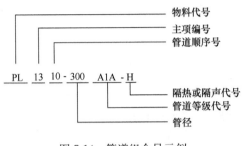

图 7-14　管道组合号示例

管道号的编号原则:①一个设备管口到另一个设备管口间的管道编一个号;②连接管道(设备管口到另一地点的管道间或两个管道间)也编一个号。管道顺序号按工艺流程顺序书写,当同一主项内物料类别相同时,则顺序号以流向先后为序编号。

管径一般标注公称直径或外径×壁厚。工艺流程简单、管道品种规格不多时,管道等级和隔热、隔声代号可省略。

3) 阀门、管件和管道附件的表示方法

一般应采用细实线按表 7-6 中的图形符号全部绘制出管道上的阀门、管件和管道附件(不包括管道之间的连接件,如弯头、三通、法兰等),为安装和检修等原因所加的法兰、螺纹连接件则需要画出。表 7-6 中阀门图形符号一般长为 4mm、宽为 2mm 或长为 6mm、宽为 3mm。

表 7-6　常用管道、阀门、管件和管道附件的图形符号

名称	图例	备注
闸阀		
截止阀		
节流阀		
球阀		圆直径:4mm
旋塞阀		圆黑点直径:2mm
隔膜阀		
角式截止阀		
角式节流阀		
角式球阀		
三通截止阀		
三通球阀		
三通旋塞阀		

续表

名称	图例	备注
四通截止阀	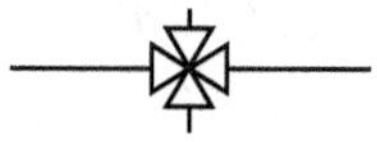	
四通球阀		
四通旋塞阀	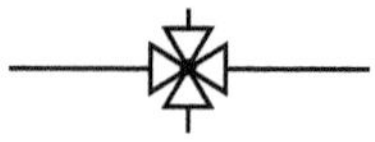	
止回阀		
柱塞阀		
蝶阀		
减压阀		
角式弹簧安全阀	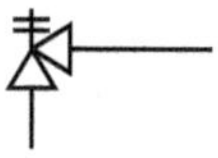	阀出口管为水平方向
角式重锤安全阀	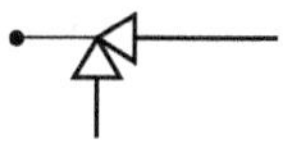	阀出口管为水平方向

7.1.2.6　仪表及控制系统

在 PFD 和 PID 上应绘出和标注有关的检测仪表及调节控制系统。检测仪表按其检测项目、功能、位置（就地或控制室）进行标注，其图例符号要按照相关标准中的规定使用，检测仪表及调节控制系统的代号及功能用直径为 10mm 的细实线圆圈表示。其他规定详见"过程测量与控制仪表的功能标志及图形符号"（HG/T 20505—2000）标准及第 5 章中的相关内容。

7.1.2.7　分析取样点的表示方法

在化工生产中，要对工艺过程及产品质量指标进行监测和控制，因此在流程图上要对分析取样点进行标注。分析取样点的代号及取样点编号用直径为 10mm 的细实线圆圈标示，取样阀（组）、取样冷却器也应绘制和标注，或加文字予以说明。

7.1.2.8　图例及代号

为了便于更好地了解和使用设计文件，设计中所采用的部分规定（如物料、辅助物料及公用系统介质的代号，仪表功能标志的字母代号，仪表安装位置的图形符号，控制仪表执行机构的图形符号等）常以图表的形式集中标示出来。不同设计阶段的设计图纸，其图例及代号的标示方法也不同。在"化工工艺设计施工图内容和深度统一规定"（HG/T 20519—2009）标准中，各种图例及代号要绘制在一张图纸上，称为首页图（例图），如图 7-15 所示（见书后）。

当流程图比较简单,且图的数量也比较少时,也可将图例及代号直接标示在流程图上。例如,在图 7-1 右上方的"图例"中标示了调节阀、截止阀、疏水阀等图形的符号;在"代号"中标示了原料、塔顶采出液、温度、釜液、低压蒸汽、冷却水等物料、辅助物料及公用系统介质的代号,也标示出了液位、流量、压强等仪表功能标志的字母代号。

7.2 化工设备图

7.2.1 设备图的表达特点

7.2.1.1 设备图的内容和要求

(1) 一组视图。通过一组视图表达设备的主要结构形状和零部件之间的装配关系,且这组视图要符合"机械制图"国标的相关规定。

(2) 四类尺寸。设备图要为设备制造、装配、安装、检验提供尺寸数据,这四类尺寸包括:表示设备总体大小的总体尺寸;表示规格大小的特性尺寸;表示零部件之间装配关系的装配尺寸;表示设备与外界安装关系的安装尺寸。

(3) 管口符号和管口表。设备上的管口都有专门用途,都应注明常用拼音字母顺序编号,并把管口的有关数据和用途等内容标注在专门列出的管口表中。

(4) 零部件编号及明细表。把组成设备的所有零部件依次编号,并把每一编号的零部件名称、规格、材料、数量、单重及有关图号或标准号等内容填在主标题栏上方的明细表内。

(5) 技术特性表。用表格的形式列出设备的主要工艺特性,如操作压力、温度、物料名称、设备容积等。

(6) 技术要求。技术要求常用文字说明的形式列出,提出设备在制造、检验、安装、材料、表面处理、包装和运输等方面的要求。

(7) 标题栏。一般放在图样的右下角,用以填写设备的名称、主要规格、制图比例、设计单位、图样编号以及设计、制图校核和审定人员的签字等。标题栏有规定的格式,要符合相应的技术制图标准。

(8) 其他需要说明的问题。如图样目录、附注、修改表等内容。

7.2.1.2 设备图的表达特点

化工设备的结构具有如下特点:设备基本形体多以回转体组成;设备尺寸相差悬殊;设备上的开孔和接管口较多;大量采用焊接结构;广泛采用标准化、通用化、系列化的零部件。因此,化工设备图的绘制除需依据机械制图的国家标准外,其表达还应参照"化工设备设计文件编制的规定"。化工设备图的表达有下列要求。

1) 基本视图的配置

设备的基本形体多由回转体组成,一般用两个视图表达它的主体。对于高大的立式设备,常用主视图表达轴面形体,且常作全剖,用俯视图表达径向形体。为读图方便,对于特别高大的设备也可卧着放来画它的轴面方向的主视图,此时用右(左)视图来表达径向形体,这和卧式设备的视图配制方法相同。对这种特别高大的狭长形体的设备,当视图难以按投影关系配置时,允许将俯视(左视)图配制在图样的其他空处,但必须注明"俯(左)视图"或"×向"等字样。

2) 多次旋转的表达方法

在设备的壳体圆周上常装有结构方位不同的管口和零部件,为了在主视图上反映出它们的结构和在轴向的位置,常按机械制图中多次旋转剖视的表达方法,如图 7-16 所示。在化工设备图中采用多次旋转画法时,允许不作标注,其周向方位仍以管口方位图为准。

3) 局部表达的方法

在化工设备图中,常运用局部放大的方法来表达某些局部结构详情,称为节点图。这种放大图的画法和机械制图中局部放大图的画法和要求基本相同。必要时还可采用几个视图表示同一细部结构,如图 7-17 所示。

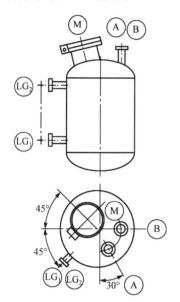

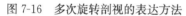

图 7-16　多次旋转剖视的表达方法

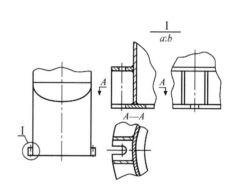

图 7-17　细部结构的表达方法

设备中如有若干组结构相同仅尺寸不同的零部件时,可用集中综合表达的方法,即用图示表达它们的形状结构,列表填入它们的尺寸系列。图 7-18 中 U 形管换热器中 U 形管的表达方法就属此种。

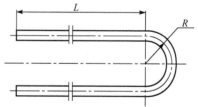

图 7-18　重复结构的表达方法

4) 夸大的表达方法

在设备图中,对于壳体、垫片等结构,按实际尺寸难以表达清楚,此时允许不按原比例而采用适当夸大的画法。例如,设备的壁厚常用双线夸大地画出,此时剖面线符号也可用涂色方法代替。

5) 管口方位的表示方法

常见的管口方位图绘制分三种情况:①管口方位已由化工工艺人员单独画出管口方位图,在设备图上只需注明“管口及支座方位见管口方位图,图号××—××”等字样。此时在设备图的俯视图中画出的管口,只表示连接结构,不反映管口真实方位,也不能标注方位(角度)尺寸;②管口方位已由工艺人员确定,但未画出管口方位图,此时可在设备俯(左)视图上表示该设备管口方位,并注出方位尺寸,还要在技术说明栏内注明“管口方位以俯(左)视图为准”等字样;③管口和零部件结构形状已在主视图上或通过其他辅助视图表达清楚的,在设备的俯(左)视图中可用中心线和符号简化表示管口等结构的方位,如图 7-19 所示。

6) 假想断开、分段（层）的表达方法

一些化工设备中，如筛板塔、浮阀塔、填料塔，它的总体尺寸很大，而它装有塔板段或填料段的结构相同，或安装方位是有规律地重复变化，这时采用假想断开的画法，将结构相同的部分省略一部分，简化画出，如图 7-20 所示。

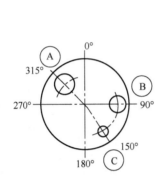

图 7-19　管口方位图

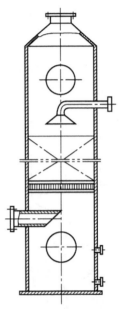

图 7-20　断开表达方法

有时，为合理地利用幅面和选用合适的比例，也有采用图 7-21 的塔体分段画法，当然也可以用局部放大图的画法把塔节的详细结构表示出来，如图 7-22 所示。

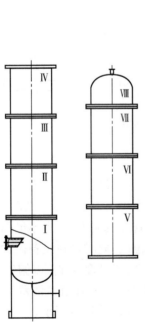

图 7-21　设备分段表达方法

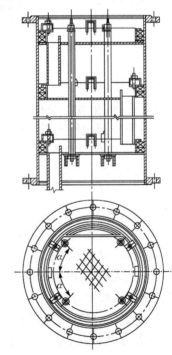

图 7-22　局部结构的表达方法

7) 设备整体的表达方法

细长或高耸的设备采用断开或分段的画法后,往往影响其整体感,此时常采用整体单线简图的画法加以弥补,如图 7-23 所示。整体简图的作用是反映设备总体形状和各部分结构的相对位置和有关尺寸,其特点是:采用缩小程度较大的制图比例;采用单线简化画法;标注的尺寸数据有:设备总高、各管口定位尺寸和标高、人(手)孔的位置、塔板(或其他内件)的总数,板间距、顺序号、塔节总数和标高、设备附件的标高位置等。

7.2.1.3　设备图的简化画法

在绘制化工设备图时,常采用简化画法。一些常用的简化画法如下。

1) 设备结构允许用单线表示

设备上的某些结构,在已有部件图、零件图、剖视图、局部放大图等能够清楚表示出结构的情况下,在装配图中允许用单线(粗实线)表示。例如,筛板塔、浮阀塔、泡罩塔的塔盘表示见图 7-24。当浮阀、泡罩较多时,也可用中心线表示或不表示。换热器的折流板、挡板、拉杆、定距管、膨胀节等可按图 7-25 的单线画出。悬臂吊杆的单线示意画法见图 7-26。

2) 标准零部件的画法

设备上的零部件如果是标准件、外购件(如减速机、浮球液位计、搅拌桨叶、填料箱、电动机、油杯、人孔、手孔等)或有复用图,在装配图中只需将主要尺寸按比例画出表示其特性的外形轮廓线(粗实线),图 7-27 是几种简化的外形轮廓图例。

3) 管法兰的简化画法

装配图中,管法兰的表达不必分清法兰类型和密封面形式等,一律简化成如图 7-28 所示的形式。对于其类型、密封面形式、焊接形式等均在明细表和管口表中标出。设备上对外连接的管口法兰除特殊场合外,均不配对画出。

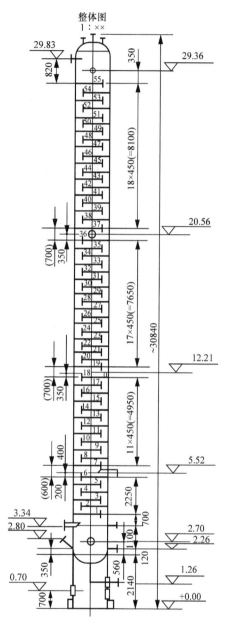

图 7-23　整体简图单线示意画法

4) 重复结构的简化画法

(1) 螺栓连接的简化画法:螺栓孔可用中心线和轴线表示,可省略圆孔的投影,如图 7-29(a)所示;装配图中螺栓的连接可用粗实线绘制的简化符号“＋、×”表示,如图 7-29(b)、(c)所示。同样规格的螺栓孔或螺栓连接的数量较多且均匀分布时,可以只画出几个(至少画两个),以表示跨中或对中的分布方位,如图 7-29(a)中俯视图所示。

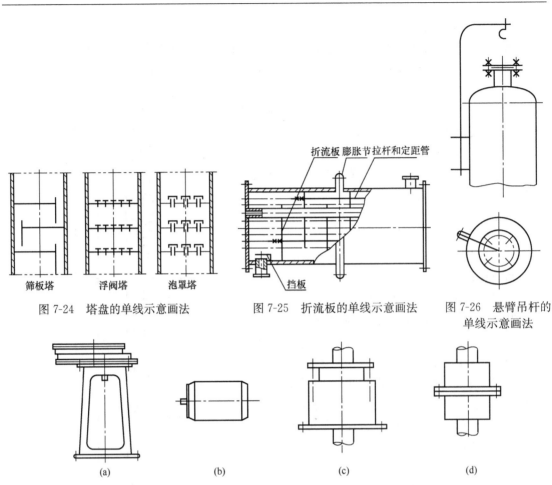

图 7-24　塔盘的单线示意画法

图 7-25　折流板的单线示意画法

图 7-26　悬臂吊杆的单线示意画法

图 7-27　减速机、电机、填料箱、联轴器的简化画法
(a) 减速机；(b) 电机；(c) 填料箱；(d) 联轴器

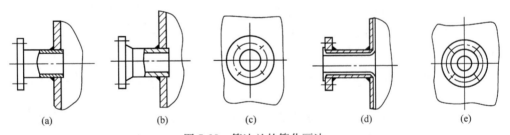

图 7-28　管法兰的简化画法
(a) 平焊法兰的主视图；(b) 对焊法兰的主视图；(c) (a)、(b)的左视图；(d) 带衬里法兰的主视图；(e) (d)的左视图

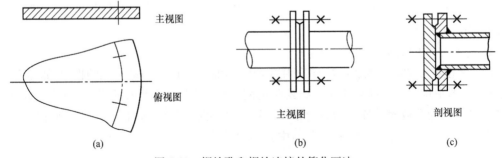

图 7-29　螺栓孔和螺栓连接的简化画法

（2）填充物的表示方法：设备中装有的填充物，若材料、规格、堆放方式相同，可用细直线和文字简化表达，如图 7-30 所示。如果填充物的规格不同或同一规格但堆放方法不同时，应分层表示。

（3）多孔板孔眼的表示方法：换热器中的管板、折流板或塔板上的孔眼，按△形排列时，可简化成如图 7-31（a）的画法，细实线的交点为孔眼中心，为表达清楚也可画出几个孔眼并注上孔径、孔数和间距尺寸（$n-\phi x$）。对孔眼的倒角、粗糙度和开槽情况等需用局部放大图表示，图 7-31（a）中"＋"是管板拉杆位置孔，应另画局部视图表示。板上的孔眼，按同心圆排列时，可简化成图 7-31（b），对孔数要求不严的多孔板，如筛板，不必画出孔眼的连心线，可按图 7-31（c）的画法和标注法表示，对它的孔眼尺寸和排列需用局部放大图表示。剖视图中多孔板孔眼的轮廓线可不画出，如图 7-32 所示。

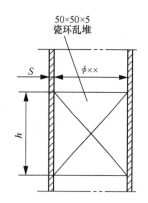

图 7-30　填充物的简化画法

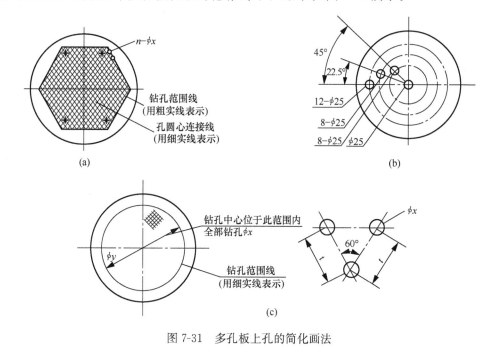

(a)

(b)

(c)

图 7-31　多孔板上孔的简化画法

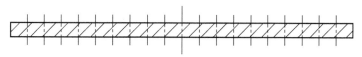

图 7-32　剖视图中多孔板孔眼的简化画法

（4）管束和板束的表示方法：当设备中有密集的管子，如列管式换热器中的换热管，在装配图中只画一根管子，其余管子均用中心线表示，如图 7-33（a）所示。如果设备中某部分由结构密集、结构相同的板状零件所组成（如板式换热器中的换热板），用局部放大图或零件图将其表达清楚后，在装配图上可用交叉细实线简化画出，如图 7-33（b）所示。

5）液位计的简化画法

装配图中液位计的两个投影可简化成图 7-34（a），符号"＋"用粗实线画出；带有两组或两组以上液位计时,可以按图 7-34(b)的画法,并在俯视图上正确表示出液位计的安装方位。

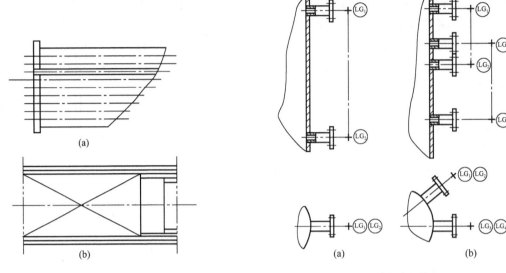

图 7-33 换热器中管板与管束连接的简化画法

图 7-34 液位计的简化画法

7.2.1.4 设备的焊接结构及其表达

焊接是一种不可拆卸的连接形式。它是通过加热熔化连接处金属使之结合的一种加工方法。由于其具有施工简单、连接可靠、质量轻等优点,被广泛用于化工设备制造中。例如,筒体、封头、管口、法兰、支座等零件、部件的连接大多采用焊接。

1) 化工设备的焊接结构

化工设备焊接接头的结构形式,按两焊件间相对位置的不同,有图 7-35 中所示的四种结构。上述四种接头常用于容器的部位举例见图 7-36。

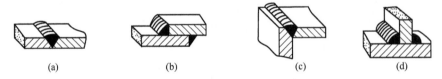

图 7-35 焊接接头的形式

(a) 对接接头;(b) 搭接接头;(c) 角接接头;(d) T 形接头

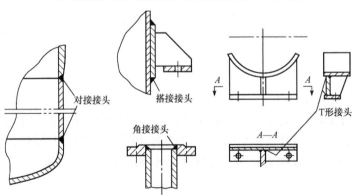

图 7-36 焊接接头场合举例

2) 化工设备图中焊缝的画法和标注

化工设备图中焊缝的画法和标注应符合国标"机械制图"和"焊缝代号表示法"的相关规定。常用焊缝代号和接头方式代号可参阅附录。

对于常压、低压设备,一般直接在其剖视图中的焊缝处画出焊缝断面形状并涂黑,如图 7-36 所示的焊缝。对于它的标注,只需在技术数据表内填写相应的标准号即可。

对于中、高压化工设备上的重要焊缝,或非标准型的焊缝,需用局部放大的断面图详细表示其结构和有关尺寸,图 7-37 是换热管板与壳体连接的焊缝局部放大图。

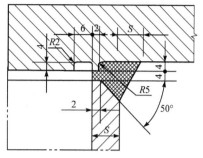

图 7-37 焊缝局部放大图

化工设备图上,除要求说明焊缝结构和焊接方法外,还要对采用的焊条型号、焊缝的检验等以文字的形式写在技术要求中。

7.2.2 设备装配图的绘制

7.2.2.1 布图

1) 幅面大小的确定

化工设备的图幅,按 GB/T 14689—2008 确定,必要时允许将 2 号图纸短边加长,增加量为短边尺寸的 1/2 倍。图面安排如图 7-38 所示,视图布置在图纸幅面中间偏左。

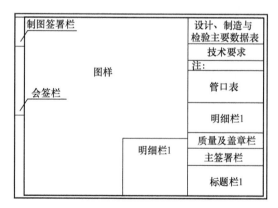

图 7-38 化工设备装配图中各要素的布置

2) 基本视图的表达方案

主视图:按设备工作位置,以最能表达各零部件装配关系、设备工作原理及零部件的主要结构形状的视图为主视图。主视图常用全剖视图并采用多次旋转剖的画法,将接管等零部件的轴向位置和与筒体的装配关系表达出来。

俯(左)视图:用来补充表达对设备主要装配关系、结构特征等内容在主视图上未表达清楚的地方。俯(左)视图常用来表达管口及有关零部件在设备周向上的方位。

辅助视图:化工设备上的零部件连接、管口和法兰的连接焊缝结构以及尺寸过小的结构处等无法用基本视图表达清楚的地方,常采用局部放大图、向视图等辅助视图以及剖视、剖面等方法表达。这些图样在图纸上的安排原则如下:

(1) 局部放大图的布置:①当只有一个放大图时,应放在放大部件附近;②当放大图数量大于 1 时,应按其顺序号依次整齐排列在图中的空白处;③在视图中放大图顺序号:应从主视图的左上到右下顺时针方向依次排列;④放大图必须与放大部位一致;⑤放大图样必须按比例(通用放大图例外);⑥放大图样在图中应从左到右、从上到下依次整齐排列。

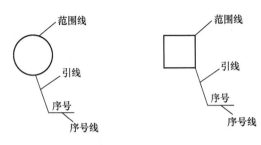

图 7-39　局部放大区域在视图中的标注

（2）局部放大区域在视图中的标注如图 7-39 所示。标记由范围线、引线、序号及序号线组成，线型均为细实线，范围线视放大的范围而定，可以为圆形、正方形。

（3）剖视图、向视图的布置：①当只有一个剖视图、向视图时应放在向视、剖视部位附近。②当剖视、向视图数量大于 1 时，应按其顺序依次排放在图中空白处。③视图中剖视、向视应从视图左下到右下顺时针依次排列。

7.2.2.2　绘图比例

绘图比例应按国标"机械制图"的规定选取。但根据化工设备的结构特点可以增加选用 $1:6$、$1:15$、$1:30$ 等比例。常用的比例是 $1:5$、$1:10$、$1:15$ 等几种。

同一张图上，若有些视图（如局部视图）与基本视图的比例不同时，必须注明该视图采用的比例，标注的格式是在视图名称的下方标注如 $\dfrac{I}{1:5}$、$\dfrac{A—A}{1:10}$ 的字样，若图形没按比例画，可在标注比例的地方写上"不按比例"字样。

7.2.2.3　标注尺寸和焊缝代号

1）化工设备上常用的尺寸基准

尺寸基准选用的原则，既要保证设备在制造和安装时达到设计要求，又要便于测量和检验。常用的尺寸基准有四种，如图 7-40 所示。

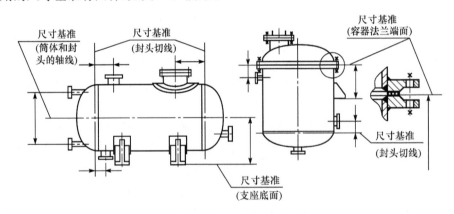

图 7-40　设备尺寸基准

2）典型结构的尺寸标注举例和注意事项

（1）筒体的尺寸。一般标注内径（若用管材作筒体，则标外径）、壁厚和高（或长）。

（2）封头的尺寸。标注壁厚和封头高（包括直边高在内）。

（3）管口尺寸。标注管口直径和壁厚。如果管口的接管为无缝管，则需标注外径与壁厚。若接管为卷焊钢管，则标公称直径 D_i（或内径）和壁厚。设备上接管伸出长度的标注如图 7-41 所示。接管轴线与筒体轴线垂直相交（或垂直交叉）时，接管伸出长度是指管法兰密封面到筒体轴线的距离，在图上不必标注，注写在"管口表"中的设备中心线至法兰面距离栏内。接管轴

线与简体轴线非垂直相交(或非垂直交叉)和接管轴线与
封头轴线非平行时,接管的伸出长度应分别标注管法兰
密封面与简体和封头外表面交点间距离。除在"管口表"
的"设备中心线至法兰面距离"栏中已注明的,未注明的
管口伸出长度均应标注。

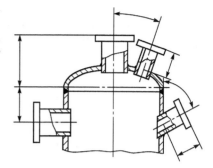

图 7-41 接管伸出长度的标注

3)焊缝代号的标注

对化工设备图上的焊缝,除了按需要在视图中画出
接头图形外,还要注出焊缝代号,以表明焊缝类型、结构
尺寸等。一般对于常低压设备,在视图中可只画它的焊
缝接头类型,在技术要求中用文字说明焊接接头类型、结构等,不必逐一标注焊缝代号。焊缝
标注方法见附表 6-1 和附表 6-2。

7.2.2.4 零件件号和管口符号

1)件号编排原则和方法

(1)直接组成设备的所有零部件(包括薄衬层、厚衬层、厚涂层)和外购件,不论有无零部
件图,均需编写件号。

(2)设备中结构、形状、材料和尺寸完全相同的零部件,一般只标注一次,其数量写在明细
栏中。

(3)直属零件与部件中的零件相同或不同部件中零件相同时,应将其分别编不同的件号。

(4)组成一个部件的零件或二级部件,在部件图编号时,件号由两部分组成,中间用细实
线隔开,如:

S1 — 4
  └────── 部件中的零件号
 └────────── 在总装图上的部件号

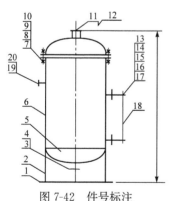

图 7-42 件号标注

(5)件号编写方法,件号应尽量编排在主视图上,并由其
左下方开始,按件号顺序顺时针整齐地沿垂直方向或水平排
列;可布满四周,但应尽量编排在图形的左方和上方,并安排
在外形尺寸的内侧。若有遗漏或增添的件号应在外圈编排补
足,如图 7-42 中的件 19 和件 20。

2)管口符号的编排原则和方法

(1)管口符号一律用大写的英文字母 A、B、C···表示。
同一用途、规格的管口以下标 1、2、3···。常用的管口符号见
表 7-7。

表 7-7 常用的管口符号

管口名称或用途	管口符号
手孔	H
液位计口(现场)	LG
液位开关口	LS
液位变送器口	LT

续表

管口名称或用途	管口符号
人孔	M
压力计口	PI
压力变送器口	PT
在线分析口	QE
安全阀接口	SV
温度计口	TE
温度计口(现场)	TI
裙座排气口	VS
裙座入口	W

(2) 管口符号编写方法。管口符号标注在图中管口图样附近或管口中心线上,以不引起管口互相混淆为原则。在主、俯(左)视图中均应标注,如图 7-43 所示,其他位置可不标注。

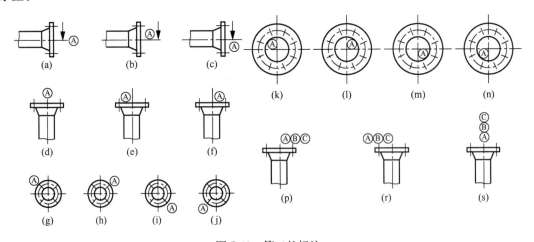

图 7-43　管口的标注

管口符号的编写顺序,应从主视图的左下方开始,按顺时针方向依次编写。其他视图上的管口符号则应根据主视图中对应的符号进行填写。

7.2.2.5　明细表和管口表

1) 明细表的格式和填写方法

明细表位于主标题栏上方。当件号较多时,部分表格可排在主标题栏左侧,它的格式如图 7-44 所示。明细表的内容应按栏填写。

2) 管口表的格式和填写方法

管口表一般位于明细表的上方,参考格式见表 7-8。其内容应包括:管口用途、规格和连接面形式等,为备料、制造、检验提供依据。管口表要求按栏填写。

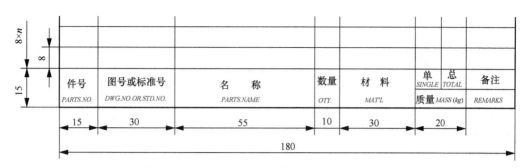

图 7-44　明细表的格式

表 7-8　管口表

符号	公称尺寸	公称压力	连接标准	法兰形式	连接面形式	用途和名称	设备中心线至法兰面距离
A	250	0.6	HG20593	PL	突面	气体进口	660
M	600	0.6	HG20593			人孔	见图
B	150	0.6	HG20593	PL	突面	液体进口	660
C	50×50				突面	加料口	见图
H	250	0.6				手孔	见图
$D_{1\sim2}$	15	0.6	HG20593	PL	突面	取样口	见图
E	20		M20	内螺纹		放净口	见图
F	20/50	0.6	HG20593	PL	突面	回流口	见图

7.2.2.6　填写技术特性表和图面技术要求

1）设计、制造与检验主要数据表的格式和内容

技术特性表是表明设备重要技术特性指标的一览表。位于管口表上方,塔设备设计、制造与检验主要数据表见表 7-9。

表 7-9　塔设备设计、制造与检验主要数据表

设计、制造与检验主要数据表		
设计参数		设计、制造与检修标准
容器类别		
设计寿命/年		
工作压力/MPa		
设计压力/MPa		(2)
工作温度/℃		
设计温度/℃		
介质		

续表

设计、制造与检验主要数据表

设计参数		设计、制造与检修标准				
介质特性		制造与检验要求				
主要受压元件材料		接头形式				
腐蚀裕量/mm						
焊接接头系数						
全容积/m³						
安全阀开启压力/MPa						
塔板类型/塔板数		无损检测 JB/T47301~6	射线技术等级		超声技术等级	
填料高度/mm			焊接接头种类	检测率/%	检测方法	合格级别
基本风压/kPa			A 筒体			
地震设防烈度			B 封头			
保温材料			C D			
保温厚度/mm		试验	水压试验(立式/卧式) MPa		(3)	
最大吊装质量/kg			气压试验 MPa			
设备最大质量/kg		热处理				

注:(1) 地震设防烈度:根据工程项目的要求,填写 6(0.05g)、7(0.1g)、8(0.2g)、9(0.4g)

(2) 设计、制造与检修标准:一般填写"钢制塔式容器"(JB/T 4710)、"压力容器焊接规程"(NB/T 47015)、"钢制化工容器制造技术要求"(HG/T 20584)

(3) 压力试验压力:立置状态下液压试验按 GB150 规定,卧置状态下液压试验压力取立置状态下液压试验与最高液柱静压力之和,并分别给出试验压力如"2.0(立试)"、"2.1(卧试)"

2) 图面技术要求内容和填写格式

图面技术要求是用文字说明图上不能(或没有)说明的内容,它应包括对材料、制造、装配、验收、表面处理及涂饰、润滑、包装、保管、运输等方面的技术要求,它是制造、装配、验收等过程的技术依据。各类设备的图面技术要求的具体内容可参照"化工设备图样技术要求"(TCED41002—2012)。

附录 10 为精馏塔装配图示例。

7.3 AutoCAD 在化工制图中的应用

7.3.1 AutoCAD 概述

AutoCAD(CAD:Computer Aided Design)是美国 Autodesk 公司开发的交互式通用计算机辅助设计与绘图软件,它可以在各种操作系统支持的微型计算机上运行,是广为流行的一种现代化绘图工具。AutoCAD 有完善的图形绘制功能、强大的图形编辑功能、一体化绘图输出体系、较强的数据交换功能,已广泛应用于机械、化工、建筑、航天等诸多领域。

AutoCAD 软件 1982 年 R1.0 版本问世,随后不断进行版本的更新升级。AutoCAD 2017 与以往版本相比,在界面、新标签页功能区库、命令预览、帮助窗口、Exchange 应用程序、硬件加速、底部状态栏等方面进行了优化,功能更加强大。

化工设计中需要绘制很多图纸,如工艺流程图、设备布置图、设备零部件图等。借助

AutoCAD,可以方便、准确、快捷地完成相关的设计和绘图工作。为了符合我国的工程制图要求,国家颁布了 CAD 工程制图规则的相关标准(GB/T 18229—2000),可以供制图时参照。

用 AutoCAD 进行化工制图时,会涉及大量的形式多样的图形(如化工设备、零部件、仪表符号等),这些图形需要设计者通过 AutoCAD 的绘图功能进行绘制。由于这些图形常常重复使用,为此 AutoCAD 为用户提供了自建图库功能,可将绘制好的图形定义为块存入图块库,以便使用时调用。另外,设计人员也可对已有的图块进行拆解、组合,构建新的图块存入图块库,从而提高设计工作的效率。

AutoCAD 功能很多,本书以 AutoCAD 2017 软件绘制工艺流程图为例,简要介绍 AutoCAD 在化工制图中的应用,若要详细了解 AutoCAD 的功能和作用请参照相关书籍。

7.3.2 AutoCAD 绘制化工工艺流程图

下面以 AutoCAD 绘制图 7-1 所示的化工工艺流程图为例,简要介绍 AutoCAD 绘图的基本方法。

(1) 准备工作。首先进行草图设计。根据流程说明画出工艺流程图,即生产工艺所采用的设备、物流、仪表、控制点与控制系统等内容,并给出必要的文字说明。在草图的基础上用 AutoCAD 进行图面设计。

(2) 建立图形文件。新建一个图形文件,然后建图层,设置线型和颜色(表 7-10)、线宽(表 7-2)、文字样式等。

表 7-10　图线类型及颜色(摘录自 GB/T 18229—2000)

图线类型	粗实线	细实线	波浪线	双折线	虚线	细点画线	粗点画线	双点画线
线的颜色	白色	绿色			黄色	红色	棕色	粉红色

(3) 建立图块库。依据表 7-3 和表 7-6 将工艺流程所用的设备简图、图形符号等编辑成图块,在需要使用时调用。下面举例介绍泵的图块及带属性的控制点图块的创建方法。

例 7-1　绘制如图 7-45 所示的泵,并建立泵的图块。

① 绘制泵

命令行:CIRCLE 或 C✓

指定圆的圆心或[三点(3P)/两点(2P)/切点、切点、半径(T)]:(指定圆心)

指定圆的半径或[直径(D)]〈6〉:3✓

命令行:LINE 或 L✓

指定第一个点:(捕捉圆左象限点);指定下一点或[放弃(U)]:@0,4✓;指定下一点或[放弃(U)]:@2,0✓;指定下一点或[闭合(C)/放弃(U)]:@0,4:✓

命令行:SCALE 或 SC✓

选择对象:(选择水平直线);指定基点:(捕捉水平直线中点)指定比例因子或[复制(C)/参照(R)]〈3〉:2✓

命令行: LINE 或 L✓

指定第一个点:(捕捉圆心);指定下一点或[放弃(U)]:@5<-60✓

命令行: LINE 或 L✓

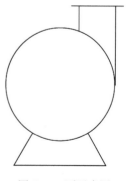

图 7-45　泵示意图

指定第一个点：(捕捉圆心)；指定下一点或[放弃(U)]：@5<240↙

命令行：LINE 或 L↙

指定第一个点：(捕捉左侧斜端点)；指定下一点或[放弃(U)]：(捕捉右侧斜端点)↙

命令行：TRIM

选择对象：(全选)↙，修剪目标

得到如图 7-45 所示的泵的示意图。

② 建立泵的图块

在命令行键入执行[WBLOCK]命令，弹出[写块]对话框。在[源]项组中选中[对象]，单击[选择对象]按钮 ⊕ 返回绘图区选择需定义为块的图形(泵)，如图 7-46(a)所示。

按回车键返回对话框，在[基点]项组中单击[拾取点]按钮 ⬚，再返回绘画区单击图 7-45 中圆心位置。

在[目标]选项组的[文件名和路径]下拉列表右侧单击 ⋯ 按钮，弹出[浏览图形文件]对话框。在[保存于]下拉列表中选择需要保存的位置，并在[文件名]文本框中输入图块名称[pump]，然后单击图 7-46(b)中的[保存]按钮，得到泵的图块。

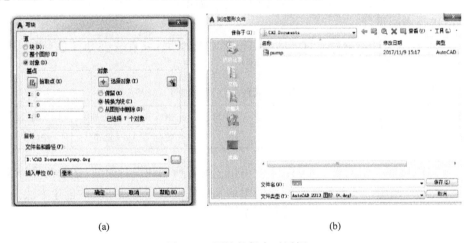

(a)　　　　　　　　　　　　　　　　(b)

图 7-46　写块的保存对话框

例 7-2　建立带属性的控制点图块。

用[圆]和[直线]命令绘制控制点图形符号，如图 7-47(a)所示的圆和直线部分。

用[ATTDEF]命令分别定义属性[DH]和[WH]。输入命令后，弹出图 7-47(b)所示[属性定义]对话框，在[模式]选项组中，选择[验证]；[属性]选项组中，分别在[标记]、[提示]和[默认]文本框中输入相应的值；在[文字设置]选项组中，设置对正方式、文字样式、文字高度、旋转等。单击[确定]按钮在圆中指定文字插入点，出现如图 7-47(a)所示的位号[DH]。用同样的方法，再次定义代号[WH]。

命令行输入[BLOCK]命令，弹出[块定义]对话框。在[名称]文本框中填入块名[KZD]，如图 7-47(c)所示；单击[选择对象]按钮，在屏幕中选择图 7-47(a)；单击[拾取点]按钮，选择圆心作为图块插入基点。单击[确定]按钮得到建立带属性的控制点图块。

(4) 绘制工艺流程图。

画设备定位线。根据图面设计确定的设备位置，按照工艺流程的顺序，采用细点划线从左至右横向标示出各设备的中心位置。

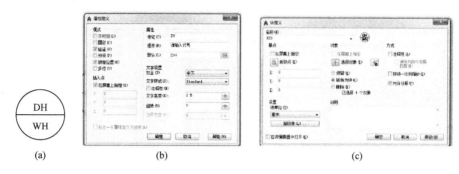

图 7-47　带属性图块的定义

画设备图或调用图块库中的设备图。设备图用细实线画出或由图块库调出,然后经进一步编辑(如调整图形比例、旋转方向等)插入相应的位置。

① 画物流线。按工艺流程和物料种类,逐一画出各物料的物流线,并给出流向。

② 画与工艺有关的检测仪表、调节控制系统、分析取样点和取样阀门等,其相应的图块从已建立的图块库中调用。对于带属性图块需要作进一步的编辑(如在输入仪表的位号、标注仪表的功能等),最后用虚线画出各图块的连接线。例如,插入图 7-48(a)所示就地安装的液位指示仪的方法如下:

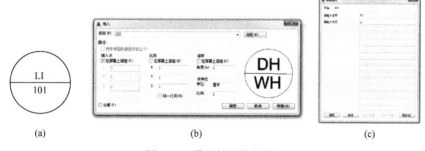

图 7-48　带属性图块的插入

在命令行输入[INSERT],弹出如图 7-48(b)所示的[插入]对话框。在[名称]下拉列表框中选择[KZD],输入合适比例和角度,单击[确定]按钮,在屏幕上指定插入点。弹出[编辑属性]对话框,如图 7-48(c),分别在[请输入位号]和[请输入代号]文本框中输入相应的值:[101]和[LI],单击[确定]按钮,得到如图 7-48(a)所示的图形。

(5) 标注。按照绘制化工工艺流程图的相关标准规定标注设备位号和设备名称(位号和设备名称的标注参见图 7-9 和图 7-10)、标注管道号(图 7-14)及其他需要标注的说明文字。

(6) 给出集中图例及代号说明。将工艺流程图中所用管道、阀门、管件和管道附件图形符号的图例和辅助物料及公用工程系统介质代号的说明分别绘制于图纸的右上方。

(7) 绘制标题栏和设备一览表。首先按标准规定的标题栏尺寸创建标题栏和设备一览表(图 7-6 和图 7-8),然后填入相应的文字说明。绘制设备一览表的步骤举例如下:

键入命令[TABLESTYLE],弹出[表格样式]对话框,单击[新建],弹出[创建新的表格样式]对话框,在[新样式名]文本框中输入样式名[SBB],如图 7-49 所示。设置完毕后,单击[继续]按钮。

弹出[新建表格样式:SBB]对话框,选择[常规]选项,将[对齐]设置为[正中]、[格式]设置为[常规]、类型设置为[数据],如图 7-50 所示。

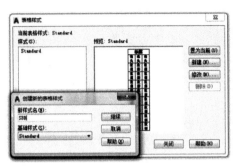

图 7-49　表格样式对话框

图 7-50　新建表格样式对话框

将[单元样式]设置为[数据]，选择[文字]选项卡，将[文字高度]设置为 3.5，其余为缺省值。

设置完毕后单击[确定]按钮，返回[表格样式]对话框，单击[置于当前]按钮，最后单击[关闭]按钮。

在命令行中输入[TABLE]命令，弹出[插入表格]对话框，在[插入方式]选项组中选中[指定插入点]单选按钮，在[列和行设置]选项组中设置列数、列宽、数据行数、行高。本例中将[列数]设置为 5，将[列宽]设置为 40，将[数据行数]设置为 14，将[行高]设置为 1，如图 7-51 所示。

图 7-51　插入表格对话框

设置完毕后单击[确定]按钮，在图的合适位置处单击即可插入制好的表格，表格的显示效果如图 7-52(a)所示。

在表格中输入相应的文字，制得的设备一览表如图 7-52(b)所示。

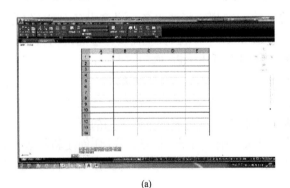

序号	名称	规格	数量	备注
T-101	精馏塔		1	
E-105	塔顶采出液冷却器		1	
E-104	釜液冷却器		1	
E-103	全凝器		1	
E-102	再沸器		1	
E-101	原料预热器		1	
P-103	塔顶采出液泵		1	
P-102	釜液泵		1	
P-101	原料泵		1	
V-104	塔顶采出液贮罐		1	
V-103	塔顶液贮罐		1	
V-102	釜液贮罐		1	
V-101	原粒贮罐		1	

(a)　　　　　　　　　　　　　　(b)

图 7-52　设备一览表

至此，完成了图 7-1 所示的化工工艺流程图的绘制。

第 8 章　化工过程模拟软件 Aspen Plus 用于精馏塔设计

由前述章节的内容可知,通过手工设计计算可以完成对精馏塔的设计,但是设计中计算量大,经常需要试差、迭代计算,耗时费力。目前已有商业化的软件可对多种单元操作(如流体流动、换热、分离过程等)进行模拟,并集成了可对整个工厂的全流程模拟的求解算法,化工过程模拟软件在化工过程的设计、测试、优化等方面已获得了广泛应用。

8.1　化工过程模拟软件概述

化工过程模拟是以工艺过程的机理模型为基础,采用数学方法来描述化工过程,通过计算机辅助计算,进行过程的物料衡算、热量衡算、设备尺寸估算、安全分析和能量分析,作出环境和经济评价。化工过程模拟始于 20 世纪 50 年代中后期。1958 年美国 M. W. Kellogg 公司推出了世界上第一个化工模拟程序——Flexible Flowsheeting。经过不断发展,在 20 世纪 80 年代后,化工过程模拟走向了成熟期。目前,普遍应用的化工过程模拟软件主要包括美国 AspenTech 公司的 Aspen Plus 和 Hysys、美国 SimSci 公司的 Pro/Ⅱ、美国 Chemstations 公司的 ChemCAD、美国 WinSim 公司的 Design Ⅱ、加拿大 Virtual Materials Group 的 VMGSim 等。其中 Aspen Plus、Pro/Ⅱ、ChemCAD 在化工、炼油、石化等领域中应用最为广泛。

8.1.1　Aspen Plus 的特点

Aspen Plus 是一个生产装置设计、过程模拟和优化的大型通用过程模拟系统。可对工艺过程进行物料平衡、能量平衡计算,预测物流的流量、组成及性质,可以预测操作条件,计算设备的尺寸及对过程投资进行经济成本分析等。Aspen 软件的研发始于 1976 年,由美国麻省理工学院主持,能源部资助、55 所高校和公司参与开发,该项目被称为"先进过程工程系统"(Advanced System for Process Engineering,简称 ASPEN),于 1981 年年底完成。为了将其商品化,1982 年底 AspenTech 公司成立,推出的产品称之为 Aspen Plus。该软件经过 30 多年的不断改进、扩充和提高,已先后推出了十多个版本,2017 年推出版本为 Aspen One V10。

Aspen Plus 具有以下特点:

(1) 丰富的物性数据库。Aspen Plus 具有丰富的物性数据库。纯组分数据库包括将近 6000 种化合物的参数;电解质水溶液数据库包括约 900 种离子和分子溶质估算电解质物性所需的参数;Henry 常数库包括水溶液中 61 种化合物的 Henry 常数;二元交互作用参数库包括 Ridlich-Kwong Soave、Peng Robinson、Lee KeslerPlocker、WR Lee Starling 及 Hayden O'Connell 状态方程的二元交互作用参数约 40000 个,涉及 5000 种双元混合物。另外,还有纯组分的物性数据库、无机物数据库、燃烧数据库、固体数据库、水溶液数据库、聚合物数据库等。

(2) 多种单元操作模块。Aspen Plus 包括混合器/分割器、分离器、换热器、塔器、反应器、压强改变器、调节器、固体及用户模块,可以模拟不同的单元操作过程及流程。

(3) 包含两种算法。Aspen Plus 将序贯(SM)模块和联立方程(EO)两种算法同时包含在一个模拟工具中。序贯模块算法提供了流程收敛计算的初值,采用联立方程算法,大大提高了大型流程计算的收敛速度,同时让以往收敛困难的流程计算成为可能,节省了计算时间。

（4）功能强大的模型分析工具。模型分析工具包括收敛分析、Calculator models 计算模式、灵敏度分析、案例研究、设计规定、数据拟合及优化功能。收敛分析可自动分析和建议优化收敛物流、流程收敛方法和计算顺序,即使是巨大的具有多个物流和信息循环的流程,收敛分析非常方便。Calculator models 计算模式包含在线 FORTRAN 和 Excel 模型界面。灵敏度分析可方便地用表格和图形表示工艺参数随设备规定和操作条件的变化。案例研究用不同的输入进行多个计算,进行比较和分析。设计规定能通过自动计算操作条件或设备参数,以满足规定的性能目标。数据拟合将工艺模型与真实装置数据进行拟合,确保精确、有效的真实装置模型。优化功能用于确定装置操作条件,最大化任何规定的目标,如收率、能耗、物流纯度和工艺经济条件。

（5）多个产品套件。Aspen Plus 是 Aspen One 工程套件（AES）的一个组成部分。AES是集成的工程产品套件,有几十种产品。以 Aspen Plus 的严格机理模型为基础,形成了针对不同用途、不同层次的 AspenTech 家族软件产品,并为这些软件提供一致的物性支持,如 Polymers Plus、Aspen Dynamics、Petro Frac、Aspen EDR 等。

8.1.2　Aspen Plus 的基本操作

Aspen Plus 的基本操作包括选择模板或新建一个模拟（Template 或 New）、设定全局特性（Setup Global Specifications）、输入组分信息（Components）、选用物性计算方法和模型（Property Methods & Models）、选择操作模块（Blocks）、连接流股（Streams）、输入流股信息（Streams）、输入单元模块参数（Block Specifications）、运行模拟过程（Run Project）、查看结果（Results 或 Plot）。

以下模拟所用版本为 V8.6,其他版本的运行界面略有不同,但操作基本相似。

8.2　Aspen Plus 用于精馏塔理论塔板数的计算

用 Aspen Plus 进行精馏塔设计时,设计步骤与人工设计计算步骤基本相同,主要步骤如下:

（1）在选定物料组成之后,纯物质的基本物理性质由 Aspen Plus 直接调用其内部数据库获得;混合物的性质可根据混合物体系的不同特性选择相应的物性计算方法,如状态方程法或活度系数法,Aspen Plus 将根据所选定的物性计算方法计算出混合物的物性数据。

（2）确定最小回流比、最小理论板数等工艺参数。Aspen Plus 进行精馏塔的设计时常用精馏塔简捷计算模块（DSTWU）确定最小回流比、最小理论板数、实际回流比、实际塔板数、进料位置、馏出与进料量比、塔顶/塔釜热负荷等基本参数,然后再用精馏塔严格计算模块（Rad-Frac）核算设计合理与否。当然,有经验的工程师也可直接从 RadFrac 开始。

（3）用 RadFrac 模块中的塔板设计（Tray Sizing）和塔板校核（Tray Rating）进行塔板的结构设计及校核。

上述步骤（1）、（2）在本节中介绍,（3）在 8.3 节中介绍。

下面以本书第 3 章 3.7.1 中苯-氯苯连续精馏塔的设计为例,介绍 Aspen Plus 在精馏塔设计中的应用。

8.2.1　创建模拟文件

启动 Aspen Plus,点击 New 则会出现如图 8-1 所示的窗口。该界面有很多模板可选,如空气分离、化学过程、聚合物等模板。模板是预先对一些特定的化工过程的单位(Unit)、物性计算方法等进行设置。为了系统介绍每一个步骤,选择 Blank Simulation(空白模拟),点击 Create,则出现图 8-2 的界面。Aspen Plus 的界面分为五个区域,A 区为菜单栏;B 区为运行模式选择框,包含物性(Properties)、模拟(Simulation)、安全分析(Safety Analysis)、能量分析等(Energy Analysis),当选择不同模式时,A 区、C 区和 D 区菜单都会随着改变;C 区为导航面板区(Navigation Pane);D 区为数据浏览器区(Data Browser);E 区是状态栏区,提示当前的操作(如输入数据是否完全、运行过程是否有错误或警告等)。

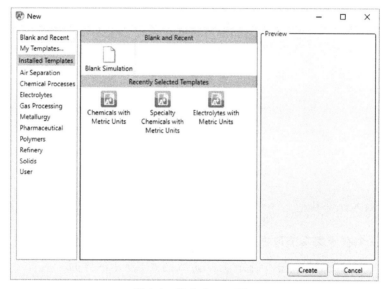

图 8-1　启动 Aspen Plus

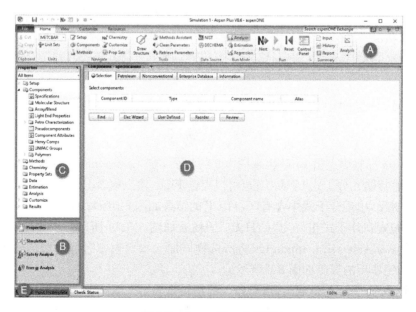

图 8-2　Aspen Plus 主界面

8.2.2　组分输入

8.2.2.1　全局设定

前面选择 Blank Simulation(空白模拟)创建了模拟文件,下一步设定全局特性,其界面如图 8-3 所示,具体操作为:按图中顺序双击 Setup 展开下级菜单,点击 Specifications 则出现右边窗口中的 Setup-Specifications 标签栏,默认的下级标签包含 Global、Description、Accounting、Diagnostics 和 Information 次级标签栏。用 Properties|Setup|Specifications|Global 表示刚才的所有操作,以后不再说明。在全局(Global)设置标题(Title)为"苯-氯苯精馏塔"、全局单位(Global Unit Set)为国际单位制(SI 单位)、相态(Phases)为气-液(Vapor-Liquid)。最后,点击磁盘图标,保存文件,这里将文件命名为 Benzene-ChloroBenzene. apw。

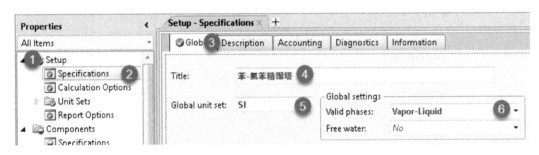

图 8-3　设定全局特性界面

8.2.2.2　输入组分信息

Aspen Plus 中有专家系统可提示下一步的操作,通过点击图标 ，就会进入 Components-Specification 标签,提示输入组分信息,进入图 8-4 所示的界面。

图 8-4　组分输入窗口

在 Selection 标签中点击 Find 出现图 8-5 的界面,在"Component ID"中输入分子式。以氯苯为例,可直接输入分子式 C_6H_5Cl;也可以点击 Find,输入氯苯分子式 C_6H_5Cl,选择"Contains(包含)"选项,出现分子式中含有"C_6H_5Cl"的结果如图 8-5(a);如果用"Equals(等于)"选项,会精确地搜索到分子式正好为"C_6H_5Cl"的物质如图 8-5(b)所示。选中"CHLOROBEN-ZENE",点击 Add selected compounds 将所选物质加入本次模拟过程。苯的输入方式相同,氯苯和苯输入完毕后的界面如图 8-6 所示。

当组分较多时,为了避免混淆,可对输入的物料重命名。双击 Component ID 可以重命名组分的名称,这里以分子式为例命名,完成了组分输入后如图 8-7 所示。在此界面中点击

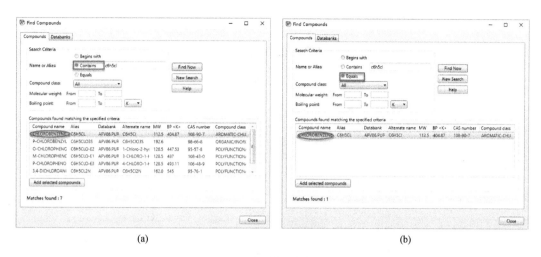

图 8-5　氯苯的搜索结果

(a)"包含"选项;(b)"等于"选项

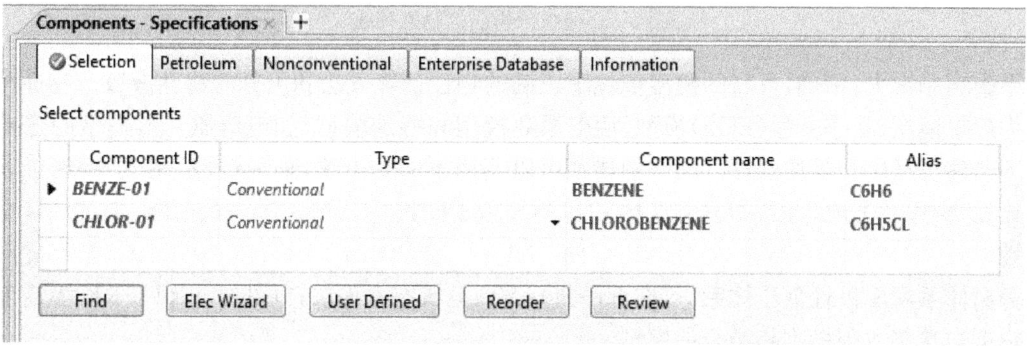

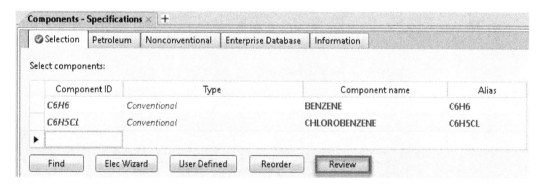

图 8-6　输入组分苯和氯苯

Review 可以获得数据库中纯组分的物性数据(图 8-8),如 FREEZEPT(凝固点)、MW(分子量)、PC(临界压强)、TB(沸点)等,其他符号的含义可参考帮助文件。

图 8-7　组分重命名

8.2.3　物性计算方法选取及相平衡分析

物性计算方法是指用于计算物性的模型和方法的集合,物性计算方法的选择对设计计算

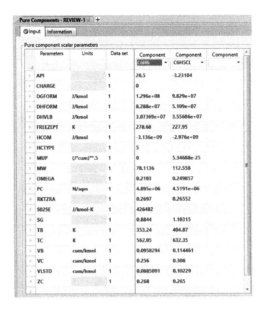

图 8-8　纯组分物质的物性列表

结果影响非常大,精确、可靠的模型依赖于正确的物性计算方法和可靠的物性参数。物性模型分为理想模型、状态方程(EOS)模型、活度系数模型和特殊模型(如电解质)等,模型的选择取决于非理想程度和操作条件。同一种物系可以使用不同的方法,如丙烷、乙烷、丁烷属于非极性体系,应用状态方程法,如 RK-SOAVE、SRK 或 PENG-ROB 等;苯/水、丙酮/水、甲醇/水属极性体系,应用活度系数法,如 UNIQUAC、NRTL 或 WILSON 等;苯/甲苯、苯/氯苯常压气液分离体系属弱极性低压体系,可选 RK-SOAVE 类状态方程法,也可选 NRTL-RK 等活度系数模型与状态方程模型相结合的模型。

　　物性计算方法的选择一般是依据化工热力学的相关理论和知识,其中给出的经验方法或准则可以依循,也可以使用 Aspen 中的 Method Assistant 帮助决策。另外,在 Aspen 帮助系统中,对不同行业也给出了推荐的物性计算方法,在帮助中搜索 Aspen Property Reference 可以参考。

　　点击 N▶ 自动进入 Methods-Specifications 标签,在 Method name 下选取 NRTL-RK,如图 8-9 所示。

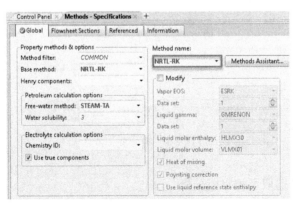

图 8-9　物性计算方法选取 NRTL-RK 界面

点击 **N⇒** 则会自动显示自带数据库中的 NRTL 的二元交互参数,如图 8-10 所示。至此,可看到屏幕左下角状态栏提示 "Required Properties Input Complete",表示组分和物性输入完毕。

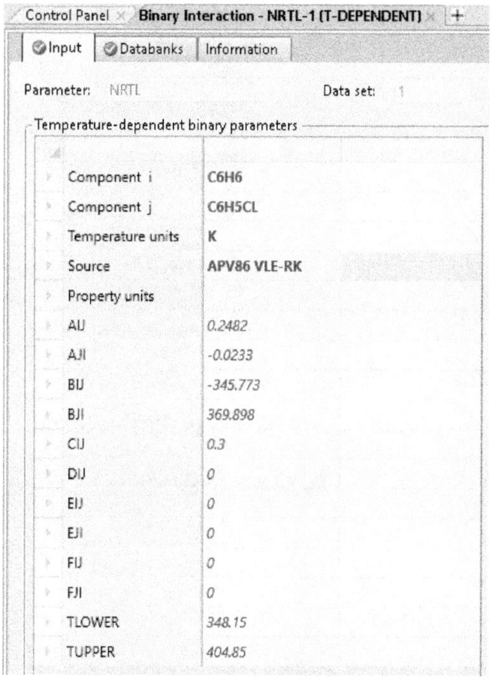

图 8-10　数据库中 NRTL 活度系数方法的二元交互参数

接下来进行气液相平衡分析。如图 8-11 所示的运行模式(Run Mode)菜单中包含了分析(Analysis)、估算(Estimation)和数据回归(Regression)。图中最右边圆角框中的菜单会随着运行模式的选择自动更新。

图 8-11　物性分析菜单

本设计中需要分析苯、氯苯体系的二元相图,点击 Analysis | Binary,参数设置如图 8-12 所示。在该界面的 Analysis type(分析类型)选项中有 Txy(温度-组成关系)、Pxy(压力-组成关系)及 Gibbs energy of mixing(混合的吉布斯自由能)选项,在此选择 Txy。在 Valid phase(相态)选项中选择 Vapor-Liquid,压强单位选择大气压(atm)。List of Values 填入 1 和 2,表示分析一个大气压和两个大气压条件下的温度-组成关系。其他参数采用默认设置,点击 Run Anaylsis 可得到如图 8-13 所示的相图。

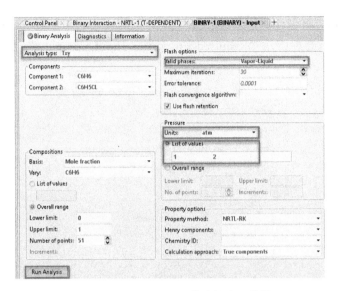

图 8-12　二元分析 Txy 模式的输入菜单

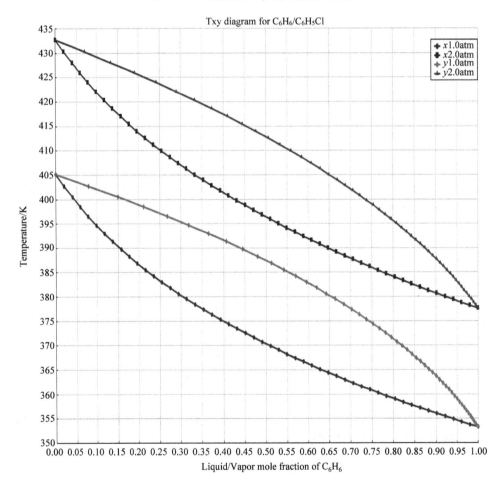

图 8-13　1atm 和 2atm 条件下的温度-组成关系图

点击 Analysis|BINRY-1|Results 可看到表格显示的数据列表，在数据列表界面下，可通

过图 8-14 所示的 Plot 功能得到 $y\text{-}x$ 图（图 8-15）。

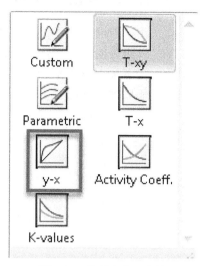

图 8-14 作图（Plot）菜单

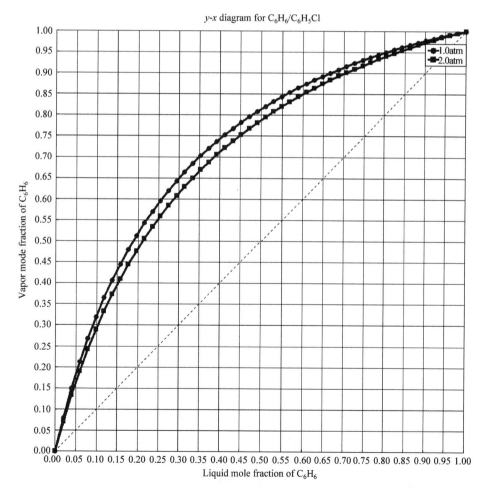

图 8-15 1atm 和 2atm 条件下的 $y\text{-}x$ 图

图 8-16　选择 Simulation 运行模式

8.2.4　精馏塔简捷计算模块

前面完成了模拟文件的创建、全局特性的设定、化学组分的输入、物性计算方法选择和二元相平衡分析，接下来介绍用精馏塔简捷计算模块（DSTWU）计算精馏塔理论塔板数。

点击如图 8-16 选择 Simulation 运行模式中的 Simulation 进入图 8-17 Simulation 运行模式界面所示的模拟运行模式。模拟运行模式界面除了与图 8-2 相同的区域外还包括主流程区域（Main Flowsheet）、模块面板区域（Model Palette）。在主流程区域中通过选择模块面板中的单元操作模块（Blocks），连接流股（Streams）构建工艺流程图。

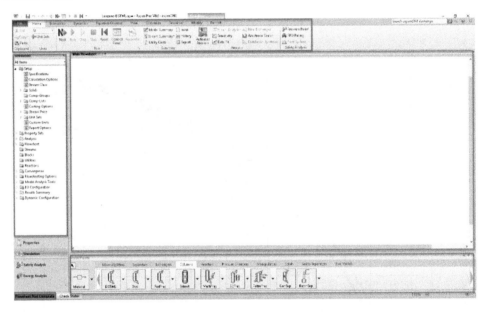

图 8-17　Simulation 运行模式界面

在构建流程前先进行报告选项（Report Options）的设置，在 Setup | ReportOptions | Streams 标签栏中的 Flow basis 和 Fraction Basis 均勾选 Mole 和 Mass（图 8-18），此设置的目的是在运行完毕时输出的结果列表中以摩尔、摩尔分数和质量、质量分数显示流股信息。

Aspen Plus 中有很多单元操作模块置于模块面板（Model Palette）中，其中塔器（Columns）标签下（图 8-19）共有 9 类模块，前三类是精馏模块，后几类是用于复杂塔、炼油、萃取等的塔器模块。各模块的详细功能可通过 Help 帮助文件中的 Columns 索引了解，其中简捷计算用于模拟仅有一股进料和两股产品流的简单精馏塔。它常用于初步设计和经验估算、对多种操作参数进行评比以寻找适宜的操作条件、在过程合成中寻找合理的分离顺序等。简捷算法还可以用于控制系统的计算和严格模拟计算的粗算，提供合适的设计变量数值和迭代变量初值。它基于下面几个经验关联式：①使用 Fenske 方程式确定全回流条件下的最少理论塔板数 N_{min}；②使用 Underwood 方程式确定最小回流比 R_{min}；③使用 Gilliland 关联图或关联

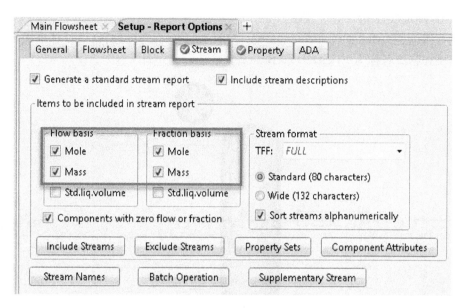

图 8-18　输出报告中选项设定

式,由操作回流比 R 确定平衡级数 N;④使用 Kirkbride 提出的经验方程式或 Fenske 方程式确定适宜的进料位置。

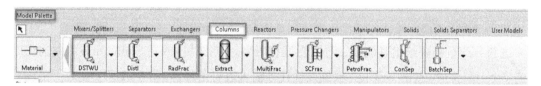

图 8-19　塔器模块图标

多组分精馏的简捷计算法只适用于初步设计,对于完成多组分多级分离任务的分离设备的最终计算,必须使用严格计算法,以便确定各级塔板上的温度、压力、流率、气-液相组成和传热速率。严格计算的核心是联立求解物料衡算、相平衡和热量衡算式,也就是 MESH方程。

本书采用精馏塔简捷计算模块(DSTWU)和精馏塔严格计算模块(RadFrac)进行精馏塔的模拟,这两个模块的基本描述、目的和应用如表 8-1 所示。

表 8-1　塔器分离模块简介

模块	描述	目的	应用
DSTWU	用 Winn-Underwood-Gilliland 进行简捷精馏塔的设计	确定最小回流比、最小塔板数和实际回流比、实际塔板数	一股进料、两个产品的塔
RadFrac	单塔精馏严格计算模块	对单个塔进行严格核算和设计计算	普通精馏、吸收、汽提、萃取精馏、共沸精馏、三相精馏、反应精馏等

采用精馏塔简捷计算模块进行精馏塔设计的步骤如下:

1) 构建流程

选择模块,点击 Model Palette|Columns|DSTWU|ICON1,在 Main Flowsheet 窗口的适

当位置点击,即可放置 DSTWU 模块。

连接物流,点击 Model Palette|Material,按图 8-20 所示连接进料、塔顶和塔底出料,最后重命名模块和物流名称为 FEED、D 和 B。

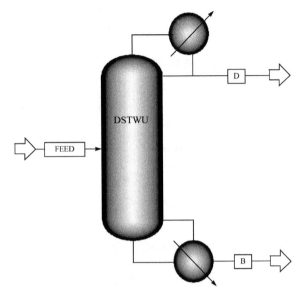

图 8-20　DSTWU 流程图

2) 输入流股信息

进料 FEED 需要给出其流量、组成、温度和压强。点击 N⃗ 或在 Simulation 的左边窗口中双击 Streams 展开,点击 FEED。根据设计任务输入进料条件,如图 8-21 所示。

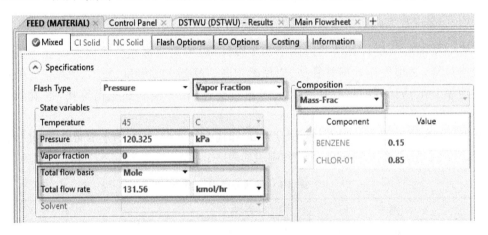

图 8-21　输入流股 FEED 相关数据

由于是泡点进料,故气相分率(Vapor fraction)设为零;若是露点进料,则气相分率为 1。进料压强(Pressure)要设置高一些,因为进料物流的压强比塔内进料板的压强稍高才能正常输送物料,否则运行时会出现警告(Warnings)提示,本塔塔顶压强为表压 4kPa,即绝压 105.325kPa,这里可以估计 120.325kPa;进料流率基准(Total flow basis)以摩尔为基准,将前面人工计算出的 131.56 kmol/h 填入;组成用质量分数(Mass-Frac),分别为 0.15 和 0.85。

3）输入模块参数

点击 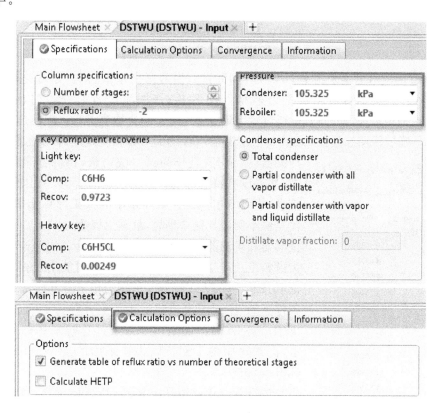，或点击 Simulation│Blocks│DSTWU│Input，其中所有必须设定的参数在标签将以红色显示，当参数输入完整后标签会以蓝色的"√"显示，如图 8-22 所示。在回流比的设定中，负数代表回流比是最小回流比的倍数，正数则表示具体的回流比数值，此处用−2 代表操作时回流比为最小回流比的两倍。对于压强的设定，在设计要求中压强是 4kPa（表压），故这里应填入 105.325kPa。关键组分在塔顶的回收率需要计算，用第 3 章中的数据，塔顶轻组分回收率为 $\dfrac{Dx_D}{Fx_F}=\dfrac{26.23\times0.990}{131.56\times0.203}=0.9723$；塔顶重组分回收率为 $1-\dfrac{W(1-x_W)}{F(1-x_F)}=1-\dfrac{105.33\times(1-0.007)}{131.56\times(1-0.203)}=0.00249$。在 Calculation │ Options 标签中选择 Generate table of reflux ratio vs number of theoretical stage，这是指在运算同时生成回流比随理论板数变化表。Number of values in table 可以取得大一些，如 20。至此，可看到左下角提示，所有参数设置完毕。

图 8-22　DSTWU 模块参数设置

4）运行模拟过程

点击 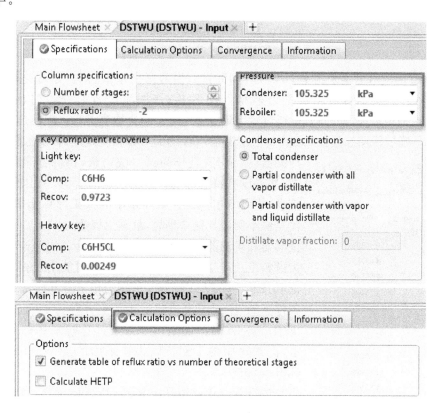，或运行图标 ▶ 即可运行本次模拟。运行完毕，点击 Blocks│DSTWU│Results 可显示运算结果。通过改变回流比可以得到不同的设计结果，图 8-23 显示了 $R=2R_{min}$ 时和 $R=1.2R_{min}$ 时的设计结果。

5）模拟结果分析

由图 8-23 可以看出，最小回流比为 1.40567，与第 3 章中人工计算得到的 1.41 接近，最小

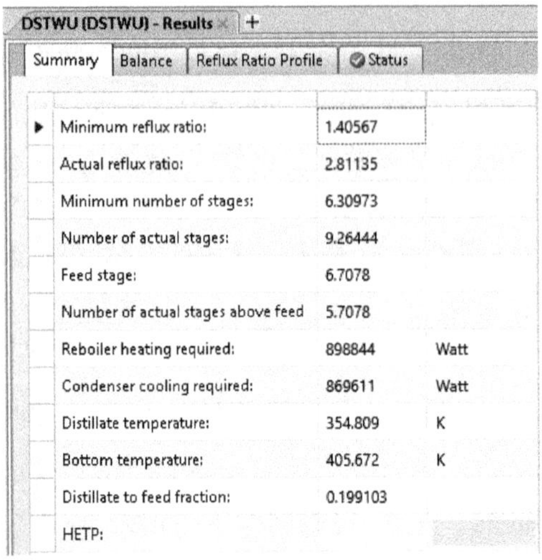

DSTWU (DSTWU) - Results

Summary | Balance | Reflux Ratio Profile | Status

Minimum reflux ratio:	1.40567	
Actual reflux ratio:	2.81135	
Minimum number of stages:	6.30973	
Number of actual stages:	9.26444	
Feed stage:	6.7078	
Number of actual stages above feed	5.7078	
Reboiler heating required:	898844	Watt
Condenser cooling required:	869611	Watt
Distillate temperature:	354.809	K
Bottom temperature:	405.672	K
Distillate to feed fraction:	0.199103	
HETP:		

(a)

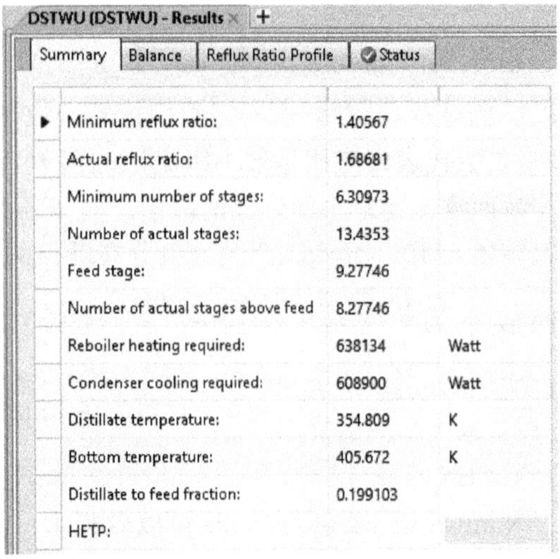

DSTWU (DSTWU) - Results

Summary | Balance | Reflux Ratio Profile | Status

Minimum reflux ratio:	1.40567	
Actual reflux ratio:	1.68681	
Minimum number of stages:	6.30973	
Number of actual stages:	13.4353	
Feed stage:	9.27746	
Number of actual stages above feed	8.27746	
Reboiler heating required:	638134	Watt
Condenser cooling required:	608900	Watt
Distillate temperature:	354.809	K
Bottom temperature:	405.672	K
Distillate to feed fraction:	0.199103	
HETP:		

(b)

图 8-23　DSTWU 模块输出的结果

(a) $R=2R_{\min}$；(b) $R=1.2R_{\min}$

理论板数为 6.30973，塔顶采出率 D/F 为 0.199103，当回流比为 $2R_{\min}$时，总理论板数 9.2644（包括全凝器和再沸器），进料位置为第 6.7078 块板；当回流比为 $1.2R_{\min}$时，总理论板数 13.4353（包括全凝器和再沸器），进料位置为第 9.27746 块板。冷凝器和再沸器热负荷在结果中也有显示。需要说明的是，在 Aspen 中精馏塔塔板的编号是由上向下序号逐渐增大，其中冷凝器（如果有）是作为第一块塔板，再沸器是最后一块塔板；如果没有特别标明，气化分数、回流比、采出比、回收率等信息，均以摩尔为准。第 3 章中的人工计算结果显示，回流比是最小回流比的 2 倍时，总理论板数为 11+1=12 块（包含全凝器和再沸器，与软件模拟结果相差 2 块理论板），第七块为进料板。产生差别的原因：一方面可能由于相对挥发度的选取条件不同，人工计算时依据的相平衡方程为 101.325kPa 条件下的，而程序模拟时的相平衡方程为 105.325kPa 条件下的；另一方面可能是由于人工计算时采用的是逐板计算法，而程序中的 DSTWU 模块采用的是 Winn-Underwood-Gilliand 方法。

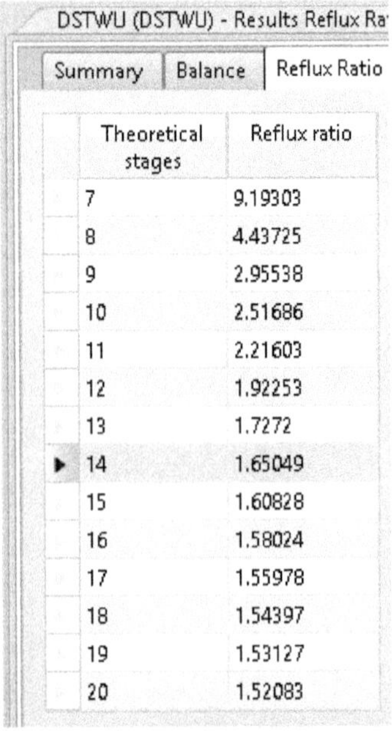

DSTWU (DSTWU) - Results Reflux Ra

Summary | Balance | Reflux Ratio

Theoretical stages	Reflux ratio
7	9.19303
8	4.43725
9	2.95538
10	2.51686
11	2.21603
12	1.92253
13	1.7272
14	1.65049
15	1.60828
16	1.58024
17	1.55978
18	1.54397
19	1.53127
20	1.52083

图 8-24　回流比随理论板数变化数据列表

选择 Results|Reflux Ratio Profile 标签，可以看到回流比随理论板数变化表，如图 8-24 所示。选取主菜单 Home|Plot|Custom，设置 X-axis 为 Theoretical stages，Y-axis 为 Reflux Ratio 可得到如图 8-25 所示的关系曲线。合理的理论板数应在曲线斜率绝对值较小的区域内选择，为了和人工计算结果比较，这里选择理论板数为 12，此时 $R=1.92253$，进料板位置为第 7 块。

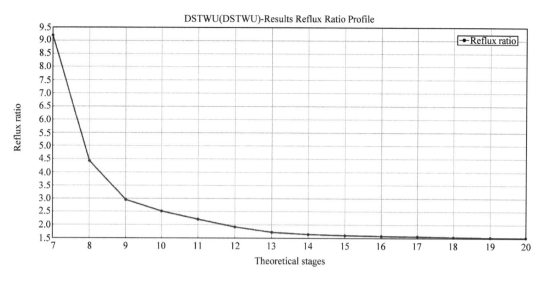

图 8-25　回流比随理论板数变化曲线图

8.2.5　精馏塔严格计算模块

前面已通过 DSTWU 模块得到了某一操作回流比下的理论塔板数和进料板位置,接下来需要判断此设计是否真正满足所给定分离的要求。如不满足,可通过修改理论板数、回流比等参数使产品达到任务书规定的要求。下面将 DSTWU 模块的运算结果作为校核的起始数据,用精馏塔的严格计算模块(RadFrac)对 8.2.4 的计算结果进行校核。

8.2.5.1　构建流程图

将图 8-20 中的 DSTWU 模块替换为 RadFrac 模块。选中 DSTWU 模块,点击 Delete 删除,在 Model Palette 中选择 RadFrac 模块,加入 Main Flowsheet 窗口,重新连接物流,在物流上点击右键选取 Reconnect | source 或 Destination 重新连接,获得如图 8-26 所示的流程。

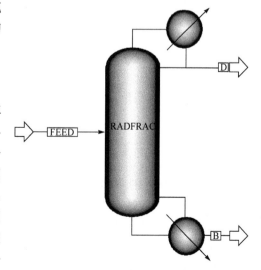

8.2.5.2　输入模块参数

由于用的是替换模块的方法,因此可省去再次输入 FEED 流股信息。接下来依次设定 Rad-Frac 模块 Configuration、Streams、Pressure 三个标签中的参数。在 Configuration 中,先选用 DSTWU 模拟出的结果代入,其中塔板数为 12,冷凝器用全凝器,再沸器用釜式,回流比用 1.922,采出率用 0.199,如图 8-27 所示。在 Streams 标签页,设置进料板信息,第 7 块板 On-Stage,见图 8-28。在 Pressure 标签页,设置操作

图 8-26　RadFrac 模块流程图

压强,按给定任务冷凝器 105.325kPa,塔板压降 0.7kPa,如图 8-29 所示。

图 8-27　RadFrac 模块 Configuration 标签页

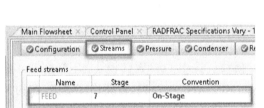

图 8-28　RadFrac 模块 Streams 标签页

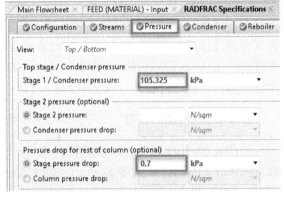

图 8-29　RadFrac 模块 Pressure 标签页

8.2.5.3　运行模拟过程

点击 ▶ ,运行模拟。选取 Blocks|RadFrac|Stream Results,可得到如图 8-30 所示的设计结果。

8.2.5.4　模拟结果分析

由图 8-30 所示的 RadFrac 模块的计算结果可以看出,塔顶苯的纯度(质量分数)为 91.64%,塔底氯苯的纯度为 98.64%,并未满足分离要求(98.5% 和 99.5%)。为了达到分离要求,在塔板数不变的情况下,可通过改变采出率、回流比等重新进行模拟。

例如,改变回流比,先回到 RadFrac 模块的 Setup 子项,将回流比改为 2.5,运行程序,可得塔底和塔顶纯度分别为 96.9% 和 99.3%,可见通过改变回流比的方法可以提高产品纯度。继续手动调节回流比及馏出液流量,通过试差将逐步达到设计任务所规定的纯度要求。

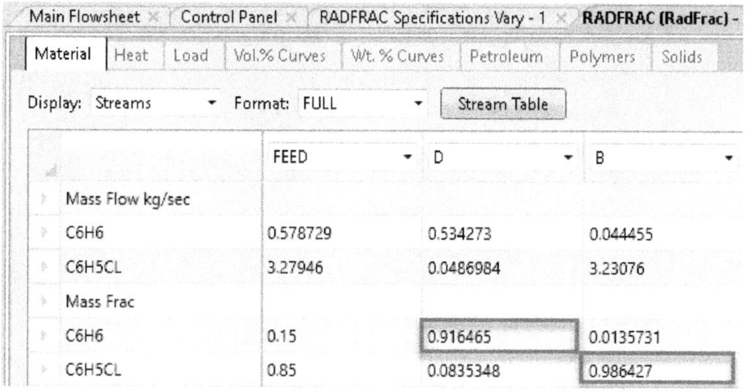

图 8-30　RadFrac 模块计算结果

为了达到产品的设计要求，通过上述的手动调节操作显然太繁琐。Aspen Plus 提供了一种称为设计规定（Design Specifications）的功能，即指定某些"控制"变量的值，同时指定"调整"变量，模拟程序通过操控被调整变量使控制变量达到指定值。在这里需要注意的是，求解一个大型联立非线性代数方程组是非常困难的。由于数值计算的问题，并不能保证一定能得到方程组的解。此外，假如不能通过工程经验判断来选择求解的目标值，就有可能得不到解。例如，假设精馏塔的级数小于该分离过程的最小级数，则无论如何调整被控变量的值，也不会产生所期望的结果，这时程序就会报错。由于方程组是非线性的，另一个可能出现的问题是存在多重解。某些时候，程序会收敛于某一个解，可是其他时候又会收敛于另一个解，这些都要依初始条件而定。通常比较好的办法是让程序一次只对一个变量收敛，而不是同时求解几个变量。在本例中，先调整塔顶采出率 D/F 而对馏出物的产品指标收敛，然后保持馏出物的指标仍起作用，再通过调节回流比而对底部产品的指标收敛。这一求解的顺序是精心选定的，首先变动采出率，是因为馏出物流量对全塔变化影响要比回流比的影响大。

使用设计规定（Design Spec/Vary）规定塔顶馏出液中苯的质量分数为 0.985。点击 Blocks|RadFrac|DesignSpecifications|New，新建一个设计规定，进入图 8-31 所示的界面，在 Specification 标签页分别设置 Design Specification|Type：Mass purity、Specification|Target：0.985、Stream Type：Product。在 Components 标签页 Components 选择 C_6H_6，点击">"添加至 Selected components，如图 8-32。在 Feed/Product Streams 选择 D，点击">"添加至 Selected stream 代表塔顶馏出液，如图 8-33。

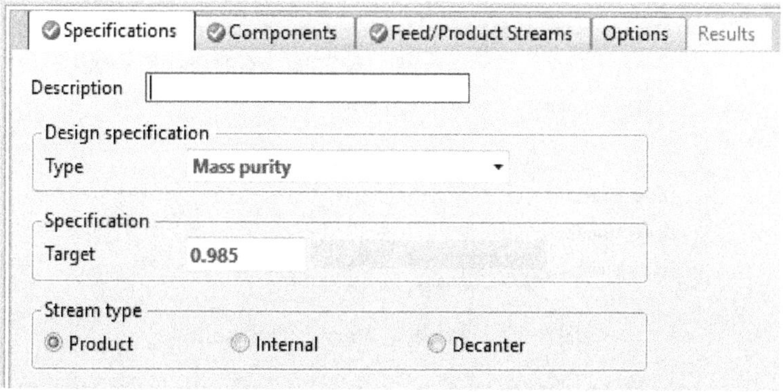

图 8-31　设计规定 Specification 的设置

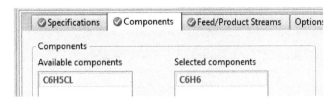

图 8-32 设计规定 Components 的设置

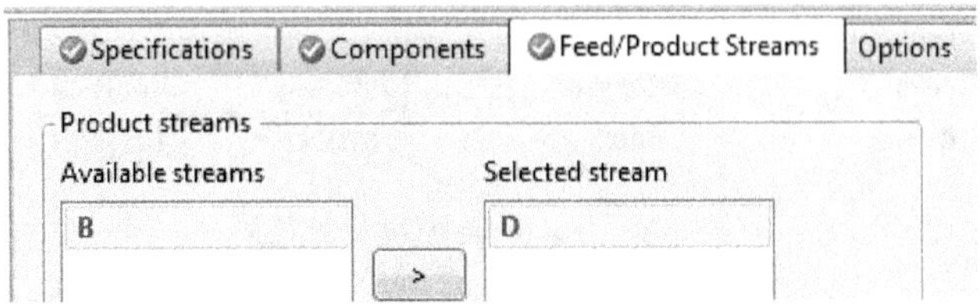

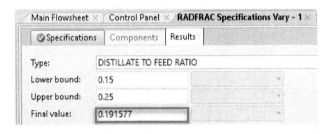

图 8-33 设计规定 Feed/Product 的设置

接下来,指定调整采出率来满足前面的要求。设置 Vary,Vary | Adjusted Variables | New,新建一个变量,进入图 8-34 所示的界面,在 Type 中选择 Distillate to feed ratio,设定 D/F 变化范围,下限设定为 0.15,上限设定为 0.25。

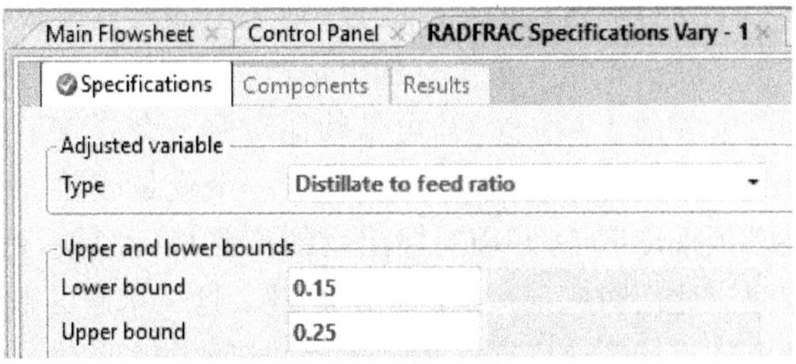

图 8-34 Vary 1 的 Specifications 的设置

当数据浏览器(Data Browser)窗口中所有的项目都变为蓝色就可以运行模拟了,或者在状态栏区看到提示数据输入完毕。点击 ▶,运行模拟,当计算完毕,控制面板(Control Panel)窗口打开,显示运行过程中的信息,可以看出模拟经过了 5 次迭代。

查看 Design Specification | Vary 1 | Results,采出率(DISTILLATE TO FEED RATIO)为 0.191,如图 8-35 所示。

图 8-35 设计规定 Vary 1 的 Results

转到 RadFrac 模块树形结构底部的 Stream Results 项,得到的物流结果(图 8-36)显示塔顶苯的质量分数为 98.5%，但塔底为 98.86% 仍未满足设计要求。

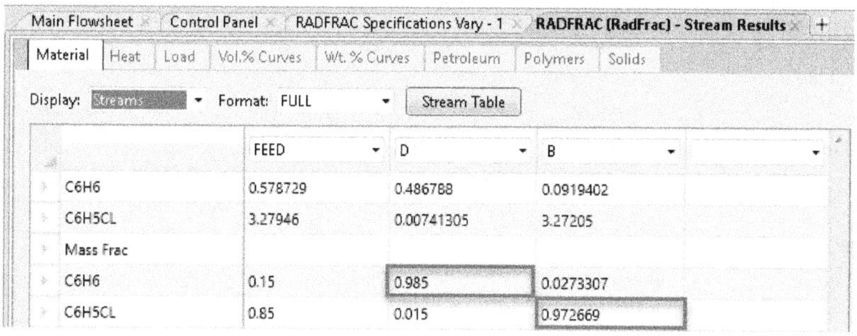

图 8-36 运行结果流股信息(Stream Results)

塔顶组分质量分数已满足要求，塔底还未满足，接下来可以通过调节回流比来使得塔底也满足要求。通过设置第二组 Design Spec/Vary 来获得，设定塔底采出液中氯苯的质量分数为 0.995，其设定方法是相似的，故图略。点击 Blocks|RadFrac|DesignSpecifications|New，新建另一个设计规定，在 Specification 标签页分别设置 Design Specification|Type：Mass purity、Specification|Target：0.995、Stream Type：Product。在 Components 标签页 Components 选择 C_6H_5Cl，在 Feed/Product Streams 选取 B 代表塔底流出液。接着，设置变量为回流比，点击 Vary|Adjusted Variables|New，新建另一个 Vary，在 Type 中选择回流比(Reflux ratio)，设定回流比变化范围，下限设定为 1.4，上限设定为 4。运行并查看流股信息(Stream Results)得知塔底和塔顶均已满足设计要求，此时查看 Vary 1|Results 和 Vary 2|Results 或 Blocks|Radfrac|Specifications|Specifications Summary 得知此时的操作条件是 $D/F=0.199058$、回流比 $R=2.91763$。

以上模拟中，先采用精馏塔简捷计算模块(DSTWU)得到初步的理论板和加料位置，再利用严格计算模块(RadFrac)校核了初步设计，获得了满足设计要求的操作条件，完成了精馏塔塔板数的计算。实际设计时还需进行经济分析，综合考虑理论板数和回流比的变化来平衡总成本(包含设备成本、操作成本、折旧等)，使总成本最低，以获得最优化设计方案。

8.3 Aspen Plus 用于塔径及塔板的设计和校核

塔径及塔板设计和校核可用精馏塔严格计算模块(RadFrac)中的塔板设计(Tray Sizing)和塔板校核(Tray Rating)程序来完成。可用于设计和校核的塔板类型包括泡罩塔板(Bubble Cap)、筛板(Sieve)和三种浮阀塔板(Giltsch Ballast、Koch Flexitray、Nutter Float Valve)。当需要精确设计塔板时可使用专业的塔设备设计软件，如 KG-Tower、CUP-Tower、FRI 等。

8.3.1 塔径及塔板设计

下面介绍塔板设计的使用方法。将 RadFrac 模块模拟中通过设计规定(Design/Spec)获得的满足分离要求的采出率 0.199 和回流比 2.917 输入 Blocks|Radfrac|Setup|Specifications 界面。打开如图 8-37 所示的 Blocks|Radfrac|Specifications|Specifications Summary 窗口，将图中的"√"取消，使设计规定处于停用状态。再次运行，需确保塔底和塔顶组分的质量分数是否满足分离要求。

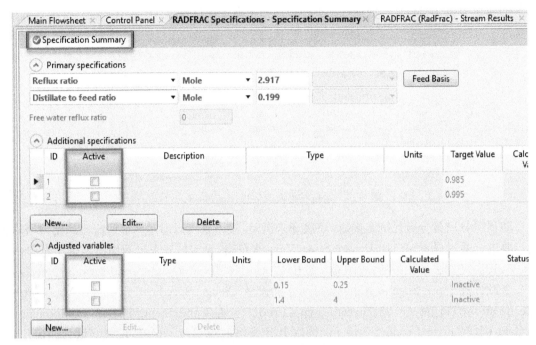

图 8-37　停用设计规定

展开树形目录 Blocks|RadFrac|Sizing and Rating|Tray Sizing，点击 New 新建一个计算，参数设置为起始板 2 至倒数第二块板 11（因为塔板数为 12，冷凝器是第一块板，塔釜再沸器是最后一块板，塔体中实际板为 2～11），筛孔塔板，单溢流，塔板间距 0.45m，其他参数取默认值，如图 8-38。点击运行，结果如图 8-39 所示。其中塔径（Column diameter）为 0.922852m，与 3.7.1 节中圆整后的塔径（1.0m）基本一致。

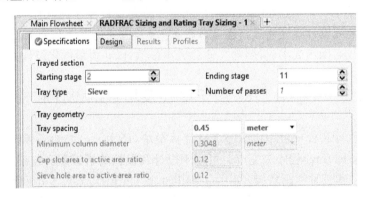

图 8-38　塔板设计参数设置窗口

8.3.2　塔径及塔板校核

把上述通过塔板设计程序获得的塔径、塔板参数等结果，通过塔板校核程序来判断设计是否合理。通常有三个参数应重点关注：最大液泛因子（Maximum flooding factor）应小于 0.8；塔段压降（Section pressure drop）要合理；最大降液管/板间距（Maximum backup/Tray spacing）应在 0.2～0.5。若不满足，需通过改变塔板间距、溢流堰长、溢流堰高、筛板孔径、开孔率等参数来调节。

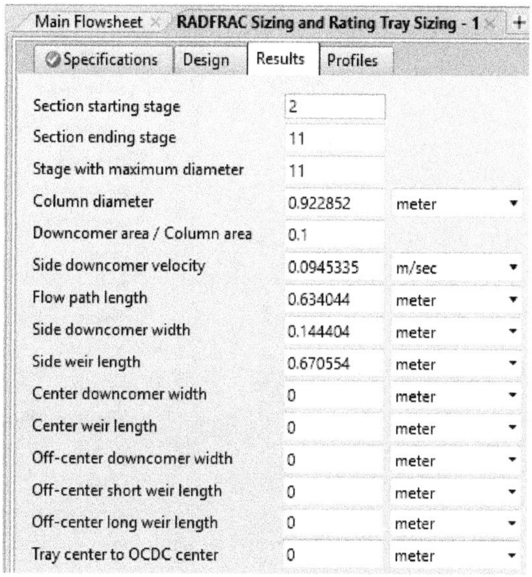

图 8-39　塔板设计运行结果

下面介绍 Tray Rating 功能,展开目录 Blocks ｜ RadFrac ｜ Sizing and Rating ｜Tray Rating,点击 New 新建一个计算,在 Specifications 中输入塔板型式筛板,塔径 1m,塔板间距 0.45m,单溢流,堰高 0.05m,如图 8-40。在 Design/Pdrop 标签栏(图 8-41)中输入发泡因子(System foaming factor)、全塔效率(Overall section efficiency)等。在塔板布置(Layout)标签栏(图 8-42)中输入筛板孔径 0.008m,开孔率 12%。运行结果如图 8-43 所示,可知最大液泛因子为 0.687,小于 0.8;全塔压降 6.783kPa,也在合适范围;最大降液管/板间距为 0.382,在 0.2~0.5。所以,此次设计通过了水力学校核,说明本设计是合理的。在 Blocks｜RadFrac｜Profiles｜Hydraulics 页面,可以看到各块塔板上的水力学数据,用 Plot 可获得温度随塔板数的变化曲线(图 8-44)及液相组成随塔板数的变化曲线(图 8-45)。

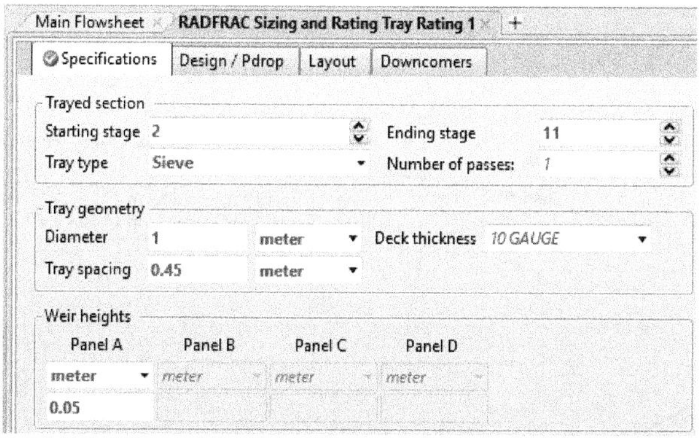

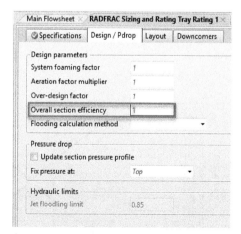

图 8-40　塔板校核参数设置窗口(Specifications)

图 8-41　塔板校核参数设置窗口
(Design/Pdrop)

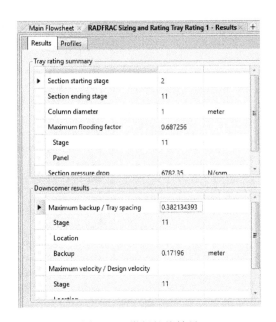

图 8-42　塔板校核参数设置窗口（Layout）　　　　图 8-43　塔板校核结果

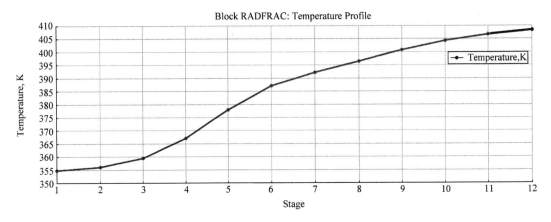

图 8-44　温度随塔板数的变化曲线

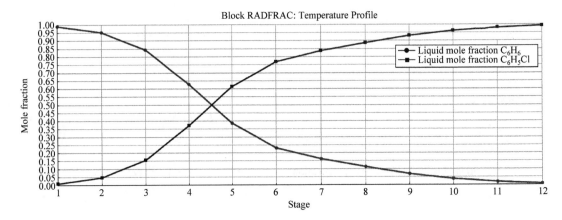

图 8-45　液相组成随塔板数的变化曲线

以上设计实例表明,通过 Aspen Plus 的精馏塔简捷计算模块(DSTWU)及精馏塔严格计算模块(RadFrac)可以确定精馏操作的最小回流比、最小理论板数、实际回流比、实际塔板数、进料位置、馏出与进料量比、冷凝器/再沸器热负荷等基本参数,结合 RadFrac 模块中的塔板设计和塔板校核可进行塔径的计算及塔板结构的设计。

在化工设计中,物性及热力学性质是不可缺少的基础数据,由于物性及热力学性质与体系的温度、压强、组成等因素有关,其数据量及计算量都非常之大。由于篇幅所限,本书第 2 章及附录中列出了一些纯组分的物性数据及混合物物性数据的常用计算方法,供完成本书中的设计实例使用。Aspen Plus 的突出特点之一是具有丰富的物性数据库及诸多的物性计算方法,可方便、快捷地计算得到相关体系的物性及热力学性质,从而显著地提高设计的效率和质量。

应用化工过程模拟软件进行化工设计时,通过改变各类参数可以获得不同工况下的设计计算结果(如本章中通过改变回流比,得到了相应条件下的流股信息),通过多工况分析,可以确定在给定约束(成本、能量使用等)下的最佳操作条件,从而优化设计方案。

在使用 Aspen Plus 进行化工过程模拟时,拟合模块、物性计算方法、设备参数、操作参数等都需要设计者来选取和确定。因此,使用模拟软件进行化工设计时,不仅要求设计者对相关软件的内容及功能有深入的了解,同时设计者还必须掌握生产工艺、单元操作所涉及的基本理论和基本知识。

设计是一种创造性的工作,由于设计过程中有很多"选择",所以设计的结果不具有唯一性,每个设计结果各有利弊,需要对多个设计方案进行分析比较,才能得到相对优化的设计方案。快速、准确地完成大量计算,从而获得各种不同工况下的设计结果,正是模拟软件的优势所在。

参考文献

包宗宏,武文良.2013.化工计算与软件应用.北京:化学工业出版社.

蔡纪宁,张莉彦.2010.化工设备机械基础课程设计指导书.2版.北京:化学工业出版社.

陈敏恒,丛德滋,方图南,等.2006.化工原理(上、下册).3版.北京:化学工业出版社.

陈英南,刘玉兰.2005.常用化工单元设备的设计.上海:华东理工大学出版社.

国家医药管理局上海医药设计院.1996.化学工艺设计手册.2版.北京:化学工业出版社.

贺匡国.2002.化工容器及设备简明设计手册.2版.北京:化学工业出版社.

化工设备设计全书编辑委员会.1988.塔设备设计全书.上海:上海科学技术出版社.

化学工程手册编委会.1989.化学工程手册(第1卷).北京:化学工业出版社.

贾绍义,柴诚敬.2002.化工原理课程设计.天津:天津大学出版社.

匡国柱,史启才.2008.化工单元过程及设备课程设计.2版.北京:化学工业出版社.

拉尔夫·舍弗兰.2015.无师自通 Aspen Plus 基础.北京:化学工业出版社.

厉玉鸣.2006.化工仪表及自动化.4版.北京:化学工业出版社.

林大钧.2010.简明化工制图.2版.上海:华东理工大学出版社.

刘光启,马连湘,邢志有.2002.化工物性算图手册.北京:化学工业出版社.

倪进方.1999.化工过程设计.北京:化学工业出版社.

潘国昌.1996.化工设备设计.北京:清华大学出版社.

钱自强,林大钧,蔡祥兴.2005.大学工程制图.上海:华东理工大学出版社.

时钧,汪家鼎,余国琮,等.1996.化学工程手册(上、下卷).2版.北京:化学工业出版社.

斯佩特 J G.2006.化学工程师实用数据手册——Perry's 标准图表及公式.陈晓春,孙巍译.北京:化学工业出版社.

孙兰义.2012.化工过程模拟实训——Aspen Plus 教程.北京:化学工业出版社.

汤善莆,朱思明.2004.化工设备机械基础.2版.上海:华东理工大学出版社.

童景山.2008.流体热物性学——基本理论与计算.北京:中国石化出版社.

王静康.2006.化工过程设计:化工设计.2版.北京:化学工业出版社.

王松汉.2002.石油化工设计手册.第1卷:石油化工基础数据.北京:化学工业出版社.

张秋利,周军.2017.化工 AutoCAD 应用基础.2版.北京:化学工业出版社.

中国石化集团上海工程有限公司.2009.化工工艺设计手册(上册).4版.北京:化学工业出版社.

中国石化集团上海工程有限公司.2009.化工工艺设计手册(下册).4版.北京:化学工业出版社.

周济.2005.最新化工设备设计制造与标准零部件选配及国内外设计标准规范实用全书.北京:北京工业大学出版社.

Ghasem N.2012.Computer Methods in Chemical Engineering.New York:CRC Press.

Lide D R.2002.CRC Handbook of Chemistry and Physics.83rd ed.Boca Raton:CRC Press LLC.

McCabe W L,Smith J C,Harriott P.2003.Unit Operations of Chemical Engineering.6th ed.北京:化学工业出版社.

Perry R H,Green D W,Maloney J O.1984.Perry's Chemical Engineers' Handbook.6th ed.New York:McGraw-Hill Book Co.

Sandler S I.2015.Using Aspen Plus in Thermodynamics Instruction:A Step-by-Step Guide.Hoboke:John Wiley & Sons,Inc.

Seader J D,Henley E J.2002.Separation Process Principles.北京:化学工业出版社.

Seider W D,Seader J D,Lewin D R.2003.Product & Process Design Principles.2nd ed.New York:John Wiley and Sons,Inc.

附　　录

附录 1　二元体系的气-液平衡组成

（1）乙醇-水（101.3kPa）

乙醇的摩尔分数		温度/℃	乙醇的摩尔分数		温度/℃
液相	气相		液相	气相	
0.00	0.00	100.0	0.3273	0.5826	81.5
0.0190	0.1700	95.5	0.3965	0.6122	80.7
0.0721	0.3891	89.0	0.5079	0.6564	79.8
0.0966	0.4375	86.7	0.5198	0.6599	79.7
0.1238	0.4704	85.3	0.5732	0.6841	79.3
0.1661	0.5089	84.1	0.6763	0.7385	78.74
0.2337	0.5445	82.7	0.7472	0.7815	78.41
0.2608	0.5580	82.3	0.8943	0.8943	78.15

（2）甲醇-水（101.3kPa）

甲醇的摩尔分数		温度/℃	甲醇的摩尔分数		温度/℃
液相	气相		液相	气相	
0.0	0.0	100.0	0.40	0.729	75.3
0.02	0.134	96.4	0.50	0.779	73.1
0.04	0.230	93.5	0.60	0.825	71.2
0.06	0.304	91.2	0.70	0.870	69.3
0.08	0.365	89.3	0.80	0.915	67.5
0.10	0.418	87.7	0.90	0.958	66.0
0.15	0.517	84.4	0.95	0.979	65.0
0.20	0.579	81.7	1.00	1.00	64.5
0.30	0.665	78.0			

（3）苯-甲苯(101.3kPa)

苯的摩尔分数		温度/℃	苯的摩尔分数		温度/℃
液相	气相		液相	气相	
0.0	0.0	110.6	0.592	0.789	89.4
0.088	0.212	106.1	0.700	0.853	86.8
0.200	0.370	102.2	0.803	0.914	84.4
0.300	0.500	98.6	0.903	0.957	82.3
0.397	0.618	95.2	0.950	0.979	81.2
0.489	0.710	92.1	1.00	1.00	80.2

（4）苯-氯苯饱和蒸气压数据

温度/℃		80	90	100	110	120	130	131.8
p^0/kPa	苯	101.3	136.6	179.9	234.6	299.9	378.5	386.5
	氯苯	19.7	27.3	39.1	53.3	72.4	95.8	101.3

（5）氯仿-苯(101.3kPa)

氯仿的质量分数		温度/℃	氯仿的质量分数		温度/℃
液相	气相		液相	气相	
0.10	0.136	79.9	0.60	0.750	74.6
0.20	0.272	79.0	0.70	0.830	72.8
0.30	0.406	78.1	0.80	0.900	70.5
0.40	0.530	77.2	0.90	0.961	67.0
0.50	0.650	76.0			

（6）水-乙酸(101.3kPa)

水的摩尔分数		温度/℃	水的摩尔分数		温度/℃
液相	气相		液相	气相	
0.0	0.0	118.2	0.833	0.886	101.3
0.270	0.394	108.2	0.886	0.919	100.9
0.455	0.565	105.3	0.930	0.950	100.5
0.588	0.707	103.8	0.968	0.977	100.2
0.690	0.790	102.8	1.00	1.00	100.0
0.769	0.845	101.9			

附录2 液体的物理性质

(1) 有机液体的相对密度(液体密度与4℃水的密度之比)共线图

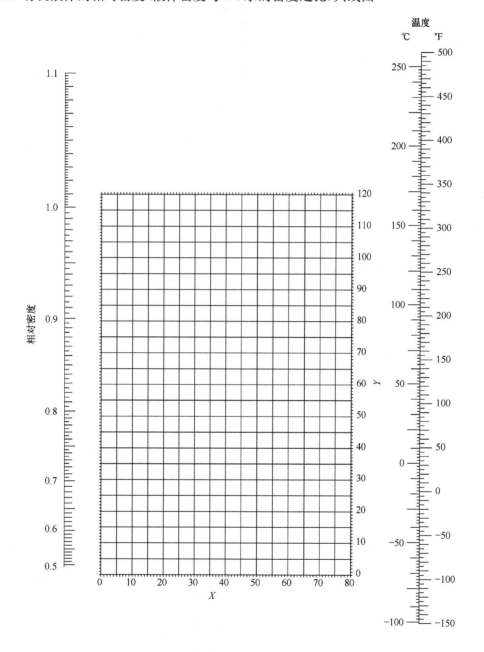

各种液体在相对密度共线图中的 X、Y 值见下表。

名称	X	Y	名称	X	Y
乙炔	20.8	10.1	甲酸乙酯	37.6	68.4
乙烷	10.8	4.4	甲酸丙酯	33.8	66.7
乙烯	17.0	3.5	丙烷	14.2	12.2
乙醇	24.2	48.6	丙酮	26.1	47.8
乙醚	22.6	35.8	丙醇	23.8	50.8
乙丙醚	20.0	37.0	丙酸	35.0	83.5
乙硫醇	32.0	55.5	丙酸甲酯	36.5	68.3
乙硫醚	25.7	55.3	丙酸乙酯	32.1	63.9
二乙胺	17.8	33.5	戊烷	12.6	22.6
二十烷	14.8	47.5	异戊烷	13.5	22.5
异丁烷	13.7	16.5	辛烷	12.7	32.5
丁酸	31.3	78.7	庚烷	12.6	29.8
丁酸甲酯	31.5	65.5	苯	32.7	63.0
异丁酸	31.5	75.9	苯酚	35.7	103.8
丁酸(异)甲酯	33.0	64.1	苯胺	33.5	92.5
十一烷	14.4	39.2	氟苯	41.9	86.7
十二烷	14.3	41.4	癸烷	16.0	38.2
十三烷	15.3	42.4	氨	22.4	24.6
十四烷	15.8	43.3	氯乙烷	42.7	62.4
三乙胺	17.9	37.0	氯甲烷	52.3	62.9
三氢化磷	28.0	22.1	氯苯	41.7	105.0
己烷	13.5	27.0	氰丙烷	20.1	44.6
壬烷	16.2	36.5	氰甲烷	21.8	44.9
六氢吡啶	27.5	60.0	环己烷	19.6	44.0
甲乙醚	25.0	34.4	乙酸	40.6	93.5
甲醇	25.8	49.1	乙酸甲酯	40.1	70.3
甲硫醇	37.3	59.6	乙酸乙酯	35.0	65.0
甲硫醚	31.9	57.4	乙酸丙酯	33.0	65.5
甲醚	27.2	30.1	甲苯	27.0	61.0
甲酸甲酯	46.4	74.6	异戊醇	20.5	52.0

（2）有机液体的表面张力共线图

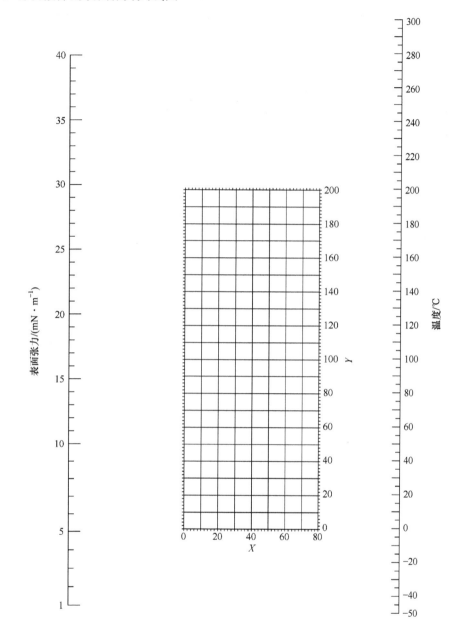

各种液体在表面张力共线图中的 X、Y 值见下表。

序号	名称	X	Y	序号	名称	X	Y
1	环氧乙烷	42	83	37	甲醇	17	93
2	乙苯	22	118	38	甲酸甲酯	38.5	88
3	乙胺	11.2	83	39	甲酸乙酯	30.5	88.8
4	乙硫醇	35	81	40	甲酸丙酯	24	97
5	乙醇	10	97	41	丙胺	25.5	87.2
6	乙醚	27.5	64	42	对异丙基甲苯	12.8	121.2
7	乙醛	33	78	43	丙酮	28	91
8	乙醛肟	23.5	127	44	丙醇	8.2	105.2
9	乙酰胺	17	192.5	45	丙酸	17	112
10	乙酰乙酸乙酯	21	132	46	丙酸乙酯	22.6	97
11	二乙醇缩乙醛	19	88	47	丙酸甲酯	29	95
12	间二甲苯	20.5	118	48	3-戊酮	20	101
13	对二甲苯	19	117	49	异戊醇	6	106.8
14	二甲胺	16	66	50	四氯化碳	26	104.5
15	二甲醚	44	37	51	辛烷	17.7	90
16	二氯乙烷	32	120	52	苯	30	110
17	二硫化碳	35.8	117.2	53	苯乙酮	18	163
18	丁酮	23.6	97	54	苯乙醚	20	134.2
19	丁醇	9.6	107.5	55	苯二乙胺	17	142.6
20	异丁醇	5	103	56	苯二甲胺	20	149
21	丁酸	14.5	115	57	苯甲醚	24.4	138.9
22	异丁酸	14.8	107.4	58	苯胺	22.9	171.8
23	丁酸乙酯	17.5	102	59	苯(基)甲胺	25	156
24	异丁酸乙酯	20.9	93.7	60	苯酚	20	168
25	丁酸甲酯	25	88	61	氨	56.2	63.5
26	三乙胺	20.1	83.9	62	氧化亚氮	62.5	0.5
27	1,3,5-三甲苯	17	119.8	63	氯	45.5	59.2
28	三苯甲烷	12.5	182.7	64	氯仿	32	101.3
29	三氧乙醛	30	113	65	对氯甲苯	18.7	134
30	三聚乙醛	22.3	103.8	66	氯甲烷	45.8	53.2
31	己烷	22.7	72.2	67	氯苯	23.5	132.5
32	甲苯	24	113	68	吡啶	34	138.2
33	甲胺	42	58	69	丙腈	23	108.6
34	间甲酚	13	161.2	70	丁腈	20.3	113
35	对甲酚	11.5	160.5	71	乙腈	33.5	111
36	邻甲酚	20	161	72	苯腈	19.5	159

续表

序号	名称	X	Y	序号	名称	X	Y
73	氰化氢	30.6	66	84	乙酸甲酯	34	90
74	硫酸二乙酯	19.5	139.5	85	乙酸乙酯	27.5	92.4
75	硫酸二甲酯	23.5	158	86	乙酸丙酯	23	97
76	硝基乙烷	25.4	126.1	87	乙酸异丁酯	16	97.2
77	硝基甲烷	30	139	88	乙酸异戊酯	16.4	103.1
78	萘	22.5	165	89	乙酸酐	25	129
79	溴乙烷	31.6	90.2	90	噻吩	35	121
80	溴苯	23.5	145.5	91	环己烷	42	86.7
81	碘乙烷	28	113.2	92	硝基苯	23	173
82	对甲氧基苯丙烯	13	158.1	93	水(查出的值乘2)	12	162
83	乙酸	17.1	116.5				

（3）液体黏度共线图

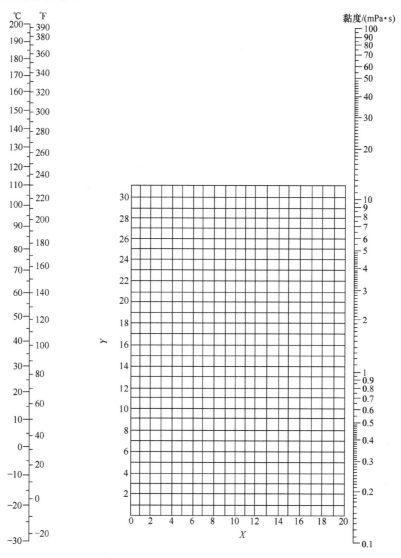

各种液体在黏度共线图中的 X、Y 值见下表。

序号	名称	X	Y	序号	名称	X	Y
1	水	10.2	13.0	31	乙苯	13.2	11.5
2	盐水(25%NaCl)	10.2	16.6	32	氯苯	12.3	12.4
3	盐水(25%CaCl$_2$)	6.6	15.9	33	硝基苯	10.6	16.2
4	氨	12.6	2.0	34	苯胺	8.1	18.7
5	氨水(26%)	10.1	13.9	35	苯酚	6.9	20.8
6	二氧化碳	11.6	0.3	36	联苯	12.0	18.3
7	二氧化硫	15.2	7.1	37	萘	7.9	18.1
8	二硫化碳	16.1	7.5	38	甲醇(100%)	12.4	10.5
9	溴	14.2	13.2	39	甲醇(90%)	12.3	11.8
10	汞	18.4	16.4	40	甲醇(40%)	7.8	15.5
11	硫酸(110%)	7.2	27.4	41	乙醇(100%)	10.5	13.8
12	硫酸(100%)	8.0	25.1	42	乙醇(95%)	9.8	14.3
13	硫酸(98%)	7.0	24.8	43	乙醇(40%)	6.5	16.6
14	硫酸(60%)	10.2	21.3	44	乙二醇	6.0	23.6
15	硝酸(95%)	12.8	13.8	45	甘油(100%)	2.0	30.0
16	硝酸(60%)	10.8	17.0	46	甘油(50%)	6.9	19.6
17	盐酸(31.5%)	13.0	16.6	47	乙醚	14.5	5.3
18	氢氧化钠(50%)	3.2	25.8	48	乙醛	15.2	14.8
19	戊烷	14.9	5.2	49	丙酮	14.5	7.2
20	己烷	14.7	7.0	50	甲酸	10.7	15.8
21	庚烷	14.1	8.4	51	乙酸(100%)	12.1	14.2
22	辛烷	13.7	10.0	52	乙酸(70%)	9.5	17.0
23	三氯甲烷	14.4	10.2	53	乙酸酐	12.7	12.8
24	四氯化碳	12.7	13.1	54	乙酸乙酯	13.7	9.1
25	1,2-二氯乙烷	12.7	12.2	55	乙酸戊酯	11.8	12.5
26	苯	12.5	10.9	56	氟利昂-11	14.4	9.0
27	甲苯	13.7	10.4	57	氟利昂-12	16.8	5.6
28	邻二甲苯	13.5	12.1	58	氟利昂-21	15.7	7.5
29	间二甲苯	13.9	10.6	59	氟利昂-22	17.2	4.7
30	对二甲苯	13.9	10.9	60	煤油	10.2	16.9

用法举例:求苯在50℃时的黏度,从上表序号26查得苯的 $X=12.5$,$Y=10.9$。把这两个数值标在前页共线图的 X-Y 坐标上得到一点,把这点与图中左方温度标尺上50℃的点连成一条直线,延长,与右方黏度标尺相交,由此交点定出50℃苯的黏度为0.44mPa·s

（4）液体比热容共线图

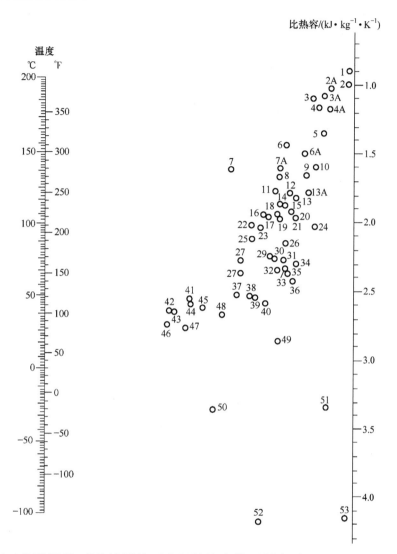

根据相似三角形原理，当共线图的两边标尺均为等距刻度时，可用 $c_p = At + B$ 的关系式来表示因变量与自变量的关系，式中的 A、B 值列于下表中。其中 c_p 单位为 kJ·kg^{-1}·K^{-1}；t 单位为 ℃。

液体比热容图中的编号见下表。

编号	名称	温度/℃	拟合参数 A	B	编号	名称	温度/℃	拟合参数 A	B
1	溴乙烷	5～25	1.333×10^{-3}	0.843	23	甲苯	0～60	4.667×10^{-3}	1.60
2A	氟利昂-11	−20～70	8.889×10^{-4}	0.858	24	乙酸乙酯	−50～25	1.57×10^{-3}	1.879
2	二氧化碳	−100～25	1.667×10^{-3}	0.967	25	乙苯	0～100	5.009×10^{-3}	1.67
3	四氯化碳	10～60	2.0×10^{-3}	0.78	26	乙酸戊酯	0～100	2.9×10^{-3}	1.9
3A	氟利昂-113	−20～70	3.333×10^{-3}	0.867	27	苯甲醇	−20～30	5.8×10^{-3}	1.836
3	过氯乙烯	−30～140	1.647×10^{-3}	0.789	28	庚烷	0～60	5.834×10^{-3}	1.98
4A	氟利昂-21	−20～70	8.889×10^{-4}	1.028	29	乙酸	0～80	3.75×10^{-3}	1.94
4	三氯甲烷	0～50	1.2×10^{-3}	0.94	30	苯胺	0～130	4.693×10^{-3}	1.99
5	二氯甲烷	−40～50	1.0×10^{-3}	1.17	31	异丙醚	−80～200	3.0×10^{-3}	2.04
6A	二氯乙烷	−30～60	1.778×10^{-3}	1.203	32	丙酮	20～50	3.0×10^{-3}	2.13
6	氟利昂-12	−40～15	3.0×10^{-3}	0.99	33	辛烷	−50～25	3.143×10^{-3}	2.127
7A	氟利昂-22	−20～60	3.0×10^{-3}	1.16	34	壬烷	−50～25	2.286×10^{-3}	2.134
7	碘乙烷	0～100	6.6×10^{-3}	0.67	35	己烷	−80～20	2.7×10^{-3}	2.176
8	氯苯	0～100	3.3×10^{-3}	1.22	36	乙醚	−100～25	2.5×10^{-3}	2.27
9	硫酸(98%)	10～45	1.429×10^{-3}	1.405	37	戊醇	−50～25	5.858×10^{-3}	2.203
10	氯化苄	−30～30	1.667×10^{-3}	1.39	38	甘油	−40～20	5.168×10^{-3}	2.267
11	二氧化硫	−20～100	3.75×10^{-3}	1.325	39	乙二醇	−40～200	4.789×10^{-3}	2.312
12	硝基苯	0～100	2.7×10^{-3}	1.46	40	甲醇	−40～20	4.0×10^{-3}	2.40
13A	氯甲烷	−80～20	1.7×10^{-3}	1.566	41	异戊醇	10～100	1.144×10^{-2}	1.986
13	氯乙烷	−30～40	2.286×10^{-3}	1.539	42	乙醇(100%)	30～80	1.56×10^{-2}	2.012
14	萘	90～200	3.182×10^{-3}	1.514	43	异丁醇	0～100	1.41×10^{-2}	2.13
15	联苯	80～120	5.75×10^{-3}	2.19	44	丁醇	0～100	1.14×10^{-2}	2.09
16A	联苯醚	0～200	4.25×10^{-3}	1.49	45	丙醇	−20～100	9.497×10^{-3}	0.19
16	联苯-联苯醚	0～200	4.25×10^{-3}	1.49	46	乙醇(95%)	20～80	1.58×10^{-2}	2.264
17	对二甲苯	0～100	4.0×10^{-3}	1.55	47	异丙醇	20～50	1.167×10^{-2}	2.447
18	间二甲苯	0～100	3.4×10^{-3}	1.58	48	盐酸(30%)	20～100	7.375×10^{-3}	2.393
19	邻二甲苯	0～100	3.4×10^{-3}	1.62	49	盐水(25%CaCl₂)	−40～20	3.5×10^{-3}	2.79
20	吡啶	−50～25	2.428×10^{-3}	1.621	50	乙醇(50%)	20～80	8.333×10^{-3}	3.633
21	癸烷	−80～25	2.6×10^{-3}	1.728	51	盐水(25%NaCl)	−40～20	1.167×10^{-2}	3.367
22	二苯基甲烷	30～100	5.285×10^{-3}	1.501	52	氨	−70～50	4.715×10^{-3}	4.68
23A	苯	10～80	4.429×10^{-3}	1.606	53	水	10～200	2.143×10^{-3}	4.198

（5）气化潜热

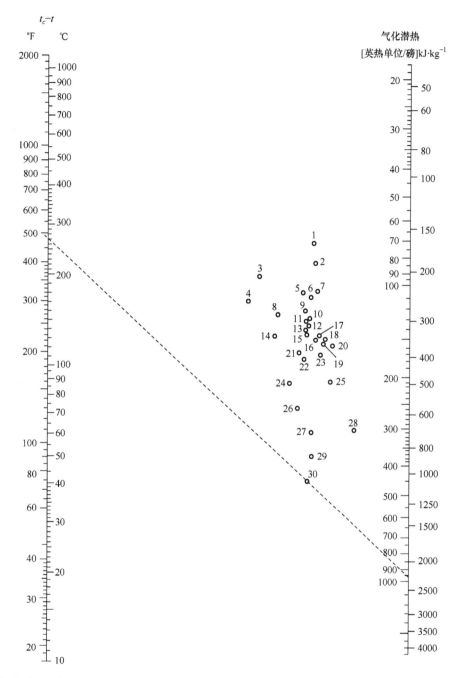

根据相似三角形原理，当共线图的两边标尺均为对数刻度时，可用 $r=A(t_c-t)^B$ 的关系式来表示变量间的关系。式中：A、B 的值列于下表中；r 单位为 $kJ \cdot kg^{-1}$；t 单位为 ℃。

液体气化潜热共线图中的编号见下表。

编号	名称	t_c/℃	(t_c-t)/℃	拟合参数		编号	名称	t_c/℃	(t_c-t)/℃	拟合参数	
				A	B					A	B
1	氟利昂-113	214	90~250	28.18	0.336	15	异丁烷	134	80~200	64.24	0.3736
2	四氯化碳	283	30~250	34.59	0.337	16	丁烷	153	90~200	77.27	0.3419
2	氟利昂-11	198	70~250	34.51	0.3377	17	氯乙烷	187	100~250	79.07	0.3258
2	氟利昂-12	111	40~200	32.43	0.35	18	乙酸	321	100~225	95.72	0.2877
3	联苯	527	175~400	6.855	0.6882	19	氧化亚氮	36	25~150	101.6	0.2921
4	二硫化碳	273	140~275	6.252	0.7764	20	一氯甲烷	143	70~250	115.9	0.2633
5	氟利昂-21	178	70~250	34.59	0.4011	21	二氧化碳	31	10~100	64.0	0.4136
6	氟利昂-22	96	50~170	43.45	0.363	22	丙酮	235	120~210	75.34	0.3912
7	三氯甲烷	263	140~275	50.00	0.3239	23	丙烷	96	40~200	106.4	0.3027
8	二氯甲烷	216	150~250	21.43	0.5546	24	正丙醇	264	20~200	74.13	0.461
9	辛烷	296	30~300	23.88	0.5811	25	乙烷	32	25~150	169.4	0.2593
10	庚烷	267	20~300	56.10	0.36	26	乙醇	243	20~140	113	0.4218
11	己烷	235	50~225	47.64	0.4027	27	甲醇	240	40~250	188.4	0.3557
12	戊烷	197	20~200	59.16	0.3674	28	乙醇	243	140~300	273.9	0.2209
13	苯	289	10~400	57.54	0.3828	29	氨	133	50~200	235.1	0.3676
13	乙醚	194	10~400	57.54	0.3827	30	水	374	100~500	445.6	0.3003
14	二氧化硫	157	90~160	26.92	0.5637						

用法举例：求水在 $t=100℃$ 时的气化潜热，从上表查得水的编号为30，又查得水的 $t_c=374℃$，故得 $t_c-t=374-100=274℃$，在前页共线图的 t_c-t 标尺定出274℃的点，与图中编号为30圆圈中心点连一直线，延长到气化潜热的标尺上，读出交点读数为2300kJ·kg^{-1}

附录3　常用加热冷却介质

附表3-1　工业上常用的加热剂及其适用的温度范围

加热剂	热水	饱和水蒸气	矿物油	联苯混合物	熔盐 KNO$_3$53% · NaNO$_2$40% · NaNO$_3$7%	烟道气
适用温度/℃	40~100	100~180	180~250	255~380	142~530	500~1000

附表 3-2　工业上常用的冷却剂及其适用的温度范围

冷却剂	水(自来水、河水、井水)	空气	盐水	氨蒸气
适用温度/℃	0~80	>30	-15~0	<-15

附录 4　列管式换热器传热系数的经验值

管内(管程)	管间(壳程)	传热系数 $K/[W \cdot (m^2 \cdot ℃)^{-1}]$
水($0.9 \sim 1.5 m \cdot s^{-1}$)	净水($0.3 \sim 0.6 m \cdot s^{-1}$)	582~698
水	水(流速较高时)	814~1163
冷水	轻有机物 $\mu < 0.5 \times 10^{-3} Pa \cdot s$	467~814
冷水	中有机物 $\mu = (0.5 \sim 1) \times 10^{-3} Pa \cdot s$	290~698
冷水	重有机物 $\mu > 1 \times 10^{-3} Pa \cdot s$	116~467
盐水	轻有机物 $\mu < 0.5 \times 10^{-3} Pa \cdot s$	233~582
有机溶剂	有机溶剂 $0.3 \sim 0.55 m \cdot s^{-1}$	198~233
轻有机物 $\mu < 0.5 \times 10^{-3} Pa \cdot s$	轻有机物 $\mu < 0.5 \times 10^{-3} Pa \cdot s$	233~465
中有机物 $\mu = (0.5 \sim 1) \times 10^{-3} Pa \cdot s$	中有机物 $\mu = (0.5 \sim 1) \times 10^{-3} Pa \cdot s$	116~349
重有机物 $\mu > 1 \times 10^{-3} Pa \cdot s$	重有机物 $\mu > 1 \times 10^{-3} Pa \cdot s$	58~233
水($1 m \cdot s^{-1}$)	水蒸气(有压力)冷凝	2326~4652
水	水蒸气(常压或负压)冷凝	1745~3489
水溶液 $\mu < 2.0 \times 10^{-3} Pa \cdot s$	水蒸气冷凝	1163~4071
水溶液 $\mu > 2.0 \times 10^{-3} Pa \cdot s$	水蒸气冷凝	582~2908
有机物 $\mu < 0.5 \times 10^{-3} Pa \cdot s$	水蒸气冷凝	582~1193
有机物 $\mu = (0.5 \sim 1) \times 10^{-3} Pa \cdot s$	水蒸气冷凝	291~582
有机物 $\mu > 1 \times 10^{-3} Pa \cdot s$	水蒸气冷凝	116~349
水	有机物蒸气及水蒸气冷凝	582~1163
水	重有机物蒸气(常压)冷凝	116~349
水	重有机物蒸气(负压)冷凝	58~174
水	饱和有机溶剂蒸气(常压)冷凝	582~1163
水	含饱和水蒸气和氯气(20~50℃)	174~349
水	SO_2(冷凝)	814~1163
水	NH_3(冷凝)	698~930
水	氟利昂(冷凝)	756

附录5　常见物料的污垢热阻

流体	污垢热阻/(m²·℃·kW⁻¹)
蒸馏水	0.09
海水	0.09
洁净的河水	0.21
未处理的凉水塔用水	0.58
已处理的凉水塔用水	0.26
已处理的锅炉用水	0.26
硬水、井水	0.58
优质水蒸气-不含油	0.052
劣质水蒸气-不含油	0.09
处理过的盐水	0.264
有机物	0.176
燃烧油	1.056
焦油	1.76
空气	0.26~0.53
溶剂蒸气	0.14

附录6　焊缝代号或接头方式代号的规定

附表 6-1　几种焊缝的标注示例（摘自 GB 324—1988）

焊缝形式	标注示例	说明
		间隙为 1mm 的双面对接焊缝
		V 形焊缝，坡口角度 70°，间隙为 1mm，钝边为 1mm
		焊角高度为 5mm 的双面角焊缝，在现场或工地上进行焊接，手工电弧焊
		焊角高 4mm，沿工件周围焊接
		焊缝呈双面断续交错分布

附表 6-2　常见气焊、电焊焊缝坡口的基本形式和尺寸（摘自 GB/T 985—1988）

名称	符号	坡口形式	焊缝形式	尺寸
I 形坡口	‖			$\delta=1\sim2, b=0\sim1.5$
				$\delta=1\sim2, b=1\sim2.5$
Y 形坡口				$\delta=3\sim26, b=0\sim3$
				$\alpha=40°\sim50°, P=1\sim2$
Y 形带垫板坡口				$\delta=6\sim26, b=3\sim6$ $\alpha=45°\sim55°, P=0\sim2$
带钝边 U 形坡口				$\delta=20\sim60, b=0\sim3$ $\beta=1°\sim8°, P=1\sim3$ $R=6\sim8$
双 Y 形坡口				$\delta=12\sim60, b=0\sim3$ $\alpha=40°\sim60°, P=1\sim3$
I 形坡口				$b=0\sim2, \delta_1=2\sim30$ $\delta=2\sim30$ 由设计确定
I 形坡口				$\delta=6\sim8$ $b=0\sim2$
带钝边单边 V 形坡口				$\delta=6\sim8, b=0\sim3$ $\beta=35°\sim55°$ $P=1\sim3$
I 形坡口				$\delta=2\sim30$ $b=0\sim2$

附录 7　塔设备常用零部件

(1) 筒体(摘自 JB 1153—73)

附表 7-1　筒体的容积、面积和质量

公称直径 DN /mm	1m 高的容积 V /m³	1m 高的内表面积 F_B/m²	1m 高筒节钢板理论质量 m/kg											
			厚度 δ/mm											
			3	4	5	6	8	10	12	14	16	18	20	22
300	0.071	0.94	22	30	37	44	59							
400	0.126	1.26	30	40	50	60	79	99	119					
500	0.96	1.51	37	50	62	75	100	125	150	175				
600	0.283	1.88	45	60	75	90	121	150	180	211				
700	0.385	2.20		69	87	105	140	176	213	250				
800	0.503	2.51		79	99	119	159	200	240	280				
900	0.636	2.83		89	112	134	179	224	270	315	363	408		
1000	0.785	3.14			124	149	199	249	296	348	399	450	503	
1200	1.131	3.77			149	178	238	298	358	418	479	540	602	662
1400	1.539	4.40			173	208	278	348	418	487	567	630	700	770
1600	2.017	5.03			198	238	317	397	476	556	636	720	800	880
1800	2.545	5.66				267	356	446	536	627	716	806	897	987
2000	3.142	6.28				296	397	495	596	695	795	895	995	1095
2200	3.801	6.81				322	436	545	655	714	874	984	1093	1204
2400	4.524	7.55				356	475	596	714	834	960	1080	1194	1314
2600	5.309	8.17					514	644	774	903	1030	1160	1290	1422
2800	6.159	8.80					554	693	831	970	1110	1250	1390	1531
3000	7.030	9.43					593	742	881	1040	1190	1338	1490	1640
3200	8.050	10.05					632	791	950	1108	1267	1425	1587	1745
3400	9.075	10.68					672	841	1008	1177	1346	1517	1687	1857
3600	10.180	11.32					711	890	1070	1246	1424	1606	1785	1965
3800	11.340	11.83					751	939	1126	1315	1514	1693	1884	2074
4000	12.566	12.57					790	988	1186	1383	1582	1780	1980	2185

(2) 封头(摘自 GB/T 25198—2010)

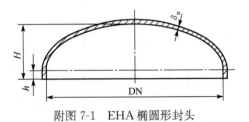

附图 7-1　EHA 椭圆形封头

附表 7-2　EHA 椭圆形封头的内表面面积和容积

序号	公称直径 DN/mm	总深度 H/mm	内表面面积 A/m²	容积 V/m³	序号	公称直径 DN/mm	总深度 H/mm	内表面面积 A/m²	容积 V/m³
1	300	100	0.1211	0.0053	21	1600	425	2.9007	0.5864
2	350	113	0.1603	0.0080	22	1700	450	3.2662	0.6999
3	400	125	0.2049	0.0115	23	1800	475	3.6536	0.8270
4	450	138	0.2548	0.0159	24	1900	500	4.0624	0.9687
5	500	150	0.3103	0.0213	25	2000	525	4.4930	1.1257
6	550	163	0.3711	0.0277	26	2100	565	5.0443	1.3508
7	600	175	0.4374	0.0353	27	2200	590	5.5229	1.5459
8	650	188	0.5090	0.0442	28	2300	615	6.0233	1.7588
9	700	200	0.5861	0.0545	29	2400	640	6.5453	1.9905
10	750	213	0.6686	0.0663	30	2500	665	7.0891	2.2417
11	800	225	0.7566	0.0796	31	2600	690	7.6545	2.5131
12	850	238	0.8499	0.0946	32	2700	715	8.2415	2.8055
13	900	250	0.9487	0.1113	33	2800	740	8.8503	3.1198
14	950	263	1.0529	0.1300	34	2900	765	9.4807	3.4567
15	1000	275	1.1625	0.1505	35	3000	790	10.1329	3.8170
16	1100	300	1.3980	0.1980	36	3100	815	10.8067	4.2015
17	1200	325	1.6552	0.2545	37	3200	840	11.5021	4.6110
18	1300	350	1.9340	0.3208	38	3300	865	12.2193	5.0463
19	1400	375	2.2346	0.3977	39	3400	890	12.9581	5.5080
20	1500	400	2.5568	0.4860	40	3500	915	13.7186	5.9972

附表 7-3　EHA 椭圆形封头的质量

序号	公称直径 DN/mm	厚度 δ/mm	质量 m/kg	序号	公称直径 DN/mm	厚度 δ/mm	质量 m/kg	序号	公称直径 DN/mm	厚度 δ/mm	质量 m/kg	序号	公称直径 DN/mm	厚度 δ/mm	质量 m/kg
1	300	6	5.8	5	500	6	14.6	7	600	10	34.6	9	700	10	46.1
1	300	8	7.8	5	500	8	19.6	7	600	12	41.8	9	700	12	55.7
2	350	6	7.6	5	500	10	24.7	7	600	14	49.2	9	700	14	65.4
2	350	8	10.3	5	500	12	30.0	7	600	16	56.7	9	700	16	75.3
3	400	6	9.7	5	500	14	35.3	8	650	6	23.8	10	750	6	31.1
3	400	8	13.1	6	550	6	17.4	8	650	8	31.9	10	750	8	41.7
3	400	10	16.5	6	550	8	23.4	8	650	10	40.2	10	750	10	52.5
3	400	12	20.0	6	550	10	29.5	8	650	12	48.5	10	750	12	63.4
4	450	6	12.0	6	550	12	35.7	8	650	14	57.0	10	750	14	74.4
4	450	8	16.2	6	550	14	41.9	8	650	16	65.6	10	750	16	85.6
4	450	10	20.4	7	600	6	20.4	9	700	6	27.3	11	800	6	35.1
4	450	12	24.8	7	600	8	27.5	9	700	8	36.6	11	800	8	47.1

续表

序号	公称直径 DN/mm	厚度 δ/mm	质量 m/kg	序号	公称直径 DN/mm	厚度 δ/mm	质量 m/kg	序号	公称直径 DN/mm	厚度 δ/mm	质量 m/kg	序号	公称直径 DN/mm	厚度 δ/mm	质量 m/kg
11	800	10	59.3	17	1200	12	154.6	23	1800	10	281.2	29	2400	12	603.9
		12	71.5			14	181.1			12	338.4			14	706.0
		14	83.9			16	207.8			14	395.8			16	808.4
12	850	6	39.4	18	1300	6	89.2			16	453.6			18	911.3
		8	52.9			8	119.3	24	1900	6	186.5			20	1014.6
		10	66.5			10	149.7			8	249.3			22	1118.3
		12	80.2			12	180.3			10	312.5	30	2500	10	543.7
		14	94.1			14	211.1			12	375.9			12	653.7
13	900	6	44.0			16	242.2			14	439.7			14	764.1
		8	58.9	19	1400	6	102.9			16	503.8			16	875.0
		10	74.1			8	137.7	25	2000	6	206.2			18	986.3
		12	89.3			10	172.7			8	275.6			20	1098.0
		14	104.8			12	208.0			10	345.3			22	1210.1
		16	120.4			14	243.5			12	415.4	31	2600	10	586.8
14	950	6	48.8			16	279.2			14	485.8			12	705.5
		8	65.3	20	1500	6	117.7			16	556.6			14	824.6
		10	82.1			8	157.4	26	2100	6	231.5			16	944.2
		12	99.0			10	197.4			8	309.4			18	1064.2
		14	116.1			12	237.6			10	387.7			20	1184.6
		16	133.3			14	278.1			12	466.3			22	1305.5
15	1000	6	53.8			16	318.9			14	545.2	32	2700	10	631.6
		8	72.1	21	1600	6	133.4			16	624.6			12	759.3
		10	90.5			8	178.4	27	2200	8	338.6			14	887.4
		12	109.1			10	223.7			10	424.2			16	1016.0
		14	127.9			12	269.2			12	510.2			18	1145.0
		16	146.9			14	315.0			14	596.5			20	1274.5
16	1100	6	64.6			16	361.1			16	683.2			22	1404.5
		8	86.5	22	1700	6	150.1			18	770.3	33	2800	10	678.0
		10	108.6			8	200.7	28	2300	8	369.1			12	815.0
		12	130.9			10	251.6			10	462.4			14	952.5
		14	153.3			12	302.8			12	556.0			16	1090.4
		16	176.0			14	354.3			14	650.1			18	1228.9
17	1200	6	96.4			16	406.1			16	744.5			20	1367.8
		8	102.2	23	1800	6	167.8			18	839.3			22	1507.1
		10	128.3			8	224.4	29	2400	10	502.2	34	2900	12	872.7

续表

序号	公称直径 DN/mm	厚度 δ/mm	质量 m/kg	序号	公称直径 DN/mm	厚度 δ/mm	质量 m/kg	序号	公称直径 DN/mm	厚度 δ/mm	质量 m/kg	序号	公称直径 DN/mm	厚度 δ/mm	质量 m/kg
34	2900	14	1019.9	35	3000	22	1723.3	37	3200	20	1773.5	39	3400	18	1793.9
		16	1167.5	36	3100	12	994.0			22	1953.8			20	1996.1
		18	1315.6			14	1161.5			24	2134.7			22	2198.9
		20	1464.3			16	1329.5	38	3300	12	1123.3			24	2402.2
		22	1643.4			18	1498.1			14	1312.4			26	2606.1
		24	1763.0			20	1667.2			16	1502.1	40	3500	14	1472.5
35	3000	10	775.7			22	1836.7			18	1692.4			16	1685.2
		12	932.4			24	2006.9			20	1883.2			18	1898.5
		14	1089.5	37	3200	12	1057.7			22	2074.6			20	2112.4
		16	1247.2			14	1235.8			24	2266.5			22	2326.8
		18	1405.4			16	1414.5	39	3400	14	1391.3			24	2541.9
		20	1564.1			18	1593.7			16	1592.3			26	2757.6

（3）压力容器法兰（摘自 JB/T 4701—2000）

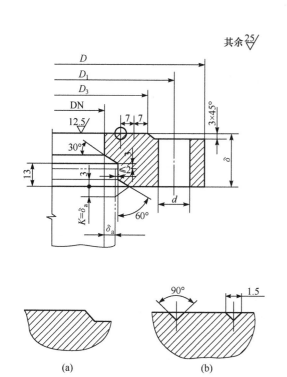

附图 7-2　甲型平焊法兰（平面密封面）

（a）PⅠ型密封面；（b）PⅡ型密封面

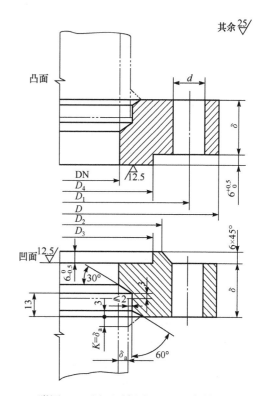

附图 7-3　甲型平焊法兰（凹凸密封面）

附表7-4 甲型平焊法兰系列尺寸

公称直径 DN/mm	法兰							螺柱	
	D/mm	D_1/mm	D_2/mm	D_3/mm	D_4/mm	δ/mm	d/mm	规格	数量
PN=0.25MPa									
700	815	780	750	740	737	36	18	M16	28
800	915	880	850	840	837				32
900	1015	980	950	940	937				36
1000	1130	1090	1055	1045	1042	40		M20	32
(1100)	130	1190	1155	1141	1138				
1200	1330	1290	1255	1241	1238	44			36
(1300)	1430	1390	1355	1341	1338	46	23		40
1400	1530	1490	1455	1441	1438				
(1500)	1630	1590	1555	1541	1538	48			44
1600	1730	1690	1655	1641	1638	50			48
1800	1930	1890	1855	1841	1838	56			52
2000	2130	2090	2055	2041	2038	60			60
PN=0.6MPa									
500	615	580	550	540	537	30	18	M16	20
600	715	680	650	640	637	32			
700	830	790	755	745	742	36		M20	24
800	930	890	855	845	842	40			
900	1030	990	955	945	942	44	23		32
1000	1130	1090	1055	1045	1138	48			36
(1100)	1230	1190	1155	1141	1042	55			44
1200	1330	1290	1255	1241	1238	60			52
PN=1.0MPa									
500	630	590	555	545	542	34	23	M20	20
600	730	690	655	645	642	40			24
700	830	790	755	745	742	46			32
800	930	890	855	845	842	54			40
900	1030	990	955	945	942	60			48
PN=1.6MPa									
300	430	390	355	345	342	30	23	M20	16
(350)	480	440	405	395	392	32			16
400	530	490	455	445	442	36			20
(450)	580	540	505	495	492	40			24
500	630	590	555	545	542	44			28
550	680	640	605	595	592	50			36
600	730	690	655	645	642	54			40
(650)	780	740	705	695	692	58			44

（4）手孔（摘自 HG/T 21530—2014）

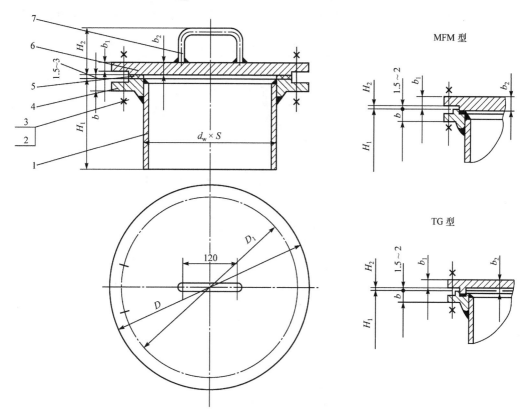

附图 7-4　带颈平焊法兰手孔的类型

1. 接管；2. 螺栓；3. 螺母；4. 法兰；5. 垫片；6. 法兰盖；7. 手把

附表 7-5　带颈平焊法兰手孔的主要尺寸

密封面类型	公称压力 PN/MPa	公称直径 DN	$d_w \times S$	D	D_1	b	b_1	b_2	H_1	H_2	螺柱 数量	螺母 数量	螺柱 直径×长度	总质量/kg
突面（RF 型）	1.0	150	159×4.5	285	240	22	21	24	160	90	8	16	M20×105	24.2
		250	273×8	395	350	26	23	26	190	92	12	24	M20×110	49.3
	1.6	150	159×6	285	240	22	21	24	170	90	8	16	M20×105	25.3
		250	273×8	405	355	26	23	26	200	92	12	24	M24×120	53.9
凹凸面（MFM 型）	1.0	150	159×4.5	285	240	22	19.5	24	160	85.5	8	16	M20×105	23.3
		250	273×8	395	350	26	21.5	26	190	87.5	12	24	M20×110	47.9
	1.6	150	159×6	285	240	22	19.5	24	170	85.5	8	16	M20×105	24.3
		250	273×8	405	355	26	21.5	26	200	87.5	12	24	M20×110	52.3
榫槽面（TG 型）	1.6	(150)	159×6	285	240	22	19.5	24	170	85.5	8	16	M20×105	24.5
		(250)	273×8	405	355	26	21.5	26	200	87.5	12	24	M20×110	52.5

注：（1）手孔高度 H_1 系根据容器直径不小于手孔公称直径的两倍而定；如有特殊要求，允许改变，但需注明改变后的 H_1 尺寸，并修正手孔的总质量

（2）表中括号的公称直径尽量采用

（3）表中除公称压力、数量、总质量外，其余数据的单位均为 mm，下同

（5）人孔

垂直吊盖板式平焊法兰人孔（摘自 HG 21519—2005）及垂直吊盖带颈平焊法兰人孔（摘自 HG 21520—2005）如附图 7-5 及附图 7-6 所示，其人孔尺寸分别见附表 7-6 和附表 7-7。

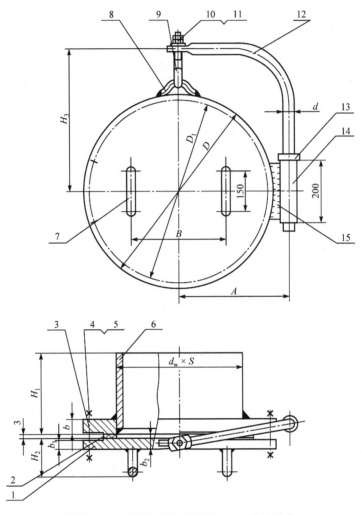

附图 7-5　垂直吊盖板式平焊法兰人孔的形式

1. 法兰盖；2. 垫片；3. 法兰；4. 六角头螺栓，等长双头螺栓；5. 螺母；6. 筒节；7. 把手；8. 吊环；9. 吊钩；10. 螺母；11. 垫圈；12. 转臂；13. 环；14. 无缝钢管；15. 支撑板

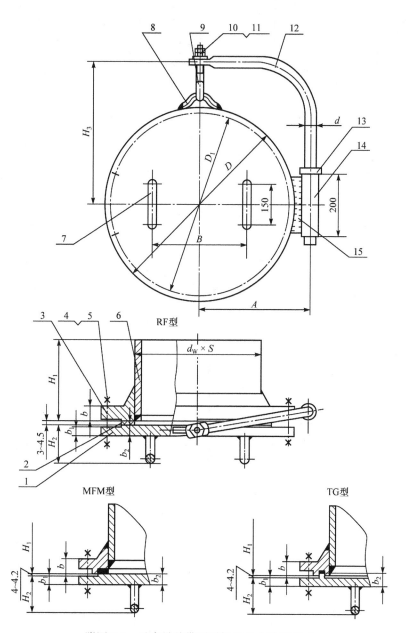

附图 7-6　垂直吊盖带颈平焊法兰人孔的形式

1. 法兰盖；2. 垫片；3. 法兰；4. 六角头螺栓，等长双头螺栓；5. 螺母；6. 筒节；7. 把手；8. 吊环；9. 吊钩；
10. 螺母；11. 垫圈；12. 转臂；13. 环；14. 无缝钢管；15. 支撑板

附表 7-6 垂直吊盖板式平焊法兰人孔尺寸表

密封面形式	公称压力 PN/MPa	公称直径 DN	$d_w \times S$	D	D1	A	B	H1	H2	H3	b	b1	b2	d	螺母 数量	螺栓 直径×长度	螺栓螺母 数量	螺柱 直径×长度	总质量/kg	其中不锈钢质量/kg
凹面 (RF 型)	0.6	450	480×6	595	550	350	250	220	104	468	30	22	24	36	16	M20×90	16　32	M20×115	104	—
			480×5																101	84.4
		500	530×6	645	600	375	300	230	106	493	32	24	26	36	20	M20×100	20　40	M20×115	125	—
			530×6																122	104
		600	630×6	755	705	430	400	240	110	548	36	28	30	36	20	M22×2×110	20　40	M24×135	182	—
			630×6																182	158

附表 7-7 垂直吊盖带颈平焊法兰人孔尺寸表

密封面形式	公称压力 PN/MPa	公称直径 DN	$d_w \times S$	D	D1	A	B	H1	H2	H3	b	b1	b2	d	螺母 数量	螺栓 直径×长度	螺栓螺母 数量	螺柱 直径×长度	总质量/kg	其中不锈钢质量/kg
凹面 (RF 型)	1.0	450	480×8	615	565	360	250	230	108	478	28	26	28	36	20	M24×95	20　40	M24×125	137	—
			480×6																132	110
		500	530×8	670	620	385	300	250	108	505	28	26	28	36	20	M24×95	20　40	M24×125	161	—
			530×6																155	132
		600	630×8	780	725	440	400	270	114	560	28	32	34	36	20	M27×105	20　40	M27×135	232	—
			630×6																225	197
	1.6	450	480×10	640	585	370	300	240	116	490	34	34	36	36	20	M27×115	20　40	M27×145	183	—
			480×8																178	150
		500	530×10	715	650	410	300	260	116	528	34	34	36	36	20	M33×2×115	20　40	M30×2×145	229	—
			530×8																223	190
		600	630×10	840	770	475	400	280	124	590	36	42	44	48	20	M33×2×130	20　40	M33×2×160	350	—
			630×10																343	295

注:(1) 表中各公称直径规格 $d_w \times S$ 尺寸和质量(kg)栏:在同一公称直径系列中,上行适用于 I～II 类碳素钢材料的人孔,下行适用于 VII～XI 类不锈钢材料的人孔;(2) 人孔高度 H1 根据塔器各公称直径直径不小于人孔公称直径的两倍而定,如有特殊要求,允许改变,但需注明改变后 H1 尺寸,并修正人孔质量;(3) 本表中长度单位均为 mm

续表

密封面形式	公称压力 PN/MPa	公称直径 DN	公称直径规格 $d_w \times S$	D	D_1	A	B	H_1	H_2	H_3	b	b_1	b_2	d	螺栓螺母 数量	螺栓 直径×长度	螺栓螺母 数量	螺柱 直径×长度	总质量 /kg	其中不锈钢 质量/kg
凹凸面 (MFM型)	1.0	450	480×8	615	565	360	250	230	103	478	28	23	28	36	20	M24×100	40	M24×120	136	—
			480×6	615	565	360	250	230	103	478	28	23	28	36	20	M24×100	40	M24×120	132	110
		500	530×8	670	620	385	300	250	103	505	28	23	28	36	20	M24×100	40	M24×120	160	—
			530×6	670	620	385	300	250	103	505	28	23	28	36	20	M24×100	40	M24×120	154	132
		600	630×8	780	725	440	400	270	109	560	28	29	34	36	20	M27×100	40	M27×130	231	—
			630×6	780	725	440	400	270	109	560	28	29	34	36	20	M27×100	40	M27×130	224	196
	1.6	450	480×10	640	585	370	300	240	111	490	34	31	36	36	20	M27×110	40	M27×140	182	—
			480×8	640	585	370	300	240	111	490	34	31	36	36	20	M27×110	40	M27×140	177	150
		500	530×10	715	650	410	300	260	111	528	34	31	36	36	20	M30×2×110	40	M30×2×140	228	—
			530×8	715	650	410	300	260	111	528	34	31	36	36	20	M30×2×110	40	M30×2×140	222	189
		600	630×10	840	770	475	400	280	119	590	36	39	44	48	20	M33×2×125	40	M33×2×155	349	—
			630×8	840	770	475	400	280	119	590	36	39	44	48	20	M33×2×125	40	M33×2×155	342	295
榫槽面 (TC型)	1.6	(450)	480×10	640	585	370	300	240	111	490	34	31	36	36	20	M27×110	40	M27×140	182	—
			480×8	640	585	370	300	240	111	490	34	31	36	36	20	M27×110	40	M27×140	178	195
		(500)	530×10	715	650	410	300	260	111	528	34	31	36	36	20	M30×2×110	40	M30×2×140	228	—
			530×8	715	650	410	300	260	111	528	34	31	36	36	20	M30×2×110	40	M30×2×140	222	190

注:(1) 表中各公称直径规格 $d_w \times S$ 尺寸和质量(kg)栏:在同一公称直径系列中,上行适用于 I～IV 类碳素钢和低合金钢材料的人孔,下行适用于 VII～XII 类不锈钢材料的人孔;
(2) 人孔高度 H_1 根据容器直径不小于人孔公称直径的两倍而定,如有特殊要求,允许改变,但需注明改变后 H_1 的尺寸,并修正人孔质量;(3) 表中带拓号的公称直径尽量不采用;
(4) 本表中长度单位均为 mm

（6）钢制管法兰（摘自 HG/T 20592—2009）

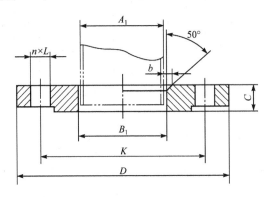

附图 7-7　平焊管法兰的形式

附表 7-8　板式平焊钢制管法兰尺寸

① PN 2.5 板式平焊钢制管法兰尺寸　　　　　　　　　　　　　　　　（单位：mm）

公称直径 DN	钢管外径 A_1		连接尺寸					C	B_1	
	A	B	D	K	L	n	Th		A	B
10	17.2	14	75	50	11	4	M10	12	18	15
15	21.3	18	80	55	11	4	M10	12	22.5	19
20	26.9	25	90	65	11	4	M10	14	27.5	26
25	33.7	32	100	75	11	4	M10	14	34.5	33
32	42.4	38	120	90	14	4	M12	16	43.5	39
40	48.3	45	130	100	14	4	M12	16	49.5	46
50	60.3	57	140	110	14	4	M12	16	61.5	59
65	76.1	76	160	130	14	4	M12	16	77.5	78
80	88.9	89	190	150	18	4	M16	18	90.5	91
100	114.3	108	210	170	18	4	M16	18	116	110
125	139.7	133	240	200	18	8	M16	20	143.5	135
150	168.3	159	265	225	18	8	M16	20	170.5	161
200	219.3	219	320	280	18	8	M16	22	221.5	222
250	273	273	375	335	18	12	M16	24	276.5	276
300	323.9	325	440	395	22	12	M20	24	328	328
350	355.6	377	490	445	22	12	M20	26	360	381
400	406.4	426	540	495	22	16	M20	28	411	430
450	457	480	595	550	22	16	M20	30	462	485
500	508	530	645	600	22	20	M20	30	513.5	535
600	610	630	755	705	26	20	M24	32	616.5	636
700	711	720	860	810	26	24	M24	36	715	724
800	813	820	975	920	30	24	M24	38	817	824
900	914	920	1075	1020	30	24	M27	40	918	924
1000	1016	1020	1175	1120	30	28	M27	42	1020	1024

② PN6.0 板式平焊钢制法兰尺寸　　　　　　　　　　　　　　　（单位：mm）

| 公称直径 DN | 钢管外径 A_1 | | 连接尺寸 | | | | | C | B_1 | |
	A	B	D	K	L	n	Th		A	B
10	17.2	14	75	50	11	4	M10	12	18	15
15	21.3	18	80	55	11	4	M10	12	22.5	19
20	26.9	25	90	65	11	4	M10	14	27.5	26
25	33.7	32	100	75	11	4	M10	14	34.5	33
32	42.4	38	120	90	14	4	M12	16	43.5	39
40	48.3	45	130	100	14	4	M12	16	49.5	46
50	60.3	57	140	110	14	4	M12	16	61.5	59
65	76.1	76	160	130	14	4	M12	16	77.5	78
80	88.9	89	190	150	18	4	M16	18	90.5	91
100	114.3	108	210	170	18	4	M16	18	116	110
125	139.7	133	240	200	18	8	M16	20	143.5	135
150	168.3	159	265	225	18	8	M16	20	170.5	161
200	219.1	219	320	280	18	8	M16	22	221.5	222
250	273	273	375	335	18	12	M16	24	276.5	276
300	323.9	325	440	395	22	12	M20	24	328	328
350	355.6	377	490	445	22	12	M20	26	360	381
400	406.4	426	540	495	22	16	M20	28	411	430
450	457	480	595	550	22	16	M20	30	462	485
500	508	530	645	600	22	20	M20	30	513.5	535
600	610	630	755	705	26	20	M24	32	616.5	636

③ PN10 板式平焊钢制法兰尺寸　　　　　　　　　　　　　　　（单位：mm）

| 公称直径 DN | 钢管外径 A_1 | | 连接尺寸 | | | | | C | B_1 | |
	A	B	D	K	L	n	Th		A	B
10	17.2	14	90	60	14	4	M12	14	18	15
15	21.3	18	95	65	14	4	M12	14	22.5	19
20	26.9	25	105	75	14	4	M12	16	27.5	26
25	33.7	32	115	85	14	4	M12	16	34.5	33
32	42.4	38	140	100	18	4	M16	18	43.5	39
40	48.3	45	150	110	18	4	M16	18	49.5	46
50	60.3	57	165	125	18	4	M16	19	61.5	59

续表

公称直径 DN	钢管外径 A_1		连接尺寸					C	B_1	
	A	B	D	K	L	n	Th		A	B
65	76.1	76	185	145	18	8	M16	20	77.5	78
80	88.9	89	200	160	18	8	M16	20	90.5	91
100	114.3	108	220	180	18	8	M16	22	116	110
125	139.7	133	250	210	18	8	M16	22	143.5	135
150	168.3	159	285	240	22	8	M20	24	170.5	161
200	219.1	219	340	295	22	8	M20	24	221.5	222
250	273	273	395	350	22	12	M20	26	276.5	276
300	323.9	325	445	400	22	12	M20	26	328	328
350	355.6	377	505	460	22	16	M20	28	360	381
400	406.4	426	565	515	26	16	M24	32	411	430
450	457	480	615	565	26	20	M24	36	462	485
500	508	530	670	620	26	20	M24	38	513.5	535
600	610	630	780	725	30	20	M27	42	616.5	636

（7）补强圈（摘自 JB/T 4736—2002）

JB/T 4736—2002 标准用于钢制压力容器壳体开孔采用补强圈结构补强时,应同时具备下列条件:容器设计压力小于 6.4MPa;设计温度小于 350℃;开孔处名义厚度 $\delta_n \leqslant 38mm$;容器壳体钢材的抗拉强度下限不大于 540MPa;补强圈厚度应不大于 1.5 倍壳体开孔处的名义厚度。

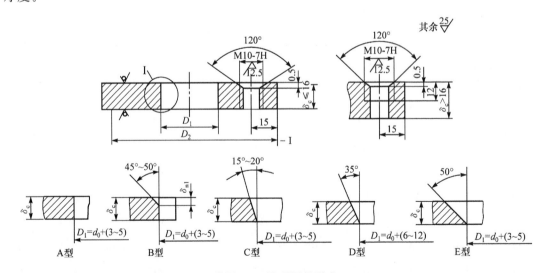

附图 7-8　补强圈的形式

附表 7-9　补强圈尺寸系列

接管公称直径	外径 D_0/mm	内径 D_i	厚度 δ_n/mm 质量/kg													
			4	6	8	10	12	14	16	18	20	22	24	26	28	30
50	130	按补强圈坡口类型确定	0.32	0.48	0.64	0.80	0.96	1.12	1.28	1.43	1.59	1.75	1.91	2.07	2.23	2.57
65	160		0.47	0.71	0.95	1.18	1.42	1.66	1.89	2.13	2.37	2.60	2.84	3.08	3.31	3.55
80	180		0.59	0.88	1.17	1.46	1.75	2.04	2.34	2.63	2.92	3.22	3.51	3.81	4.10	4.38
100	200		0.68	1.02	1.35	1.69	2.03	2.37	2.71	3.05	3.38	3.72	4.06	4.40	4.74	5.08
125	250		1.08	1.62	2.16	2.70	3.24	3.77	4.31	4.85	5.39	5.93	6.47	7.01	7.55	8.09
150	300		1.56	2.35	3.13	3.91	4.69	5.48	6.26	7.04	7.82	8.60	9.38	10.2	10.9	11.7
175	350		2.23	3.34	4.46	5.57	6.69	7.80	8.92	10.0	11.1	12.3	13.4	14.5	15.6	16.6
200	400		2.72	4.08	5.44	6.80	8.16	9.52	10.9	12.2	13.6	14.9	16.3	17.7	19.0	20.4
225	440		3.24	4.87	6.49	8.11	9.74	11.4	13.0	14.6	16.2	17.8	19.5	21.1	22.7	24.3
250	480		3.79	5.68	7.58	9.47	11.4	13.3	15.2	17.0	18.9	20.8	22.7	24.6	26.5	28.4
300	550		4.79	7.18	9.58	12.0	14.4	16.8	19.2	21.6	24.0	26.3	28.7	31.1	33.5	36.0
350	620		5.90	8.85	11.8	14.8	17.7	20.6	23.6	26.6	29.5	32.4	35.4	38.3	41.3	42.2
400	680		6.84	10.3	13.7	17.1	20.5	24.0	27.4	31.0	34.2	37.6	41.0	44.5	48.0	51.4
450	760		8.47	12.7	16.9	21.2	25.4	29.6	33.9	38.1	42.3	46.5	50.8	55.0	59.2	63.5
500	840		10.4	15.6	20.7	25.9	31.1	36.3	41.5	46.6	51.8	57.0	62.2	67.4	72.5	77.7
600	980		13.8	20.6	27.5	34.4	41.3	48.2	55.1	62.0	68.9	75.7	82.6	89.5	96.4	103.3

注：内径 D_i 为补强圈成型后的尺寸；表中质量为 A 型补强圈接管直径计算所得的值

（8）地脚螺栓座（摘自 HG 20652—1998）

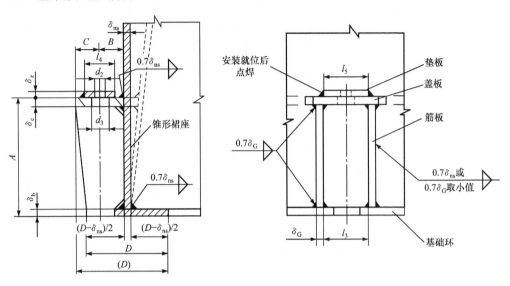

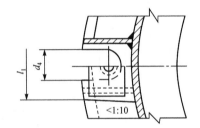

附图 7-9　外螺栓地脚螺栓座结构

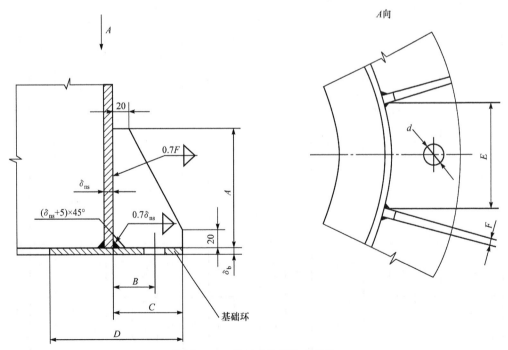

附图 7-10　单环地脚螺栓座结构

附表 7-10　塔地脚螺栓座主要尺寸

① 外螺栓座的结构尺寸　　　　　　　　　　　　　　　　　　　　　　　　（单位：mm）

螺栓规格	A	B	C	D (D)	l_3	δ_G	δ_c	δ_z	l_1	l_5	l_4	d_2	d_3	d_4	δ_b
M24×3	200	55	45	160 (190)	70	12	16	12	130	100	50	27	40	50	
M27×3	200	60	50	170 (200)	75	12	18	12	140	110	60	30	43	50	
M30×3.5	250	65	55	180 (210)	80	14	20	14	150	120	70	33	45	50	
M36×4	250	70	60	200 (230)	85	16	22	16	160	130	80	39	50	50	
M42×4.5	300	75	65	210 (240)	90	18	24	18	170	140	90	45	60	60	
M48×5	300	80	70	220 (260)	100	20	26	20	190	150	100	51	65	70	见注
M56×5.5	350	85	75	240 (280)	110	22	30	22	210	170	110	59	75	80	
M64×6	350	90	80	260 (300)	120	22	32	24	220	180	120	67	85	90	
M72×6	400	95	85	280 (320)	130	24	36	26	240	190	130	75	95	100	
M76×6	400	100	90	290 (340)	135	24	40	26	250	200	140	79	100	110	
M80×6	450	105	95	310 (360)	140	26	40	28	270	220	150	83	110	120	
M90×6	450	115	105	330 (380)	150	28	46	30	280	230	160	93	120	130	

注：(1) 表中盖板厚度、筋板厚度数据是最小值，应按 JB4710 的规定进行验算，以确定最终厚度

(2) 基础环板厚度应按 JB4710 计算确定，但不应小于 16mm

(3) $\delta_c < \delta_{ns}$ 时，应取 $\delta_c = \delta_{ns}$

(4) 地脚螺栓间距小于或等于 450mm，且小于或等于 $3(l_3 + 2\delta_G)$ 时，盖板应采用连续的圆环板

(5) 地脚螺栓孔应跨中于裙座检查孔

(6) 螺栓座的材料强度不应低于地脚螺栓的材料强度

② 单环螺栓座的结构尺寸　　　　　　　　　　　　　　　　　　　　　　　（单位：mm）

螺栓规格	d	A	B	C	D	E	F
M16×2	20	110	40	70	130	80	6
M20×2.5	25	120	45	75	150	100	8
M24×3	29	140	50	85	17	120	8
M27×3	32	160	55	95	180	140	10

注：基础环厚度 δ_b 应按 JB4710“钢制塔式容器”的相应规定计算确定，但不应小于 16mm

（9）塔顶吊柱（HG/T 21637—2005）

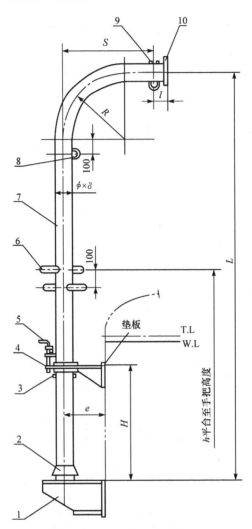

附图 7-11　吊柱的结构型式

1. 下支座；2. 防雨罩；3. 挡销；4. 上支座；5. 止动插销；
6. 手把；7. 吊杆；8. 耳环；9. 吊钩；10. 封板

附表 7-11　常温塔顶吊柱（使用温度大于－20℃）

S	L	H	W=500kg (α=15°)					W=1000kg (α=15°)				
			φ×δ	R	e	l	质量/kg	φ×δ	R	e	l	质量/kg
800	3150	900	168×10	740	250	110	236					
900	3400	1000	168×10	740	250	110	250					
1000	3400	1000	168×10	740	250	110	254	219×10	935	300	120	348
1100	3400	1000	168×10	740	250	110	258	219×10	935	300	120	353
1200	3400	1000	168×10	740	250	110	261	219×10	935	300	120	358
1300	3900	1100	168×10	740	250	110	285	219×10	935	300	120	389
1400	3900	1100	168×10	740	250	110	289	219×10	935	300	120	393
1500	3900	1100	168×10	740	250	110	293	219×10	935	300	120	399
1600	4250	1250	168×10	740	250	110	310	219×12	935	300	120	475
1800	4250	1250	168×12	740	250	110	359	219×12	935	300	120	487
2000	4250	1250	168×12	740	250	110	368	273×12	1300	350	130	612
2200	4850	1350	219×10	935	300	120	480	273×12	1300	350	130	691
2400	4850	1350	219×10	935	300	120	491	273×12	1300	350	130	706
2600	4850	1350	219×10	935	300	120	501	273×12	1300	350	130	722
2800	5450	1450	219×12	935	300	120	544	273×14	1300	350	130	877
3000	5450	1450	219×12	935	300	120	632	273×14	1300	350	130	895
3200	5450	1450	219×12	935	300	120	644					
3400	6050	1550	219×12	935	300	120	693					
3600	6050	1550	219×12	935	300	120	705					
3800	6050	1550	273×12	1300	350	130	904					
4000	6550	1700	273×12	1300	350	130	958					
4200	6550	1700	273×12	1300	350	130	973					
4400	6550	1700	273×12	1300	350	130	989					
4600	7150	1800	273×12	1300	350	130	1050					
4400	6550	1700	273×12	1300	350	130	989					
4600	7150	1800	273×12	1300	350	130	1050					
4600	7150	1800	273×12	1300	350	130	1066					
5000	7150	1800	273×12	1300	350	130	1087					

注：除质量外，其余数据的单位均为 mm

附录8　无缝钢管规格

公称直径 DN/mm	外径 /mm	壁厚 /mm	有效内截面面积 /cm²	每米管长外表面积 /(m²·m⁻¹)	管子质量 /(kg·m⁻¹)
20	25	2	3.5	0.078	1.13
		2.5	3.1		1.39
25	32	3	5.3	0.10	2.15
		3.5	4.9		2.46
40	45	3	11.6	0.139	3.0
		3.5	11		3.58
50	57	3.5	19.6	0.179	4.62
		4	18.6		5.22
65	76	4	36.3	0.238	7.1
		5	34.2		8.75
80	89	4	51	0.279	8.38
		5	49		10.36
100	108	4	78.5	0.33	10.26
		6	72		15.09
125	133	4	122.7	0.417	12.73
		6	115		18.79
150	159	4.5	176.7	0.499	17.15
		6	169.6		22.64
200	219	6	336.4	0.688	31.52
		8	323.5		41.63
250	273	8	518.5	0.857	52.28
		10	502.5		64.86
300	325	8	749.5	1.021	62.54
		10	739.9		70.17
350	377	9	1011.7	1.184	81.68
		10	1000.5		90.51
400	426	9	1306.7	1.338	92.55
		10	1294.0		102.59
450	480	9	1661.1	1.501	104.52
		10	1646.6		115.9
500	530	9	2049.8	1.661	115.62
		10	2033.8		128.23
600	630	9	2940.2	1.978	137.81
		10	2921.0		152.89

附录 9　应用程序及视频文件目录

1. Excel 计算泡点程序
2. Origin 绘制负荷性能图视频
3. Aspen Plus 辅助精馏塔设计视频
（1）组分输入和物性分析
（2）精馏塔简捷计算模块（DSTWU）
（3）精馏塔严格计算模块（RadFrac）
（4）精馏塔的严格计算模块——设计规定
（5）塔径及塔板设计和校核

注：读者可扫描二维码下载"爱一课"APP，注册后进入"AR 教学"模块，搜索本书书名后观看相关资源。